普通高等教育“十一五”国家级规划教材

王洪君　主编

单片机原理及应用

副主编　栗　华　　李庆华
赵子婴　　王晓东

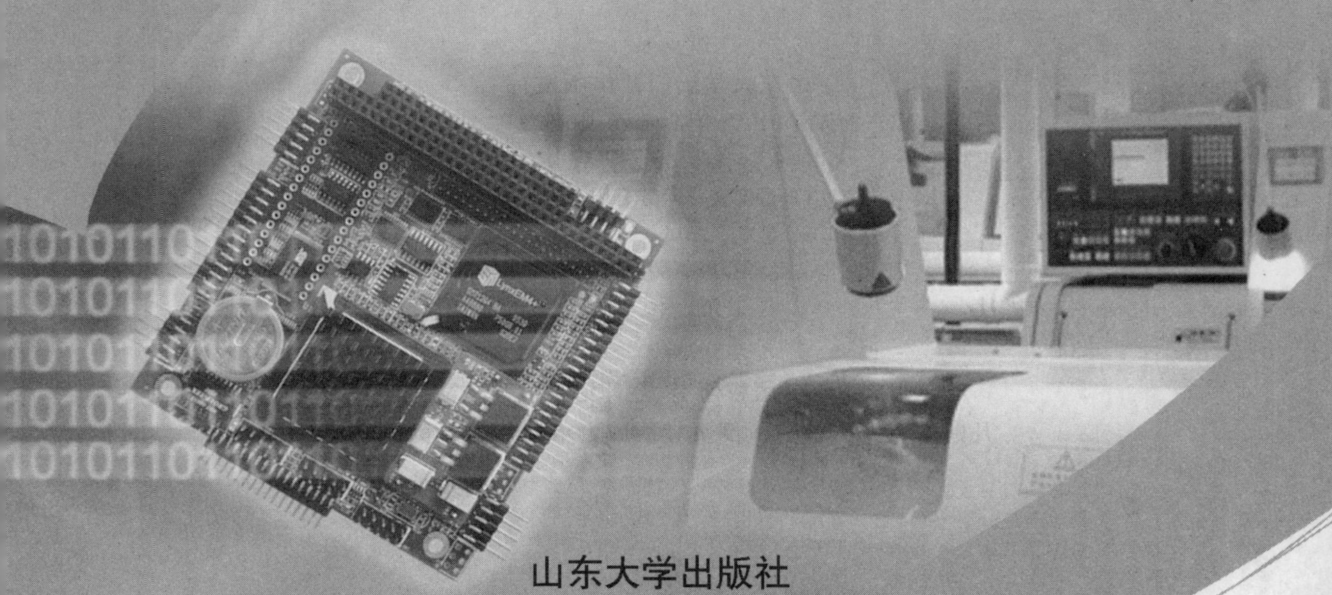

山东大学出版社

图书在版编目(CIP)数据

单片机原理及应用/王洪君主编．—2版．
—济南：山东大学出版社，2009.2(2012.2重印)
ISBN 978-7-5607-2666-3

Ⅰ．单…
Ⅱ．王…
Ⅲ．单片微型计算机
Ⅳ．TP368.1

中国版本图书馆CIP数据核字(2003)第078071号

山东大学出版社出版发行
(山东省济南市山大南路27号　邮政编码:250100)
山 东 省 新 华 书 店 经 销
山东泰安金彩印务有限公司印刷
787×1092毫米　1/16　23.5印张　543千字
2009年2月第2版　2012年2月第3次印刷
定价：35.00元

前言

单片机这种20世纪70年代诞生的专用于小型智能控制领域的计算机是嵌入式计算机的一种，也是到目前为止应用最广泛的一种专用计算机。MCS-51单片机以其集成度高、体积小、可靠性高、抗干扰性强、控制功能强、可扩展性好、性价比高等特点，使得它不仅成为嵌入式计算机发展历史上的里程碑，而且直到现在仍然是嵌入式计算机的典型代表。学习单片机是电气、电子、自动化领域的学生学习智能控制、智能仪器仪表设计的入门基础。很多高水平的电子设计工程师都是从学习单片机，尤其是MCS-51开始的。

目前，各种以MCS-51为原型的单片机书籍已经非常多。大多数书籍基本上分成两类：第一类主要侧重MCS-51单片机原理，把主要精力都放在了单片机芯片内部的介绍，而对于片外扩展的介绍不够详细，对于现在工程设计中常用的一些集成度更高、采用串行总线接口的接口芯片几乎很少介绍。第二类则主要侧重MCS-51单片机的接口技术，把主要精力都放在了单片机的外部接口上，对于单片机内部的知识一带而过，接口芯片介绍的比较多，种类也比较丰富。对于第一类书籍，比较适合单片机的初学者学习，但是，所学的知识又很难应用到工程实践中。大多数的单片机的应用工程师最初从课本上所获得的知识非常有限，很多知识都是靠自己多年的工程实践慢慢积累的，而在此过程中也难免走了很多弯路。对于第二类书籍，它要求读者要具有单片机的基本知识，甚至有了一定的应用经验，书中的知识只是工程应用中的一种参考资料，因此，不太适合于初学者学习。

本书正是为了解决这一困境，将单片机的原理知识和接口知识以及工程应用知识很好地结合在了一起。在原理部分，把概念阐述清楚，把知识体系提取出来，使读者在最短的时间内掌握最核心、最主要的系统理论。在接口部分，密切结合实际，介绍了工程实践中常用的接口芯片以及在单片机应用系统中的应用方法，给出了连接示意电路图和主要接口程序。在系统设计部分，立足工程实践，把常遇到的各种因素详细地介绍给读者。精简而系统的理论知识、实用的接口技术和工程中常用的实战经验是本书相辅相成、缺一不可的三个组成部分。

根据掌握知识的渐进性和独立性原则，本书一共分成了8章。第1章单片机简介，主要介绍了什么是单片机，单片机的发展历史、发展趋势及应用领域等基础知识。第2章MCS-51单片机硬件结构，介绍了MCS-51单片机的内部结构组成、CPU、存储结构、I/O接口等内部构件的基本工作原理，以及MCS-51单片机的时序结构、复位要求与复位电路等，是学习后面章节的基础。第3章MCS-51的软件系统设计，首先介绍了MCS-51的程序设计语言，然后分别介绍了汇编语言程序设计与C语言程序设计。在介绍汇编语言程序设计之前，概括性地介绍了MCS-51单片机的指令系统。在介绍指令系统时既不是简单地把指令列个表一带而过，也不是把指令系统逐条详细介绍，而是分类进行列表，总结了每类指令的特点和规律，然后按类给出示例，既做到了详略得当，又使得知识比较系统。

在介绍汇编语言程序设计时，给出了必要的汇编伪指令，然后给出了汇编语言程序基本结构和较综合的汇编语言程序设计示例。在介绍C语言程序设计之前，首先介绍了开发系统软件 uVersion2 IDE 的应用方法，这对于汇编语言程序设计也是必要的，放在这里有承前启后的作用，然后介绍了C51的语法，和C语言程序与汇编语言的混合编程。第4章定时器、串行口及中断系统，介绍了单片机内部的定时器、串行口和中断系统的工作原理、应用方法和相应的示例程序。第5章系统扩展，给出了最小系统的概念，介绍了要进行系统扩展所必需的外部总线结构及其驱动技术和外部地址分配方法，接着介绍了片外程序存储器(EPROM)扩展、数据存储器扩展(包括RAM、并行EEPROM和串行EEPROM)、I/O扩展(包括并行口方式、串行口方式和I^2C方式)和其他扩展(包括并行实时时钟DS12887、串行实时时钟DS1302和语音录放芯片ISD2560)。每一部分除了接口介绍以外，也都有相应的接口程序。第6章人机交互接口，介绍了MCS-51单片机应用系统常用的人机交互输入设备键盘、触摸屏的接口技术及接口程序，人机交互输出设备LED、LCD显示技术，同时还介绍了8155、7279等接口芯片的应用技术、点阵式LCD的汉字显示技术及相应的示例程序。第7章信号的输入输出技术，给出了单片机应用系统的结构，介绍了模拟信号的输入技术(包括常用传感器介绍和A/D转换技术及有关的并行和串行的接口芯片的应用)、模拟信号的输出技术(D/A转换技术及有关的并行和串行的接口芯片的应用)、开关量的输入输出技术(包括开关量的隔离技术、开关量的输入技术和开关量的输出与驱动技术)。第8章MCS-51单片机应用系统设计与实现，介绍了MCS-51单片机应用系统的设计过程、单片机应用系统的抗干扰设计，并用两个设计实例"简易电子秤的设计"和"智能电子钟的设计"以及两个2007年全国大学生电子设计竞赛获奖范例向读者展示了单片机应用系统设计的具体步骤和方法。

为配合本书的实验教学而开发的"MCS-51单片机模块化实验箱"于2008年11月获得首届高等学校自制教学仪器设备优秀成果奖。该实验箱可用于完成MCS-51单片机实验教学的基本内容，也可用于大学生电子设计创新竞赛活动。

本书由王洪君、栗华、李庆华、赵子婴和王晓东共同编写。其中，本书第1～4章由王洪君编写，第5～7章由栗华编写，第8章由山东轻工业学院李庆华编写，习题由王晓东编写，实验由赵子婴编写，全书由王洪君统稿和定稿。研究生郑玉山、赵立岐、夏威、樊姗同学参与了本书的部分资料收集、整理和程序设计调试工作，张海东、商振、张鹏、刘其鹏、姜爱萍、赵明英参与了电路图整理工作。2007年全国大学生电子设计竞赛全国范例由获奖学生郑玉山、刘清菊、仝红红、赵立歧、周勇、宁金龙提供。由韩民和杨旭东老师编写电子课件及校稿，山东电力专科学校的张羽老师为本书提出了许多宝贵的意见。山东省经济管理干部学院的聂晓晶老师参加了本书实验部分的资料整理和电路调试工作。本书在编写过程中得到山东大学信息科学与工程学院的领导和各位同仁的热情帮助和鼓励，在此一并表示感谢。

由于作者水平有限，书中所存在的错误和不完善的地方，恳请读者批评指正。

编　者

2008年12月

目　录

第1章 单片机简介

1.1 什么是单片机

单片机亦称“单片微型计算机”(single-chip microcomputer)。它是将微处理器(CPU)、存储器(只读存储器ROM和随机存储器RAM)、总线、定时/计数器、输入/输出接口(I/O)和其他多种功能器件集成在一块芯片上构成的微型计算机。

计算机的产生加快了人类改造世界的步伐,但是它毕竟体积太大(尤其是早期的计算机),应用于各种现场控制和嵌入式应用场合不太方便,这时单片机便应运而生了。单片机产生于20世纪70年代,具有体积小、价格低、可靠性高等优势,虽然只是一块芯片,但是有计算机所必备的基本部件,也能完成计算机的各种基本功能,在工业检测与控制、仪器仪表、家用电器等领域得到了飞速的发展和应用。

由于单片机的这种结构形式及它所采取的半导体工艺,使其具有很多显著的特点,因而在各个领域都得到了迅猛的发展,与普通计算机相比其主要特点如下:

(1)集成度高,体积小:单片机将CPU、存储器、I/O接口等各种功能部件集成在一块芯片上,体积很小,节省了占用空间。能灵活、方便地应用于各种智能化的控制设备和仪器,实现机电一体化。

(2)可靠性高,抗干扰性强:由于单片机把各种功能部件集成在一块芯片上,内部采用总线结构,减少了各芯片之间的连线,大大提高了单片机的可靠性与抗干扰能力。另外,其体积小,对于强磁场环境易于采取屏蔽措施,适合在恶劣环境下工作,所以单片机的可靠性很高。

(3)控制功能强:其CPU可以对I/O端口直接进行操作,可以进行位操作、分支转移操作,还能方便地实现多机控制,使整个系统的控制效率大为提高,适用于专门的控制领域。

(4)低功耗:许多单片机的工作电压只有2～4V,电流几百微安,功耗很低,适用于便携式系统。

(5)可扩展性好:单片机具有灵活方便的外部扩展总线接口,使得当片内资源不够使用时可以非常方便地进行片外扩展。另外,现在单片机具有越来越丰富的通信接口,如异步串行口SCI、同步串行口SPI、I²C(Inter-Integrated Circuit)、CAN总线,甚至有的单片机还集成了USB接口或以太网接口。这些丰富的通信接口使得单片机系统与外部计算机系统的通信变得非常容易。

(6)性价比高:单片机应用广泛,生产批量大,产品供应商的商业竞争使得单片机产品的性能越来越强而价格低廉,有优异的性能价格比。

1.2 单片机的历史

单片机的发展历史大约分为以下几个阶段：

(1)第一阶段(1976～1978)：单片机发展的初级阶段。这个阶段的单片机受集成电路技术的限制，制造工艺落后(使用 NMOS 工艺)，速度低，功耗大，集成度低，片内资源较少。典型的代表产品有 Intel 公司的 MCS-48 系列。其特点是：片内集成有 8 位的 CPU (有的还是 4 位的 CPU)，只有并行接口，无串行接口，有 1 个 8 位的定时/计数器，最多只有 2 个中断源，1KB 或 2KB 的 ROM，64B 或 128B 的 RAM，寻址范围不大于 4KB。

(2)第二阶段(1978～1982)：单片机发展和完善阶段。单片机开始采用 CMOS 工艺，并逐渐被高速低功耗的 HMOS 工艺代替。代表产品有 Intel 公司的 MCS-51 系列，Motorola 公司的 MC6805 系列，TI 公司的 TMS7000 系列等。这个阶段的单片机在以下几个方面奠定了典型的单片机通用体系结构。

①完善的外部总线：MCS-51 设置了经典的 8 位单片机的总线结构，包括 8 位数据总线、16 位地址总线、控制总线及具有多机通信功能的串行通信接口。

② CPU 外围功能单元的集中管理模式。

③体现工控特性的位地址空间及位操作方式。

④指令系统趋于丰富和完善，并且增加了许多突出控制功能的指令。

(3)第三阶段(1982～1990)：这是 8 位单片机的巩固发展及 16 位单片机的推出阶段，也是单片机向微控制器(Microcontrol unit-MCU)发展的阶段。Intel 公司推出的 MCS-96 系列单片机，将一些用于测控系统的模数转换器、程序运行监视器、脉宽调制器等纳入片中，体现了单片机的微控制器特征。

(4)第四阶段(1990～)：这是微控制器的全面发展阶段。不但 16 位单片机和 8 位高性能单片机并行发展，还出现了 32 位和更高位的单片机。随着单片机在各个领域全面深入地发展和应用，出现了高速、大寻址范围、强运算能力的通用型单片机，以及小型廉价的专用型单片机。单片机的性能不断完善提高，种类和型号大量增加，正朝着面向多用户、多层次和多规格方向发展。

1.3 单片机的发展趋势

目前，单片机正朝着高性能和多品种方向发展，趋势将是进一步向着低功耗、小体积、大容量、高性能、低价格和外围电路内装化等几个方面发展。下面是单片机的主要发展趋势：

(1)高性能

高性能化，主要是指进一步改进 CPU 的性能，提高指令运算速度，增加字长，采用 RISC(reduced instruction set computer)技术，简化体系结构，提高系统控制的可靠性。采用精简指令集(RISC)结构和流水线技术，可以大幅度提高运行速度。现在 CPU 的处理速度已达 100MIPS(million instruction per second，即兆条指令每秒)，进一步增强了位处理功能、中断和定时控制功能。这类单片机的运算速度比标准的单片机高出10倍以上。

(2)大容量化

以往单片机内的ROM为1～4KB,RAM为64～128B。但在需要复杂控制的场合,该存储容量是不够的,必须进行外接扩充。为了适应这种领域的要求,一些单片机便采用了大容量片内存储器。目前,单片机内ROM最大可达64KB,RAM最大可达2KB以上。有的单片机内部还配备了大容量Flash存储器作为程序存储器使用,可以实现电擦除、电改写。程序存储空间的扩大,还使得单片机可以嵌入实时操作系统如RTOS等,提高了系统的开发效率和处理能力,简化了复杂系统的开发难度。

另外,目前单片机的内部所提供的中断源、定时器和通讯口也越来越多。单片机中断源和定时器的增多,可以提供更强大的控制能力,通讯口的增加方便了单片机系统与外部设备的数据通信,便于形成更大规模的应用系统。

(3)多功能化

在新型单片机中不仅增加了各种总线接口,如I^2C总线、USB总线、SPI总线以及支持TCP/IP协议的以太网接口,而且有的新型单片机还集成了A/D转换器,PWM生成器,使得利用这些单片机所设计出来的控制系统集成度更高,性价比更好。

(4)在线调试

现在有些新型单片机已经具备使用JTAG接口的在线调试功能,开发工具更加智能化,方便了用户的开发。

(5)低功耗化

许多领域,特别是微型控制领域要求单片机的功耗尽可能低。现在的各个单片机制造商基本都采用了CMOS(互补金属氧化物半导体)工艺或更高的技术来降低功耗。CMOS电路的特点是低功耗、高密度、低速度、低价格。采用双极型半导体工艺的TTL电路速度快,但功耗和芯片面积较大。随着技术和工艺水平的提高,又出现了HMOS(高密度、高速度MOS)和CHMOS工艺。CHMOS和HMOS工艺还可以结合。目前生产的CHMOS电路已达到LSTTL的速度,传输延迟时间小于2ns。

目前,单片机的静态功耗电流已降至mA级,甚至μA级;使用电压一般为3～6V,低电压供电的单片机电压下限已可达1～2V,甚至0.8V供电的单片机也已经问世。这种低功耗、低电压使得单片机系统完全适应于采用电池供电,便于产品的便携化。

随着半导体集成工艺的不断发展,单片机的集成度将更高、体积将更小、功能将更强。

1.4 单片机的应用

由于单片机具有显著的优点,它已成为自动化领域的有力工具,人类生活的得力助手。它的应用遍及各个领域,主要表现在以下几个方面:

(1)单片机在智能仪表中的应用

单片机广泛地用于各种仪器仪表,使仪器仪表智能化,并可以提高测量的自动化程度和精度,简化仪器仪表的硬件结构,提高其性能价格比。

(2)单片机在机电一体化中的应用

机电一体化是机械工业发展的方向。机电一体化产品是指集机械技术、微电子技术、计算机技术于一体,具有智能化特征的机电产品,如微机控制的车床、钻床等。单片机作为产品中的控制器,能充分发挥体积小、可靠性高、功能强等优点,可大大提高机器的自动化、智能化程度。

(3)单片机在实时控制中的应用

单片机广泛地用于各种实时控制系统中。例如,在工业测控、航空航天、尖端武器、机器人等各种实时控制系统中,都可以用单片机作为控制器。单片机的实时数据处理能力和控制功能,可使系统保持在最佳工作状态,提高系统的工作效率和产品质量。

(4)单片机在分布式多机系统中的应用

在比较复杂的系统中,常采用分布式多机系统。多机系统一般由若干台功能各异的单片机组成,各自完成特定的任务,它们通过串行通信相互联系、协调工作。单片机在这种系统中往往作为一个终端机,安装在系统的某些节点上,对现场信息进行实时的测量和控制。单片机的高可靠性和强抗干扰能力,使它可以置于恶劣环境的前端工作。

(5)单片机在人类生活中的应用

自从单片机诞生以后,就步入了人类生活,如洗衣机、电冰箱、电子玩具、收录机等家用电器配上单片机后,提高了智能化程度,增加了功能,备受人们喜爱。单片机将使人类生活更加方便、舒适、丰富多彩。

1.5 单片机的主要厂商及产品系列

单片机自从诞生以来,经过长足的发展,目前世界上单片机市场形成了很多生产厂商,如 Intel、Motorola、Microchip、Philips、Siemens、ATMEL、Epson、NEC、Zilog 等公司,其主流产品有几十个系列,几百个型号。尽管其各具特色,名称各异,但作为集CPU、RAM、ROM(或 EPROM)、I/O 接口、定时/计数器、中断系统为一体的单片机,其原理大同小异。

单片机的主要厂家和代表产品如下:

(1) Intel(英特尔公司—美国)

1976 年,Intel 公司推出 MCS-48 系列单片机,后来于 20 世纪 80 年代推出高档 8 位单片机 MCS-51 系列。该系列是世界上使用量最大、应用最广泛的几种单片机之一。MCS-51 系列单片机又可分为基本型的 51 子系列和增强型的 52 子系列两大类。

51 子系列主要有 8031、8051、8751 等机型。它们的指令系统与芯片引脚完全兼容,差别仅在于片内有无 ROM 或 EPROM。

52 子系列主要有 8032、8052、8752 等机型。52 子系列与 51 子系列的主要不同之处在于:片内数据存储器增至 256 字节;片内程序存储器增至 8 KB (8032 无片内程序存储器);有 3 个 16 位定时/计数器,6 个中断源。其他性能均与 51 子系列相同。

在单片机家族中,80C51 系列是其中的佼佼者,加之 Intel 公司将其 MCS-51 系列中的 80C51 内核使用权以专利互换或出售形式转让给全世界许多著名 IC 制造厂商,如

Philips、NEC、Atmel、AMD、华邦等，这些公司都在保持与 80C51 单片机兼容的基础上改善了 80C51 的许多特性。这样，80C51 就变成有众多制造厂商支持的、发展出上百品种的大家族，现统称为 80C51 系列。80C51 单片机已成为单片机发展的主流。80C51 已经成为事实上的标准 MCU 芯片。MCS-51 系列单片机的型号及配置如表 1-1 所示：

表 1-1　　MCS-51 单片机系列及配置一览表

<table>
<tr><th rowspan="2">系列</th><th colspan="4">片内存储器</th><th rowspan="2">定时/
计数器</th><th rowspan="2">并行
I/O</th><th rowspan="2">串行
I/O</th><th rowspan="2">中断源</th></tr>
<tr><th>无 ROM</th><th>ROM</th><th>EPROM</th><th>RAM</th></tr>
<tr><td>51 子系列</td><td>8031</td><td>8051
(4KB)</td><td>8751
(4KB)</td><td>128B</td><td>2*16 位</td><td>4*8 位</td><td>1</td><td>5</td></tr>
<tr><td>52 子系列</td><td>8032</td><td>8052(8KB)</td><td>8752(8KB)</td><td>256B</td><td>3*16 位</td><td>4*8 位</td><td>1</td><td>6</td></tr>
<tr><td rowspan="3">ATEML
89C 系列</td><td colspan="3">1051(1K)/ 2051(2K)/ 4051(4K)
(20 条引脚 DIP 封装)</td><td>128B</td><td>2*16 位</td><td>4*8 位</td><td>1</td><td>5</td></tr>
<tr><td colspan="3">89C51(4K)(40 条引脚 DIP 封装)</td><td>128B</td><td>2*16 位</td><td>4*8 位</td><td>1</td><td>5</td></tr>
<tr><td colspan="3">89C52(8K)(40 条引脚 DIP 封装)</td><td>256B</td><td>3*16 位</td><td>4*8 位</td><td>1</td><td>6</td></tr>
</table>

(2) Atmel(爱特梅尔)

Atmel 公司是世界上高级半导体产品设计、制造和行销的领先者，产品包括了微处理器、可编程逻辑器件、非易失性存储器、安全芯片、混合信号及 RF 射频集成电路。其生产的 CMOS 型 51 单片机具有 MCS-51 内核，Atmel 生产的 51 系列单片机如 AT89C51、AT89S51 等单片机目前在市场上仍然十分流行。ATMEL 生产的单片机除了有与 MCS-51 兼容的 AT8951 系列，还有与 MCS-51 不兼容的 AVR 系列 RISC 结构单片机，AVR 单片机是一种高速、低功耗的单片机产品，端口有较强的驱动负载能力。

(3) Motorola(摩托罗拉)

Motorola 是世界上最大的单片机生产厂家之一，品种全、选择余地大、新产品多。其主要特点是在同样的速度下所用的时钟较 Intel 类单片机低得多，因而高频噪声低，抗干扰能力强，比较适合于工控领域及恶劣的环境。在 8 位机方面的典型产品有 68HC05 和升级产品 68HC08，其中 68HC05 有 30 多个系列 200 多个品种，产量超过 20 亿片。32 位单片机方面有 683XX 系列。Motorola 单片机特点之一是噪声低，抗干扰能力强，更适合用于工控领域以及恶劣环境。

(4) Microchip(微芯科技)

Microchip 公司是全球领先的单片机和模拟半导体供应商，为全球数以千计的消费类产品提供低风险的产品开发、更低的系统总成本和更快的上市时间。Microchip 公司单片机是市场份额增长较快的单片机。它的主要产品是 PIC 系列 8 位单片机，指令系统采用 RISC 指令，运行速度快，价格低，适用于用量大、档次低、价格敏感的产品。

(5) Zilog

Zilog 公司 1974 年成立于美国加州，曾经是单片机领域的领军者。但是在无限风光之后，由于各种原因以及公司策略的改变，Zilog 公司在商业市场遭受了很大挫折，逐渐退出了单片机市场。直到长达10多年的沉寂之后的2000年，Zilog终于决定重新回到8位单片机市场。公司以其老一代的Z8系列单片机为基础，陆续推出了两个全新的内核：eZ80和eZ8，达到了很高的处理速度，受到市场的欢迎。

(6) Winbond(华邦)

华邦公司的单片机主要有W77系列、W78系列等，属于80C51-based单片机。Winbond对8051的时序做了改进，提高了同样时钟频率下的处理速度。此外，Winbond还生产32位单片机，属于ARM-based类。

(7) TI(Texas Instruments德州仪器)

TI公司是全球领先的半导体公司。TI最著名的是它的DSP技术，在单片机方面则生产有MSP430系列单片机。MSP430系列是TI公司开发的16位单片机，突出特点是超低功耗，适合于各种功率要求低的场合。

1.6 学习单片机的方法

学习单片机是否很困难呢？应当说，对于已经具有电子电路，尤其是数字电路基本知识的读者来说，不会有太大困难，如果你对PC机有一定基础，学习单片机就更容易。为使绝大多数读者能用上单片机，在本书中，我们将尽量按深入浅出、删繁就简、理论联系实际的原则把单片机的基本工作原理、使用方法教给读者，以达到把大家领进单片机之“门”的目的。

不过，单片机和PC机一样，是实践性很强的一门技术，有人说“计算机是玩出来的”，单片机亦一样，只有多“玩”，也就是多练习、多实际操作，才能真正掌握它。另外，单片机的应用具有一定的系统设计思想，不仅仅是能够熟练使用编程语言，熟悉单片机的内部工作原理和配置，还应该了解单片机系统设计中经常用到的一些外围器件和外围电路设计方法。只有多参加一些系统设计训练，多接触一些设计实例，多参与，多实践，才能够通过日积月累逐渐掌握这些知识，成为一个单片机应用高手。同时，通过这个锻炼过程，你将获得终生受益的电子设计能力。

思考与习题

1. 单片机的特点有哪些？
2. 单片机的发展趋势有哪些？
3. MCS-51单片机有哪些型号？它们有哪些区别？
4. 目前有哪些单片机厂商，他们的典型代表产品是哪些？
5. 和同学们交流一下学习单片机的意义，如何学好这门课？

第 2 章　MCS-51 单片机硬件结构

2.1　MCS-51 的内部结构

MCS-51 单片机的内部除了包含 CPU 以外，还包含了一些程序存储器、数据存储器、定时/计数器、并行 I/O 接口、串行 I/O 接口、总线控制逻辑和中断控制逻辑，其结构框图如图 2-1 所示。

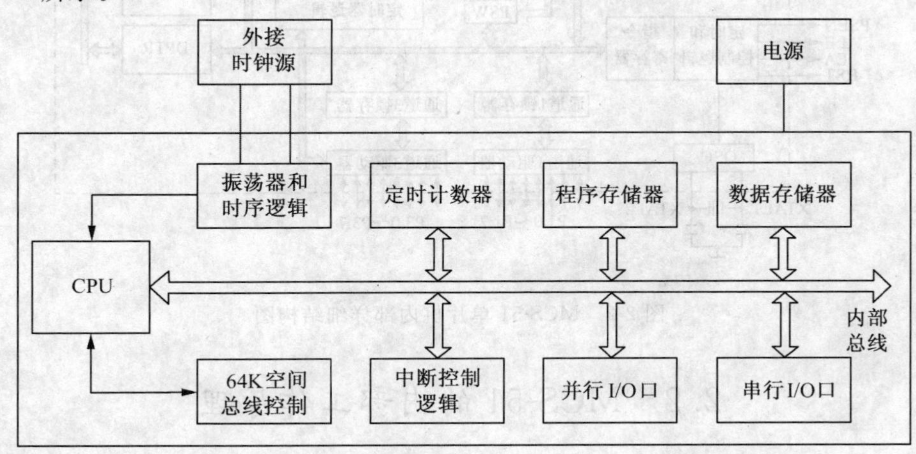

图 2-1　MCS-51 单片机内部结构框图

其中，CPU 是单片机的最核心部分，是整个单片机的控制和指挥中心，相当于单片机的“大脑”，完成所有的计算和控制任务。振荡器和时序逻辑，产生 CPU 工作所需要的内部时钟，是单片机的“心脏”。中断控制逻辑用来应付一些临时到达的突发事件（即中断），并能保证当有多个突发事件发生时，CPU 能够有序地为这些事件进行服务，所有突发事件服务完成后 CPU 还能继续以前的工作。并行 I/O 接口和串行 I/O 接口都是一些数据传输通道，方便 CPU 从芯片外部取得待处理的对象（输入数据）和将处理的结果（输出数据）送到芯片外部。程序存储器用于存放单片机的程序，是单片机命令的“指挥所”。数据存储器用于存放内部待处理的数据和处理后的结果，相当于单片机的“数据仓库”。而定时/计数器主要是完成对外部输入脉冲的计数或者根据内部的时钟及定时设置，周期性的产生定时信号。该定时信号可以作为 CPU 内部周期性处理一些事件（如 A/D 采样）的时间基准，也可以将这个周期性的时间信号输出出来，供外部其他电路使用。64K 总线控制逻辑，用于产生外部 64KB 存储空间的有关读写控制信号。

内部 CPU 与程序存储器、数据存储器、并行 I/O 接口、串行 I/O 接口和定时/计数器之间都是通过内部总线联系在一起,CPU 对它们的读写采用 8 位并行方式(内部 16 位的定时计数器是分成高低两个 8 位字节的)。

MCS-51 单片机的内部详细结构如图 2-2 所示。

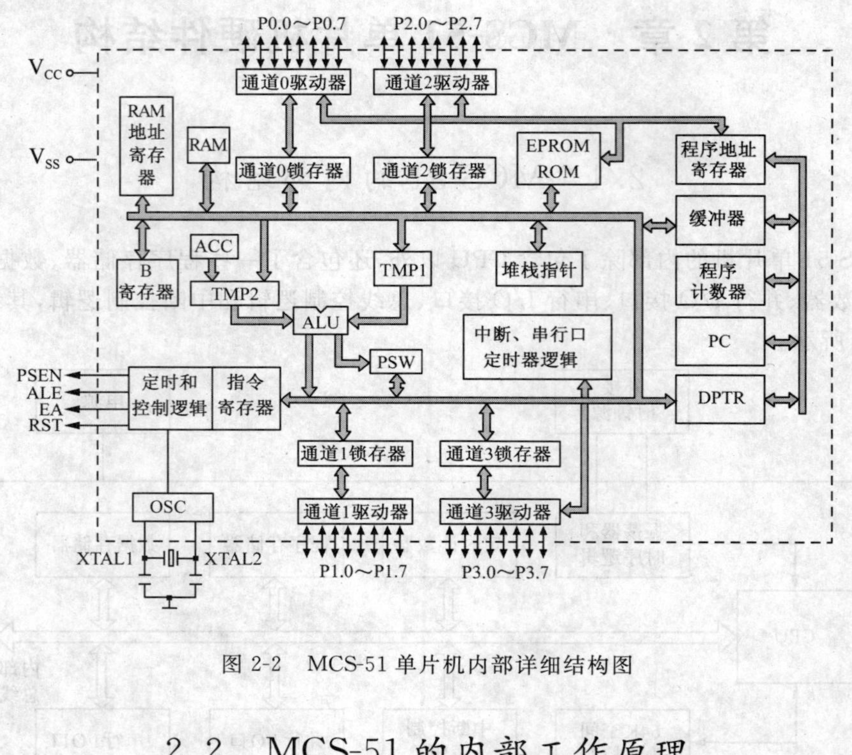

图 2-2　MCS-51 单片机内部详细结构图

2.2　MCS-51 的内部工作原理

结合图 2-1 和 2-2,我们再详细了解一下 MCS-51 内部的工作原理。

2.2.1　MCS-51 的 CPU 结构及工作原理

CPU 是单片机的核心,由运算器和控制器等部件组成。其中,运算器包括一个可进行 8 位算术和逻辑运算的单元 ALU,8 位的暂存器 1(TMP1)、暂存器 2(TMP2),8 位的累加器 ACC,寄存器 B 和程序状态字寄存器 PSW 等。

(1)算术和逻辑运算单元 ALU

ALU 是 CPU 运算器的核心,可以完成对 4 位(半字节)、8 位(一字节)和 16 位(双字节)数据进行加、减、乘、除、加 1、减 1、BCD 数十进制调整及比较等算术运算和“与”、“或”、“非”、“异或”及“循环移位”等逻辑运算操作。ALU 是整个单片机的计算中心,是单片机“智慧”的源泉。

(2)累加器 ACC

8 位寄存器,ALU 运算的结果一般都进入累加器 ACC,当然运算的对象也可以来自于 ACC。除此之外,ACC 在 MCS-51 内部还经常作为数据传送的中转站。同一般微处理器一样,它是最忙碌的一个寄存器,在指令中用助记符 A 来表示。

(3)寄存器 B

8 位寄存器，在乘、除运算时，B 寄存器用来存放一个操作数，也用来存放运算后的一部分结果。若不做乘、除运算，则可作为通用寄存器使用。

(4)程序状态字寄存器 PSW

8 位寄存器，PSW 寄存器用于指示指令执行后的状态信息，相当于一般微处理器的标志寄存器。PSW 的位结构如表 2-1 所示。

表 2-1　　**PSW 位结构**

D7	D6	D5	D4	D3	D2	D1	D0
Cy	AC	F0	RS1	RS0	OV	—	P

其中，各位的含义如下：

Cy：高位进位标志位，当 ALU 的算术运算过程中有进位或借位时，Cy＝1；否则，Cy＝0。同时，该位还可以用作位累加器，这时一般只用“C”表示。

AC：辅助进位标志，当 ALU 的算术运算过程中低 4 位向高 4 位有进位或借位时，AC＝1；否则，AC＝0。该位常用于 BCD 码的调整。

F0：用户标志位。

RS1、RS0：选择工作寄存器组位，用于选择内部数据存储器区内 4 组工作寄存器中的某一组。具体选择情况见寄存器介绍部分。

OV：溢出标志位，当 ALU 的算术运算过程中有溢出时，OV ＝1；否则，OV ＝0。

P：奇偶校验标志位，根据累加器 ACC 中 1 的个数由硬件置位或清除，当累加器 ACC 中有奇数个 1 时 P＝1；否则，P＝0。

PSW. 1：保留位，无定义。

【例 2-1】　分析执行下列指令序列结束后，A、C、AC、OV、P 的内容是什么？

```
MOV   A,＃79H
ADD   A,＃58H
```

该指令功能是将 79H＋58H→A。计算过程如下：

```
   (79H)   01111001
 ＋(58H)   01011000
 ──────────────────
   (D1H)   11010001
```

A＝D1H 最高位无进位，C＝0；低半字节有进位，AC＝1；OV＝1，发生溢出；A 中 1 的个数为偶数，P＝0。

(5)临时寄存器 TMP1 和 TMP2

这两个寄存器专门供 ALU 存放临时数据，用户不可以直接访问。

(6)程序控制逻辑

CPU 内部除了计算功能，还有一部分用于整个程序的控制，这就是程序控制逻辑，也叫程序控制器。程序控制器包括程序计数器 PC、指令寄存器 IR、指令译码器 ID、振荡器及定时电路等。

程序计数器 PC 是一个 16 位地址计数器，PC 中的内容是将要执行的下一条指令的地址。改变 PC 的内容就可改变程序执行的方向。

指令寄存器 IR 及指令译码器 ID，CPU 把由 PC 中的内容决定的 Flash 或 ROM 地址中的指令代码取出后，经指令寄存器 IR 送至指令译码器 ID 进行译码，译码后产生一定序列的控制信号，以执行指令所规定的操作（例如，把片内工作寄存器中的数据传送到外部 I/O 口）。

2.2.2 MCS-51 的存储空间及应用配置

MCS-51 系列单片机的存储器在物理结构上分为程序存储器空间和数据存储器空间。程序存储器空间采用片内、片外统一编址的方式，共有 64KB，地址范围为 0000H～FFFFH（用 16 位地址表示）。片内有 256 字节数据存储器地址空间，地址范围为 00H～FFH（用 8 位地址表示）。除了片内数据存储器空间，MCS-51 还有 64KB 的片外数据存储器空间，其地址范围也是 0000H～FFFFH（用 16 位地址表示）。片内、片外数据存储器空间的访问通过不同的数据访问指令来区分开来（片内采用 MOV 指令，片外采用 MOVX 指令，详细情况见第 3 章）。片外数据存储器空间和片外程序存储器空间，采用的外部地址总线和数据总线是相同的，不同的是控制总线不一样（程序存储空间的读信号为 $\overline{PSEN}$，而数据存储空间的读信号为 $\overline{RD}$）。MCS-51 系列单片机的存储器分配如图 2-3 所示。

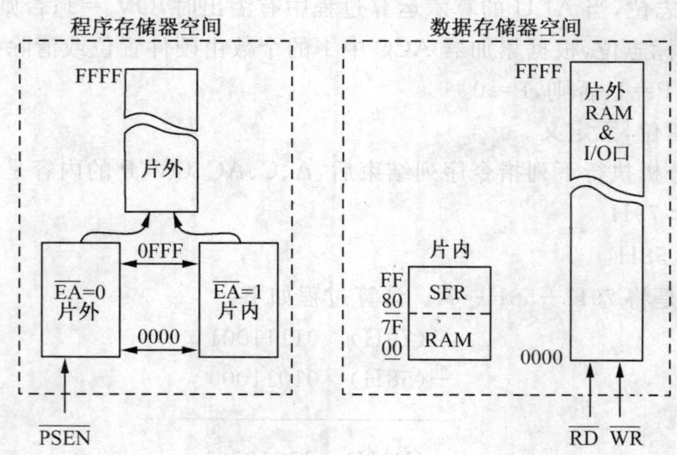

图 2-3 MCS-51 单片机存储器空间

2.2.2.1 程序存储器空间配置

程序存储器空间的片内、片外选择通过单片机的引脚 $\overline{EA}$ 来实现，当 $\overline{EA}$ 接低电平时（$\overline{EA}$＝0），程序存储器空间的前 4KB（MCS-52 是 8KB）由片外实现；当 $\overline{EA}$ 接高电平时（$\overline{EA}$＝1），程序存储器空间的前 4KB（MCS-52 是 8KB）由片内实现。读者可以想象得到，对于 8031/80C31/8032/80C32 这些片内没有 ROM 的单片机，$\overline{EA}$ 引脚必须接低电平。同样，对于具有片内 FLASH 或者 ROM 的这些单片机，如果想使用这些片内存储器的话，

$\overline{EA}$引脚必须接高电平。对于片内没有的高地址空间部分单元，一定由片外实现，不管$\overline{EA}$引脚接的是高电平还是低电平。

2.2.2.2　片内数据存储器空间配置

MCS-51 系列单片机片内最多可以配置 256 字节的数据存储器空间，地址从 00H～FFH。这 256 字节的片内数据存储器分为两部分：低 128 字节（00H～7FH）是真正的 RAM 区，高 128 字节（80H～FFH）为特殊功能寄存器（SFR）区（MCS-52 也有高 128 字节的数据存储单元，它们是和特殊功能寄存器重叠的，区分这些重叠的高 128 字节存储单元的方法是使用不同的寻址方式，SFR 使用直接寻址而数据存储单元使用间接寻址。关于直接寻址和间接寻址请看第 3 章有关内容）。MCS-51 系列单片机的 SFR 都是采用直接寻址方式进行访问的。

这里提到特殊功能寄存器，我们就首先介绍一下特殊功能寄存器。

(1)特殊功能寄存器

在 MCS-51 系列单片机片内高 128 字节 RAM 中，有 21 个特殊功能寄存器（SFR），它们离散地分布在 80H～FFH 的 RAM 空间中。这些特殊功能寄存器提供了 CPU 以及其他功能部件（如定时/计数器、串行口、并行口等）所需要的控制、状态和缓冲寄存器。由于这些寄存器一般都具有特殊的功能，因此称为特殊功能寄存器。这些寄存器的分布如图 2-4 所示。

字节地址	位地址								
FF									
F0	F7	F6	F5	F4	F3	F2	F1	F0	B
E0	E7	E6	E5	E4	E3	E2	E1	E0	ACC
D0	D7	D6	D5	D4	D3	D2	—	D0	PSW
B8	—	—	—	BC	BB	BA	B9	B8	IP
B0	B7	B6	B5	B4	B3	B2	B1	B0	P3
A8	AF	—	—	AC	AB	AA	A9	A8	IE
A0	A7	A6	A5	A4	A3	A2	A1	A0	P2
99	不可寻址位								SBUF
98	9F	9E	9D	9C	9B	9A	99	98	SCON
90	97	96	95	94	93	92	91	90	P1
8D	不可寻址位								TH1
8C	不可寻址位								TH0
8B	不可寻址位								TL1
8A	不可寻址位								TL0
89	不可寻址位								TMOD
88	8F	8E	8D	8C	8B	8A	89	88	TCON
87	不可寻址位								PCON
83	不可寻址位								DPH
82	不可寻址位								DPL
81	不可寻址位								SP
80	87	86	85	84	83	82	81	80	P0

图 2-4　MCS-51 单片机的特殊功能寄存器分布

通过图 2-4 可以看出，累加器 ACC、寄存器 B、程序状态字 PSW 都属于特殊功能寄存器。ACC 占有 E0H 单元地址，B 占有 F0H 单元地址，PSW 占有 D0H 单元地址。这三个特殊功能寄存器的作用，前面已经介绍过。需要强调的一点是，ACC 这个特殊功能寄存器在指令中一般用 A 表示，代表累加器，使用的是寄存器寻址。如果要把累加器当作特殊功能寄存器来访问（比如说对它进行压栈和弹栈），必须使用 ACC 符号，而不是 A 符号。这里，我们把剩余的特殊功能寄存器的功能简单地介绍一下，它们的位结构，在后面有关章节再详细介绍。

①栈指针 SP(81H)：在 MCS-51 系列单片机片内 RAM 中，常常要指定一个专门的区域来存放某些特别的数据，此区域遵循顺序存取和后进先出（LIFO/FILO）的原则，这个 RAM 区叫做堆栈。堆栈中的数据一般是某些事件发生时的 CPU 状态或者寄存器的值。比如说，当中断到来时，为了防止中断服务程序中的操作对某些寄存器（如 PSW、ACC

等)形成破坏,需要将这些寄存器保护起来,我们就可以把这些需要保护的寄存器的值压入堆栈,等服务程序执行完毕后,再把这些寄存器的值恢复出来,这个过程叫做现场的保护与恢复。

特殊功能寄存器堆栈指针 SP 的地址为 81H,SP 的功能就是用来指示堆栈栈顶地址的。压栈(执行 PUSH 指令)时,先把 SP 自动加 1,然后把被压的数据放到 SP 指向的单元,如图 2-5(a)所示。弹栈(执行 POP 指令)时,先把 SP 指向的单元弹出,然后把 SP 减 1,如图 2-5(b)所示。

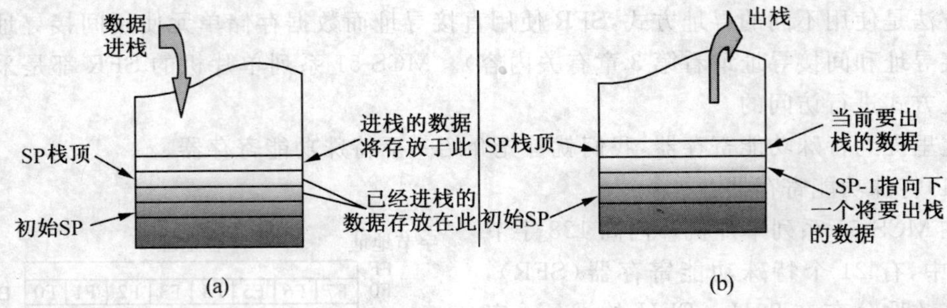

图 2-5　数据的入栈出栈原理示意图

堆栈区要选择在片内的 00H～7FH RAM 中。系统复位后,SP 初始化为 07H,即指向 07H 的 RAM 单元。这时从 08H 到 7FH 之间都是堆栈区。一般情况下应把堆栈区放置在 30H～7FH。关于片内 RAM 的低 128 字节区,稍后详细介绍。

②数据指针 DPTR(83H,82H):DPTR 是一个 16 位的特殊功能寄存器,其高位字节寄存器用 DPH 表示(地址 83H),低位字节寄存器用 DPL 表示(地址 82H)。DPTR 既可以作为一个 16 位寄存器来处理,也可以作为两个独立的 8 位寄存器 DPH 和 DPL 使用。DPTR 主要用于存放 16 位地址,以便对 64KB 片外 RAM 作间接寻址,这在第 3 章有关寻址方式的章节中再详细介绍。

③I/O 端口 P0～P3(80H,90H,A0H,B0H):P0～P3 为 4 个 8 位特殊功能寄存器,分别是 4 个并行 I/O 端口的锁存器。它们都有字节地址,每一个端口锁存器还有位地址,每一条 I/O 线均可独立用作输入或输出。用作输出时,可以锁存数据;用作输入时,数据可以缓冲,详细情况稍后介绍。

④中断允许寄存器 IE(A8H)、中断优先级寄存器 IP(B8H):IE 和 IP 都是 8 位特殊功能寄存器,其中 IE 用来对中断系统所有中断以及某个中断源进行开放或屏蔽;80C51 单片机有两个中断优先级(即高优先级和低优先级),可实现两级中断服务嵌套。每个中断源的中断优先级是由中断优先级寄存器 IP 中的相应位的状态来决定的。关于这两个特殊功能寄存器的位结构和详细工作原理将在第 4 章有关章节中介绍。

⑤定时/计数器工作方式寄存器 TMOD(89H)、定时/计数器控制寄存器 TCON(88H):8 位特殊功能寄存器 TMOD 和 TCON 都是与定时/计数器有关的。其中,TMOD 用来为定时/计数器 T0、T1 选定工作方式,TCON 用来控制定时/计数器 T0、T1 的运行,并反映 T0、T1 的运行状态。

⑥定时/计数器寄存器 TH1(8DH)、TH0(8CH)、TL1(8BH)、TL0(8AH):8 位特殊

功能寄存器 TH1 和 TL1 构成定时/计数器 T1 的 16 位计数器，TH0 和 TL0 构成定时/计数器 T0 的 16 位计数器。每来一个定时或计数脉冲，这个 16 位计数器将加 1，直至计满产生溢出。与定时/计数器有关的 TMOD、TCON、TH1、TH0、TL1、TL0 等特殊功能寄存器的位结构和详细工作原理将在第 4 章有关章节中介绍。

⑦串行口控制寄存器 SCON(98H)、串行口发送、接收缓冲寄存器 SBUF(99H)：8 位特殊功能寄存器 SCON 用以实现设定串行口的工作方式、控制接收/发送以及设置串行口的工作状态标志等功能。MCS-51 系列单片机片内有两个物理上独立的发送、接收串行口缓冲器 SBUF，它们占用同一地址 99H，对它们的操作可以实现通过串行口接收或发送一定的数据。由于读写方向是不一样的，所以读操作对应的是接收缓冲器，写操作对应的是发送缓冲器。因此，虽然占用相同的地址，但是物理上是两个缓冲寄存器，操作时并不会产生混淆。SCON 和 SBUF 有关的详细情况将在第 4 章有关章节中介绍。

⑧电源控制寄存器 PCON(87H)：8 位特殊功能寄存器 PCON 的主要作用是用于控制 MCS-51 单片机使其进入低功耗模式，但其最高位(D7：SMOD)是用于控制串行口波特率是否进行倍频的。关于 PCON 的详细情况将在第 4 章中介绍。

(2)片内低 128 字节 RAM

MCS-51 系列单片机片内低 128 字节的 RAM 包含工作寄存器区(00H～1FH)、可位寻址区(20H～2FH)、通用 RAM 区(30H～7FH)三个组成部分，如图 2-6 所示。

①工作寄存器区(00H～1FH)：MCS-51 的片内 RAM 00H～1FH 地址空间安排了 4 组工作寄存器，每组有 8 个工作寄存器(R0～R7)，共占 32 个单元。MCS-51 在每个时刻只能选定一组工作寄存器作为当前的工作寄存器组。选定当前工作寄存器组的方法是对程序状态字 PSW 中 RS1、RS0 进行适当的设置，如表 2-2 所示。

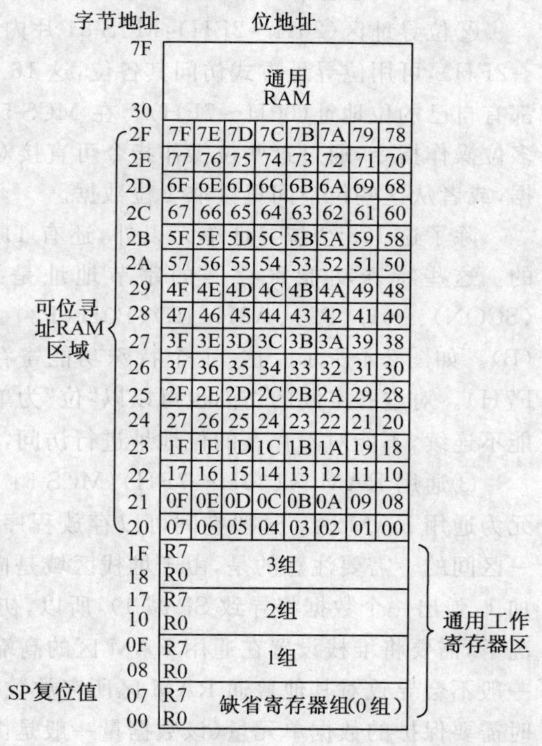

图 2-6　MCS-51 片内低 128 字节的 RAM 组成结构

表 2-2　　MCS-51 的工作寄存器选择

RS1	RS0	寄存器地址								工作寄存器组
		R0	R1	R2	R3	R4	R5	R6	R7	
0	0	00H	01H	02H	03H	04H	05H	06H	07H	第 0 组
0	1	08H	09H	0AH	0BH	0CH	0DH	0EH	0FH	第 1 组
1	0	10H	11H	12H	13H	14H	15H	16H	17H	第 2 组
1	1	18H	19H	1AH	1BH	1CH	1DH	1EH	1FH	第 3 组

通过设置 RS1、RS0,可以在不同的时刻选定不同的寄存器组,实现寄存器组的切换。若程序中并不需要全部的 4 组寄存器,那么其余的寄存器单元可用作一般的 RAM 单元。CPU 复位后,选定第 0 组寄存器为当前的工作寄存器。

②位寻址区(20H～2FH):MCS-51 片内 RAM 工作寄存器区后的 16 字节单元(20H～2FH),可用位寻址方式访问其各位,这 16 个单元(共 128 个位)称为位寻址区,每个位都有自己的位地址(00H～7FH)。在 MCS-51 系列单片机内有一个布尔处理机,还有许多位操作指令,通过这些位操作指令可直接对这 128 位寻址,向这些位空间里写入 1 位数据,或者从这些位空间里读取 1 位数据。

除了这 128 个位寻址单元以外,还有 11 个特殊功能寄存器(SFR)也是可以位寻址的。这些特殊功能寄存器的字节地址是:80H(P0)、88H(TCON)、90H(P1)、98H(SCON)、A0H(P2)、A8H(IE)、B0H(P3)、B8H(IP)、D0H(PSW)、E0H(ACC)、F0H(B)。如图 2-4 所示。这 11 个特殊功能寄存器的位也都分配了相应的位地址(80H～F7H)。对这些空间的访问也可以以"位"为单位。需要注意的是,这部分的位地址空间可能不连续,不能对不存在的位地址进行访问,否则访问的结果是未知的。

③通用 RAM 区(30H～7FH):MCS-51 的片内 RAM 30H～7FH 地址空间的存储单元为通用 RAM 区。这段空间可以存放程序运行的中间结果。同时,堆栈也是放置在这一区间的。需要注意的是,由于堆栈区域是向上生长的(也就是压入一个数据将导致 SP 加 1,弹出一个数据将导致 SP 减 1),所以,初始的堆栈指针 SP 设置就特别重要。一般情况下,需要将堆栈设置在通用 RAM 区的高端(如 60H～7FH),这样随着压入数据的增加一般不会导致对其他普通 RAM 区所存放数据的破坏。堆栈区的大小取决于整个系统同时需要保护的数据单元量(该数据量一般是由中断服务程序内使用的数据单元数和中断嵌套的层数决定)。

2.2.2.3　片外数据存储器空间配置

片外数据存储器与片内数据存储器空间的低地址部分(0000H～00FFH)是重叠的。89C51 有 MOV 和 MOVX 两种指令,用以区分片内、片外 RAM 空间,当使用 MOV 指令时,访问的是片内区域,当使用 MOVX 指令时,访问的是片外区域。实际上,整个片外 64KB 数据空间的访问都是使用 MOVX 指令(这时,外部读写信号引脚 $\overline{RD}$ 或 $\overline{WR}$ 是有效的)。MCS-51 的数据存储器除了片内有 128 字节或 256 字节的存储器单元外,剩余所有的数据存储单元都需要扩展片外 RAM(如 2KB/8KB/32KB 的静态 RAM 芯片 6116/

6264/62256)来实现。

外部数据存储器的寻址空间可达 64KB。片外数据存储器的地址可以是 8 位或 16 位。使用 8 位地址时，则由 P0 口将这 8 位地址与数据信号分时提供，利用地址锁存信号 ALE 的下降沿可以将这些地址锁存住。若采用 16 位地址，则由 P2 端口传送高 8 位地址。

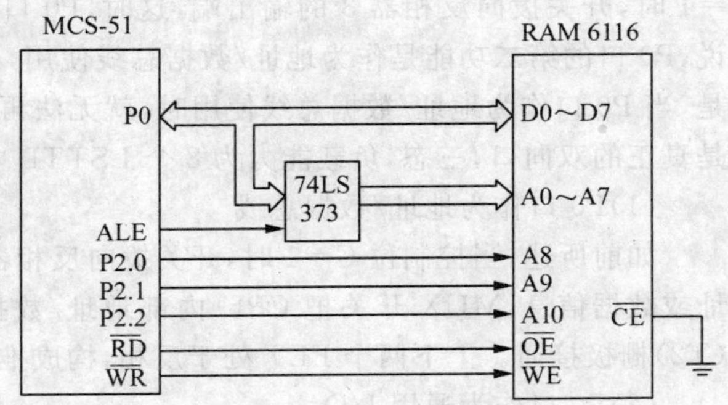

图 2-7　MCS-51 片外数据存储器扩展

图 2-7 是片外扩展 2KB RAM 时的连接图。P0 口用作 RAM 的数据总线(D0～D7)，通过 74LS373 锁存后作为地址总线的低 8 位(A0～A7)，P2 口中的 3 位(P2.0、P2.1 和 P2.2)作为 RAM 的高 3 位地址(A8～A10)。访问片外 RAM 期间，CPU 根据需要发送$\overline{RD}$或$\overline{WR}$信号。

2.2.3　MCS-51 的 I/O 端口

在控制系统领域，有很多信号(如电机的开与停，温度是否超越了上界，电梯的上行和下行，小车的前进与倒退等)都可以利用简单的高低电平(代表了逻辑上的 1 和 0)来表示。为了便于实现对这些控制信号的输入与输出，MCS-51 单片机设置了 4 个 8 位并行 I/O 口，它们分别是 P0 口、P1 口、P2 口和 P3 口。这 4 个并行 I/O 口有个统一的功能，就是实现开关信号的输入输出(也就是通用 I/O)功能。也就是说，我们可以利用程序将这些口设置为高电平或者低电平(输出功能)，也可以利用这些口将某些利用高低电平所表示的开关信号(1 和 0)读入单片机内部(输入功能)。除此之外，它们还有各自不同的第二甚至第三功能，这是由它们的内部结构所决定的。

2.2.3.1　P0 口

P0 口某位的结构如图 2-8 所示。

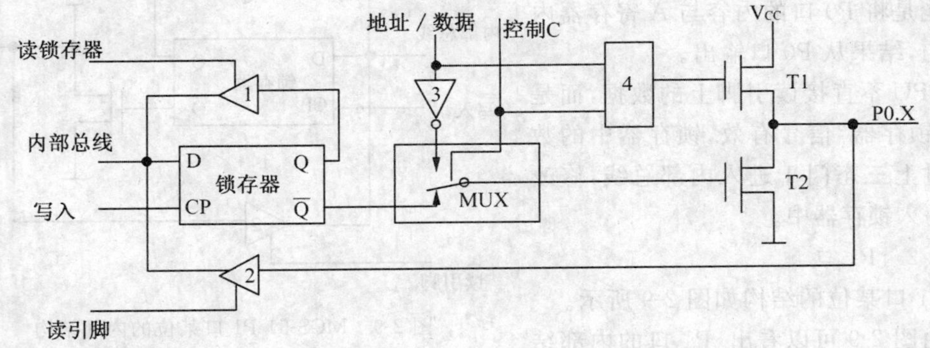

图 2-8　MCS-51 P0 口某位的内部结构

P0 口由一个输出锁存器、两个三态输入缓冲器和输出驱动电路及控制电路组成。当控制位 C=0 时，开关 MUX 被控为如图 2-8 所示位置，P0 口为通用 I/O 口。当控制位 C=1 时，开关拨向反相器 3 的输出端，这时，P0 口分时作为地址/数据总线使用。也就是说，P0 口的第二功能是作为地址/数据总线使用，这是 P0 口最常用的用法。需要注意的是，当 P0 口作为地址/数据总线使用时，就无法再作 I/O 口使用。P0 口作地址/数据时，是真正的双向口，三态，负载能力为 8 个 LSTTL 电路。

(1)P0 口作为地址/数据总线

如前所述，当控制位 C=1 时，开关拨向反相器 3 的输出端，P0 口引脚输出低 8 位地址或数据信息，MUX 开关把 CPU 内部地址/数据线经反向器 3 与驱动场效应管 FET(T2)栅极接通。上下两个 FET 处于反相，构成推挽式输出电路，提高了负载能力。

(2)P0 口作为通用 I/O

当控制位 C=0 时，P0 口为通用 I/O 口。

①P0 口作为输出口：当 CPU 执行输出指令时，写脉冲加在 D 锁存器的 CP 上。这样，与内部总线相连的 D 端的数据取反后就出现在了输出级 FET(T2)的栅极上，经输出级 FET(T2)反相，在 P0 端口上出现的数据正好是内部总线的数据。需要注意的是，由于 CPU 使控制线 C 为 0，上拉 FET 处于截止状态，因此输出级是漏极开路的，外部应加上拉电阻。

②P0 口作为输入口：当 CPU 执行一条由端口读入数据的指令时，“读引脚”脉冲把三态缓冲器 2 打开，使端口上的数据经过缓冲器 2 读入到内部总线。

需要注意的是，在进行从端口输入前，应先向端口锁存器写入 1，也就是使锁存器$\overline{Q}$=0，使 T2 截止；又因为控制线 C=0，因此 T1 截止，这样引脚便处于悬浮状态，可作高阻抗输入。否则，如果向端口输出了 0，则锁存器$\overline{Q}$=1，这样 T2 便处于导通状态，端口便一直处于低电平状态，无法获得真正的引脚电平状态。希望同学们一定要记住，“要输入，先输出 1”。

③“读－修改－写”：MCS-51 有几条对 I/O 口操作的指令，属于“读－修改－写”指令，如 ANL P0，A。该指令的功能是将 P0 口的内容与 A 寄存器内容相与，结果从 P0 口输出。

CPU 不直接读引脚上的数据，而是使“读锁存器”信号有效，锁存器中的数据通过上三态门 1 进入内部总线，修改后再写入锁存器中。

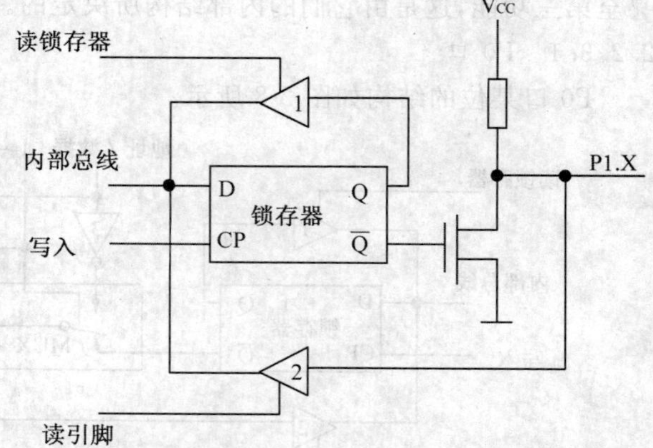

图 2-9 MCS-51 P1 口某位的内部结构

2.2.3.2 P1 口

P1 口某位的结构如图 2-9 所示。

由图 2-9 可以看出，P1 口的内部结构和 P0 口有相同的地方，也有不同的地方。相同的地方是，它们的输出锁存电路一样；不同的地方是，由于 P1 口只作为 I/O 口，没有第二功能，因此，P1 口没有像 P0 口那样的功能选择电路。P1 口的输出驱动部分也与 P0 口不同，P1 口的输出驱动上半部分把一个

FET 换成了一个上拉负载电阻，下半部分仍然保留一个可工作在导通或截止两种状态的 FET。当 FET 导通时，其管脚 P1. X 输出为低电平。当 FET 截止时，其管脚 P1. X 输出由上拉电阻上拉为高电平，能向外提供拉电流负载，所以外部接口电路不必再接上拉电阻。

P1 口也是一个准双向口。当将该端口用作输入端口时，也必须先向对应的锁存器写入 1，使 FET 截止。P1～P3 都是准双向口，负载能力为 4 个 LSTTL 电路。

2.2.3.3　P2 口

P2 口某位的结构如图 2-10 所示。

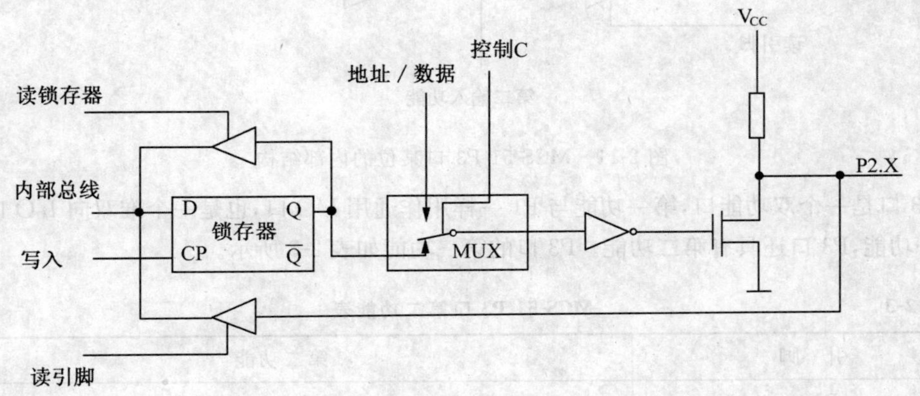

图 2-10　MCS-51 P2 口某位的内部结构

P2 口的内部结构与 P0 口类似的地方，它们的锁存电路相同，也都有 MUX 开关。驱动部分与 P1 口类似，都由一个上拉电阻和一个 FET 组成。

(1)P2 口作为一般的 I/O 口

P2 口是一多功能接口，即可以作为通用 I/O 口使用，也可以作为输出高 8 位地址线使用。在以下三种情况下，P2 口将作为通用 I/O 口使用：

①当 CPU 对片内存储器进行读/写(执行 MOV 指令)。

②在 EA＝1 的情况下执行 MOVC 指令时，内部硬件电路会自动使开关 MUX 倒向锁存器的 $\overline{Q}$ 端，这时，P2 口将作为一般 I/O 口使用。

③当系统只需扩展 256B 片外 RAM，使用“MOVX A，@Ri”类指令访问片外 RAM 时，寻址范围是 256B，只需低 8 位地址线就可以实现。这时，P2 口将不受该指令影响，仍可作通用 I/O 口使用。

(2)P2 口作为高 8 位地址线

若扩展的 RAM 容量超过 256B，使用“MOVX A，@DPTR”类指令的寻址范围是 64KB，此时，高 8 位地址总线用 P2 口输出。在片外 RAM 读/写周期内，P2 口锁存器仍保持原来端口的数据。此时 P2 口无法再用作通用 I/O 口。

2.2.3.4　P3 口

P3 口某位的结构如图 2-11 所示。

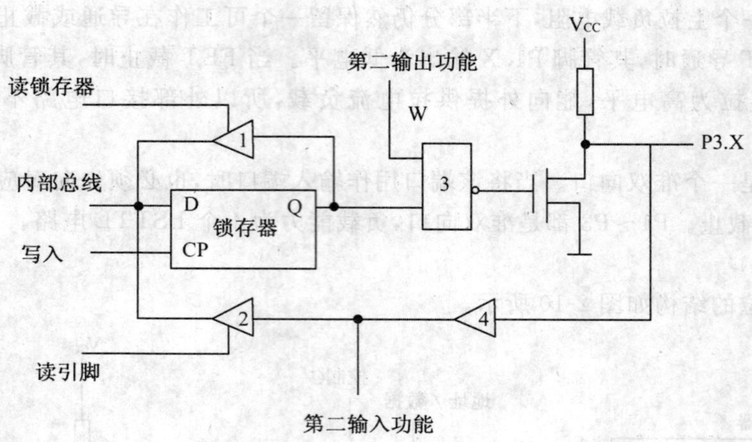

图 2-11　MCS-51 P3 口某位的内部结构

P3 口是一个双功能口，第一功能与 P1 一样用作通用 I/O 口，也是一个准双向 I/O 口。除了第一功能，P3 口还具有第二功能。P3 口的第二功能如表 2-3 所示。

表 2-3　**MCS-51 P3 口第二功能表**

引　脚	第二功能
P3.0	RXD(串行口输入)
P3.1	TXD(串行口输出)
P3.2	$\overline{\text{INT0}}$(外部中断 0 输入)
P3.3	$\overline{\text{INT1}}$(外部中断 1 输入)
P3.4	T0(定时器 0 的外部输入)
P3.5	T1(定时器 1 的外部输入)
P3.6	$\overline{\text{WR}}$(片外数据存储器写控制信号)
P3.7	$\overline{\text{RD}}$(片外数据存储器读控制信号)

与 P0 口和 P2 口不同的是，P3 口的第二功能和第一功能之间不再通过多路选择开关(MUX)进行切换，而是增加了一个与非门 3 和缓冲器 4。这样，当作为通用输出口时，内部第二输出功能线应为高电平 1，以保证与非门的畅通，维持从锁存器到输出口的数据输出通路；当作为第二功能输出口时，锁存器应置高电平 1，使与非门对第二功能的输出是畅通的。

当 P3 口作为第二功能输入口时，在 I/O 口的输入通路增设了一个缓冲器 4，输入的第二功能信号即从这个缓冲器输出端取得。当 P3 口作为通用 I/O 口输入端时，数据取自三态缓冲器 2 的输出端。这两种输入，锁存器的输出端和内部第二输出功能线均应置为高电平，这样输出驱动电路便不会影响引脚上外部数据的正常输入了。

P3 口的输出驱动部分和 P1 口、P2 口一样，内部具有上拉电阻，只有 4 个 LSTTL 电路的驱动能力。

2.2.3.5　MCS-51 I/O 端口的简单应用

这里举一个简单的 MCS-51 I/O 口的应用实例。如图 2-12 所示，单片机的 P1.0 口设置成通用输入口，该口通过一个按钮开关连接到地。P1.1 口设置成通用输出口，通过电阻 R1 连接到三极管 Q1 的基极，Q1 的发射极连接到地，集电极通过发光二极管 D1 和电阻 R2 连接到＋5V 电源。

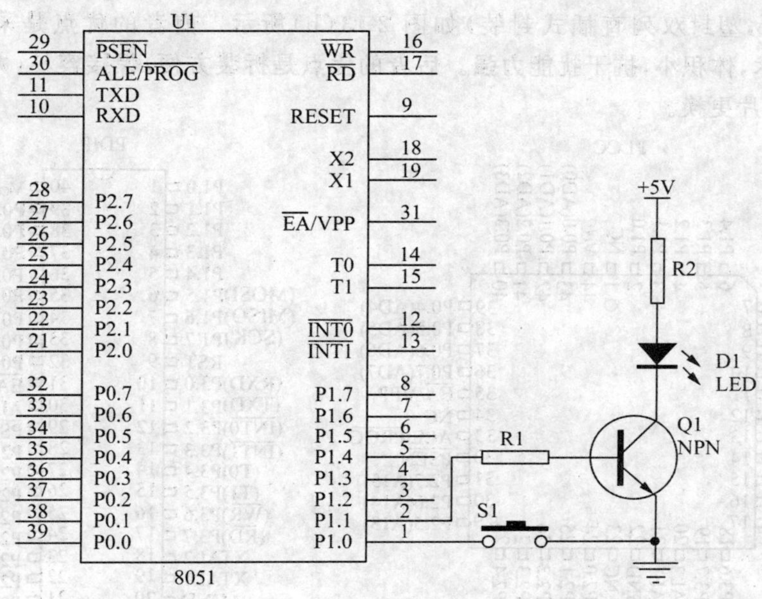

图 2-12　MCS-51 I/O 口简单应用

本实例要实现的功能是每当按钮开关 S1 按下时，发光二极管就亮，松开时发光二极管就灭。具体的程序如下：

```
        SETB P1.0 ；为了 P1.0 作为输入口，先要输出高电平
LOOP1：  CLR P1.1 ；熄灭
LOOP2：  JB P1.0，LOOP1 ；查看开关是否按下，高电平说明没有按下(P1.0 片内有上拉电阻)，低电平说明已按下
        LCALL DELAY10ms ；软件延时 10ms，去开关抖动
        JB P1.0，LOOP1 ；再查看一次开关状态
        SETB P1.1 ；点亮发光二极管
        SJMP LOOP2 ；重复
```

通过这个简单的应用实例，我们可以看出，通过 MCS-51 的 I/O 口可以非常方便地实现开关量的输入输出。做输入时，先要输出高电平，按键输入要考虑开关的抖动。另外，MCS-51 单片机的 I/O 口的驱动能力较小，如果需要驱动 LED 时要采用驱动电路，否则 LED 的亮度不够，长期工作还有可能使单片机发热。

2.3 MCS-51 的外部引脚分布

MCS-51 单片机的外部引脚有两种封装形式，一种是 44 引脚的 PLCC(plastic leaded chip carrier，带引线的塑封芯片载体)，如图 2-13(a)所示；另一种是 40 引脚的 PDIP(plastic dual-in-line，塑封双列直插式封装)如图 2-13(b)所示。前者的优点是采用表面贴 SMT 安装技术，体积小，抗干扰能力强。后者的优点是拆装方便，焊接容易，尤其是产品开发期便于芯片更换。

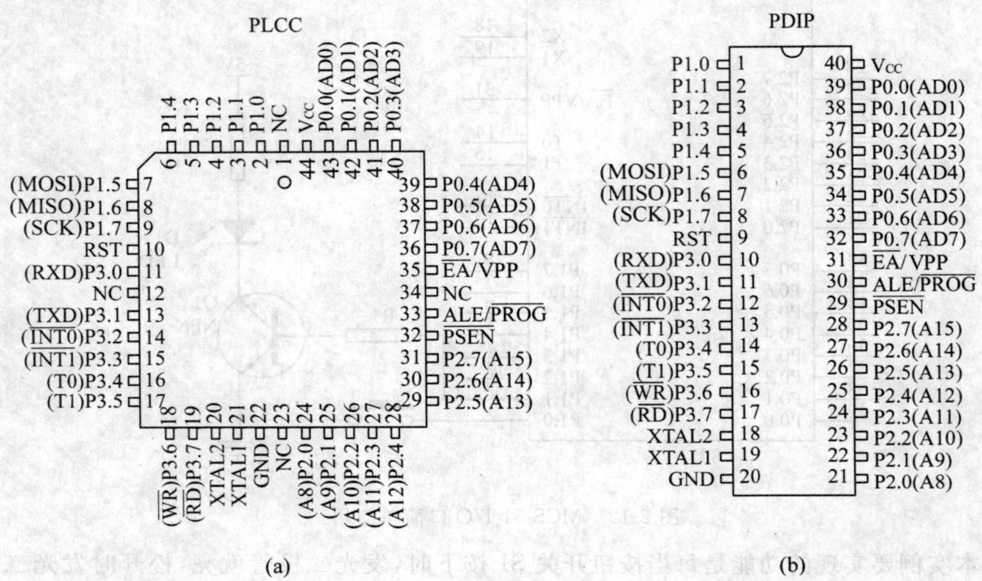

图 2-13　MCS-51 单片机外部引脚封装形式

这些引脚根据功能可以分成以下几类：

2.3.1　I/O 端口引脚

P0 口、P1 口、P2 口、P3 口四个 8 位并行 I/O 口的功能及工作原理在前面的 2.2.3 部分已做了详细描述，这里不再重复。

2.3.2　电源引脚

电源引脚 V_{CC} 提供整个芯片的工作电源，接+5V。GND 接地。

2.3.3　外接晶振引脚

(1) MCS-51 单片机的内部时钟振荡电路如图 2-14 所示：

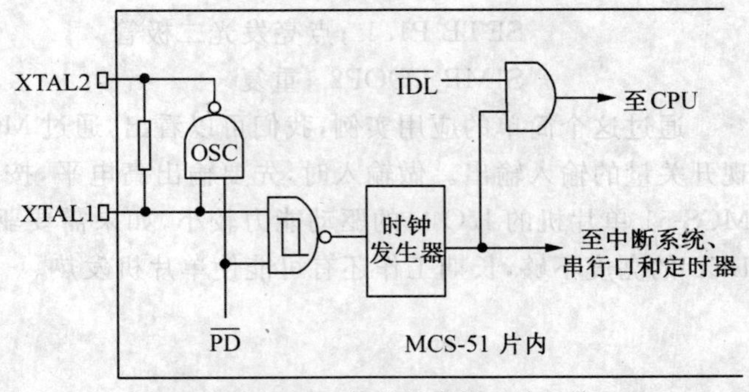

图 2-14　MCS-51 单片机内部时钟电路

①XTAL1 振荡电路反向放大输入端，用于连接外接晶振的一个引脚，在采用外部时钟方式时，该引脚接地，如图 2-15(b)所示。

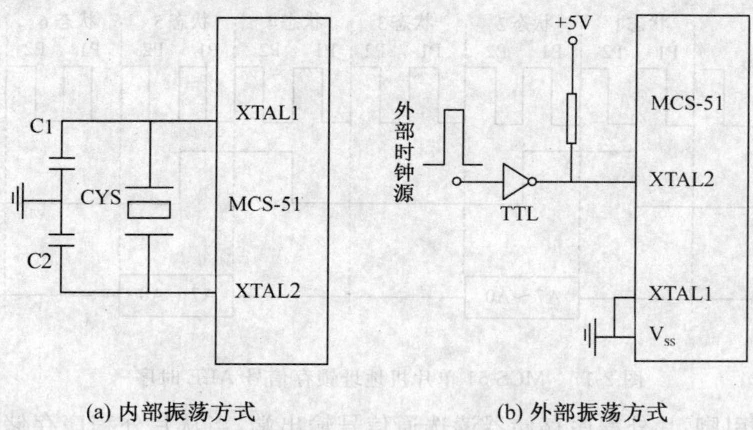

图 2-15　MCS-51 单片机时钟电路产生方式

②XTAL2 振荡电路反向放大输出端，用于连接外接晶振的另一个引脚，在采用外部时钟方式时，由该引脚输入外部时钟脉冲，如图 2-15(b)所示。

(2)MCS-51 单片机的时钟有两种产生形式：内部振荡方式和外部振荡方式。

①内部振荡方式：这种方式下在 XTAL1 和 XTAL2 两端跨接石英晶体及两个电容，如图 2-15(a)所示，这样就和内部的反向放大器构成稳定的自激振荡器。电容器 C1 和 C2 通常取 30pF 左右，可稳定频率并对振荡频率有微调作用。振荡频率范围为 1.2～12MHz。

②外部振荡方式：这种方式下，就是把外部已有的时钟信号引入单片机内直接使用，如图 2-15(b)所示。

2.3.4　其他控制引脚

(1)RST/V_{PD}引脚：复位信号(RST)和后备电源(V_{PD})输入端。在此输入 24 个振荡周期以上的高电平脉冲，单片机便可复位。V_{PD}使用后备电源，可在主电源 V_{CC} 出现故障时，提供备份电源，保证存储在 RAM 中的信息不丢失，实现掉电保护。RST/V_{PD}部分的内部结构如图 2-16 所示。

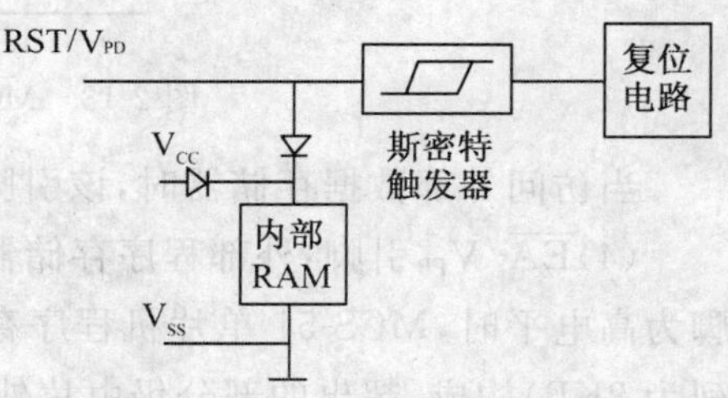

图 2-16　MCS-51 单片机 RST/V_{PD}部分

(2)ALE/$\overline{PROG}$引脚：地址锁存允许(ALE)输出/编程脉冲($\overline{PROG}$)输入信号端。当访问外部存储器时，ALE 以振荡频率的 1/6 的频率输出脉冲信号，可用于锁存出现在 P0 口的低 8 位地址(由于 P0 口是地址/数据分时输出的，当输出地址时 ALE 信号将出现一个下降沿，如图 2-17 所示)。

在不访问外部存储器时，ALE 端仍以上述不变的频率，周期性地出现正脉冲信号，利用该脉冲信号可以作为定时信号，也可以用于判断芯片好坏。

对于 87C51 单片机来说，在对片内 EPROM 进行编程期间，该引脚将作为编程脉冲 $\overline{PROG}$的输入端。

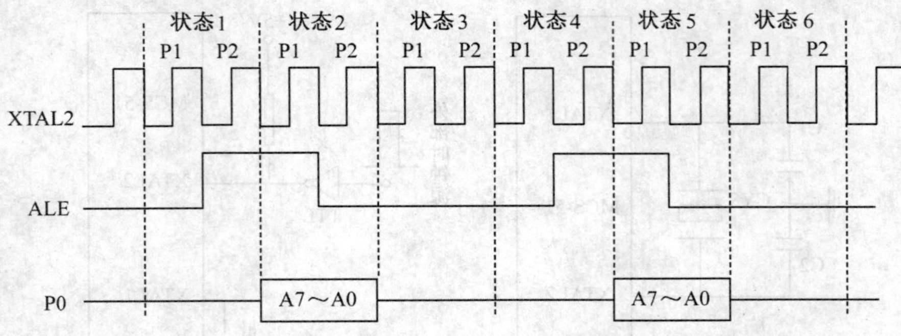

图 2-17　MCS-51 单片机地址锁存信号 ALE 时序

(3)$\overline{PSEN}$引脚：片外程序存储器读选通信号输出端，当从片外程序存储器读取指令或数据时，每个机器周期(一个机器周期有 12 个振荡周期)将有两次有效(低电平)，以使片外程序存储器输出使能，如图 2-18 所示。

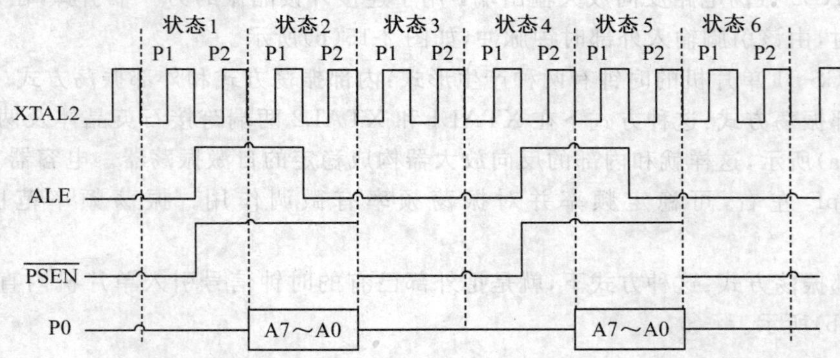

图 2-18　MCS-51 单片机$\overline{PSEN}$信号时序

当访问外部数据存储器时，该引脚将无有效信号出现。

(4)$\overline{EA}/V_{PP}$引脚：外部程序存储器地址允许($\overline{EA}$)输入端/编程电压输入端。当$\overline{EA}$引脚为高电平时，MCS-51 单片机程序存储空间低 4KB 由片内 EPROM/ROM(MCS-52 系列为 8KB)构成，超出的部分仍由片外程序存储器构成。当$\overline{EA}$引脚为低电平时，MCS-51 单片机整个 64KB 程序存储空间都由片外程序存储器构成(无论片内有无程序存储器)。

对于片内有 EPROM 的单片机(如 87C51 系列)，在 EPROM 编程期间，该引脚将用于接 21V 的编程电源 V_{PP}。

2.4　MCS-51 的工作时序

计算机是按程序工作的，程序是由许多指令组成的，指令是宏观组成程序的最小单位。指令是逐条存放在程序存储器中的。当执行指令时，首先将指令取出送到指令寄存器中，然后进行译码，转换成一系列定时控制的微操作，用来控制单片机各部分工作，来完成指令所要求的操作。

因为一条指令分解成许多基本的微操作，而这些微操作对应的脉冲信号在时间上有严格的先后次序，这种次序就是计算机的时序。

时序是非常重要的概念，它指明了单片机内部和外部互连所必须遵守的规律。为了理解 MCS-51 单片机的时序，这里介绍几个概念：

(1)振荡周期：所谓的振荡周期就是为单片机提供定时信号的振荡源的周期(即晶振周期或外部输入时钟信号的周期)。

(2)状态周期：2 个振荡周期为 1 个状态周期，用 S 表示。构成 1 个状态周期的两个振荡周期作为状态周期的两个节拍 P1 和 P2。在状态周期的前半周期(即节拍 P1 期间)，CPU 一般完成算术逻辑运算。在状态周期的后半周期(即节拍 P2 期间)，CPU 一般完成内部寄存器之间的数据传递。

(3)机器周期：一个机器周期是指 CPU 访问存储器一次所需要的时间，包含 6 个状态周期，用 S1、S2、S3、S4、S5、S6 表示。这样一个机器周期有 12 个节拍，它们是 S1P1、S1P2、S2P1、S2P2、S3P1、S3P2、S4P1、S4P2、S5P1、S5P2、S6P1 和 S6P2。

(4)指令周期：也就是完成 1 条指令所需要的时间，以机器周期为单位。MCS-51 单片机大多数指令是单字节单周期指令，也有一些单字节双周期指令、双字节单周期指令、双字节双周期指令，甚至也有 4 周期的指令(乘法和除法指令)，注意没有三周期指令。

假如 MCS-51 单片机的外接晶振为 12MHz，那么各种周期的具体值为：

振荡周期：$1/(12\times10^6)\text{s}=1/12\mu\text{s}$

状态周期：$2\times1/12\mu\text{s}=1/6\mu\text{s}$

机器周期：$6\times1/6\mu\text{s}=1\mu\text{s}$

指令周期：$1\sim4\mu\text{s}$

MCS-51 单片机的工作时序如图 2-19 所示。

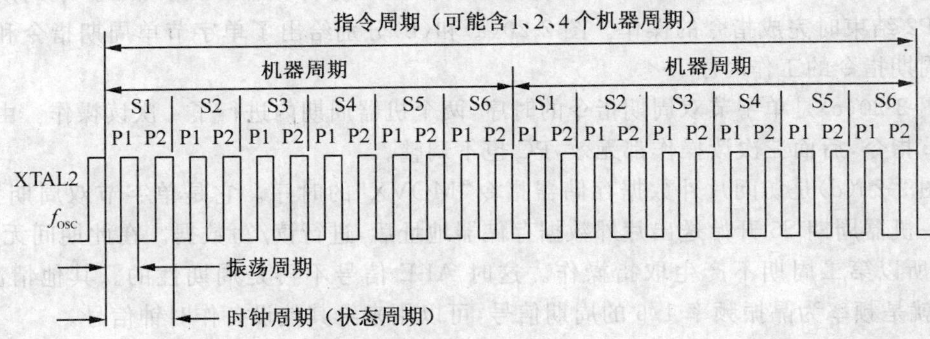

图 2-19 MCS-51 单片机的工作时序

MCS-51 单片机的 CPU 读取指令和执行指令工作时序如图 2-20 所示。

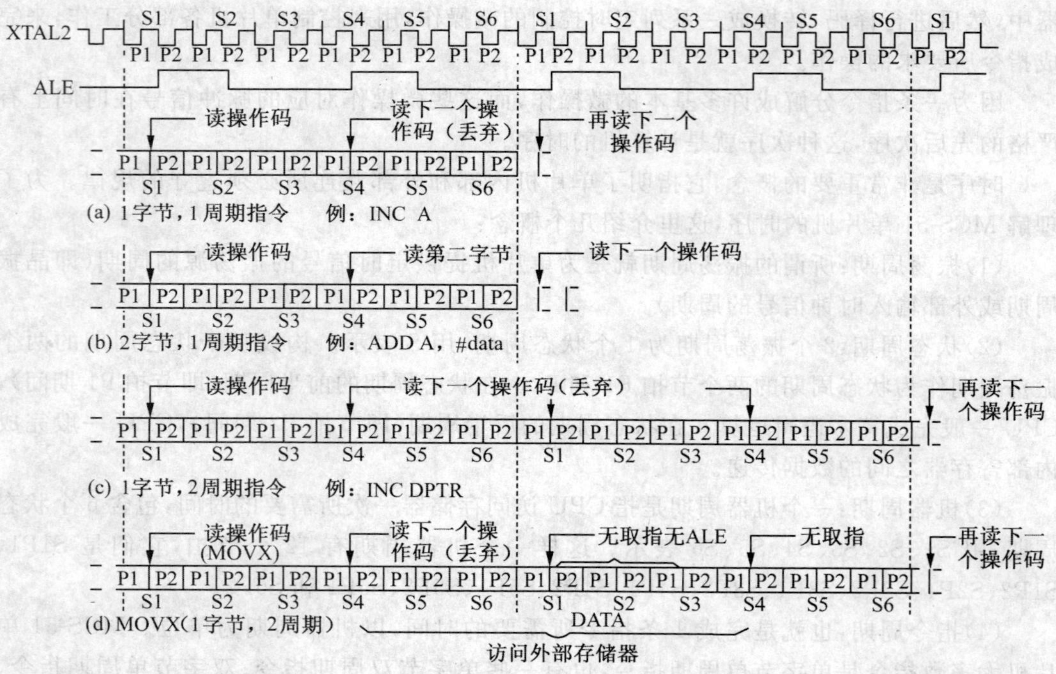

图 2-20　MCS-51 单片机 CPU 读取指令和执行指令的工作时序

这里列出了几种典型指令的取指和执行时序。由图 2-20 可知，在每个机器周期内，地址锁存信号 ALE 两次有效，第一次出现在 S1P2 和 S2P1 期间，第二次出现在 S4P2 和 S5P1 期间。

单周期指令的读取发生于 S1P2 期间，此时操作码将被锁存于指令寄存器内。若是双字节指令，则同一机器周期的 S4P2 读取第 2 个字节，中间 PC 自动加 1。如果是单字节指令，S4P2 仍做读操作，但读取的内容直接丢弃，且程序计数器 PC 不加 1。单周期指令在 S6P2 结束时完成指令的操作。图 2-20(a)和(b)分别给出了单字节单周期指令和双字节单周期指令的工作时序。

图 2-20(c)是单字节双周期指令的时序，两个机器周期内进行了 4 次读操作。由于是单字节指令，后面三次读操作都无效，PC 也不调整。

图 2-20(d)是访问片外数据存储器指令“MOVX”的时序。它是单字节双周期指令，在第一机器周期 S5 开始送出片外数据存储器地址后，进行读/写数据。在此期间无 ALE 信号，所以第二周期不产生取指操作。这时 ALE 信号不再是周期性的。其他情况下，ALE 就是频率为晶振频率 1/6 的周期信号，可以用来给其他设备作时钟信号。

2.5　MCS-51 的复位电路

所谓的复位电路就是使单片机进入某种确定的初始状态的电路。复位电路具体实现内容就是在复位引脚 RST/V_{PD}上产生一个宽度在 24 个振荡周期以上的高电平脉冲(即复位脉冲)。MCS-51 内部的复位结构如图 2-16 所示。

复位引脚 RST/V_{PD}通过片内一个斯密特触发器与片内复位电路相连。斯密特触发器用来给外部施加的复位脉冲进行整形，其输出被内部复位电路在每个机器周期的 S5P2 进行采样一次。如果连续 3 次都能够采集到高电平，那么单片机内部将被复位，这时复位引脚 RST/V_{PD}的高电平可以被取消。此后，单片机将从这个复位后的初始化状态开始运行。

MCS-51 单片机复位后的初始状态如表 2-4 所示。

表 2-4　　MCS-51 复位后的初始状态

寄存器	复位状态	寄存器	复位状态
PC	0000H	TMOD	00H
A	00H	TCON	00H
B	00H	TH0	00H
PSW	00H	TL0	00H
SP	07H	TH1	00H
DPTR	0000H	TL1	00H
P0～P3	FFH	SCON	00H
IP	XX000000B	SBUF	XXH
IE	0X000000B	PCON	(0XXX0000B)

注：X 为不确定值。

MCS-51 单片机的复位通常有上电复位和手动复位两种。上电复位电路是用来在系统刚刚上电时自动产生符合单片机要求的复位脉冲，以便使系统从一个确定的初始状态运行的脉冲产生电路。典型的上电复位电路如图 2-21 所示。

上电瞬间，RST 端立即施加上与 V_{CC}相同的电压，随着 RC 充电过程的进行，电容两端的电压越来越高，RST 端的电压逐渐下降，如图 2-22 所示。

RST 端的电压经过内部斯密特电路整形后，将成为复位脉冲，只要电阻和电容的参数选择合适，将产生有效复位。对于 6～12MHz 的晶振频率，图 2-21 中的电阻、电容参数是合适的(一般要求时间常数在 10ms 以上)。

当单片机运行过程中出错进入死循环，需要利用手动按键方式产生复位脉冲，强制将单片机拉回初始状态，使系统重新开始运行。一般情况下，上电复位和手动复位电路是合在一起的，如图 2-23 所示。

上电初期，按键 S 是常开的，电容 C 和电阻 R2 构成了上电复位电路，原理不再重复。在单片机的运行过程中，电容 C 充电完毕，RST 复位端的电压基本上为 0，如果此时将按键 S 按下，电容 C 上的电荷会通过电阻 R1 进行放电。随着放电过程的进行，电容 C 两端的电压会越来越低，RST 端的电压越来越高，只要 R1 和 R2 的阻值选择合理，最后 RST 端的电压会接近 V_{CC}。这时，如果松开按键 S，电容 C 会再次进行充电，充电过程和上电时的充电过程类似，当然产生的复位脉冲也类似，从而实现手动复位功能。

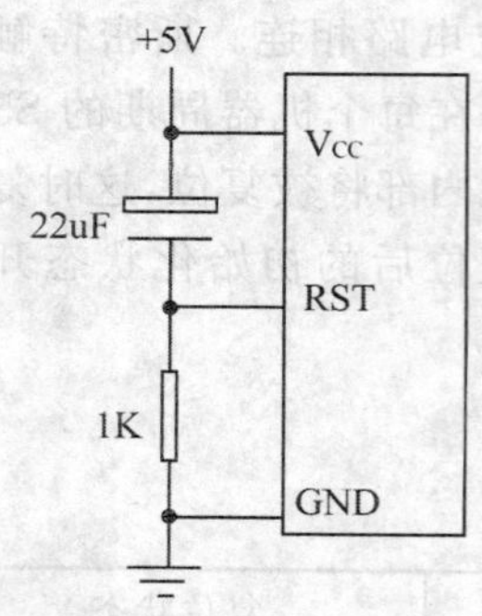

图 2-21 MCS-51 单片机的上电复位电路

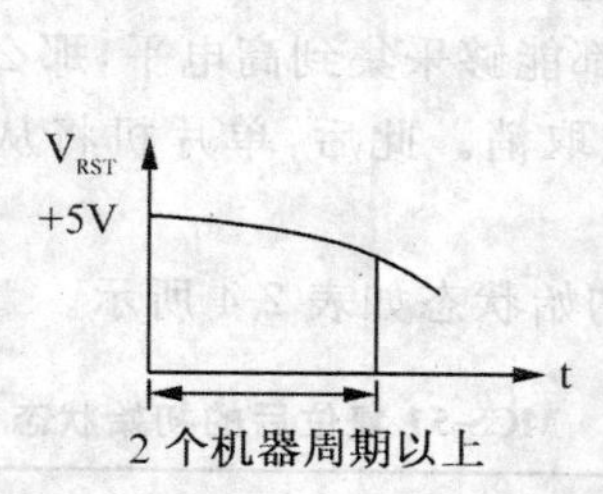

图 2-22 MCS-51 单片机上电复位电路复位端电压变化曲线

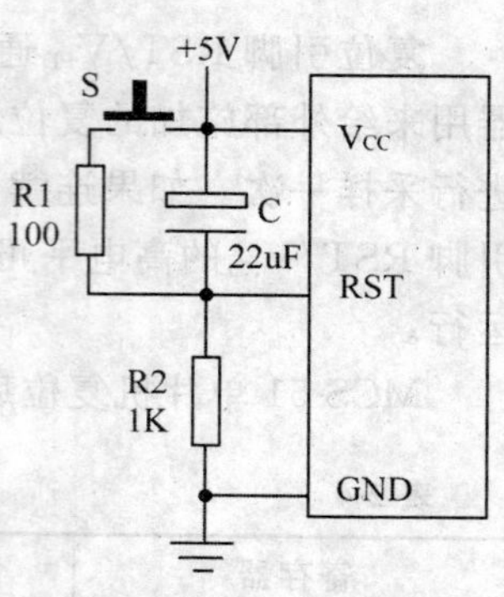

图 2-23 MCS-51 单片机的上电/手动复位电路

实际上，有时候系统运行过程出现错误，进入死循环，除了手动进行复位，还有一种自动进行复位的手段，这就是“看门狗”（watch dog）技术。由于这种电路常常是由一个定时器来实现的，因此“看门狗”又称“看门狗定时器”（watch dog timer），简称 WDT。单片机的“看门狗”电路一般利用外部芯片来实现，有些新型的单片机（如 89Sxx 系列单片机）内部集成了“看门狗”电路，这里就介绍一种外接芯片的“看门狗”复位电路实现方式。

MCS-51 单片机系统中常用的一款 WDT 芯片是美国 DALLAS 公司生产的“看门狗”集成电路 DS1232，其外部引脚（8-pin DIP 封装）如图 2-24 所示。

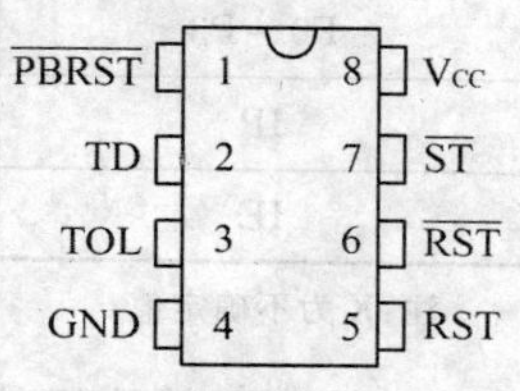

图 2-24 DS1232 外部引脚分布

DS1232 是一种电源监控芯片，用它构成的电源监控电路，可以在系统上电或者在电源电压瞬时突变的时候自动复位处理器，也可以在处理器工作异常时对处理器进行自动复位；外部增加一个手动按键时，还可以对处理器进行手动复位。

DS1232 的管脚功能是：

①$\overline{\text{PBRST}}$：按钮复位输入端。

②TD：“看门狗”定时器延时设置端。

③TOL：5%或 10%电压监测选择端。

④RST：高电平有效复位脉冲输出端。

⑤$\overline{\text{RST}}$：低电平有效复位脉冲输出端。

⑥$\overline{\text{ST}}$：周期输入端。

⑦VCC：电源。

⑧GND：地。

利用 DS1232 构成的包含“看门狗”的 MCS-51 单片机系统复位电路如图 2-25 所示。当电源电压 V_{CC} 低于设定值（4.75V 或 4.5V，由 TOL 端选择，当 TOL 端为低电平时为 4.75V，当 TOL 端为高电平时为 4.5V，图 2-25 中选择了 4.75V）时，RST 端将输出至少 250ms 的正脉冲；同时$\overline{\text{RST}}$端输出宽度相同，电平相反的负脉冲，对 MCS-51 单片机进行复位，构成电源监控复位系统。

图 2-25 中连接到 DS1232 的$\overline{\text{PBRST}}$引脚的按键按下时，$\overline{\text{PBRST}}$引脚连接到地，这也

将使 RST 端输出至少 250ms 的正脉冲，同时$\overline{\text{RST}}$端输出宽度相同的负脉冲，构成按键复位系统。

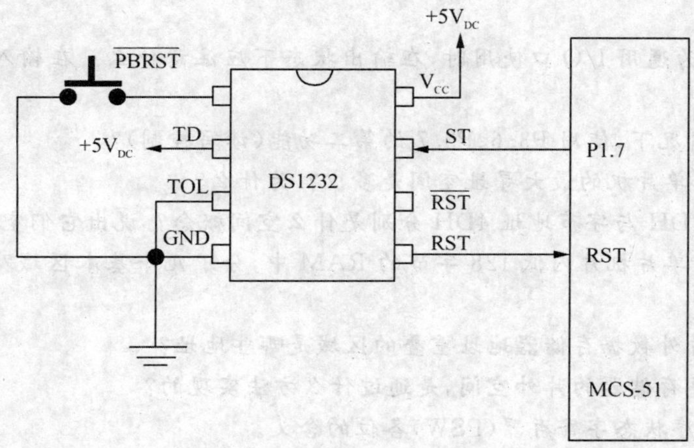

图 2-25　利用 DS1232 构成的 MCS-51 单片机复位电路

DS1232 内部有一个定时器，当该定时器的输入端$\overline{\text{ST}}$在一定的时间间隔内没有有效输入时，DS1232 也将使 RST 端输出至少 250ms 的正脉冲，同时$\overline{\text{RST}}$端输出宽度相同的负脉冲，构成看门狗复位系统。看门狗的定时时间长度由 TD 引脚的连接状态决定，如表 2-5 所示。

表 2-5　DS1232 复位脉冲宽度选择

TD 引脚连接	定时时间		
	最小值	典型值	最大值
地(GND)	62.5ms	150ms	250ms
浮空	250ms	600ms	1000ms
电源(V_{CC})	500ms	1200ms	2000ms

只要输入端$\overline{\text{ST}}$在所选择的时间间隔内有有效输入，RST 端和$\overline{\text{RST}}$端就不会输出复位脉冲。

值得注意的是，在系统调试阶段，很难保证该$\overline{\text{ST}}$信号的及时输入，可以考虑将单片机的 ALE 信号与$\overline{\text{ST}}$端进行连接。

另外，复位电路本身原理上并不复杂，但是它的作用却非常重要。一个单片机系统能否正常运行，首先决定于时钟和复位电路是否正常，所以希望同学们在设计单片机系统时对于这些电路的设计要格外重视。

思考与习题

1. 试述 MCS-51 单片机内部有哪些主要逻辑部件并说出其功能，画出片内逻辑结构图。

2. MCS-51 单片机有 4 个 8 位并行口(P0、P1、P2、P3),哪个口可作为地址/数据复用总线口?

3. P0 口作为通用 I/O 口使用时,在输出状态下应注意什么?在输入状态下应注意什么?

4. 在什么情况下,使用 P3.6、P3.7 的第二功能(读写控制)?

5. MCS-51 单片机的最大寻址空间是多少?为什么?

6. 位地址 4DH 与字节地址 4DH 分别是什么空间概念?说出它们空间区别。

7. MCS-51 单片机片内低 128 字节的 RAM 中,分了几个基本区域?说出这些区域的名称。

8. 片内和片外数据存储器地址重叠的区域是哪些地址?

9. 访问程序存储器的片外空间,是通过什么方法实现的?

10. 说出程序状态字寄存器(PSW)各位的含义。

11. 在 MCS-51 单片机的工作时序中,一个机器周期包含几个状态周期、几个振荡周期?

12. 单片机复位后,程序计数器 PC 指向哪个地址?

第 3 章　MCS-51 的软件系统设计

第二章主要讲述了单片机的内部结构和工作原理，但是要设计一个单片机系统，仅仅知道这些是不够的，还必须掌握软件的设计。因为一个系统只有硬件是不能正常工作的，必须配备对应的软件，才能实现相应的功能。本章分两部分介绍单片机的软件设计：汇编语言程序设计和 C 语言程序设计。

3.1　单片机程序设计语言分类

指令就是用来操纵计算机完成特定功能的命令。计算机所能执行的全部指令的集合称为该计算机的指令系统，不同的计算机有不同的指令系统。指令系统的强弱在很大程度上决定了该种计算机"智商"的高低。为了让计算机完成某项工作，就必须让 CPU 按顺序地执行一系列的指令。人们按照自己想要实现的功能所编写的这些指令的集合称为程序。编写程序的过程就是程序设计。

编写程序所使用的计算机语言就是程序设计语言。程序设计语言分为机器语言、汇编语言、高级语言。机器语言用二进制编码表示每条指令，能被计算机直接识别和执行。这种语言的执行速度快、效率高，但难记忆，不易理解，编写程序十分困难还不易查错，可移植性低，目前很少使用。将机器语言的二进制编码用含有一定意义的英文字母代替，就成了汇编语言，一种型号的计算机的汇编语言和机器语言之间具有一一对应的关系。汇编语言相对来说容易记忆，英文含义明确，便于人们理解。使用汇编语言编程要求程序员对计算机内部资源比较熟悉，可移植性不强。和人们的思维习惯比较接近的语言称为高级语言。高级语言(如 C 语言)由于便于理解和记忆，可移植性强，并且设计比前两者都方便等优点，使得这种语言得到了广泛的应用。需要注意的是，无论使用哪种语言，在编译链接后都会转化为对应的机器语言，这样才可以被计算机识别和执行。

在 MCS-51 系列的单片机编程中，常用的两种语言为汇编语言和 C 语言，下面分别予以介绍。

3.2　MCS-51 汇编指令系统

3.2.1　MCS-51 的指令格式

MCS-51 单片机的汇编指令由操作码和操作数两部分组成，指令格式如下：

[标号：] 操作码 [目的操作数][，源操作数] [；注释]

如：MOV A，#0FFH

操作码表示该指令所实现的操作功能，一般由 2～5 个英文字母表示，如 ORL、ADD、LCALL 等。

操作数表示参与操作的数据来源和目的单元。操作数可以是一个立即数，也可以是一个内存单元或者是一个寄存器单元。

操作码和第一个操作数之间一般用一个或几个空格隔开，而操作数与操作数之间用逗号隔开。

操作数可以有 1 个、2 个、3 个或没有。大部分指令具有 2 个操作数，其中第一操作数为“目的操作数”，第二操作数为“源操作数”。

如果需要对指令进行注释说明的话，在最后一个操作数后加一个分号，分号后面是注释。

如：MOV A，60H；(60H)→A

需要注意的是：注释部分仅仅是程序设计者为了增加程序的可读性而添加的一些程序说明，可有可无，有的话也只出现在源程序中，汇编后并不会出现在机器目标代码中，也不占有额外的程序存储资源。

标号由 1～8 个字母或数字构成，以字母开头，以“:”结尾。标号可有可无，仅仅代表了该指令所在的地址，便于源程序编写过程中使用该地址。

MCS-51 单片机汇编语言指令除了上面介绍的格式，还有一些常用的符号需要介绍。这些符号如表 3-1 所示。

表 3-1　　MCS-51 汇编语言指令常用符号

符　号	含　义
Ri 和 Rn	R 表示当前工作寄存器区中的工作寄存器，i 表示 0 或 1，n 表示 0～7
#data	8 位常数也称 8 位立即数
#data16	16 位常数也称 16 位立即数
addr11	11 位地址，与下一条指令所处的地址在相同的 2KB 程序存储器空间范围内
addr16	16 位地址，可在全部 64KB 程序存储器空间范围内
direct	直接寻址的地址，即 8 位内部数据存储器 RAM 的地址(0～127/255)，或特殊功能寄存器 SFR 的地址，SFR 的直接地址可用其名称来代替
rel	相对地址，用补码形式表示的地址偏移量，范围是－128～127
bit	内部数据存储器 RAM 和特殊功能寄存器 SFR 中可以直接寻址的位的地址
A	寄存器寻址的累加器
C	进位位，同时也作为位操作的位累加器
@	间接寻址符号
(X)	X 单元的内容
((X))	由 X 的内容作为地址的单元中的内容
/	位操作数前缀，表示取反
$	本条指令的起始地址

汇编语言的指令最终也会被翻译成二进制代码(机器语言)才能被执行,这个翻译的过程就是汇编过程。汇编后的二进制代码一般需要存放到程序存储器中,由若干个字节组成。据此,可以把单片机的指令分为单字节指令、双字节指令和三字节指令。在 51 系列单片机指令系统中,共有 111 条指令,其中单字节指令 49 条,双字节指令 46 条,三字节指令 16 条。

根据指令的执行时间长短,单片机的指令又可以分成单周期指令(执行时间为一个机器周期)、双周期指令(执行时间为 2 个机器周期)和 4 周期指令(执行时间为 4 个机器周期)。除了乘除指令需要 4 个机器周期外,其余均为单周期或者双机器周期指令,其中单周期指令有 64 条,双周期指令有 45 条。

3.2.2　MCS-51 的指令系统的寻址方式

所谓寻址,就是确定操作数的具体地址。所谓寻址方式就是确定参与指令操作的数据的方式。它是汇编语言程序设计的基础,需要熟练掌握。

MCS-51 单片机共有七种寻址方式:直接寻址、立即寻址、寄存器寻址、寄存器间接寻址、变址寻址、相对寻址和位寻址。

3.2.2.1　直接寻址

所谓的直接寻址,就是指在指令中直接给出操作数的单元(一般是片内 RAM 单元)地址。

如:MOV A,65H;片内 RAM65H 单元的内容送入累加器 A

其工作原理如图 3-1 所示。

该寻址方式的寻址空间:

(1)内部 RAM 的低 128 字节。

(2)特殊功能寄存器 SFR。对于特殊功能寄存器,既可以使用它们的地址,也可以使用它们的名字。例如,指令“MOV P3,A”和指令“MOV B0H,A”的功能是一样的(P3 口寄存器的地址就是 B0H),都是把累加器 A 的内容送至 P3 口。用名字代替地址可以让使用者不用去记忆特殊功能寄存器的地址。注意:直接寻址是访问特殊功能寄存器的唯一方式。

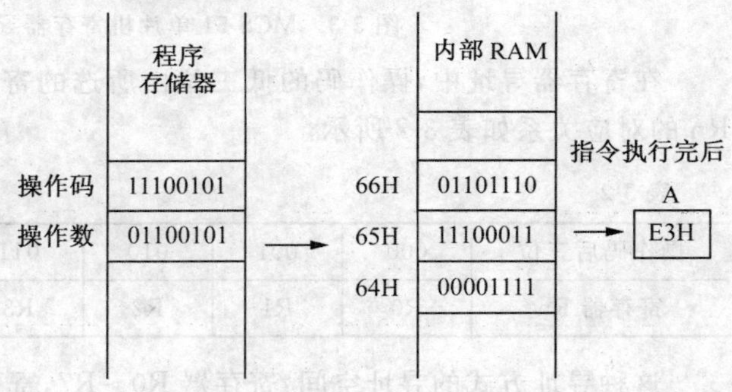

图 3-1　MCS-51 单片机直接寻址方式工作原理

3.2.2.2　立即寻址

所谓的立即寻址就是指令中所需要的操作数直接以指令字节的形式存放在程序存储器中。CPU 取指令的同时取到所需要的操作数,使得指令可以立即得到执行,而不需要额外的读取数据的时间,因此,这种操作数称为立即数,这种寻址方式称为立即寻址。立即数的表示方法为“＃data”(8 位立即数)或“＃data16”(16 位立即数),以区别于直接地址。

指令举例:MOV A,＃30H;执行后 A 中内容为 30H。

其工作原理如图 3-2 所示。

请同学们注意立即寻址与直接寻址的区别。

立即数一般都是 8 位，只有一条指令需要 16 位立即数，即“MOV DPTR，#data16”。

例如：MOV DPTR，#2510H

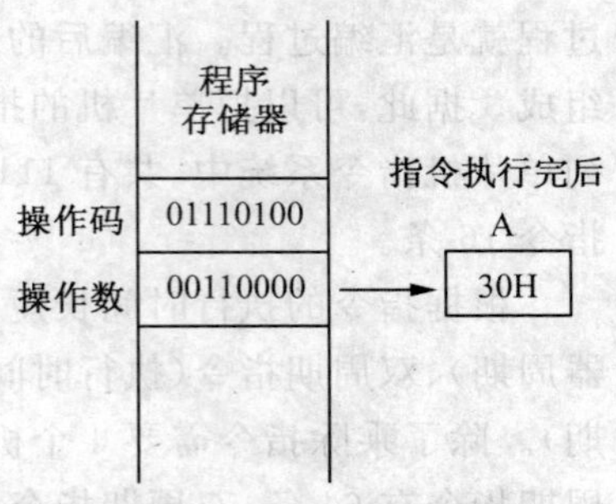

图 3-2　MCS-51 单片机立即寻址方式工作原理

3.2.2.3　寄存器寻址

寄存器寻址是指指令所需操作数存放于某一个寄存器中，指令中给出的是寄存器的名称（如 R0～R7、A、B、DPTR 等）。

指令举例：MOV A，R4 ；指令执行完成后 A 的内容为 R4 的内容

其工作原理如图 3-3 所示。

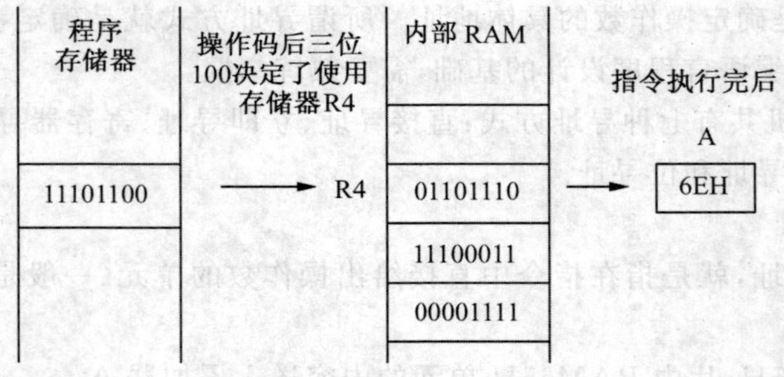

图 3-3　MCS-51 单片机寄存器寻址方式工作原理

在寄存器寻址中，操作码的低三位由所选的寄存器决定，操作码的低三位与寄存器 Rn 的对应关系如表 3-2 所示。

表 3-2

操作码后三位	000	001	010	011	100	101	110	111
寄存器 Rn	R0	R1	R2	R3	R4	R5	R6	R7

这种寻址方式的寻址空间：寄存器 R0～R7，寄存器 A、B、CY、DPTR。

3.2.2.4　寄存器间接寻址

寄存器间接寻址是指指令中所需的操作数的地址存放于某个寄存器中，指令中给出该寄存器的名称。MCS-51 单片机可以用于间接寻址的寄存器只有 R0、R1 和 DPTR。其中 R0、R1 用于寻址内部 RAM 的低 128 字节，或外部数据存储器的低 256 字节，不能用于寻址特殊功能寄存器。DPTR 用于寻址片外数据存储器的整个 64KB 空间。

指令举例：MOV　A，@ R0 ；((R0))→A

其工作原理如图 3-4 所示。

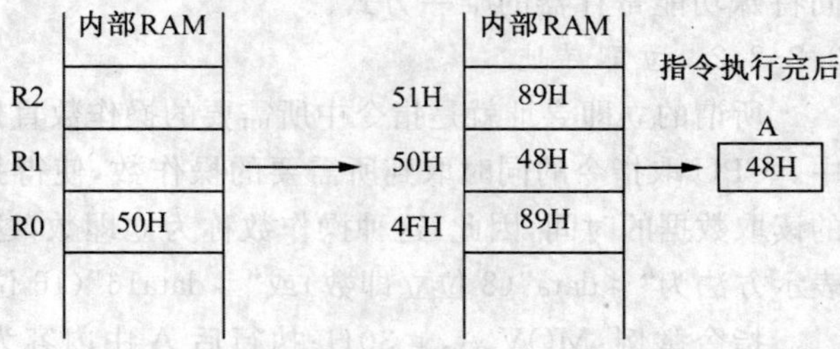

图 3-4　MCS-51 单片机寄存器间接寻址方式工作原理

这种寻址方式的寻址空间为内部 RAM 的低 128 字节和外部 64KB 的数据存储器。

3.2.2.5　变址寻址

这种寻址方式实际上是由基址寄存器加变址寄存器共同构成的一种间接寻址方式。在 MCS-51 系列单片机中，基址寄存器为 DPTR 或 PC，变址寄存器为累加器 A，两者相加形成 16 位程序存储器地址作为操作数地址。由于该寻址方式只能寻址程序存储器，因此只能读出数据而不能写入数据。常用这种寻址方式读出程序存储器中的表格数据，因此，这种寻址方式的指令往往又被称为查表指令。

指令举例：

MOVC A,@A+DPTR

其工作原理如图 3-5 所示。

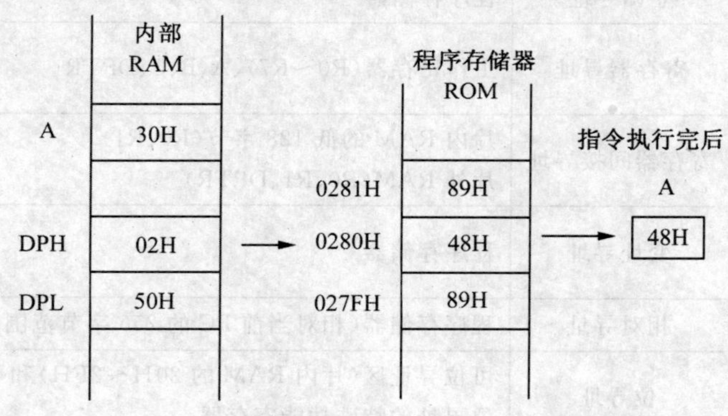

图 3-5　MCS-51 单片机变址寻址方式工作原理

这种寻址方式的寻址空间为 64KB 程序空间。

3.2.2.6　相对寻址

相对寻址是以当前程序计数器 PC 的值加上指令规定的偏移量 rel，从而构成实际操作数地址的寻址方法。相对寻址只适用于相对转移指令。在执行相对转移指令时，PC 的内容为加上偏移量 rel，所得结果即为目标程序地址。偏移量 rel 用 8 位带符号数的补码表示，范围为－128～127。

在编写程序时，常用标号代替 rel 值，由编译器在编译时自动计算得出 rel 值。

指令举例：

JZ table;Z 标志位置 1 时转移到标号 table 所代表的指令处执行

这种寻址方式的寻址空间为 64KB 程序存储器。

3.2.2.7　位寻址

如果指令的操作对象是位，而指令中给出的是该位的位地址，这种寻址方式就是位寻址方式。位寻址可以看成是一种特殊的直接寻址方式，也是由指令给出直接位地址，但与直接寻址不同的是，位寻址给出的是位地址，而不是字节地址。

单片机内部有两个区域可进行位寻址：一个是片内 RAM 中字节地址是 20H～2FH 的位寻址区，共 128 个位，对应的位地址为 00H～7FH；另一个区域为特殊功能寄存器中能被 8 整除的字节地址，共 93 个位，对应的位地址为 80H～F7H(不是全部)。

指令举例：

SETB 20H;将位地址为 20H 的位(内部 RAM 24H 单元的第 0 位)置成 1

CLR P1.0;将 P1 口的第 0 位(位地址为 90H)清零

这种寻址方式的寻址空间为单片机的所有可位寻址区。

下面将 MCS-51 单片机的所有寻址方式和所对应的寻址空间作一下总结，如表 3-3 所示。

表 3-3　　MCS-51 寻址方式和所对应的寻址空间

寻址方式	寻址空间	指令举例
直接寻址	片内 RAM 的低 128 字节 特殊功能寄存器	MOV A,30H
立即寻址	程序存储器	MOV A,#10H
寄存器寻址	工作寄存器(R0～R7)、A、B、C、DPTR	MOV A,R0 MOV DPTR,#0123H
寄存器间接寻址	片内 RAM 的低 128 字节(R0、R1) 片外 RAM(R0、R1、DPTR)	MOV A,@R0 MOVX A, @DPTR
变址寻址	程序存储器	MOVC A,@A+DPTR MOVC A,@A+PC
相对寻址	程序存储器(相对当前 PC 的 256 字节范围)	JC TABAL
位寻址	可位寻址区(片内 RAM 的 20H～2FH)和可位寻址的特殊功能寄存器	SETB 60H SETB P1.1

3.2.3　MCS-51 汇编指令简介

MCS-51 指令系统根据指令的功能不同可以分为五类:数据传送类指令(29 条)、算术运算类指令(24 条)、逻辑操作类指令(24 条)、控制转移类指令(17 条)、位操作类指令(17 条)。下面分别进行介绍:

3.2.3.1　数据传送类指令

数据传送是一种最基本、最重要的操作,在实际应用中,数据传送指令应用最频繁。所谓“传送”,就是把源地址单元的数据传送到目的地址单元中去,而源地址单元的内容保持不变或源地址、目的地址内容互换。

数据传送类指令一般不影响程序状态字寄存器 PSW。只有在往累加器 A 中送数时有可能影响 PSW 的奇偶位 P,而其他位不会受影响。当然,往 PSW 寄存器里面传送数据肯定会影响 PSW 的所有位。

传送类指令共有 29 条,可以分成两大类。一是采用 MOV 操作符的,称为一般传送指令;二是采用非 MOV 操作符,称为特殊传送指令,如 MOVC、MOVX、PUSH、POP、XCH、XCHD 及 SWAP。

3.2.3.1.1　一般数据传送指令

一般传送指令又称“内部数据传送指令”,它的操作数位于单片机的内部 RAM 中。这种指令共 16 条,表 3-4 是这类指令的简要说明。

表 3-4　　MCS-51 的一般数据传送类指令

序号	指令分类	指令及其注释	字节数	机器周期数
1	16 位数据传送	MOV DPTR,＃data16；DPTR ← data16	3	2
2	A 为目的	MOV A,Rn ；A ←(Rn)	1	1
3		MOV A,direct ；A ←(direct)	2	1
4		MOV A,@Ri ；A ← ((Ri))	1	1
5		MOV A,＃data；A ← data	2	1
6	Rn 为目的	MOV Rn ,A ；Rn ←(A)	1	1
7		MOV Rn,direct ；Rn ←(direct)	2	2
8		MOV Rn,＃data ；Rn ← data	2	1
9	direct 为目的	MOV direct,A ；direct ← (A)	2	1
10		MOV direct,Rn ；direct ← (Rn)	2	2
11		MOV direct1,direct2 ；direct1 ←(direct2)	3	2
12		MOV direct, @Ri ；direct ←((Ri))	2	2
13		MOV direct,＃data ；direct ← data	3	2
14	@Ri 为目的	MOV @Ri ,A ；(Ri)← A	1	1
15		MOV @Ri,direct ；(Ri)←(direct)	2	2
16		MOV @Ri,＃data ；(Ri)← data	2	1

根据表 3-4 可以总结出一般数据传送指令的数据传递关系，如图 3-6 所示。

从图 3-6 中可以总结出几条规律：

(1)立即数可以为累加器 A、寄存器 Rn 和 DPTR、直接寻址或间接寻址的 RAM 赋值，只能作为源操作数，不能作为目的操作数。

(2)累加器 A 可以和寄存器 Rn、直接寻址或间接寻址的 RAM 之间相互赋值，既可以作为源操作数，也可以作为目的操作数。

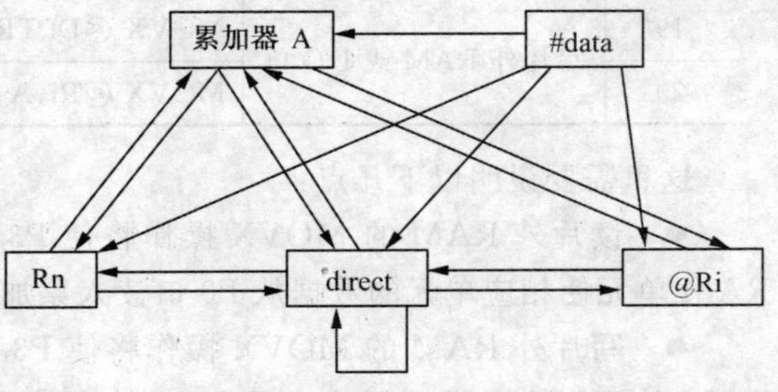

图 3-6　MCS-51 单片机一般数据传送指令数据传递关系图

(3)直接寻址的 RAM 可以和累加器 A、寄存器 Rn、直接寻址或间接寻址的 RAM 之间相互赋值，既可以作为源操作数，也可以作为目的操作数。

(4)间接寻址的 RAM 可以和累加器 A、直接寻址的 RAM 之间相互赋值，既可以作为源操作数，也可以作为目的操作数；但不能和寄存器 Rn 与间接寻址的 RAM 之间相互赋值。

(5)寄存器 Rn 可以和累加器 A、直接寻址的 RAM 之间相互赋值，既可以作为源操作数，也可以作为目的操作数；但不能和寄存器 Rn 与间接寻址的 RAM 之间相互赋值。

【例 3-1】 设内部 RAM 50H 单元的内容为 44H，分析下面指令执行完毕后各单元的内容。

```
MOV R1 ,#50H      ;  R1 内容为 50H
MOV A, @R1        ;  A 的内容为 50H 单元的内容即 A 的内容为 44H
MOV 30H,A         ;  30H 单元的内容为 44H
MOV 20H,#20H      ;  20H 单元的内容为 20H
MOV 44H,30H       ;  44H 单元的内容为 44H
```

3.2.3.1.2 特殊数据传送指令

特殊传送指令根据功能又可以分成外部 RAM 读写指令 MOVX，ROM 查表指令 MOVC，堆栈操作指令 PUSH 和 POP，交换指令 XCH、XCHD 和 SWAP。

(1)外部 RAM 读写指令 MOVX

MOVX 是 MCS-51 单片机对片外扩展的数据存储器 RAM 或 I/O 接口进行数据传送时使用的指令。采用寄存器间接寻址，通过累加器 A 来完成。

片外数据的传送是通过 P0 口和 P2 口配合来完成的，其中 P2 口输出高 8 位地址，P0 口分时输出低 8 位地址和数据。这类数据传送指令共有 4 条指令，其中 2 条读指令，2 条写指令。这 4 条指令都是单字节双周期指令，如表 3-5 所示。

表 3-5　　MCS-51 的外部 RAM 读写指令 MOVX

序号	指令分类	指令及其注释	字节数	机器周期数
17	读片外 RAM 或 I/O 口	MOVX A,@DPTR;A ←((DPTR))	1	2
18		MOVX A,@Ri ;A ←((Ri))	1	2
19	写片外 RAM 或 I/O 口	MOVX @DPTR,A;(DPTR)←(A)	1	2
20		MOVX @Ri,A;(Ri)←(A)	1	2

这里需要说明以下几点：

● 读片外 RAM 的 MOVX 操作将使 P3.7 引脚 $\overline{RD}$ 输出有效信号，以便选通片外 RAM 单元使相应单元的数据从 P0 口读入累加器中。

● 写片外 RAM 的 MOVX 操作将使 P3.6 引脚 $\overline{WR}$ 输出有效信号，以便选通片外 RAM 单元使累加器 A 的内容从 P0 口输出并写入相应的片外 RAM 单元。

● 以 16 位 DPTR 为间址寄存器的外部 RAM 访问，可以寻址整个 64K 字节的片外 RAM 空间。指令执行时，在 DPH 中的高 8 位地址由 P2 口输出，在 DPL 中的低 8 位地址由 P0 口分时输出，并由 ALE 信号将低 8 位地址锁存。

以 R0 或 R1 为间址寄存器的外部 RAM 访问，可以访问 256B 的片外 RAM 空间。指令执行时，低 8 位地址在 R0 或 R1 中由 P0 口分时输出，并由 ALE 信号将低 8 位地址锁存。当需要访问超过 256B 的外 RAM 空间时，需要人工利用 P2 口更换高 8 位地址(也称“页地址”)。

【例 3-2】 将片外 RAM 2010H 单元中的内容送到片外 RAM 2020 单元中。

分析：读 2010H 中内容→A→写数据到 2020H 中

程序(方法 1)如下：

```
MOV    DPTR,#2010H   ; 给 DPTR 赋起始地址
MOVX   A,@DPTR       ; 读 2010H 中数据
MOV    DPTR,#2020H   ; 给 DPTR 赋目的地址
MOVX   @DPTR,A       ; 将 A 中数据写入 2020H 中
```

程序(方法 2)如下：

```
MOV    P2,#20H       ; 输出高 8 位地址
MOV    R0,#10H       ; 置读低 8 位间接地址
MOVX   A,@R0         ; 读 2010H 中数据
MOV    R1,#20H       ; 置写低 8 位间接地址
MOVX   @R1,A         ; 将 A 中数据写入 2020H 中
```

(2)ROM 查表指令 MOVC

程序存储器中除了存放程序代码外，还可存放一些常数，这些常数的数据结构一般称为表格。查表指令就是把存放在程序存储器(ROM)中的表格数据读出，传送到累加器 A 的指令。查表指令采用变址寻址方式，共有 2 条指令。这 2 条指令都是单字节双周期指令，如表 3-6 所示。

表 3-6　MCS-51 的查表指令 MOVC

序号	指令及其注释	字节数	机器周期数
21	MOVC A,@A+DPTR ;A ←((A)+(DPTR))	1	2
22	MOVC A,@A+PC;A ←((A)+(PC))	1	2

这里需要说明以下几点：

● DPTR 内容为基址的查表指令首先执行 16 位无符号数加法，将获得的基址与变址之和作为 16 位的程序存储器地址，然后将该地址单元的内容传送到累加器 A。指令执行后 DPTR 的内容不变。这种指令的特点是可访问整个 64KB 的程序存储器空间，表格可放在 ROM 的任何位置，与 MOVC 指令本身的位置无必然的关系。

● PC 内容为基址的查表指令取出该单字节指令后 PC 的内容增 1，以增 1 后的当前值去执行 16 位无符号数加法，将获得的基址与变址之和作为 16 位的程序存储器地址，然后将该地址单元的内容传送到累加器 A。指令执行后 PC 的内容除了刚才的自动加 1 外没有其他变化。这种查表指令的优点是不改变 PC 的状态，根据 A 的内容取得表格常数。缺点是：一方面，表格只能存放在查表指令以下的 256 个单元内，不能超出该范围；另一方面，当表格首地址与本指令间有其他指令时，须用调整偏移量，调整量为下一条指令的起始地址到表格首址之间的字节数。

【例 3-3】 设外部 ROM 的 3000H 单元开始的连续 10 个字节中已存放有 0～9 的平方数，要求根据 A 中的内容(0～9)来查找对应的平方值。

```
SQUARE:  MOV   A,#3
         MOV   DPTR,#TABLE
         MOVC A,@A+DPTR          ;查表
               …
         ORG   3000H
TABLE:   DB 0,1,4,9,16,25,36,49,64,81
```

结果: A ←(3003H),(A)=09H

【例 3-4】 阅读下列程序,给出运行结果,设(A)=3。

```
         ADD    A,#02H   ;加调整量
         MOVC A,@A+PC    ;查表
         NOP
         NOP
TAB:     DB  66,77,88H,99H,'W','10'
```

结果:(A)=99H,显然,2 条 NOP 指令没有时,不需加调整量。

【例 3-5】 累加器 A 中存有压缩的 BCD 码,将其转化为八段显示码,并将结果送至 P1 口(送高位)和 P2 口(送低位)。如 A 中数据为 48H,则 P1 口连接的数码管显示 4,P2 口连接的数码管显示 8(假设所使用的数码管都是共阴极数码管)。

分析:这是一个典型的查表程序,所显示数字与所输出的二进制数(显示码)之间的关系如表 3-7 所示。

表 3-7

显示字符	0	1	2	3	4	5	6	7	8	9
显示码	3FH	06H	5BH	4FH	66H	6DH	7DH	07H	7FH	6FH

参考程序为:

```
         ORG 0000h
         SJMP START
         ORG 0030H
START:
         MOV R0,A               ;  备份 BCD 数
         ANL A,#0FH             ;  取低位
         MOV DPTR,#TABLE
         MOVC A,@A+DPTR         ;  取低位显示码
         MOV P2,A               ;  从 P2 口输出显示码
         MOV A,R0               ;  恢复 BCD 数
         ANL A,#0F0H            ;  取高位
         SWAP A
         MOVC A,@A+DPTR         ;  取高位显示码
```

```
        MOV P1,A                ; 从 P1 口输出显示码
        SJMP $
TABLE:  DB 3FH,06H,5BH,4FH,66H
        DB 6DH,7DH,07H,7FH,6FH
        END
```

(3)堆栈操作指令 PUSH 和 POP

堆栈操作有进栈和出栈两种操作,即压入和弹出数据。堆栈操作常用于现场保护和恢复。这类指令共有 2 条,这 2 条指令都是双字节双周期指令,如表 3-8 所示。

表 3-8　　MCS-51 的堆栈操作指令 PUSH 和 POP

序号	指令及其注释	字节数	机器周期数
23	PUSH direct ;先 SP ←(SP)+ 1,再(SP)←(direct)	2	2
24	POP direct;先 direct←((SP)),再 SP ←(SP)−1	2	2

需要说明的一点是:对累加器的保护与恢复要使用 ACC,而不是 A。因为前者代表了直接寻址,后者代表了寄存器寻址,如:

```
PUSH ACC
POP  ACC
```

(4)交换指令 XCH、XCHD 和 SWAP

对于一般的数据传送类指令,传送通常是单向的,即数据是从源地址传送到目的地址,指令执行后源地址的数据保持不变,而目的地址的数据则变为源地址的数据。

而数据交换类指令完成的传送是双向的,涉及传送的双方互为源地址和目的地址,指令执行后,双方数据互换。数据交换指令共 5 条,完成累加器 A 和内部 RAM 单元之间的字节或半字节交换,如表 3-9 所示。

表 3-9　　MCS-51 的交换指令 XCH、XCHD 和 SWAP

序号	指令分类	指令及其注释	字节数	机器周期数
25	字节交换	XCH A,Rn ;(A)⇔(Rn)	1	1
26		XCH A,direct ;(A)⇔(direct)	2	1
27		XCH A,@Ri ;(A)⇔((Ri))	1	1
28	半字节交换	XCHD A,@Ri ;$(A)_{3\sim0}$⇔$((Ri))_{3\sim0}$	1	1
29	自交换	SWAP A ;$(A)_{3\sim0}$⇔$(A)_{7\sim4}$	1	1

【例 3-6】 设(A)=57H,(20H)=68H,(R0)=30H,(30H)=39H,求下列指令的执行结果。

(1)XCH A,20H ;

结果:(A)=68H,(20H)=57H

(2)XCH A,@R0 ;

结果：(A)＝39H，(30H)＝57H

(3)XCH A,R0 ；

结果：(A)＝30H，(R0)＝57H

(4)XCHD A,@R0 ；

结果：(A)＝59H，(30H)＝37H

(5)SWAP A；

结果：(A)＝75H

【例 3-7】 设内部 RAM 40H、41H 单元中连续存放有 4 个压缩的 BCD 码数据(1、2、3、4)，试编写程序将这 4 个 BCD 码倒序排列(4、3、2、1)，如图 3-7 所示。

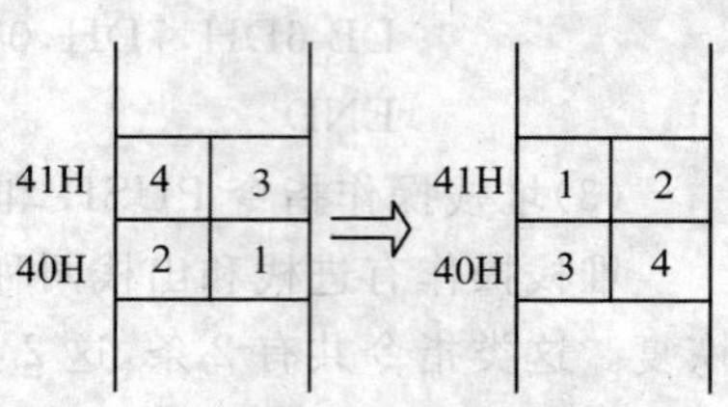

图 3-7 例 3-7 任务图

分析：流程如图 3-8 所示。

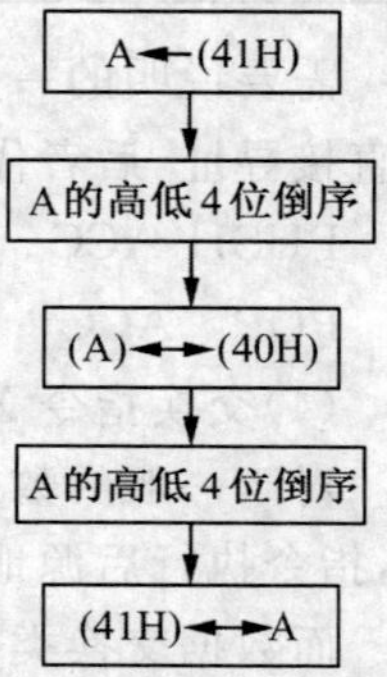

程序如下：

```
MOV     A,41H
SWAP    A
XCH     A,40H
SWAP    A
MOV     41H,A
```

A←(41H)

A的高低4位倒序

(A)←→(40H)

A的高低4位倒序

(41H)←→A

图 3-8 例 3-7 流程图

【例 3-8】 试用不同方法将片内 RAM 30H 单元与 40H 单元中的内容进行互换。

方法 1(直接地址传送法)：

```
MOV     31H,30H
MOV     30H,40H
MOV     40H,31H
SJMP    $
```

方法 2(间接地址传送法)：

```
MOV     R0,#40H
MOV     R1,#30H
MOV     A,@R0
MOV     B,@R1
MOV     @R1,A
MOV     @R0,B
SJMP    $
```

方法 3(字节交换传送法)：

```
MOV     A,30H
XCH     A,40H
MOV     30H,A
SJMP    $
```

方法 4(堆栈传送法)：

```
PUSH    30H
PUSH    40H
POP     30H
POP     40H
SJMP    $
```

3.2.3.2　算术运算指令

算术运算包括加、减、乘、除四则运算，单片机的算术运算指令也就包括加、减、乘、除四种指令。算术运算指令共 24 条，其中操作码助记符有 ADD、ADDC、SUBB、INC、DEC、DA、MUL、DIV 八种，如表 3-10 所示。

表 3-10　　MCS-51 的算术运算类指令

序号	指令分类	指令及其注释	字节数	机器周期数
1	不带进位加法	ADD A,Rn;A←(A)+(Rn)	1	1
2		ADD A,direct;A←(A)+(direct)	2	1
3		ADD A,@Ri;A←(A)+((Ri))	1	1
4		ADD A,#data;A←(A)+data	2	1
5	带进位加法	ADDC A,Rn;A←(A)+(Rn)+(C)	1	1
6		ADDC A,direct;A←(A)+(direct)+(C)	2	1
7		ADDC A,@Ri;A←(A)+((Ri))+(C)	1	1
8		ADDC A,#data;A←(A)+data+(C)	2	1
9	加 1 操作	INC A ;A←(A)+1	1	1
10		INC Rn;Rn ←(Rn) +1	1	1
11		INC direct;direct ←(direct) +1	2	1
12		INC @Ri;(Ri)←((Ri))+1	1	1
13		INC DPTR;DPTR ←(DPTR) +1	1	2
14	带借位减法	SUBB A,Rn;A←(A)−(Rn)−(C)	1	1
15		SUBB A,direct;A←(A)−(direct)−(C)	2	1
16		SUBB A,@Ri;A←(A)−((Ri))−(C)	1	1
17		SUBB A,#data;A←(A)−data−(C)	2	1
18	减 1 操作	DEC A ;A←(A)−1	1	1
19		DEC Rn;Rn ←(Rn)−1	1	1
20		DEC direct;direct ←(direct)−1	2	1
21		DEC @Ri;(Ri)←((Ri))−1	1	1

续表

序号	指令分类	指令及其注释	字节数	机器周期数
22	十进制调整	DA A;调整 BCD 码加法结果	1	1
23	乘法	MUL AB; $B_{15\sim8}$ $A_{7\sim0}$ ←(A)×(B)	1	4
24	除法	DIV AB;A←(A)/(B)的商 B←(A)/(B)的余数	1	4

算术运算指令一般影响 PSW 中的 CY、AC、OV、P 标志位。进位(借位)标志 CY 为无符号整数的多字节加法、减法、移位等操作提供了方便;溢出标志 OV 可方便的控制补码运算;辅助进位标志 AC 则可用于 BCD 码运算。算术运算指令对标志位的影响情况如表 3-11 所示。

表 3-11　　MCS-51 的算术运算指令的标志位影响情况

标志位＼指令	ADD	ADDC	SUBB	DA	MUL	DIV
CY	√	√	√	√	0	0
AC	√	√	√	√	x	x
OV	√	√	√	x	√	√
P	√	√	√	√	√	√

注:①符号√表示相应的指令影响该标志位,0 表示相应的指令对该标志位清 0,x 表示相应的指令对该标志位没有影响。

②加 1 指令(INC)和减 1 指令(DEC)中只有对累加器的操作(INC A 和 DEC A)对奇偶位 P 有影响,对其他标志没有影响,而其他的加 1 指令和减 1 指令对标志位也没有影响。

关于 DA 指令需要说明的是:

(1)DA 指令的功能是对累加器 A 中刚进行的两个 BCD 码加法的结果进行十进制调整(加 6 修正)。该指令只能紧跟在加法指令(ADD/ADDC)后进行,并且两个加数必须已经是 BCD 码,而且也只能对累加器 A 中结果进行调整。

(2)当累加器 A 中的低 4 位数出现了非 BCD 码(1010～1111)或低 4 位产生进位(AC=1),则应在低 4 位加 6 调整,以产生低 4 位正确的 BCD 结果。

(3)当累加器 A 中的高 4 位数出现了非 BCD 码(1010～1111)或高 4 位产生进位(CY=1),则应在高 4 位加 6 调整,以产生高 4 位正确的 BCD 结果。

(4)应该注意,DA 指令不能对减法进行十进制调整。

【例 3-9】 若(A)＝0101 0110B,表示的 BCD 码为$(56)_{BCD}$,(R2)＝0110 0111B,表示的 BCD 码为$(67)_{BCD}$,(CY)＝0。

执行以下指令:

```
ADD   A,R2
DA    A
```

请分析指令执行后的结果。

根据题意分析程序指令执行的过程如下图 3-9 所示。

由于(A)＝0010 0011B,即,且(CY)＝1,即结果为 BCD 数 123。

(A)：	0101	0110
+ (R2)：	0110	0111
	1011	1101
调整：	0110	0110
结果：1	0010	0011

图 3-9　例 3-9 执行结果图

【例 3-10】 试编制 2 个十六进制数加法程序,假定和数超过双字节

(21H 20H)＋(31H　30H)→(42H　41H　40H)

分析:先低字节作不带进位求和,再作带进位高字节求和。

程序如下:

```
MOV A,20H
ADD A,30H
MOV 40H,A          ；  (20H)＋(30H)→40H
MOV A,21H
ADDC A,31H
MOV 41H,A          ；  (21H)＋(31H)＋(C)→41H
MOV A,＃00H        ；  准备处理最高位
ADDC A,＃00H       ；  记入最高位
MOV 42H,A
```

【例 3-11】 双字节无符号数相减(31H 30H)－(41H 40H)→(31H 30H)。

程序如下:

```
MAIN:CLR C            ；  CY 清零
     MOV R0,＃30H     ；  设被减数地址
     MOV R1,＃40H     ；  减数地址
     MOV A,@R0        ；  取被减数低字节
     SUBB A,@R1       ；  被减数低字节减去减数低字节
     MOV @R0,A        ；  存低字节差
     INC R0           ；  指向被减数高字节 31H
     INC R1           ；  指向减数高字节 41H
     MOV A,@R0        ；  取被减数高字节
     SUBB A,@R1       ；  被减数高字节减去减数高字节并减
                      ；  去低字节相减时产生的借位
     MOV @R0,A        ；  存高字节差
HERE:SJMP HERE
```

【例 3-12 】 双字节乘法程序,要求:(R0R1)×(R2)→(R3R4R5)。

分析:设(R0)＝J,(R1)＝K,(R2)＝L,则:

程序如下:

```
MOV A,R1
MOV B,R2
MUL AB              ;  K＊L
MOV R5,A            ;  KL低→R5
MOV R4,B            ;  KL高暂存R4
MOV A,R0
MOV B,R2
MUL AB              ;  J＊L
ADD A,R4
MOV R4,A            ;  KL高＋JL低→R4
MOV A,B
ADDC A,＃00H
MOV R3,A            ;  JL高＋(C) →R3
```

```
              J    K
     ×)            L
        KL高  KL低
+) JL高 JL低
   R3    R4    R5
```

【例 3-13】 利用除法指令进行代码转换。设一个 8 位无符号二进制数存放在内部 RAM 的 30H 单元中，将其转化为 10 进制数据。百位、十位、个位分别存放在 40H、41H、42H 中。

分析：(30H)/100→商(百位)→(40H)；

余数/10 →商(十位)→(41H)；

余数 (个位)→(42H)；

程序如下：

```
MOV R0,＃40H        ;  要存放的首地址
MOV A,30H
MOV B,＃64H         ;  (除数为 100)
DIV AB
MOV @R0,A           ;  除以 100 后的商即为百位数
MOV A,B             ;  余数送至 A
MOV B,＃0AH
DIV AB
INC R0              ;  指向 41H
MOV @R0,A
INC R0              ;  指向 42H
MOV @R0,B
```

3.2.3.3 逻辑操作类指令

逻辑操作类指令主要用于完成计算机的逻辑操作(包括逻辑与、逻辑或、异或、求反、移位等)功能，这类指令的操作码助记符主要有 AND、CLR、CPL、RL、RR、RLC、RRC、ANL、ORL、XRL。逻辑操作类指令共 24 条，如表 3-12 所示。

表 3-12　　　　　　MCS-51 的逻辑操作类指令

序号	指令分类	指令及其注释	字节数	机器周期数
1		ANL A,Rn;A←(A)∧(Rn)	1	1
2		ANL A,direct;A←(A)∧(direct)	2	1
3	逻辑与	ANL A,@Ri;A←(A)∧((Ri))	1	1
4		ANL A,#data;A←(A)∧data	2	1
5		ANL direct,A;direct←(direct)∧(A)	2	1
6		ANL direct,#data;direct←(direct)∧data	3	2
7		ORL A,Rn;A←(A)∨(Rn)	1	1
8		ORL A,direct;A←(A)∨(direct)	2	1
9	逻辑或	ORL A,@Ri;A←(A)∨((Ri))	1	1
10		ORL A,#data;A←(A)∨data	2	1
11		ORL direct,A;direct←(direct)∨(A)	2	1
12		ORL direct,#data;direct←(direct)∨data	3	2
13		XRL A,Rn;A←(A)⊕(Rn)	1	1
14		XRL A,direct;A←(A)⊕(direct)	2	1
15	逻辑异或	XRL A,@Ri;A←(A)⊕((Ri))	1	1
16		XRL A,#data;A←(A)⊕data	2	1
17		XRL direct,A;direct←(direct)⊕(A)	2	1
18		XRL direct,#data;direct←(direct)⊕data	3	2
19		RR A ;A_n←(A_{n+1}),n=0～6, A_7←(A_0)	1	1
20		RL A ;A_{n+1}←(A_n),n=0～6, A_0←(A_7)	1	1
21	移位	RRC A ; A_n←(A_{n+1}),n=0～6, A_7←(Cy),Cy←(A_0)	1	1
22		RLC A ;A_{n+1}←(A_n),n=0～6, A_0←(Cy),Cy←(A_7)	1	1
23	清 0	CLR A; A ←0	1	1
24	取反	CPL A; A←$\overline{A}$	1	1

注:①符号"∧"表示两个数按位进行逻辑与,符号"∨"表示两个数按位进行逻辑或,符号"⊕"表示两个数按位进行逻辑异或,"$\overline{A}$"表示累加器 A 的内容按位取反。

②逻辑"与"指令常常用于屏蔽字节中的某些位。若清除某位,则用"0"与该位进行逻辑"与",若保留某位,则用"1"与该位进行逻辑"与"。例如:若(P1)=C5H =11000101B,为屏蔽 P1 口的高 4 位,需执行指令:

ANL P1, #0FH

指令执行结果为：(P1)＝05H＝00000101B

③逻辑“或”指令常常用于使字节中的某些位置“1”。若置“1”某位，则用“1”与该位进行逻辑“或”，若保留某位，则用“0”与该位进行逻辑“或”。例如：将 P1 口的 4～0 位设置成累加器 A 的 4～0 位，而 P1 口高 3 位保持不变，需执行下列程序指令：

```
ANL   A，#00011111B
ANL   P1，#11100000B
ORL   P1，A
```

④逻辑“异或”指令常用于使字节中的某些位取反。若用“1”与某位进行逻辑“异或”则该位取反，若保留某位，则用“0”与该位进行逻辑“异或”。还可以利用异或指令对某个单元进行自身异或，以实现清零操作。例如：若(A)＝B5H＝10110101B，执行下列程序指令：

```
XRL A，#0F0H        ；  A 的高 4 位取反，低 4 位保持不变(A)＝45H
MOV 30H，A          ；  (30H)＝(A)＝45H
XRL A，30H          ；  A 清零
```

⑤“RL A” 使累加器 A 的各位循环左移 1 位，相当于原内容乘 2；“RR A”使累加器 A 的各位循环右移 1 位，相当于原内容除 2。预先清零 CY，采用带进位位的左移和右移，能够保留乘除产生的进位和余数。例如：设(A)＝00000111B＝07H，(CY)＝ 0，则执行指令：

```
RL   A   ；  (A)＝ 00001110B＝0EH，(CY)＝0
RRC A    ；  (A)＝ 00000111B＝07H，(CY)＝0
CLR C
RRC A    ；  (A)＝ 00000011B ＝03H，(CY)＝1
```

四种移位指令的操作如图 3-10 所示。

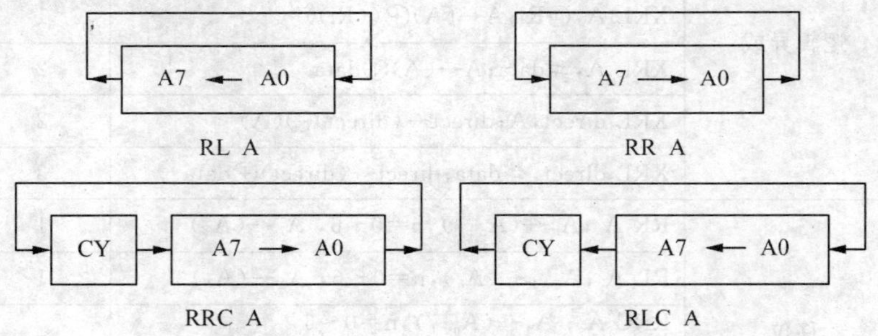

图 3-10　4 种移位指令原理图

【例 3-14】 设 40H 单元中存放的是一个 16 位二进制数的低 8 位，41H 单元中存放的是这个 16 位二进制数的高 8 位(假设这个数小于 128)，请将这个 16 位二进制数进行左移 1 位。

分析：实现所要求的功能应该按如图 3-11 所示的设计思路进行设计。

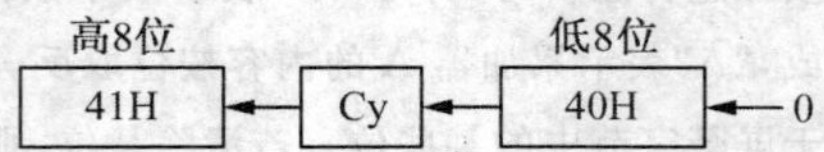

图 3-11　例 3-14 设计思路

须执行的程序指令如下：

```
CLR C              ; CY 清零
MOV R1，#40H       ; 设低字节地址
MOV A，@R1         ; 取低 8 位
RLC A              ; 低 8 位左移
MOV @R1，A         ; 保存移位后的低 8 位字节
INC R1             ; 指向高 8 位地址
MOV A，@R1         ; 取高 8 位
RLC A              ; 高 8 位左移,并带进低 8 位左移产生的进位位
MOV @R1，A         ; 保存移位后的高 8 位字节
```

3.2.3.4 控制转移类指令

通常情况下,程序的执行是顺序进行的,但也可以根据需要改变程序的执行顺序,这种情况称作程序转移。控制程序的转移要利用转移指令。控制转移指令包括无条件转移指令、条件转移指令、调用和返回指令等。这类指令的助记符有 AJMP、LJMP、SJMP、JMP、JZ、JNZ、CJNE、DJNZ、RET、RETI、ACALL、LCALL 等。利用这些指令可以方便地实现程序的向前、向后跳转,并根据条件分支运行、循环运行、调用子程序等功能。这类指令共 17 条，如表 3-13 所示。

(1)LJMP 提供的是 16 位地址,因此程序可以转向 64KB 的程序存储器地址空间的任何单元。该指令不影响 PSW 中的标志位。

(2)AJMP 指令的转移范围为与 AJMP 下面一条指令的存储地址相同的 2KB 区间内,可以向前也可以向后,指令的执行不影响 PSW 的状态标志位。

(3)无论使用的是哪种转移指令或调用指令,并不是直接把要转移(或调用)到的目标指令的地址给出,而是通过标号给出,该标号对应的地址由编译器自动计算出(使用相对转移指令 SJMP rel 时 rel 的值也会由编译器自动计算出)。

(4)“HERE：SJMP HERE”,或“SJMP $”,表示程序“原地踏步”,造成程序的无限循环,一般用于主程序结束的位置,等待中断信号的到来。有时候也用有 NOP 的无限循环实现这一功能,如：

```
WAITINT：NOP
         NOP
         NOP
         SJMP WAITINT
```

(5)指令“JMP @A＋DPTR”的转移地址由数据指针 DPTR 的 16 位数和累加器 A 的 8 位数进行无符号数相加形成,并直接送入 PC,指令执行过程对 DPTR、A 和标志位均无影响。该条指令具有散转功能,其转移地址不是在汇编或编程时确定的,而是在程序运行过程中动态决定的,如根据累加器 A 中键值的不同跳转到相应的程序。

```
        MOV DPTR，#TABLE
        RL A      ;将 A 值乘 2,因为 AJMP 指令为双字节指令
        JMP @A＋DPTR
TABLE：  AJMP TAB0
```

AJMP TAB1

……

表 3-13　　　　MCS-51 的控制转移类指令

序号	指令分类		指令及其注释	字节数	机器周期数
1	无条件转移	长转	LJMP addr16；PC ←addr16	3	2
2		短转	AJMP addr11；PC ←(PC)＋2，$PC_{10\sim0}$ ←addr11	2	2
3		相对转	SJMP rel；PC ←(PC)＋2＋rel	2	2
4		散转	JMP @A＋DPTR；PC ←(A)＋(DPTR)	1	2
5	条件转移	等 0	JZ rel；若(A)＝0，则 PC ←(PC)＋2＋rel 若(A)≠0，则 PC ←(PC)＋2	2	2
6			JNZ rel；若(A)≠0，则 PC ←(PC)＋2＋rel 若(A)＝0，则 PC ←(PC)＋2	2	2
7		比较不相等	CJNE A，#data，rel；若(A)≠data， 则 PC ←(PC)＋3＋rel	3	2
8			CJNE A，direct，rel；若(A)≠(direct)， 则 PC ←(PC)＋3＋rel	3	2
9			CJNE @Ri，#data，rel；若((Ri))≠data， 则 PC ←(PC)＋3＋rel	3	2
10			CJNE Rn，#data，rel；若(Rn)≠data， 则 PC←(PC)＋3＋rel	3	2
11		减 1 不为 0	DJNZ Rn，rel；PC ←(PC)＋2，Rn←(Rn)－1 若：(Rn)≠0，则 PC←(PC)＋rel 若：(Rn)＝0，则不转移	2	2
12			DJNZ direct，rel；PC ←(PC)＋3，direct←(direct)－1 若：(direct)≠0，则 PC←(PC)＋rel 若：(direct)＝0，则不转移	3	2
13	子程序	调用	LCALL addr16；PC ←(PC)＋3，SP ←(SP)＋1， (SP)←($PC_{7\sim0}$)，SP ←(SP)＋1， (SP)←($PC_{15\sim8}$)，PC ←addr16	3	2
14			ACALL addr11；PC ←(PC)＋2，SP ←(SP)＋1， (SP)←($PC_{7\sim0}$)，SP ←(SP)＋1， (SP)←($PC_{15\sim8}$)，$PC_{10\sim0}$ ←addr11	2	2
15		返回	RET；$PC_{15\sim8}$ ←((SP))，SP ←(SP)－1， $PC_{7\sim0}$ ←((SP))，SP ←(SP)－1，	1	2
16	中断返回		RETI；$PC_{15\sim8}$ ←((SP))，SP ←(SP)－1， $PC_{7\sim0}$ ←((SP))，SP ←(SP)－1， 清除中断状态	1	2
17	空操作		NOP；PC ←(PC)＋1	1	1

(6)比较不相等转移(CJNE)指令的功能是对指定的目的字节和源字节进行比较，若它们的值不相等则转移。该指令对进位位 CY 有影响，具体的影响情况是：

①若目的字节的内容大于源字节的内容，则进位标志 CY 清 0。

②若目的字节的内容小于源字节的内容，则进位标志 CY 置 1。

③若目的字节的内容等于源字节的内容，程序将继续往下执行。

(7)减 1 不为 0 转移指令每执行一次，便将循环控制单元的内容减 1，并判其是否为 0。若不为 0，则转移到目标地址继续循环；若为 0，则结束循环，程序往下执行。这样，便于实现循环次数固定的循环控制，如实现 1～9 的累加和，结果放入 30H 单元中。相应的代码为：

```
    MOV A,#00H
    MOV R1,#01H
    MOV R2,#09H
AD: ADD A,R1
    INC R1
    DJNZ R2,AD
    MOV 30H,A
```

【例 3-15】 利用 DJNZ 指令设计循环延时程序，已知 $f_{osc}=12MHz$。

①单循环延时

```
DELAY:  MOV R7,#10    ;  单周期指令
        DJNZ R7,$     ;  双周期指令
```

延时长度：$\Delta t=1\mu s\times 2\times 10+1\mu s=21\mu s$

②双重循环延时

```
DELAY:MOV R7,#0AH   ;  单周期指令
   DL:MOV R6,#64H   ;  单周期指令
      DJNZ R6,$     ;  双周期指令
      DJNZ R7,DL    ;  双周期指令
```

延时长度：$\Delta t=(1\mu s\times 2\times 100+1\mu s+2\mu s)\times 10+1\mu s=2031\mu s$

③三重循环延时

```
DELAY : MOV R7,#10     ;  单周期指令
  DL2 : MOV R6,#200    ;  单周期指令
  DL1 : MOV R5,#250    ;  单周期指令
        DJNZ R5,$      ;  双周期指令
        DJNZ R6,DL1    ;  双周期指令
        DJNZ R7,DL2    ;  双周期指令
```

延时长度：$\Delta t=((1\mu s\times 2\times 250+2\mu s+1\mu s)\times 200)+2\mu s+1\mu s)\times 10+1\mu s=1006031\mu s\approx 1s$

(8)NOP 这条指令不产生任何控制操作，只是将程序计数器 PC 的内容加 1。该指令

在执行时间上要消耗1个机器周期，在存储空间上占用一个字节。常用来实现较短时间的延时或用于在延时子程序中用来拼凑精确延时。

【例 3-16】 已知 f_{osc}＝12MHz，设计循环延时 2ms 的子程序程序

```
DELAY：MOV R7，#0AH    ；  单周期指令
   DL：MOV R6，#62H    ；  单周期指令
       DJNZ R6，$      ；  双周期指令
       NOP             ；  单周期指令
       DJNZ R7，DL     ；  双周期指令
```

延时长度：$\Delta t=(1\mu s\times 2\times 98+2\mu s+1\mu s+1\mu s)\times 10+1\mu s=2001\mu s$

程序转移与子程序调用指令的区别是：转移指令不需考虑返回问题，而调用指令不但要保证程序正确转到子程序入口地址，还要保证子程序执行完后能正确返回主程序调用处。这就需要在调用前正确地保护现场，调用完后正确地恢复现场。现场的保护和恢复是利用堆栈完成的，堆栈是内部 RAM 中一片存储区，采用先进后出的原则存取数据，调用前保护现场的工作由调用指令完成，调用后恢复现场的工作由返回指令完成。

因此子程序调用中应注意以下几个问题：

①允许子程序嵌套调用。所谓的子程序嵌套就是在子程序的调用中，又调用别的子程序。

②不要忘记给栈指针设初始值。

③调用时有时用到压栈、出栈指令，两者要配对使用。

④堆栈区设置要合理。

⑤子程序起始指令要使用标号，用作子程序名。

⑥执行返回指令 RET 之前，保证栈顶内容为主程序返回地址，以便正确返回主程序。

3.2.3.5 位操作类指令

位操作又称“布尔操作”，是以位为单位进行的各种操作。

MCS-51 单片机内部设置了一个位处理器（布尔处理机），它有自己的累加器 C（PSW 中的进位标志位 CY），自己的存储器（即：内部 RAM 中的 20H～2FH 共 128 个位，以及特殊功能寄存器中的可以进行位寻址的各个位），同样，也有相应的位操作指令集，用来完成位传送，位运算和基于位的转移。正是由于这些完善的位处理机制使得单片机很适宜于位处理任务重、逻辑运算多的场合。

位操作指令共 17 条，如表 3-14 所示。

表 3-14　　MCS-51 的位操作类指令

序号	指令分类	指令及其注释	字节数	机器周期数
1	位传送	MOV bit，C；bit←(CY)	2	2
2		MOV C，bit；CY←(bit)	2	2

续表

序号	指令分类		指令及其注释	字节数	机器周期数
3	位设置	清 0	CLR C;CY←0	1	1
4			CLR bit;bit←0	2	1
5		置 1	SETB C;CY←1	1	1
6			SETB bit;bit←1	2	1
7	位逻辑	位与	ANL C,bit;CY←(CY) ∧ (bit)	2	2
8			ANL C,/bit;CY←(CY) ∧ $\overline{(\text{bit})}$	2	2
9		位或	ORL C,bit;CY←(CY) ∨ (bit)	2	2
10			ORL C,/bit;CY←(CY) ∨ $\overline{(\text{bit})}$	2	2
11		取反	CPL C;CY←$\overline{(\text{CY})}$	1	1
12			CPL bit;bit←$\overline{(\text{bit})}$	2	1
13	位条件转移	判 CY	JC rel;若(CY)＝1 则 PC←(PC)＋2＋rel,否则继续	2	2
14			JNC rel;若(CY)＝0 则 PC←(PC)＋2＋rel,否则继续	2	2
15		判 bit	JB bit,rel;若(bit)＝1 则 PC←(PC)＋3＋rel,否则继续	3	2
16			JBC bit,rel;若(bit)＝1 则 PC←(PC)＋3＋rel,且bit←0,否则继续	3	2
17			JNB bit,rel;若(bit)＝0 则 PC←(PC)＋3＋rel,否则继续	3	2

位操作指令中的位地址有四种表示形式，假设表示的都是 PSW 中的位 5，则这四种表示方式如下：

①直接地址方式(如 0D5H)。

②点操作符方式(如 0D0H.5、PSW.5 等)。

③位名称方式(如 F0)。

④伪指令定义方式(如 MYFLAG BIT F0)。

例如：我们在交通灯控制程序中，把 P1.0 定义为 LEFT，把 P1.1 定义位 RIGHT，分别代表左转和右转信号灯，编程如下：

```
LEFT   BIT   P1.0
RIGHT   BIT    P1.1
  ORG   0100H
……
SETB LEFT          ;  左转
LCALL WAIT30S ;  等待 30s
CLR LEFT
```

SETB RIGHT ； 右转

可见这种方法编写的程序可读性较强。

【例 3-17】 编程统计片内 RAM 30H 开始的 20 个带符号数中负数的个数，结果存入 50H 单元。

程序如下：

```
       MOV R2,#20       ；  置循环次数放 R2
       MOV R3, #0       ；  计数初值
       MOV R0, #30H     ；  首单元地址放 R0
LOOP:  MOV A,@R0        ；  取数至 A
       JNB ACC.7, L1    ；  最高位为 0 表示是非负数则转 L1，修改 R0，取下
                        ；  一个数，注意这里判别累加器 A 的最高位使用的
                        ；  是 ACC.7
       INC R3           ；  否则，最高位为 1 表示是负数，则统计，R3←(R3)+1
  L1:  INC R0
       DJNZ R2,LOOP     ；  R2←(R2)-1 若(R2)≠0 继续循环
       MOV 50H,R3
       RET
```

【例 3-18】 利用位逻辑指令，模拟图 3-12 所示的逻辑电路功能。

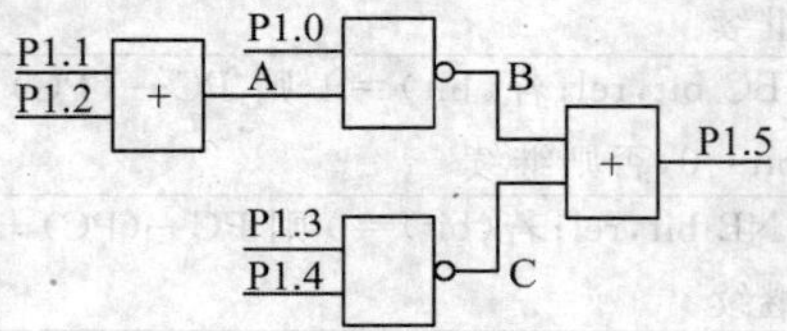

图 3-12 例 3-18 逻辑电路图

实现该功能的程序如下：

```
PR2: MOV C,P1.1    ；  CY←(P1.1)
     ORL C, P1.2   ；  CY←(P1.1)∨(P1.2)，得出 A 点逻辑状态
     ANL C, P1.0   ；  CY←(P1.0)∧A 点状态
     CPL C         ；  取反，得出 B 点逻辑状态
     MOV F0, C     ；  F0 内暂存 B 点状态
     MOV C,P1.3    ；  CY←(P1.3)
     ANL C, P1.4   ；  CY←(P1.3)∧(P1.4)
     CPL C         ；  取反，得出 C 点逻辑状态
     ORL C, F0     ；  B 点状态与 C 点状态进行逻辑或
     MOV P1.5, C   ；  运算结果送入 P1.5
     RET
```

【例 3-19】 设 X 存在 30H 单元中并以补码形式表示，根据下式

$$Y=\begin{cases}X+2, & X>0\\100, & X=0\\|X|, & X<0\end{cases}$$

求出 Y 值，将 Y 值存入 31H 单元。

分析：根据数据的符号位判别该数的正负，若最高位为 0，再判别该数是否为 0。程序流程如图 3-13 所示。

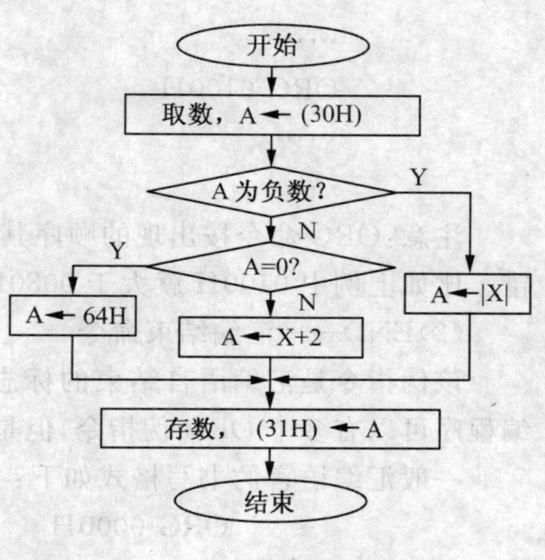

图 3-13　例 3-19 流程图

参考程序如下：

```
      ORG 1000H
      MOV A,30H          ; 取数
      JB ACC.7,NEG       ; 负数,转 NEG
      JZ ZER0            ; 为零,转 ZER0
      ADD A,#02H         ; 为正数,求 X+2
      AJMP SAVE          ; 转到 SAVE,保存数据
ZER0: MOV A,# 64H        ; 数据为零,Y=100
      AJMP SAVE          ; 转到 SAVE,保存数据
NEG:  DEC A
      CPL A              ; 求|X|
SAVE: MOV 31H,A          ; 保存数据
      SJMP $             ; 暂停
```

3.3　MCS-51 汇编语言程序设计

上节讲述了 MCS-51 单片机的指令系统，并列举了一些例子，但没有系统地介绍汇编语言程序设计的内容，这一节我们对汇编语言程序设计有关的内容进行介绍。在介绍汇编语言程序设计之前，首先介绍一下 MCS-51 的汇编语言伪指令。

3.3.1　MCS-51 汇编语言伪指令简介

每种计算机汇编语言都有自己的若干伪指令，用于控制程序的编译和链接。伪指令不是真正的指令，并没有与之对应的机器码，当然也不会被执行。伪指令所起的作用主要是对汇编过程进行控制。对于不同版本的汇编语言可能伪指令的含义和符号有所不同，但是基本的用法还是类似的。下面介绍一下 MCS-51 汇编程序中几个常用的伪指令：

(1)ORG——汇编起始指令

功能：规定该伪指令下面的目标程序的起始地址。

格式：ORG 16 位地址

举例：

```
        ORG 0080H        ;表示下面的程序从地址 0080H 开始
    ST:……
```

```
……
ORG 0100H
……
……
```

注意:ORG 命令按出现的顺序其后的地址必须增大,且不能重叠,否则编译器可能报错。比如上例中 0100H 就大于 0080H。

(2)END——汇编结束命令

该伪指令是汇编语言结束的标志,对于在 END 之后的汇编指令不予处理。一个汇编程序可以有多个 ORG 伪指令,但是只可以有一个 END 指令,否则编译器会报错。

一般汇编语言的书写格式如下:

```
              ORG 0000H          ; 表明下面的指令从 0000H 开始存放,单
                                 ; 片机复位后便从 0000H 取指令
              AJMP START         ; 在 0000H 单元经常存放一个跳转指令,
                                 ; 用于跳转到程序的真正开始地址
              ORG 0003H          ; 此地址是外部中断 0 的入口地址,当有外
                                 ; 部中断时,程序从此开始执行
              AJMP SER_INT0      ; 该指令用于跳转到外部中断 0 中断服务
                                 ; 程序
              ORG 000BH          ; 定时器中断入口
              AJMP SER_TIMER0;   跳转到定时器 T0 的中断服务程序
              ……
              ……
              ORG 0030H
       START:……                  ; 程序的开始
              ……
   SER_INT0:……
              RETI               ; 用于中断返回
SER_TIMER0:……
              RETI               ; 用于中断返回
              END                ; 汇编指令结束标志
```

(3)EQU——赋值指令

格式:字符名称　EQU　数或特定的符号

功能:将一个常数或一个特定的符号赋给规定的字符名称。当汇编程序遇到 EQU 前面的字符名称后,便会用 EQU 后面的数(或特定的符号)代替。

例:
```
CC EQU R1
DD EQU #11H
MOV CC,DD ;此指令与 MOV R1,#11H 一致
```

注意:字符名称不是标号,后面不需要":"。

(4)DB——字节定义伪指令

格式：标号:DB 数据项　　;数据项之间用逗号隔开

功能：从该地址开始，在程序存储器中定义一串字节单元，并用数据项进行赋值。

例：　　ORG 0040H

TAB:DB 80H,95H,74H

则经过编译后，程序存储器中：(0040H)＝80H,(0041H)＝95H,(0042H)＝74H。

该指令常常放在程序的最后，用于开辟表格。

(5)DW——定义字命令

格式：标号：DW 数据项

功能：从该地址开始，在程序存储器中定义一串字单元，并用数据项进行赋值。先存高字节，后存低字节，即高字节放在低地址，低字节放在高地址。

例：　　ORG 0080H

TAB:DW 08H,7799H,1234H

经过编译后，程序存储器中：(0080H)＝00H,(0081H)＝08H,(0082H)＝77H,(0083H)＝99H,(0084H)＝12H,(0085H)＝34H。

(6)DS——定义存储空间指令

格式：DS　表达式

功能：从该指令地址开始，保留DS之后表达式的值所规定的存储单元，以备后用。

例：ORG 0090H

DS 5

DB 50H

汇编后，从0090H开始保留5个存储单元，而(0095H)＝50H。

(7)BIT——位地址符号命令

格式：字符名称　BIT　位地址

功能：将位地址赋予所规定的字符名称。在上节的位指令中已有例子，不再举例。

3.3.2 MCS-51汇编语言程序设计技巧

3.3.2.1 MCS-51汇编语言程序的基本结构简介

汇编语言程序主要有三种基本结构：顺序结构、分支结构和循环结构。

(1)顺序结构

顺序程序结构是最简单的程序结构。这种程序结构无分支，无循环，没有子程序调用，程序按照顺序一步步执行，如图3-14所示。

【例3-20】 将R0单元内的两位BCD码拆开并转换成ASCII码，存入RAM两个单元中R2(存高位)和R1(存低位)中。程序流程如图3-15所示。

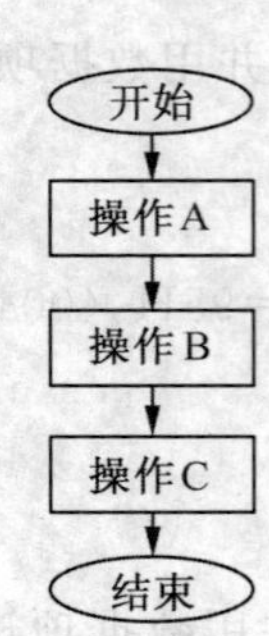

图 3-14 顺序结构流程图

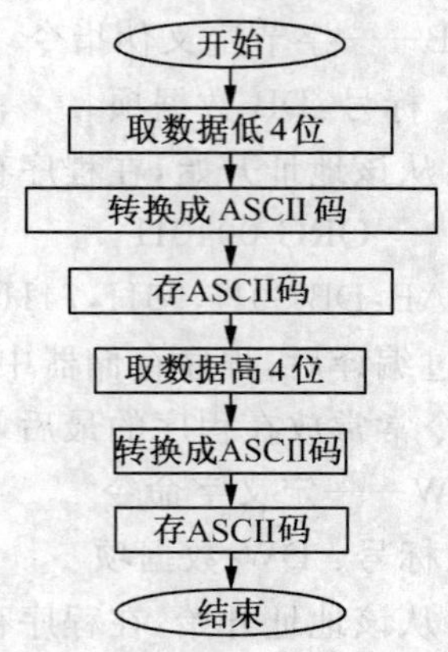

图 3-15 例 3-20 流程图

参考程序如下：

```
        ORG 2000H
        MOV A,R0        ; 取值
        ANL A,#0FH      ; 取低 4 位
        ADD A,#30H      ; 转换成 ASCII 码
        MOV R1,A        ; 保存结果
        MOV A,R0        ; 取值
        SWAP A          ; 高 4 位与低 4 位互换
        ANL A,#0FH      ; 取低 4 位(原来的高 4 位)
        ADD A,#30H      ; 转换成 ASCII 码
        MOV R2,A        ; 保存结果
        SJMP $
        END
```

(2)分支结构

分支程序结构就是根据条件对程序的执行进行判断，不同的条件下执行不同的程序代码，如图 3-16 所示。

其中，(a)为条件执行，即当条件满足时执行操作 A，条件不满足时继续往下执行。(b)为当条件满足时执行操作 A，条件不满足时执行操作 B，为二分支选择结构。(c)为根据条件 K 的不同值执行不同的操作，当 K=0 时执行操作 A0，当 K=1 时执行 A1，…当 K=n 时执行 An，这就是多分支选择结构。

分支程序的设计要点如下：

(1)先建立可供条件转移指令测试的条件。

(2)选用合适的条件转移指令。

(3)在转移的目的地址处设定标号。

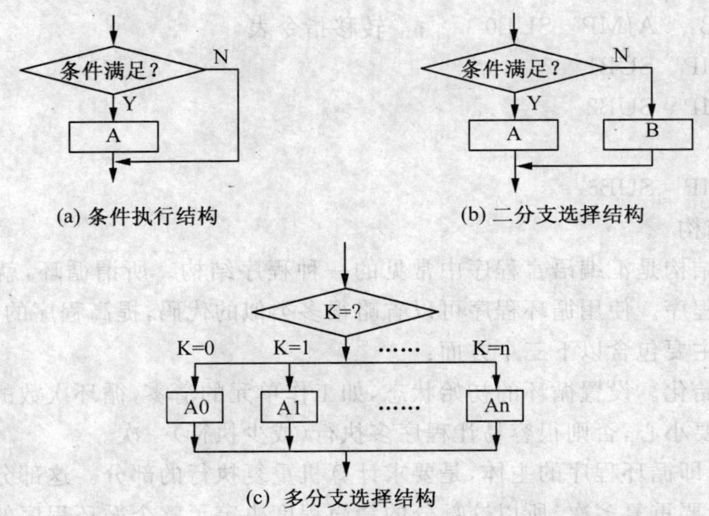

(a) 条件执行结构　　(b) 二分支选择结构

(c) 多分支选择结构

图 3-16　分支结构流程图

【例 3-21】 根据 R0 的值转向 7 个分支程序。

R0＜10，转向 SUB0；

R0＜20，转向 SUB1；

……

R0＜60，转向 SUB5；

R0＞＝60，转向 SUB6；

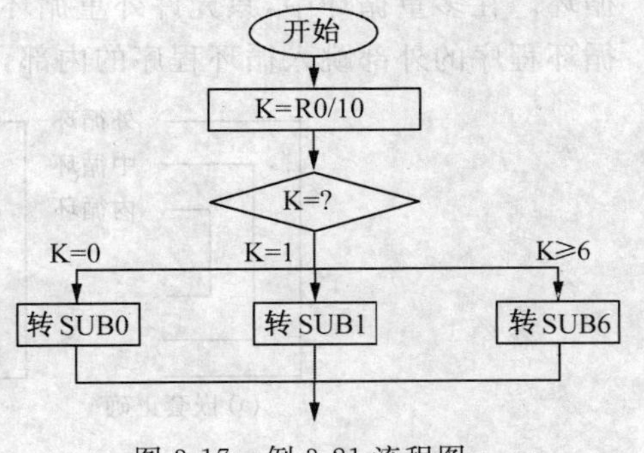

图 3-17　例 3-21 流程图

分析：这里应该利用 JMP @A+DPTR 指令直接给 PC 赋值，使程序实现转移。程序流程如图 3-17 所示。

参考程序如下：

```
        ORG   2000H
        MOV   DPTR,＃TAB      ；  取转移指令表首地址
        MOV   A,R0            ；  取数
        MOV   B,＃10
        ……
        DIV   AB              ；  (A)/10,商在 A 中
        CJNE A,＃06H, L1      ；  A≥6?
        SJMP   L2             ；  A=6 不处理
L1:     JC   L2               ；  A<6 不处理
        MOV   A, ＃06H        ；  A>6 时,令 A=6
L2:     CLR   C
        RLC   A               ；  A←2(A)
        JMP   @A+DPTR         ；  PC←(A)+(DPTR)
```

```
TAB:  AJMP  SUB0      ;  转移指令表
AJMP  SUB1
AJMP  SUB2
……
AJMP  SUB6
```

(3)循环结构

循环程序结构是汇编语言程序中常见的一种程序结构。所谓循环，就是让计算机反复执行某一段程序。使用循环程序可以省略很多类似的代码，提高程序的代码密度。

循环程序主要包含以下三个方面：

①循环初始化。设置循环的初始状态，如工作单元的清零，循环次数的设置等。在设置初始条件时要小心，否则很容易让程序多执行(或少执行)一次。

②循环体，即循环程序的主体，是要求计算机重复执行的部分。这部分程序应该特别注意精简，因为要重复多次，所以这部分的精简程度决定了整个循环程序的执行效率。

③循环控制，包括对循环计数器的修改和循环结束条件的判断等内容。

循环程序按结构形式，有单重循环与多重循环。所谓的多重循环是指循环体内又有循环。在多重循环中，只允许外重循环嵌套内重循环。不允许循环相互交叉，也不允许从循环程序的外部跳入循环程序的内部，如图 3-18 所示。

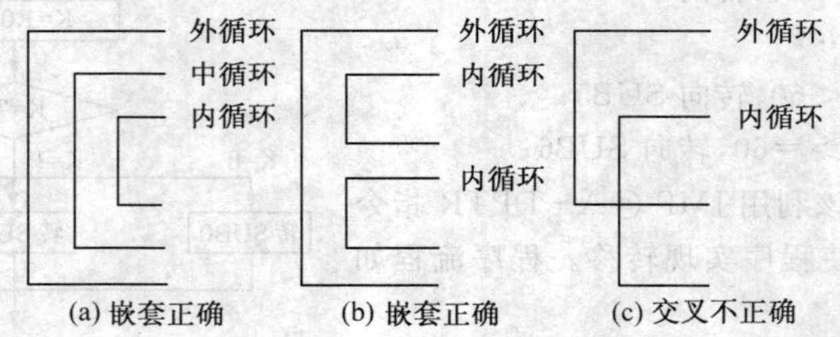

图 3-18　多重循环结构及循环嵌套

【例 3-22】 把内部 RAM 中从 ST1 地址开始存放的数据传送到以 ST2 开始的存储区中。数据块长度未知，但已知数据块的最后一个字节内容为 00H，而其他字节均不为 0。设源地址与目的地址空间不重叠。

分析：显然，我们可以利用判断每次传送的内容是否为 0 这一条件来控制循环。利用判断转移控制的循环流程图如图 3-19 所示。

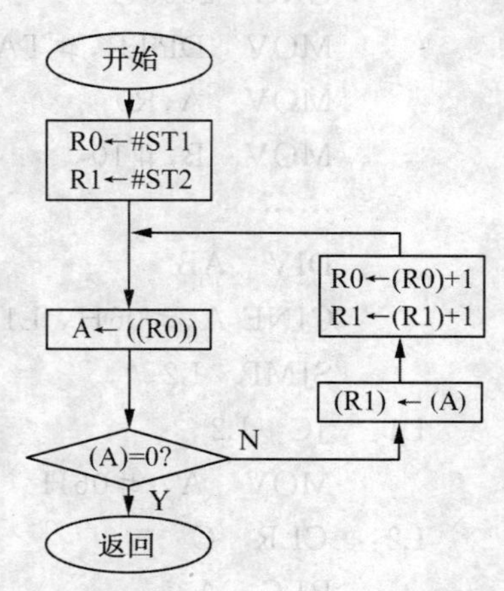

图 3-19　例 3-22 流程图

参考程序如下：

```
START:MOV   R0,#ST1
      MOV R1,#ST2
LOOP:MOV   A,  @R0
      JZ   ENT
```

```
      MOV   @R1,A
      INC   R0
      INC   R1
      SJMP LOOP
ENT: RET
```

3.3.2.2　MCS-51 汇编语言的程序综合性设计实例

【例 3-23】 利用 MCS-51 仿真实验板，外部扩展四个双色发光二极管 HL1、HL2、HL3 和 HL4 分别模拟北(HL1)、西(HL2)、东(HL3)、南(HL4)四个方向交通灯，连接电路如图 3-20 所示。

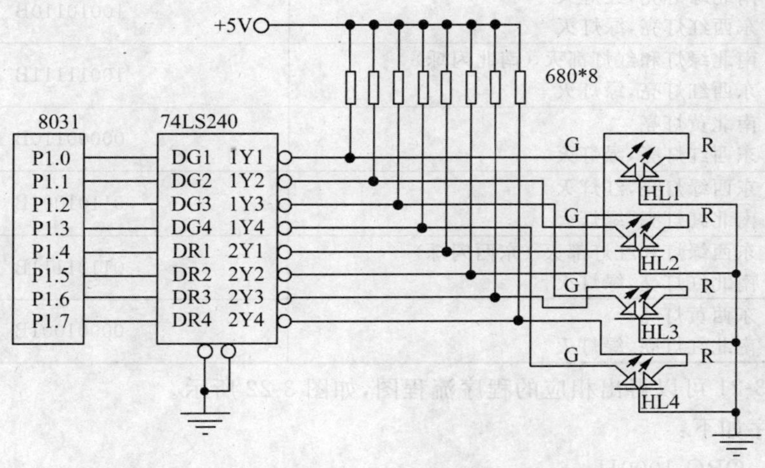

图 3-20　例 3-23 连接电路图

试编制十字路口交通灯控制程序，其控制时序如图 3-21 所示。

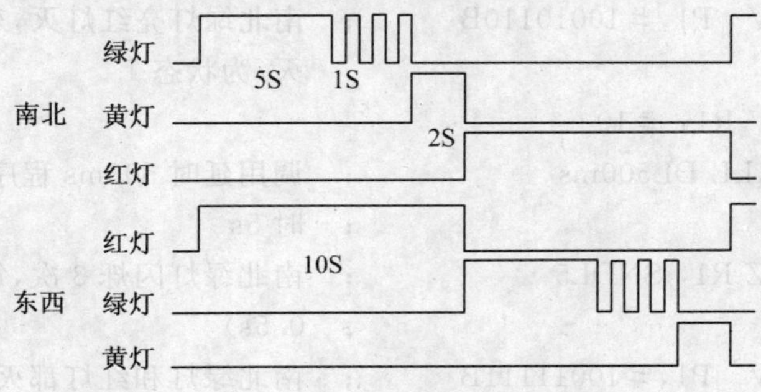

图 3-21　例 3-23 控制时序图

分析：双色发光二极管有一个阴极，两个阳极 G 和 R。当 G 极为高电平时，发光二极管呈现绿色；当 R 极为高电平时，发光二极管呈现红色；当 G 和 R 极都为高电平时，发光二极管呈现黄色。根据题意要求和图 3-20 的电路连接情况，可以知道 P1 口的控制状态如表 3-15 所示。

表 3-15　　　　例 3-23 中 P1 口控制状态

P1 口	P1.7	P1.6	P1.5	P1.4	P1.3	P1.2	P1.1	P1.0
控制发光管脚	HL4R	HL3R	HL2R	HL1R	HL4G	HL3G	HL2G	HL1G
控制功能	南红	东红	西红	北红	南绿	东绿	西绿	北绿

结合图 3-21 可以得出相应的真值表，如表 3-16 所示。

表 3-16　　　　例 3.23 P1 口控制真值表

状态编号	状态名称	P1 口的输出值(负逻辑)
1	南北绿灯亮，红灯灭 东西红灯亮，绿灯灭	10010110B
2	南北绿灯和红灯都灭（南北闪烁） 东西红灯亮，绿灯灭	10011111B
3	南北黄灯亮 东西红灯亮，绿灯灭	00000110B
4	东西绿灯亮，红灯灭 南北红灯亮，绿灯灭	01101001B
5	东西绿灯和红灯都灭（东西闪烁） 南北红灯亮，绿灯灭	01101111B
6	东西黄灯亮 南北红灯亮，绿灯灭	00001001B

结合图 3-21 可以得出相应的程序流程图，如图 3-22 所示。

参考程序如下：

```
        ORG 1000H
START:  MOV   R0,#0
        MOV   R1,#0                 ;  南北绿灯亮 5s,东西红灯亮
        MOV   P1,#10010110B         ;  南北绿灯亮红灯灭,东西红灯亮绿灯
                                    ;  灭,为状态 1
        MOV R1, #10
SNDL5:  ACALL DL500ms               ;  调用延时 500ms 程序 10 次,实现延
                                    ;  时 5s
        DJNZ R1, SNDL5              ;  南北绿灯闪烁 3 次,每次 1s(亮 0.5s,灭
                                    ;  0.5s)
SS1:    MOV   P1,#10011111B         ;  南北绿灯和红灯都灭,东西红灯亮绿灯
                                    ;  灭,为状态 2
        ACALL   DL500ms             ;  延时 500ms
        MOV P1,# 10010110B          ;  南北绿灯亮红灯灭,东西红灯亮绿灯
                                    ;  灭,为状态 1
        ACALL DL500ms               ;  延时 500ms
        INC   R0
        CJNE  R0,#03H,SS1           ;  闪烁 3 次,南北黄灯亮 2s
```

```
        MOV   P1,#00000110B        ;  南北黄灯亮,东西红灯亮绿灯灭,为状
                                   ;  态 3
```

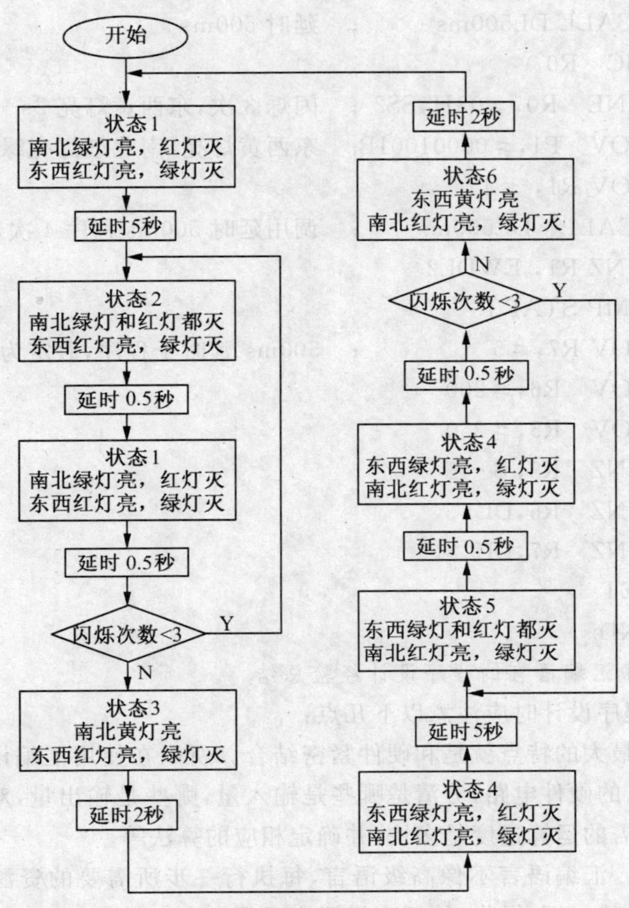

图 3-22　例 3-23 流程图

```
        MOV R1,#4
SNDL2:  ACALL   DL500ms            ;  调用延时 500ms 程序 4 次,实现延时 2s
        DJNZ R1,SNDL2              ;  东西绿灯亮 5s,南北红灯亮
        MOV P1,#01101001B          ;  东西绿灯亮红灯灭,南北红灯亮绿灯灭,为状
                                   ;  态 4
        MOV R1,#10
EWDL5:  ACALL DL500ms              ;  调用延时 500ms 程序 10 次,实现延时 5s
        DJNZ R1,EWDL5              ;  东西绿灯闪烁 3 次,每次 1s(亮 0.5s,灭 0.5s)
        MOV R0,#0
SS2:    MOV P1,#01101111B          ;  东西绿灯和红灯都灭,南北红灯亮绿灯灭,为
                                   ;  状态 5
        ACALL DL500ms              ;  延时 500ms
```

```
          MOV P1,＃ 01101001B ；  东西绿灯亮红灯灭，南北红灯亮绿灯灭，为状
                              ；  态 4
          ACALL DL500ms       ；  延时 500ms
          INC   R0
          CJNE  R0,＃03H,SS2  ；  闪烁 3 次，东西黄灯亮 2s
          MOV   P1,＃00001001B；  东西黄灯亮，南北红灯亮绿灯灭，为状态 6
          MOV R1, ＃4
EWDL2：   ACALL  DL500ms      ；  调用延时 500ms 程序 4 次，实现延时 2s
          DJNZ R1, EWDL2
          SJMP START
DL500ms：MOV R7,＃5            ；  500ms 延时子程序，假定为 12MHz 晶振
DL2：     MOV   R6,＃200
DL1：     MOV   R5,＃250
          DJNZ  R5,$
          DJNZ  R6,DL1
          DJNZ  R7,DL2
          RET
          END
```

3.3.2.3　MCS-51 汇编语言的程序设计经验总结

汇编语言的程序设计时应注意以下几点：

(1)汇编语言最大的特点就是和硬件紧密结合。所以在使用汇编语言编写程序时首先需要弄明白自己的硬件电路，分清楚哪些是输入量，哪些是输出量，对于输入输出所需的精度是多少，所需的运算速度是多快，并确定相应的算法等。

(2)画流程图。汇编语言不像高级语言，每执行一步所需要的资源程序员都需要熟悉。比如执行简单的 a＋b 操作，使用高级语言只需一句加法 c＝a＋b 就可完成，而使用汇编，却需要多句语言：先执行指令“MOV A,＃a”把 a 送至累加器 A，然后执行“MOV R0,＃b”把 b 送至寄存器 R0，再执行“ADD A,R0”实现 a＋b。这些指令还没有考虑对于累加器 A 和寄存器 R0 的保护，可见使用汇编语言编写程序比使用高级语言要复杂得多，因此在编写汇编语言时要充分考虑资源的问题。在画流程图时最好把所需的资源，对资源的保护都包含进去。好的程序流程图是编程的开始。

(3)按照所画流程图编写程序，然后调试运行。在编写程序时，最好加上注释，便于别人理解，也便于自己查阅。还需要注意指令后的分号一定要在英文输入法状态输入，否则在编译时会报错。

汇编语言的程序设计技巧归结为两方面：模块化设计和子程序调用。

所谓模块化设计，是指把一个具体的功能分解成多个小的模块，各个模块之间相互独立，而又可以相互传递参数。分解成的小模块程序功能单一，易于调试和修改，同时使用模块化程序设计还可以使多个程序员同时进行程序的编写和调试工作，加快软件研制速度。而在模块内部要注意多使用子程序调用，一个子程序可以被多次调用，节省空间而且

便于阅读。

除此之外，在程序中应该尽量使用循环结构，这样可以节省内存，提高执行效率，不过要注意循环的初始值和循环的结束条件。由于中断是随机产生的，因此在处理中断程序时，一定要注意保存程序现场（保护标志寄存器和中断处理程序用到的寄存器），以便执行完毕后恢复。在进行子程序调用时，经常使用累加器 A（参数多时还可以使用寄存器或存储器）进行参数传递。

3.3.3 MCS-51 汇编语言程序的汇编

汇编程序必须转化为机器码表示的目标程序，才能被单片机执行。这种由汇编语言转化成机器语言的过程称为汇编。汇编的方法一般有两种：手工汇编和机器汇编。

手工汇编是根据源程序人工查表来翻译成目标程序。在使用人工汇编时，跳转程序需要人工计算偏移量，并且一旦手工汇编结束后若改变源程序，偏移量还需要再次计算，不仅麻烦，而且容易出错。因此一般不使用手工汇编。

机器汇编是指将汇编程序输入到计算机后，由汇编程序译成机器码，然后对机器码进行下载和仿真调试。汇编程序对源程序的修改十分容易，这是目前最常用的方法。而且用户不需要知道汇编语句对应的机器码，一切由汇编程序完成。现在，在集成开发环境下，都是使用机器汇编。而且，在集成开发环境下，还可以有定位程序错误位置、反汇编、设置断点、单步等动态调试功能。

3.4 MCS-51 的 C 语言程序设计

由于单片机应用系统日趋复杂，要求所写的代码规范化，模块化，并便于人们以软件工程的形式进行协同开发，汇编语言已不能满足这样的实际要求了。而 C51（MCS-51 的 C 语言编译器）由于其结构化特点和产生代码的高效性使其成为单片机应用系统编程的首选语言。和汇编语言相比用 C 语言这样的高级语言有很多优势，比如：

（1）对处理器的指令集不必了解（8051 CPU 的基本结构可以了解但不是必须的）。

（2）寄存器的分配以及各种变量和数据的寻址都由编译器完成。

（3）程序拥有了正式的结构，即由 C 语言带来的并且能被分成多个单独的子函数。这使整个应用系统的结构变得清晰，同时让源代码变得可重复使用。

（4）选择特定的操作符来操作变量，提高了源代码的可读性。

（5）可以运用与人的思维很接近的词汇和算法表达式编写程序和调试程序，节省工作时间。

（6）C 运行连接库包含一些标准的子程序，如格式化输出、数制转换、浮点运算。

（7）由于程序的模块结构技术，使得现有的程序段可以很容易地包含到新的程序中去。ANSI 标准的 C 语言是一种非常方便且广泛应用的语言，可以将现有的程序很快地移植到其他的处理器上，节省投资。

采用 C51 程序设计语言，编程者只需了解变量和常量的存储类型与 MCS-51 单片机的存储空间的对应关系，而不必了解单片机的硬件和接口，编译器会自动完成变量存储单元的分配。

3.4.1 KEIL C51 开发系统基本知识

3.4.1.1 开发系统概述

KEIL C51 是美国 KEIL Software 公司开发的 51 系列兼容单片机的 C 语言软件开发系统。该软件提供丰富的库函数和功能强大的集成开发调试工具，为全 Windows 界面。最常使用的 KEIL C51 开发系统是 uVersion IDE 版本，该版本适用于 Windows 操作系统（还有一个版本是 Ishell，适用于 DOS 操作系统）。目前所使用的是 uVersion2 IDE，通过该软件可以完成编辑、编译、仿真、连接、调试等整个开发流程。uVersion2 IDE 开发系统的组成结构如图 3-23 所示。

开发人员可以用 IDE 或其他编辑器编辑汇编或 C 语言程序，然后分别由 A51 或 C51 编译器编译生成目标代码(.OBJ)。目标文件可以由 LIB51 创建生成库文件，也可以与库文件一起经过 L51 连接定位生成绝对目标文件(.ABS)。ABS 文件由 OH51 转换成标准的 HEX 文件，以供调试器(dScope51 或 tScope51)进行代码级调试，也可用仿真器直接对目标板进行调试，还可以直接写入程序存储器中。

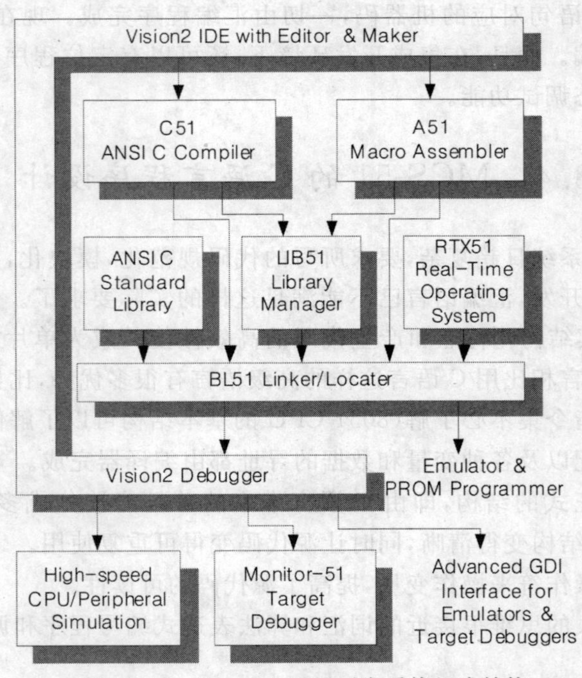

图 3-23 uVersion2 IDE 开发系统组成结构

3.4.1.2 KEIL C51 工具包各部分功能及使用简介

3.4.1.2.1 KEIL C51 功能模块简介

安装完 KEIL C51 软件后，会在安装目录（一般是 C:\KEIL\C51\BIN）下出现以下几个文件：A51.exe、C51.exe、LIB51.exe、BL51.exe 等。下面分别对这些工具进行介绍：

(1)编译器 C51:美国标准优化 C 交叉编译器 C51 可以把 C 源代码转换成可重定位的目标文件。

(2)汇编器 A51 :汇编器 A51 把 MCS-51 汇编源代码转换成可重定位的目标文件。

(3)连接/重定位器 BL51:BL51 组合由 C51 和 A51 产生的可重定位的目标文件生成绝对目标文件。

(4)库管理器 LIB51:LIB51 组合目标文件生成可以被连接器使用的库文件。

(5)转换器 OH51:OH51 将绝对目标文件转换成 Intel HEX 格式的可执行文件。

(6)监控程序 Monitor-51:用 Monitor-51 进行目标板调试时,此监控程序驻留在目标板的存储器里。

(7)实时操作系统 RTX-51:实时操作系统 RTX-51 简化了复杂和对时间要求敏感的软件项目的开发。

3.4.1.2.2　KEIL C51 应用实例

该软件以项目(或工程)为单位进行管理,具体的开发流程如下:

(1)首先运行 KEIL51 软件,启动界面如图 3-24 所示。

图 3-24　uVersion2 IDE 启动界面

(2)点击 Project 菜单,选择下拉式菜单中的 New Project,如图 3-25(a)所示。接着弹出一个标准 Windows 文件对话窗口,如图 3-25(b)所示。在“文件名”中输入所编 C 程序项目的名称,这里我们用“test”。“保存”后的文件扩展名为 uv2,这是 KEIL uVision2 项目文件扩展名,以后我们可以直接点击此文件打开先前做的项目。

(3)选择所要使用的单片机,这里假设选择的是常用的 Atmel 公司的 AT89C51。此时屏幕如图 3-26 所示。

(4)完成上面步骤后,就可以进行程序的编写了。下面要在项目中创建新的程序文件或加入旧程序文件。如果没有现成的程序,就要新建一个程序文件。在 KEIL 中有一些程序的 Demo,这里新建一个 C 程序并把它加到项目中去。点击图 3-27 中 1 的新建文件的快捷按钮,在 2 中出现一个新的文字编辑窗口,这个操作也可以通过菜单 File－New 或快捷键 Ctrl＋N 来实现。现在可以在文本编辑窗口中输入源程序了。

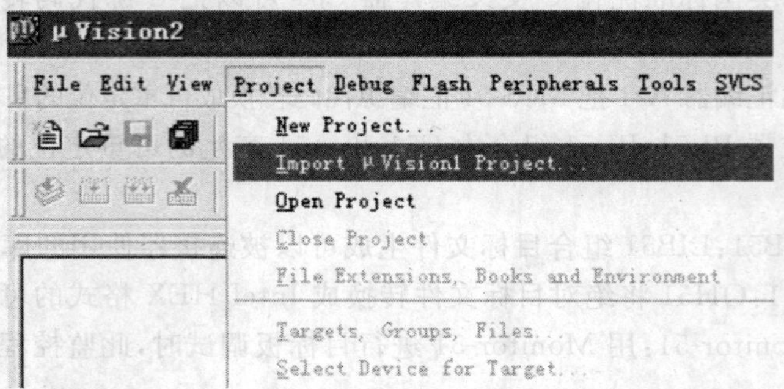

（a）New Project菜单

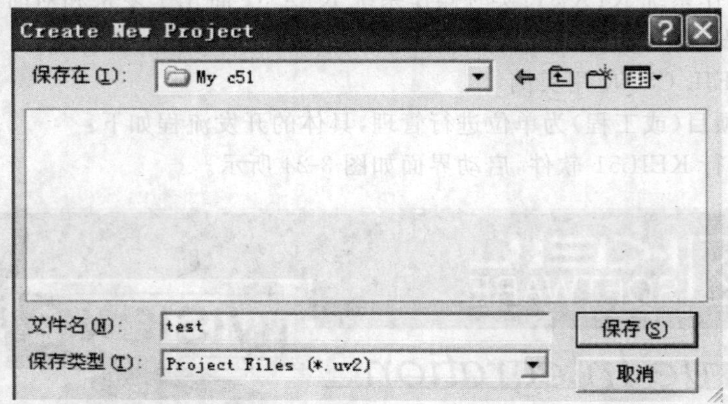

(b)文件窗口

图 3-25　uVersion2 新建一个工程界面

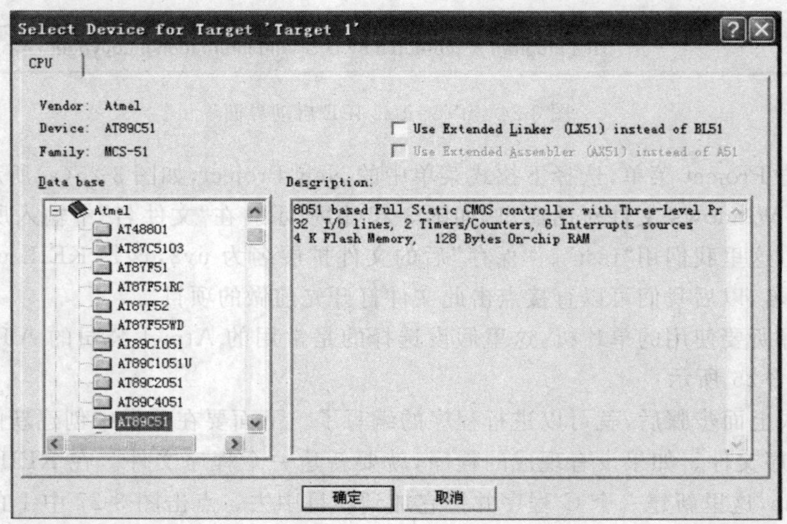

图 3-26　uVersion2 芯片选择界面

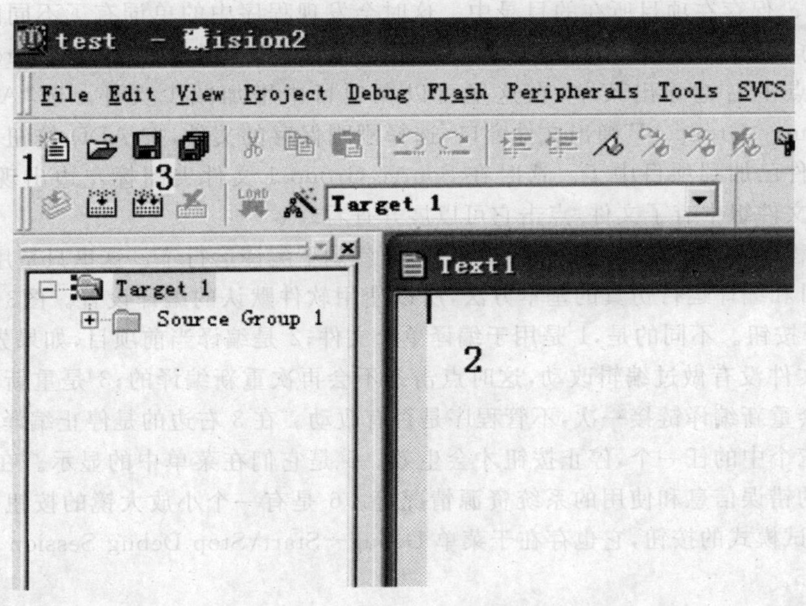

图 3-27　uVersion2 创建新的源文件界面

如：

```
#include <reg51.h>
#include <stdio.h>
void main(void)
{
    SCON = 0x50;                //串口方式 1,允许接收
    TMOD = 0x20;                //定时器 1 定时方式 2
    TCON = 0x40;                //设定时器 1 开始计数
    TH1 = 0xE8;                 //11.0592MHz 1200 波特率
    TL1 = 0xE8;
    TI = 1;
    TR1 = 1;                    //启动定时器
  while(1)
  {
      printf ("Hello World! \n");   //显示 Hello World
  }
}
```

这段程序的功能是不断地从串口输出“Hello World!”字符，我们先不管程序的语法和意义，先看看如何把它加入到项目中和如何编译试运行。

(5)点击图 3-27 中的 3 保存新建的程序，也可以用菜单 File－Save 或快捷键 Ctrl＋S 进行保存。因是新文件，所以保存时会弹出类似图 3-25(b) 的文件操作窗口，我们把它命名为 test1. c,保存在项目所在的目录中。这时会发现程序中的单词有了不同的颜色,说明 KEIL 的 C 语法检查生效了。如图 3-28 所示,鼠标在屏幕左边的 Source Group 1 文件夹图标上,点击右键弹出菜单,在这里可以在项目中增加减少文件。选"Add File to Group 'Source Group 1'"弹出文件窗口,选择刚刚保存的文件,按 ADD 按钮,关闭文件窗,程序文件已加到项目中了。这时在 Source Group 1 文件夹图标左边出现了一个小"+",说明文件组中有了文件,点击它可以展开查看。

(6)C 程序文件已被加到了项目中了,下面就剩下编译运行了。这里只是用来学习新建程序项目和编译运行仿真的基本方法,所以使用软件默认的编译设置。图3-29中 1、2、3 都是编译按钮。不同的是,1 是用于编译单个文件;2 是编译当前项目,如果先前编译过一次之后文件没有做过编辑改动,这时点击是不会再次重新编译的;3 是重新编译,每点击一次均会重新编译链接一次,不管程序是否有改动。在 3 右边的是停止编译按钮,只有点击了前三个中的任一个,停止按钮才会生效。5 是它们在菜单中的显示。在 4 中可以看到编译的错误信息和使用的系统资源情况等。6 是有一个小放大镜的按钮,这就是开启\关闭调试模式的按钮,它也存在于菜单 Debug－Start\Stop Debug Session 中,快捷键为 Ctrl＋F5。

(7)进入调试模式,软件窗口样式大致如图 3-30 所示。图中 1 为运行,当程序处于停止状态时才有效。2 为停止,程序处于运行状态时才有效。3 是复位,模拟芯片的复位,程序回到最开头处执行。按 4 可以打开 5 中的串行调试窗口,在这个窗口中可以看到从 51 芯片的串行口输入输出的字符。这些操作在菜单中也有,不再一一介绍。首先按 4 打开串行调试窗口,再按运行键,这时就可以看到串行调试窗口中不断的打印"Hello World!"。这样就完成了一个 C 项目。最后要停止程序运行回到文件编辑模式中,先按停止按钮,再按开启\关闭调试模式按钮。然后就可以进行关闭 KEIL 等相关操作了。

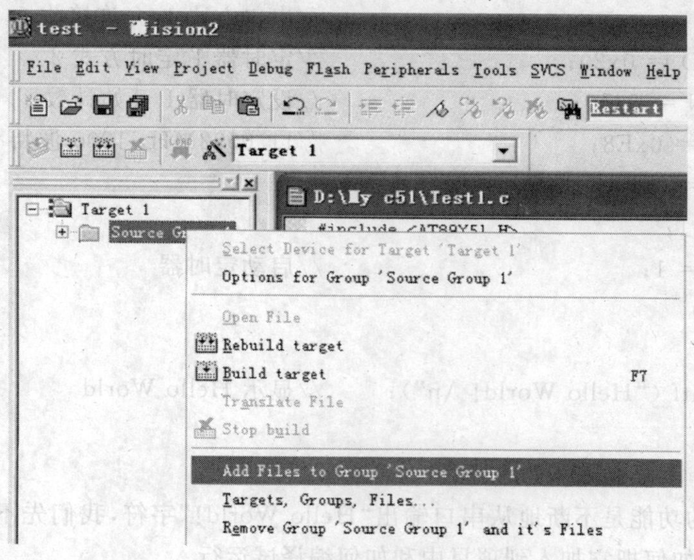

图 3-28 uVersion2 往工程里面添加源文件界面

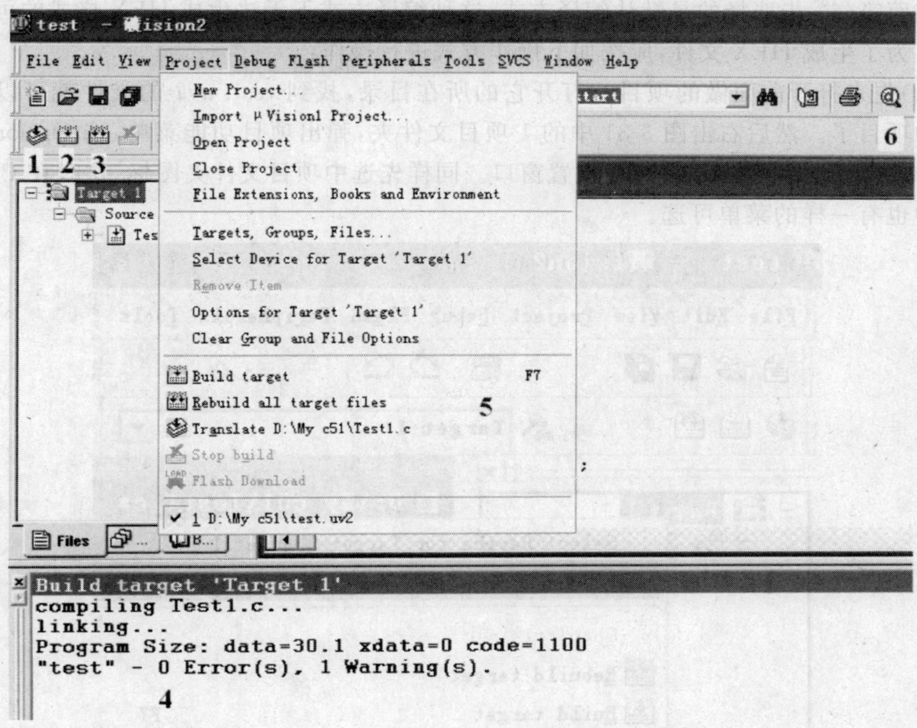

图 3-29　uVersion2 编译界面

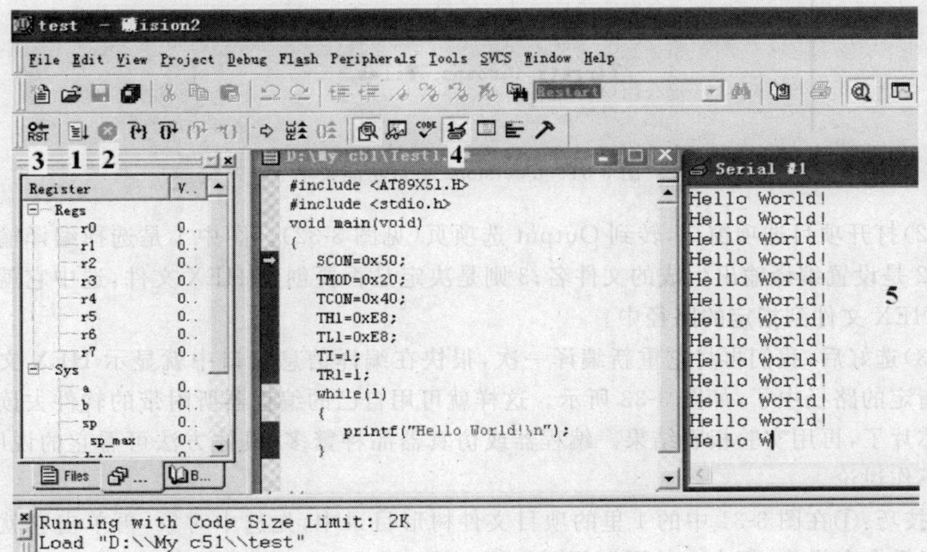

图 3-30　uVersion2 调试界面

前面第(6) 步选择的是默认编译方式,这种编译方式下无法生成 HEX 格式的可执行文件。为了生成 HEX 文件,应按如下操作方式进行操作:

(1)先来打开前面做的项目。打开它的所在目录,找到 test. uv2 的文件就可以打开先前的项目了。然后右击图 3-31 中的 1 项目文件夹,弹出项目功能菜单,选 Options for Target'Target 1',弹出项目选项设置窗口。同样先选中项目文件夹图标,这时在 Project 菜单中也有一样的菜单可选。

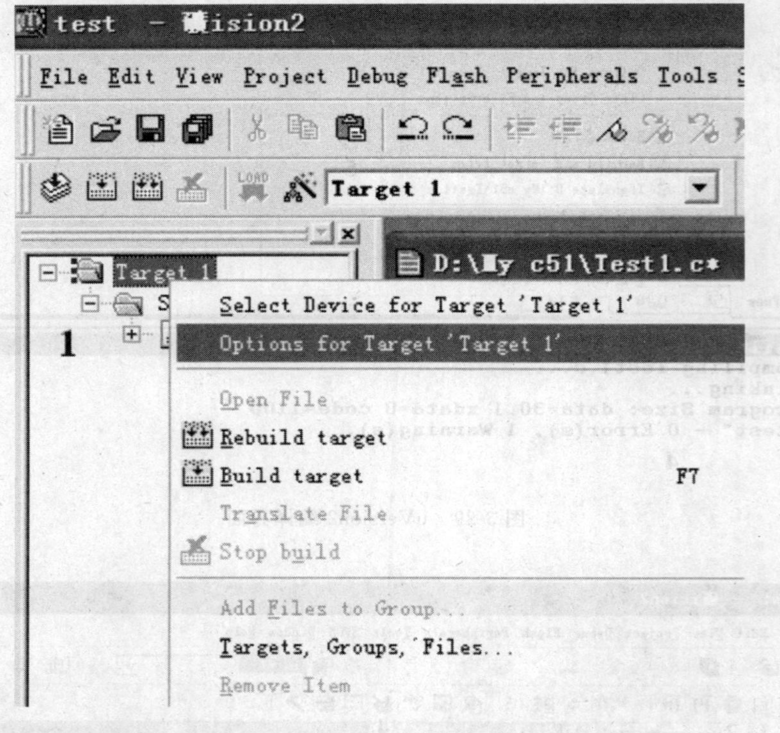

图 3-31 uVersion2 项目功能菜单

(2)打开项目选项窗口,转到 Output 选项页(见图 3-32)。图中 1 是选择编译输出的路径;2 是设置编译输出生成的文件名;3 则是决定是否要创建 HEX 文件,选中它就可以输出 HEX 文件到指定的路径中。

(3)选好后,我们再将它重新编译一次,很快在编译信息窗口中就显示 HEX 文件创建到指定的路径中了,如图 3-33 所示。这样就可用自己的编程器所附带的软件去读取并烧到芯片了,再用实验板看结果。编程器或仿真器品种繁多,具体方法可看它的说明书,这里不作讨论。

(技巧:①在图 3-31 中的 1 里的项目文件树形目录中,先选中对象,再单击它就可对它进行重命名操作,双击文件图标便可打开文件。②在 Project 下拉菜单的最下方有最近编辑过的项目路径保存,这里可以快速打开最近在编辑的项目。)

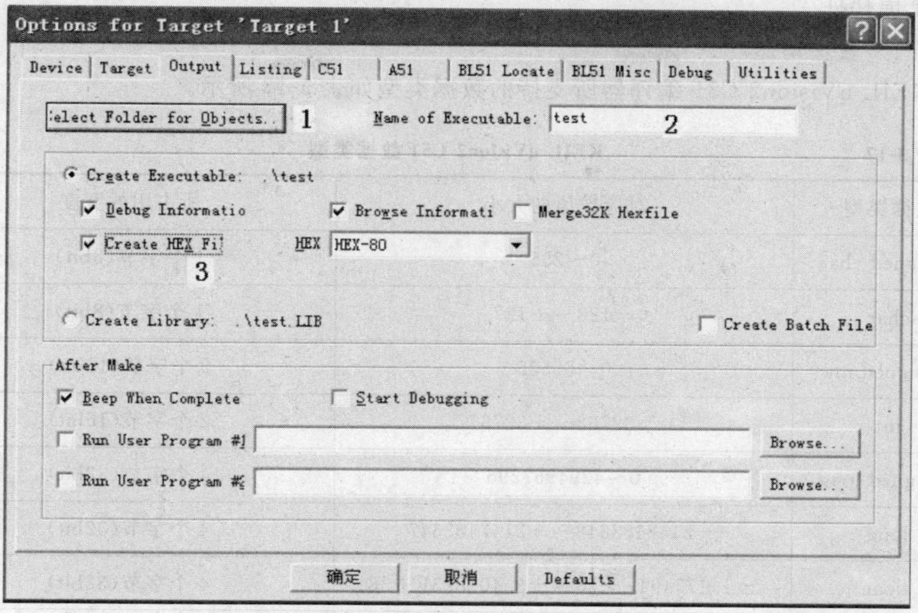

图 3-32　uVersion2 项目选项窗口

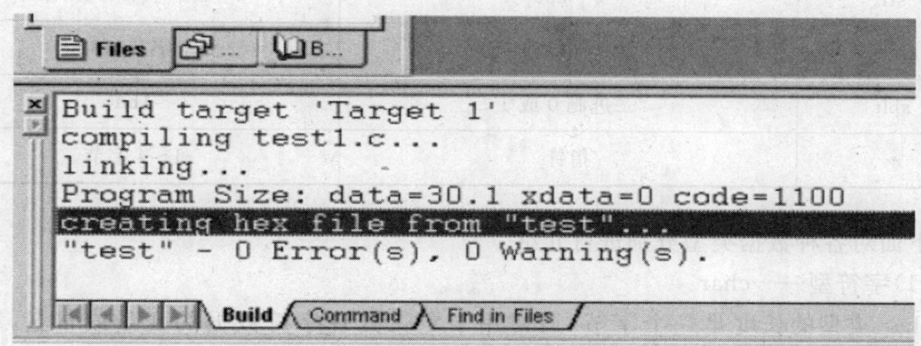

图 3-33　uVersion2 编译信息窗口

这样，就可以把编译好的文件烧到芯片上了。如果购买或自制了带串口输出元件的学习实验板，把串口和 PC 机串口相连，用串口调试软件或 Windows 的超级终端，将其波特率设为 1200，就可以看到不停输出的“Hello World!”字样。

这里仅仅给出了用 uVersion2 KEIL C51 开发工程项目的一个简单示例，关于 uVersion2 KEIL C51 更详细的使用说明请参考厂家用户手册。

3.4.2　KEIL C51 基本语法及其与对标准 C 的扩展

虽然 C51 是一个兼容 ANSI C 的编译器，但为了支持 8051 系列，MCU 还是加入了一些扩展的内容。C51 编译器的扩展内容包括：数据类型、存储器类型、指针、重入函数、中断服务程序、实时操作系统和 PL/M 及 A51 源程序的接口。以下各节简单地描述了上述的扩展特性。

3.4.2.1 数据类型

KEIL uVision2 C51 编译器所支持的数据类型如表 3-17 所示。

表 3-17　　KEIL uVision2 C51 数据类型

数据类型	对应数值的大小	所占用的宽度
unsigned char	0～255	1 个字节(8bit)
char	－128～＋127	1 个字节(8bit)
unsigned int	0～65535	2 个字节(16bit)
int	－32768～＋32767	2 个字节(16bit)
unsigned long	0～4294967295	4 个字节(32bit)
long	－2147483648～＋2147483647	4 个字节(32bit)
float	±1.175494E－38～±3.402823E＋38	4 个字节(32bit)
bit	二进制 0 或 1	1bit
sfr	0～255	1 个字节(8bit)
sfr16	0～65535	2 个字节(16bit)
sbit	二进制 0 或 1	1bit
*	指针	1～4 字节

下面对各种数据类型分别进行介绍。

(1)字符型——char

char 类型的长度是一个字节，通常用于定义处理字符数据的变量或常量，有 unsigned char(无符号字符)和 signed char(有符号字符)之分，默认值为 signed char。unsigned char 类型用字节中所有的位来表示数值，可以表达的数值范围是 0～255。signed char 类型字节中的最高位表示该数据的符号，“0”表示正数，“1”表示负数。负数用补码表示，范围是－128～127(10000000 代表－128，01111111 代表＋127)。

当定义了一个变量为特定的数据类型时，在程序使用该变量不应使它的值超过数据类型的值域。如利用字符型变量 b 作为循环变量，由于其值不可能超出 0～255 的值，这时如果使用 for (b＝0; b＜256; b＋＋)循环语句，编译时是可以通过的，但运行时就会有问题出现。这是因为 b 的值永远都是小于 256 的，这个循环就是一个死循环。

(2)整型——int

int 整型长度为两个字节，用于存放一个双字节数据。有 signed int(有符号整型)和 unsigned int(无符号整型)之分，默认值为 signed int。signed int 表示的数值范围是－32768～＋32767，字节中最高位表示数据的符号，“0”表示正数，“1”表示负数。unsigned int 表示的数值范围是 0～65535。

设整型变量值为 0x1234，它将以图 3-34 所示的方式存放在内存中。

(3)长整型——long

long 长整型长度为四个字节，用于存放一个四字节数据。分有符号长整型(signed long)和无符号长整型(unsigned long)两类，默认值为 signed long 类型。signed long 表示的数值范围是－2147483648～＋2147483647，字节中最高位表示数据的符号，“0”表示正数，“1”表示负数。unsigned long 表示的数值范围是 0～4294967295。

长型变量值 0x12345678 以图 3-35 所示的方式存放在内存中。

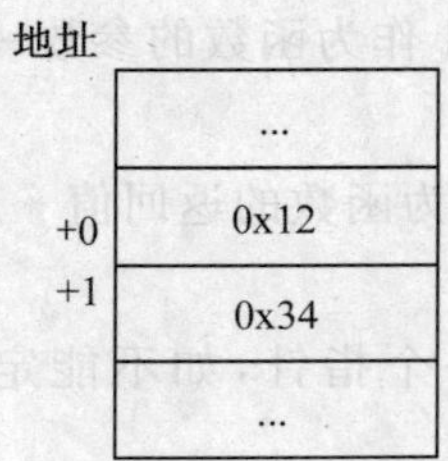

图 3-34　int 型变量在内存中的存放格式

地址	
+0	0x12
+1	0x34
+2	0x56
+3	0x78
	....

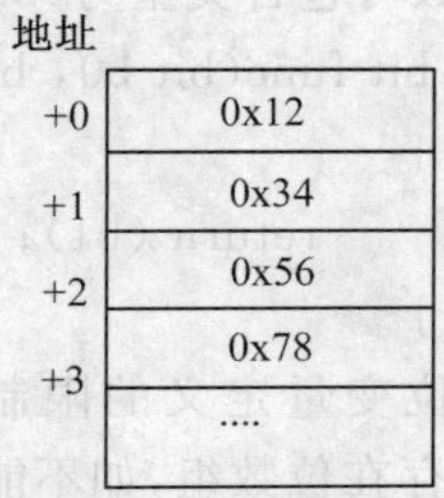

图 3-35　long 型变量在内存中的存放格式

(4)浮点型——float

float 浮点型在十进制中具有 7 位有效数字，是符合 IEEE-754 标准的单精度浮点型数据。其占用四个字节，32 个位，其中具有 1 位符号位、8 位指数位和 23 位尾数位。内存中的分布情况如表 3-18 所示。

表 3-18　KEIL uVision2 C51 float 类型变量在内存中的存放格式

地址	＋0	＋1	＋2	＋3
内容	MMMMMMMM	MMMMMMMM	EMMMMMMM	SEEEEEEE

其中，S 为符号位，1 表示负，0 表示正；E 为阶码，它的值为以 2 为底的指数再加上偏移量 127(保证阶码非负)；M 为 23 位尾数，尾数的整数部分永远为 1，因此不予保留。

一个浮点数的值为：$(-1)^{s} * 2^{(E-127)} * (1.M)$。

例如：浮点变量值 －12.5 的十六进制为：0xC1480000，它按图 3-36 所示方式存于内存中。

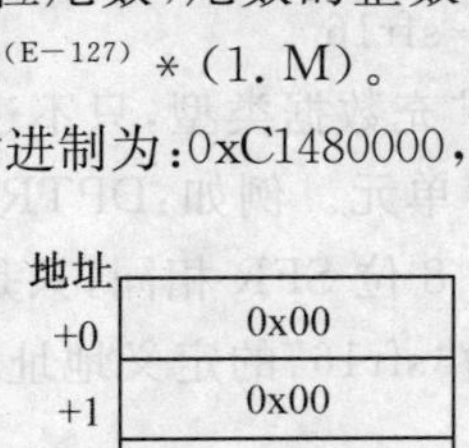

地址	
+0	0x00
+1	0x00
+2	0x48
+3	0xC1
	...

图 3-36　float 型变量在内存中的存放格式

(5)位变量——bit

bit 位变量是 C51 编译器的一种扩充数据类型。它的值是一个二进制位,不是 0 就是 1,类似一些高级语言中的 Boolean 类型中的 True 和 False。

①位变量的 C51 定义。

位变量的 C51 定义的一般语法格式如下:

位类型标识符(bit)　位变量名;

例如:bit direction;　/* 把 direction 定义为位变量 */

　　bit allright;　/* 把 allright 定义为位变量 */

②函数可包含类型为"bit"的参数,也可以将其作为返回值。

```
例如:bit func(bit b0, bit b1)      /* 变量 b0、b1 作为函数的参数 */
     {
        return (b1);               /* 变量 b1 作为函数的返回值 */
     }
```

③对位变量定义的限制。位变量不能定义成一个指针,如不能定义:bit * bit_point。不存在位数组,如不能定义:bit b_array[ ]。

(6)特殊功能寄存器——sfr

sfr 也是一种扩充数据类型,占用一个内存单元,值域为 0~255。利用它可以访问 51 单片机内部的所有特殊功能寄存器。

特殊功能寄存器 C51 定义的一般语法格式如下:

sfr sfr-name = int constant;

其中"sfr"是定义语句的关键字,其后必须跟一个 MSC-51 单片机真实存在的特殊功能寄存器名。"="后面必须是一个整型常数,不允许是带有运算符的表达式,是特殊功能寄存器"sfr-name"的字节地址。这个常数值的范围必须在 SFR 地址范围内,位于 0x80~0xFF。如用:

sfr P1 = 0x90 这一句定义 P1 为 P1 端口在片内的寄存器,在后面的语句中可以用 P1 = 255(对 P1 端口的所有引脚置高电平)之类的语句来操作特殊功能寄存器。

C51 对常用的特殊功能寄存器都在 reg51. h 或 reg52. h 中作了定义。

(7)16 位特殊功能寄存器——sfr16

同 sfr 一样,sfr16 为 C51 的扩充数据类型,只不过是用来定义单片机的内部 16 位特殊功能寄存器,并且占用两个内存单元。例如:DPTR、定时器 T0 和 T1。

sfr16 定义语句的语法格式与 8 位 SFR 相同,只是"="后面的地址必须用 16 位 SFR 的低字节地址,即低字节地址作为"sfr16"的定义地址。

例如:

sfr16 T2 = 0xCC /* 定时/计数器 2:T2 低 8 位地址为 0CCH,T2 高 8 位地址为 0CDH */

(8)可寻址位——sbit

sbit 也是 C51 中的一种扩充数据类型,利用它可以访问芯片内部的 RAM 中的可寻址位或特殊功能寄存器中的可寻址位。它有三种定义格式:

①sbit bit-name = sfr-name^int constant;

“sbit”是定义语句的关键字，后跟一个寻址位符号名（该位符号名必须是 MCS-51 单片机中规定的位名称）。“=”后的“sfr-name”必须是已定义过的 SFR 的名字。“^”后的 int constant（整常数）是寻址位在特殊功能寄存器“sfr-name”中的位号，必须是 0～7 范围中的数。例如：

```
sfr PSW=0xD0;          /* 定义 PSW 寄存器地址为 D0H */
sbit OV=PSW^2;         /* 定义 OV 位为 PSW.2，地址为 D2H */
sbit CY=PSW^7;         /* 定义 CY 位为 PSW.7，地址为 D7H */
```

②sbit bit-name = int constant^int constant;

“=”后的 int constant 为寻址地址位所在的特殊功能寄存器的字节地址。“^”符号后的 int constant 为寻址位在特殊功能寄存器中的位号。例如：

```
    sbit    OV=0xD0^2;   /* 定义 OV 位地址是 D0H 字节中的第 2 位 */
    sbit    CY=0xD0^7;   /* 定义 CY 位地址是 D0H 字节中的第 7 位 */
```

③sbit bit-name = int constant;

“=”后的 int constant 为寻址位的绝对位地址。例如：

```
    sbit    OV=0xD2;   /* 定义 OV 位地址为 D2H */
    sbit    CY=0xD7;   /* 定义 CY 位地址为 D7H */
```

注意 sbit 和 bit 区别：bit 和其他普通变量类型（如 int）类似，只不过是定义的是一个位普通变量，而 sbit 定义的位必须是特殊功能寄存器或内部 RAM 区中的可寻址位。

(9)指针类型——*

指针型数据本身就是一个变量，但在这个变量中存放的不是普通数据，而是指向另一个数据的地址。对于指针的定义和标准 C 语言相似，例如：char * pt;定义一个指向字符型变量的指针。指针变量同样要占据一定的内存单元，在 C51 中它的长度一般为 1～3 个字节。3 个字节的指针包括 1 个字节存储类型和 2 个字节偏移地址，如表 3-19 所示。

表 3-19　指针型变量在内存中的存放格式

地址	+0	+1	+2
内容	存储器类型	地址高位字节	地址低位字节

关于指针的存储类型稍后介绍。

关于 C51 的变量，这里补充两点：

①除了使用上述数据类型外，程序员还可以根据自己的习惯或爱好对数据类型进行重新定义，定义格式如下：

typedef　已有的数据类型　新的数据类型;

例如：typedef unsigned char uchar;将数据类型 unsigned char 用 uchar 代替。

```
    uchar   c                     ;定义一个 unsigned char 数据变量 c
```

注意这里并没有增加新的数据类型，只是对已有的某种数据类型用另一种符号表示而已。

②C 语言是一种强类型语言。在进行表达式求值或运算时，必须使各个变量的数据类型一致。有两种方法可以达到这个目的：

a. 用强制类型转换符“(　)”对数据类型进行显式转换,例如:

```
int i,j;
char a;
j=i+(int)a;
```

b. 利用C语言默认的标准数据类型之间的隐式转换。隐式转换顺序如下:

bit ⟶char ⟶int ⟶long ⟶float

signed ⟶unsigned

如果有几个不同数据类型的数据同时参与运算,先将低级别的数据类型隐式转换为高级别类型后再做运算,并且运算结果为高级别数据类型。

3.4.2.2　存储类型与存储模式

在C51中对变量进行定义的格式如下:

【存储种类】　数据类型　【存储器类型】　变量名列表;

其中存储种类和存储器类型是可选项,当变量名列表中的变量不止一个时,用逗号隔开。

(1)存储种类

变量的存储种类有四种:自动(auto)、外部(extern)、静态(static)和寄存器(register)。

自动(auto)变量最为常用。该类变量的生命周期始于定义它的函数体或复合语句被执行,结束于函数调用结束或复合语句执行结束。当变量的生命周期结束时,它所占的内存单元也就被释放。如果在定义变量时省略存储种类,则该变量默认为自动变量。例如:

```
add()
{int i=10;
……
……
}
main()
  {……
    add();调用add()子函数时为i分配内存单元,调用结束后变量i所占用的内存
          ;被释放
    …
    }
```

假设一个变量在函数体外或别的程序中已被定义过,并且在本函数体内要使用该变量,则该变量要在本函数体内用extern说明。用extern定义的变量称为外部变量。外部变量被定义后,在程序的执行过程中都是有效的。

用static定义的变量称为静态变量。静态变量在程序调用结束后其占用的内存单元并不被释放(其值保持不变)。

用register声明的变量称为寄存器变量。该类变量速度最快,应该存放使用频率最高的变量。通常C51编译器会自动识别程序中使用频率最高的变量,并自动将其作为寄存器变量,程序员无须专门声明。

变量的存储种类和存储器类型是不一样的。存储器类型指明该变量所处的内存空间。单片机内部有程序存储器和数据存储器。数据存储器分为片内存储器和片外存储器,而片内存储器又分为低 128 字节和 SFR 特殊功能寄存器。鉴于此,表 3-20 列举了 C51 编译器所能识别的存储器类型。

表 3-20　　KEIL uVision2 C51 变量的存储器类型

存储器类型	说明
DATA	可直接寻址的片内数据存储器(内部 RAM 低 128 字节),访问速度最快
BDATA	可位寻址的片内数据存储器(20H-2FH),允许位与字节混同访问
IDATA	片内数据存储器(256 字节),允许访问全部片内地址
PDATA	分页寻址的片外数据存储器(256 字节),用 MOVX A,@Ri 访问
XDATA	片外数据存储器(64KB),用 MOVX A,@DPTR 访问
CODE	程序存储器,用 MOVC A,@A+DPTR 访问

使用不同的存储器类型,程序会有不同的执行效率,在编写 C51 程序时,推荐指定变量的存储器类型,这样有利于提高程序的执行效率。若省略存储器类型,编译器将根据使用的存储器模式(SMALL,COMPACT,LARGE)来规定默认的存储器类型。下面对六种存储器类型分别进行介绍:

① DATA 区:该区速度最快,所以应该存放使用频率最高的变量。但是该区资源有限,除了存放变量外,还包含堆栈和寄存器组。一旦该区资源不够,会使程序发生莫名其妙的错误。

变量定义举例:char data i[10];

② BDATA 区:在该区定义的变量,可以进行位寻址,并且可以声明位变量。它可以单独使用变量的某一位,而不一定要用位变量名引用位变量。例如:

```
unsigned char bdata status;
if(status^5)
  {
    ……
  }.
```

注意该区不允许定义 float 类型的变量。

③ IDATA 区:该区使用寄存器间接寻址,可以存放使用比较频繁的变量。

变量定义举例:float idata var;

④PDATA 区:该区只有一页即 256 字节,具体哪一页由 P2 口指定。使用 MOVX 指令进行数据传送。

变量定义举例:long PDATA var;

⑤XDADA 区:该区和 PDATA 区类似,只是空间(64KB)增大了。对 XDATA 的寻址比对 PDATA 的寻址要慢(前者需要装入 16 位地址,而后者只需要装载 8 位地址)。进

行数据传送时同样需要使用 MOVX 指令。

变量定义举例:unsigned char XDATA i;

⑥CODE 区:该区为程序存储器,代码区中的数据一旦写入不可擦除不可重写。在该区中一般存放数据表,跳转向量和状态表等。变量定义举例:

变量定义举例:unsigned char CODE da[3]={0x04,0x58,0x56};

(2)存储模式

存储模式指明了变量在没有指明存储器类型时默认的存储区域,共有 SMALL、COMPACT 和 LARGE 三种。

①SMALL 模式:所有的缺省变量、参数都存储在内部 RAM 中。优点:存储速度快,执行效率高。缺点:内部 RAM 有限,只适合小程序。

②COMPACT 模式:所有缺省变量都存储在外部 RAM 的一页(256 字节)中,具体哪一页可由 P2 口指定。该模式空间较 SMALL 模式充裕,速度较 SMALL 模式慢,较 LARGE 模式快,是一种中间模式。

③LARGE 模式:所有参数变量都放在片外数据存储器中,容量大,但速度慢。

注意:存储模式可以通过#pragma 定义,如:#pragma small。

(3)指针的存储类型

C51 编译器支持两种不同类型的指针:存储器指针和通用指针。

①通用指针

通用或未定型的指针的声明和标准 C 语言中一样,如:

```
char  *s;              /* string ptr */
int  *numptr;          /* int ptr */
long  *state;          /* long ptr */
```

通用指针总是需要三个字节来存储,第一个字节用来表示存储器类型,第二个字节是指针的高字节,第三字节是指针的低字节。如表 3-19 所示。

其中存储器类型部分代表了该指针所指向的变量的存储器类型。存储器类型的代码如表 3-21 所示。

表 3-21　　指针型变量存储类型代码

存储器类型	idata	xdata	pdata	data	code
值	1	2	3	4	5

例如,xdata 类型的地址为 0x1234 的指针存储格式如表 3-22 所示。

表 3-22　　指针型变量存储格式示例

地址	+0	+1	+2
内容	0x02	0x12	0x34

通用指针可以用来访问所有类型的变量,而不管变量存储在哪个存储空间中,因而许

多库函数都使用通用指针。通过使用通用指针,一个函数可以访问数据而不用考虑它存储在什么存储器中。通用指针很方便,但是也很慢,在所指向目标的存储空间不明确的情况下,它们用得最多。

②存储器指针:存储器指针或类型确定的指针,在定义时包括一个存储器类型说明,并且总是指向此说明的特定存储器空间,例如:

```
char data  * str;        /*  ptr to string in data */
int xdata  * numtab;     /*  ptr to int(s) in xdata */
long code  * powtab;     /*  ptr to long(s) in code */
```

正是由于存储器类型在编译时已经确定,通用指针中用来表示存储器类型的字节就不再需要了。指向 idata、data、bdata 和 pdata 的存储器指针用一个字节保存,指向 code 和 xdata 的存储器指针用两个字节保存,使用存储器指针比通用指针效率要高,速度要快。

使用存储器指针可以显著的提高 MCS-51 C 程序的运行速度。表 3-23 说明了使用不同的指针在代码长度和运行时间上的不同。

表 3-23　存储器指针与通用指针实例比较

描述 I	data 指针	xdata 指针	通用指针
C 源程序	data * ip; char val; val = * ip;	char xdata * xp; char val; val = * xp;	char * p; char val; val = * p;

编译后的代码	MOV R0,ip
	MOV val,@R0
		MOV DPL,xp +1
		MOV DPH,xp
		MOVX A,@DPTR
		MOV val,A
			MOV R1,p + 2
			MOV R2,p + 1
			MOV R3,p
			CALL CLDPTR

指针大小	1 字节	2 字节	3 字节
代码长度	4 字节	9 字节	11 字节+ 库函数调用
执行时间	4 周期	7 周期	13 周期

当然存储器指针的使用不是很方便,它要求所指向的目标单元类型一致不变。所以在所指向目标的存储空间明确并不会变化的情况下,存储器指针用得最多。

3.4.2.3　函数的定义和调用

函数是 C 语言程序的基本模块。在 C 语言中,程序总是由主函数 main()开始执行。除了主函数外,还可以根据需要定义许多子函数。在模块化程序设计思想中,应该将一个较大的程序分解成若干个子程序模块,每个子程序模块完成一种特定的功能。而对于一些使用频繁的子程序,可以专门设计成一个库,以供反复调用。此外,C51 编译器本身还提供了丰富的库函数,用户可以根据需要随时调用,从而大大提高了编程效率。函数的定义和调用是完成模块化设计思想的关键,需要熟练掌握。

(1)函数的定义

函数定义的一般形式为:

```
函数类型 函数名(形参列表)
{局部变量定义
    函数体
}
```

其中“函数类型”表示函数返回值的类型，如果函数没有返回值，则为 void；“函数名”为用标识符表示的自定义函数的名字；“形参列表”列出了调用函数时传递数据的形式参数，形参的数据类型必须说明，如果没有形参，可以省略。

典型的函数定义如下：

```
int add(int x,int y )
{int z;
z=x+y;
return(z);
}
main()
{int z;
int a=10,b=50;
……
z=add(a,b);
……
}
```

注意在子函数中定义的局部变量在函数调用结束后所占用的内存单元被释放，因此可以在主函数中定义具有相同名称的变量。

上例中子函数 add 在主函数调用之前已被定义，而一般人在写应用程序时习惯上先写主程序，在主程序后再进行子函数的定义，这时在写主函数之前必须先对需要调用的子函数进行函数声明。

```
int add(int x,int y)
main()
{int a,b,z;
……
……
z=add(a,b);
……
}
int add(int x,int y)
{int z;
z=a+b;
return(z);
}
```

在用户的角度看来，有两类函数可以调用：用户自定义的函数和标准库函数。标准库函数是 C51 编译器提供的，不需要由用户进行定义，只需要包含相应的头文件即可（见库函数的说明）。而用户自定义的函数是根据自己需要实现的功能编写的函数，必须先定义后调用（先调用后定义也可，不过要在调用前进行声明，就像上例）。

在进行函数调用时，函数可以作为一个运算对象直接出现在表达式中，例如：

int c；

c＝add(a1，b1)＋sub(a2，b2)；需要注意，函数 add 和 sub 的返回值类型必须为 int ；类型

除此之外，函数的返回值还可以作为另一个函数的参数，如：

add(sub(a1，b1)，a2)；add 第二个参数类型必须和 sub 函数的返回值类型相同。

(2)重入函数

通常情况下，C51 的函数不能被递归调用，也不能应用导致递归调用的结构。重入函数特性允许编写者声明一个重入函数，使得该函数能够被递归调用。实际上，当多个进程需要同时使用同一个函数时，这个函数就应定义成重入函数。当一个重入函数被调用运行时，另外的一个进程可以中断此运行过程，然后再次调用此重入函数。定义重入函数的方法就是在函数声明时，用关键字“reentrant”进行声明。如：

```
#include <reg52.h>       //包含特殊功能寄存器库
#include <stdio.h>       //包含 I/O 函数库
extern serial_initial();
int fac(int n) reentrant
{
int result;
if (n= =0)
    result=1;
else
    result=n*fac(n-1);
return(result);
}
main()
{
int fac_result;
serial_initial();
fac_result=fac(11);
printf("%d\n",fac_result);
}
```

重入函数在实时应用中，即中断服务程序代码和非中断程序代码必须共用一个函数的场合中经常用到。

需要注意的是，编程者可以选择哪些必须的函数为重入函数，而不需将全部程序声明

为重入函数。把全部程序声明为重入函数,将增加目标代码的长度并减慢运行速度。

3.4.2.4 中断函数的定义

中断系统对于单片机系统来说十分重要,C51 编译器支持用 C 语言编写中断函数,从而减轻了用汇编语言编写中断服务程序的繁琐程度。中断服务程序的一般格式如下:

函数类型 函数名(形参列表) interrupt n [using m];

中断函数类型一般为 void。

interrupt 后面的 n 是中断号,取值为 0~4,编译器从 8n+3 处产生一条长跳转指令,转向中断号为 n 的中断服务程序。单片机中断对应的中断号如表 3-24 所示。

表 3-24 C51 中断与中断号

中断描述	对应的中断号	中断向量地址
外部中断 0	0	0003H
定时器 0 中断	1	000BH
外部中断 1	2	0013H
定时器 1 中断	3	001BH
串行口中断	4	0023H

using m 用于选择不同的工作寄存器组。m 的取值范围为 0~3,分别对应于低 128 字节内部 RAM 区中的四组寄存器。该项为可选项。

编写 MCS-51 中断函数注意如下:

(1)中断函数不能进行参数传递,如果中断函数中包含任何参数声明都将导致编译出错。

(2)中断函数没有返回值,如果企图定义一个返回值将得不到正确的结果,建议在定义中断函数时将其定义为 void 类型,以明确说明没有返回值。

(3)在任何情况下都不能直接调用中断函数,否则会产生编译错误。因为中断函数的返回是由 8051 单片机的 RETI 指令完成的,RETI 指令影响 8051 单片机的硬件中断系统。如果在没有实际中断情况下直接调用中断函数,RETI 指令的操作结果会产生一个致命的错误。

(4)如果在中断函数中调用了其他函数,则被调用函数所使用的寄存器组必须与中断函数相同。否则会产生不正确的结果。

(5)C51 编译器对中断函数编译时会自动在程序开始和结束处加上相应的内容,具体如下:在程序开始处对 ACC、B、DPH、DPL 和 PSW 入栈,结束时出栈。中断函数未加 using n修饰符的,开始时还要将 R0~R7 入栈,结束时出栈。如中断函数加 using n 修饰符,则在开始将 PSW 入栈后还要修改 PSW 中的工作寄存器组选择位。通常不设定 using m,在这种情况下,中断函数中所使用的工作寄存器都将保存在堆栈中。

中断函数定义示例:

```
#include<reg51.h>
unsigned char status;
```

```
bit flag;
void service_int1( ) interrupt 2 using 2;/ * int1 中断服务程序,使用第 2 组工作寄
存器 * /
{
    flag=1;                                / * 设置标志 * /
    status=p1;                             / * 存输入口状态 * /
}
```

3.4.2.5　C51 库函数的说明

C51 提供了可直接调用的库函数。调用这些库函数可以使程序代码简单、结构清晰,易于调试和维护。本节主要介绍 C51 的库函数系统。首先介绍两个基本概念:本征库函数和非本征库函数。

(1)所谓本征库函数,是指在编译时直接将固定的代码插入当前行,而不是用 ACALL 或 LCALL 进行函数调用(类似于宏的处理),这样就大大提高了访问效率。C51 的本征库函数共 9 个,虽然数目较少,但用途很大,9 个库函数分别如下:

①_crol_和_cror_:将 char 型变量循环向左(右)移动指定位数后返回。

②_irol_和_iror_:将 int 型变量循环向左(右)移动指定位数后返回。

③_lrol_和_lror_:将 long 型变量循环向左(右)移动指定位数后返回。

④_nop_:相当于插入汇编指令 nop。

⑤_testbit_:相当于 JBC Label 测试该位变量并跳转同时清除该位。

⑥_chkfloat_:测试并返回浮点数状态。

上面所列举的本征函数的说明都包含在头文件<intrins. h>中。因此,若想使用上述本征函数,必须在源程序开头包含该头文件,即:# include<intrins. h>。

(2)非本征函数并不是把固定代码插入当前行,而是通过 ACALL 或 LCALL 进行函数调用。下面介绍几类非常重要的库函数(非本征函数)。

①<reg51. h>或<reg52. h>:文件 reg51. h 中包括了所有 80C51 的 SFR 及其位定义;reg52. h 中包含了所有的 80C52 的 SFR 及其位定义。一般源程序中都包含该头文件。即:# include <reg51. h>或# include <reg52. h>。包含了这个头文件后,就可以在程序中使用这些特殊功能寄存器及其位,如 P0 = 0x01。

②<absacc. h>:该文件中定义了几个宏,以确定各存储空间的绝对地址。例如:

```
# define XBYTE ((unsigned char volatile xdata * ) 0)
```

③<stdlib. h>:该文件中包含了动态内存分配函数的声明。

④<string. h>:该文件包含了缓冲区处理函数的声明。其中包括字符串复制、比较、移动等函数,如 memcpy、strcat、strcmp 等。这样可以很方便地对缓冲区进行处理。例如:

```
extern char * strcat (char * s1, char * s2);
```

⑤<stdio. h>:该文件包含了输入输出流函数的声明。流函数通过串口或用户定义的 I/O 口读写数据,默认为串口。如果需要修改,可修改 lib 目录中的 getkey. c 和 putchar. c 源文件,然后在库中替换它们即可,如"extern char putchar (char)"。

⑥<math. h>:虽然单片机不适合大量的数学运算,不过C51还是提供了一些基本的数学运算函数,该函数的声明都包含在<math. h>中。例如"extern float sqrt (float val)"。

注意:除了上面介绍的几种常用的头文件,C51的头文件还包括ctype. h、assert. h、errno. h、float. h、ltmits. h、rtx51tny. h、srom. h、setjmp. h、stdarg. h等。以上所介绍的头文件在KEIL目录下的C51\INC文件夹中,读者可用记事本打开头文件自行查看其中的内容。

3.5 KEIL C51与汇编语言的混合编程

C模块与汇编模块的接口较简单,分别用C51与A51对源文件进行编译,然后用L51将obj文件连接即可,关键问题在于C函数与汇编函数之间的参数传递问题。在C语言调用汇编函数时,常常需要把参数传递给汇编函数,汇编调用C语言函数时,也常常需要把参数传递给C语言函数。这里简单介绍一下参数传递规则和参数的互访问题。

3.5.1 C函数参数传递规则

C51编译器允许用寄存器传递最多三个参数,规律如表3-25所示。

表3-25　　C51函数参数传递表

参数个数	char	int	long,float	一般指针
1	R7	R6&R7	R4～R7	R1～R3
2	R5	R4&R5	R4～R7	R1～R3
3	R3	R2&R3		R1～R3

除此之外,还可以用固定存储器(参数传递段)进行参数传递。通过固定存储器传递信息(fix memry)这种方法将bit型参数传给一个存储段中:"? function_name?",BIT将其他类型参数均传给下面的段:"? function_name? BYTE",且按照预选顺序存放。至于这个固定存储区本身在何处,则由存储模式默认。

例如:

func1(int a):"a"是第一个参数,在R6、R7中传递。

func2 (int b, int c, int ＊d):"b"是第一个参数,在R6、R7中传递;"c"是第二个参数,在R4、R5中传递;"d"是第三个参数,在R1～R3中传递。

func3(long e, long f):"e"是第一个参数,在R4～R7中传递;"f"是第二个参数,不能在寄存器中传递,只能在参数传递段中传递。

func4(float g, char h):"g"是第一个参数,在R4～R7中传递;"h"是第二个参数,必须在参数传递段中传递。

3.5.2 C 函数返回

CPU 寄存器经常用来返回函数值，表 3-26 列出了返回类型和所用的寄存器。

表 3-26　C51 函数返回值传递

返回值类型	返回寄存器	说明
bit	标志位 CY	进位标志位返回
char unsigned char 1 字节指针	R7	单字节返回值均由 R7 返回
int unsigned int 2 字节指针	R6、R7	双字节返回值由 R6、R7 返回，高字节在 R6，低字节在 R7
long unsigned long	R4～R7	最高字节在 R4，最低字节在 R7
float	R4～R7	32 位 IEEE 格式，指数和符号位在 R7
一般指针	R1～R3	存储类型在 R3，低位在 R1，高位在 R2

注意：如果函数的第一个参数是一个 bit 类型，那么别的参数不能用寄存器传递。这是因为寄存器传递参数不符合上面的计划，因此 bit 参数应该在参数的最后声明。

3.5.3 C 程序内联汇编

C 语言的内嵌汇编主要通过下列语句实现：

```
#pragma asm
……;汇编指令
#pragma endasm
```

例如，下列程序：

```
#include <reg51.h>
void main(void)
{
   P0=1;
 #pragma asm
     MOV R1,#10
DL: DJNZ R1,DL
 #pragma endasm
 P0=0;
}
```

还需要注意的是，必须对编译器进行相应的设置才能通过编译连接。具体设置如下：

(1)在 Project 窗口中包含汇编代码的 C 文件上单击右键，选择“Options for…”，点击右边的“Generate Assembler SRC File”和“Assemble SRC File”，使检查框由灰色变成黑色(有效)状态。

(2)根据选择的编译模式，把相应的库文件（当使用 SMALL 模式时，是 KEIL\C51\

Lib\C51S. Lib)加入工程中。该文件必须作为工程的最后文件。然后编译链接即可。

(3)下面为带参数的内嵌汇编：

```
  void delay(char x);
void main()
{ char n=10;
  delay(n);
}
void delay(char x)
{
#pragma asm
  DL1:MOV R1,#15H ;只有一个参数,(R7)=10
  DL2:DJNZ R1,DL2
        DJNZ R7,DL1
#pragma endasm
}
```

3.5.4 C程序和汇编程序的相互函数调用

C程序和汇编程序的相互调用可以分为三类,不带参数的相互调用、带参数的相互调用、带返回值的调用,下面分别举例介绍。每个程序代码都很简单,只是为了说明调用方法而已。

(1)C语言调用汇编程序举例(没有参数)：

```
//文件名为 main.c
extern void delay();在 main 函数调用之前应该先将子函数 void delay()进行声明
 main()
 {
  delay();
  while(1);
 }
;该文件保存名为 delay.asm
? PR? DELAY SEGMENT CODE;      // 作用是在程序存储区中定义段,段名为
                               //DELAY,? PR? 表示段位于程序存储
                               //区内
PUBLIC_DELAY;                  //声明函数为公共函数
RSEG ? PR? _DELAY;             //表示函数可被连接器放置在任何地方,
                               //RSEG 是段名的属性。
DELAY:
        MOV R1,#10
DL:DJNZ R1,DL
        RET
```

```
        END
```

段名的开头为 PR，是为了和 C51 内部命名转换兼容，命名转换规律如下：CODE —？PR，XDATA—？XD，DATA—？，DT BIT—？BI PDATA—？PD。

(2)带参数的相互调用举例

```
//该文件保存为 main.c
#include <reg51.h>
extern char add(char c,char d); 将汇编函数声明为外部函数
main()
{
    char i,j;
    char x;
    i=20;
    j=30;
    x=add(i,j);
}
;该程序保存为 add.asm
  ? PR? _ADD SEGMENT CODE;        // 在程序存储区中定义段
  PUBLIC _ADD;                    //声明函数
  RSEG ? PR? _ADD;                //函数可被连接器放置在任何地方
_ADD:
    MOV A,R5
    ADD A,R7
    MOV R7,A                      //将函数返回值放在 R7 中，以便返回
  RET
END
```

补充说明：

①在调用函数 add(i,j)时，根据参数传递规则，第一个参数 i 传递给 R7，第二个参数 j 传递给 R5。

②在汇编程序名前要加下划线，表明是带参数的函数调用，而在主函数的声明中函数名不需要加下划线。

③带函数返回值的调用，返回值由 R7 带回。

3.6 基本实验

3.6.1 数据传送实验

3.6.1.1 实验目的

(1)学习数据传送指令的用法。

(2)熟悉建立、调试和运行汇编语言程序的过程。

3.6.1.2　实验内容

将源数据区单元的(0～F)共 16 个数传送到目的数据区中。

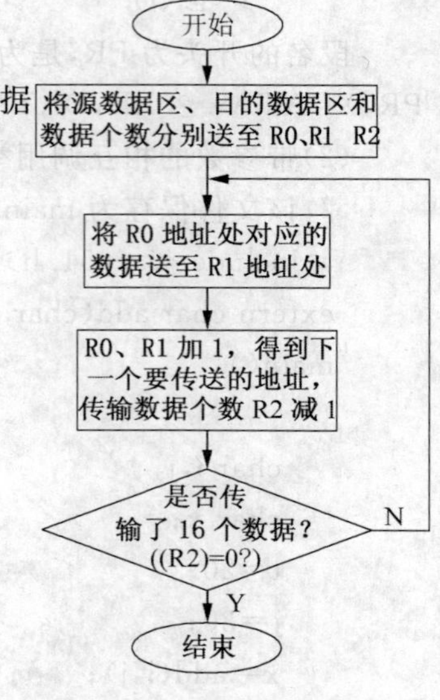

图 3-37　数据传送流程图

3.6.1.3　实验要求

(1)内部 RAM 数据存取操作。

(2)内部 RAM 和外部 RAM 的数据传送。

(3)外部 RAM 的数据传送。

3.6.1.4　实验仪器

PC 机,仿真机。

3.6.1.5　实验程序框图

数据传送流程图如图 3-37 所示。

3.6.2　算术运算实验

3.6.2.1　实验目的

学习算术运算指令的用法。

3.6.2.2　实验内容

实现算术运算操作。

(1)实现加法运算操作。

(2)实现减法运算操作。

(3)多个字节的加法运算

3.6.2.3　实验要求

要求将两个十六进制数,按顺序存放在以 DATA1 和 DATA2 为首的内存单元中(低位在前),结果送回 DATA3 处。

3.6.2.4　实验仪器

PC 机,仿真机。

3.6.2.5　实验程序框图

加法运算流程图如图 3-38 所示。

3.6.2.6　实验步骤

(1)同实验 3.6.1 中数据传送实验的实验步骤。

在 51 系列单片机中,只能使用 R0、R1 进行间接寻址。此实验有三个地址,DATA1、DATA2 和 DATA3。在使用间接寻址时要注意地址的保存和恢复。如果该实验要求相加结果放回 DATA1 或 DATA2,代码将简化。

(2)自行编写多字节的减法。

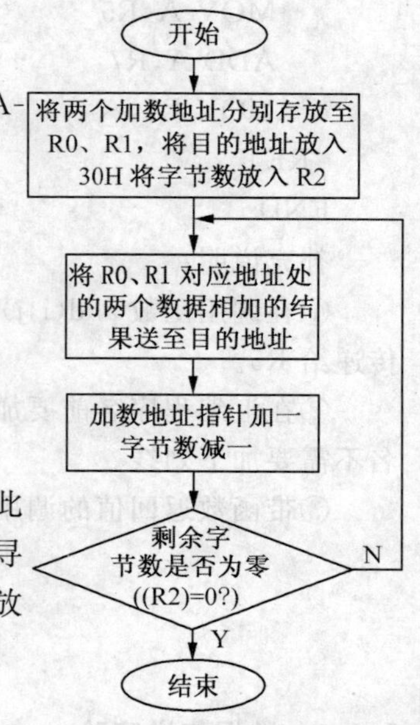

图 3-38　加法运算流程图

3.6.3 数制转换实验

3.6.3.1　实验目的

学习不同数制的数码转换的方法与编程练习

3.6.3.2　实验内容

(1)实现进行十进制与二进制数据之间的转换。

(2)实现 ASCII 码数转换成十进制数数字的方法。

3.6.3.3　实验要求

(1)将在源数据区单元开始的 10 个二进制数转换成十进制数数字传送到目的数据区开始的数据区中。

(2)将在源数据区单元开始的 10 个 ASCII 码数转换成十进制数数字传送到目的数据区开始的数据区中。

3.6.3.4　实验仪器

PC 机,仿真机。

3.6.3.5　实验程序说明

(1)二进制数到十进制数的转换。

注:一个字节的二进制数转化为十进制数范围是 0～255,因此一个字节的二进制数转化为十进制数后需要三个字节来存放(非压缩 BCD 码)。高位放在高地址单元。

流程图如图 3-39 所示。

(2)查 ASCII 码表可知,0～9 对应的 ASCII 码为 30H～39H,要想将 ASCII 码转换成对应的十进制数,只需减去 30H 即可,也可以通过将高四位清零得到(比如 3 的 ASCII 码为 33H,转化后数应为 3)。

1 位 ASCII 码流程图如图 3-40 所示。

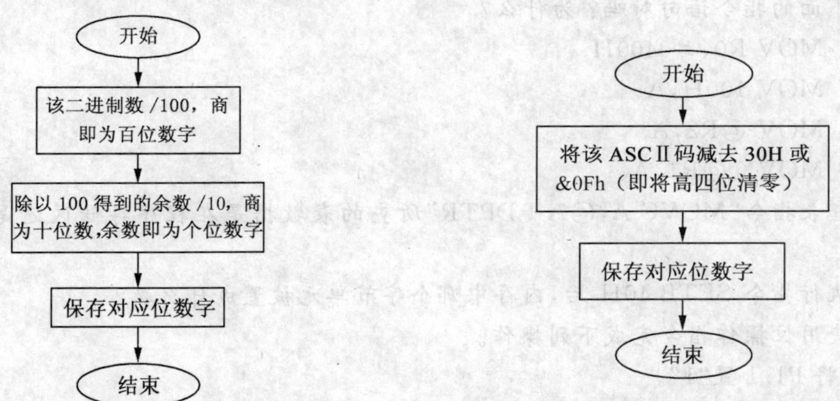

3-39　数制转化流程图　　图 3-40　1 位 ASCⅡ码转换十进制数流程图

数制的转换实验源程序参考例 3-20。

3.6.3.6　实验步骤

参考“数据传送实验”。

思考与习题

1. 写出 MCS-51 单片机汇编指令的指令格式，并简单举例。

2. 指出下面程序每个语句的寻址方式。

```
MOV A,P1
MOV A,#40H
MOV 80H,A
MOV A,R5
MOV @R0,A
MOVX A,@DPTR
MOVC A,@A+DPTR
MOV 74H,#80H
```

3. 写出下面程序被执行后，各数据存储器地址中的内容。

```
MOV 40H,#33H
MOV 41H,#44H
MOV A,40H
MOV 50H,A
MOV A,41H
MOV 51H,A
```

4. 设置堆栈指针 SP 中内容为 60H，编写程序，将上题中数据存储器 50H、51H 的内容压栈后，分别将栈内数据弹出到 DPTR 寄存器中。

5. 访问片内、外数据存储器，都用什么指令？

6. 下面的指令语句对吗？为什么？

```
MOV R0,#0400H
MOV 100H,A
MOV @R2,A
MOVX @R1,A
```

7. 查表指令“MOVC A,@A+DPTR”所查的表数据是在程序存储区还是在数据存储区？

8. 执行指令 SETB 40H 后，内存中哪个字节单元被置成什么数？

9. 使用位操作指令完成下列操作。

(1)将 P1.1 置“1”。

(2)将 ACC.7 置“1”。

10. 编写程序，将 40H 为首的 8 个单元内容，依次反序送入到 60H 为首的 8 个单元中去。

11. 两个四位压缩类型 BCD 码数，被加数放在 30H 和 31H 内存单元中，加数放在 32H 和 33H 内存单元中，所求的和放在 34H 和 35H 中。位数排列按高位在低地址，低位在高地址的顺序，编写此加法程序。

12. 简述 AJMP、LJMP、SJMP 三个跳转指令的区别。

13. 写出 ACALL 和 LCALL 两个调用指令的调用范围，试写出这两条指令执行时，CPU 的操作过程。

14. 分析下列程序，说出此程序完成什么样的功能。

```
        MOV P1,#0FFH
 LOOP:  MOV R7,#03H
LOOP1:  MOV R6,#0FFH
        DJNZ R6,$
        DJNZ R7,LOOP1
        CPL P1.0
        JMP LOOP
        END
```

15. 试编写程序，完成对十个数从大到小的排序(建议用气泡排序法)。十个源字节数据放在 30H 为首的内存区域，排序后的目标数据放在 50H 为首的区域。

16. 写出在 C51 环境下，以下几个数据类型的含义。

char、int、long、float 及 bit、sfr、sfr16

17. 简单说明几种 C51 编译器所能识别的存储器类型可寻址的存储区域。

DATA、BDATA、IDATA、PDATA、XDATA、CODE

18. 使用 C 语言编写程序，完成本章 MCS-51 汇编语言的程序综合性设计实例例 3-23 中的功能要求。编程可依据例 3-23 中的连接电路图及状态真值表进行设计。

第 4 章　定时器、串行口及中断系统

中断是指 CPU 正在处理某任务的过程中，由于计算机系统内外的某种原因，发生的某一事件请求 CPU 及时处理，于是 CPU 暂时中止当前的工作，自动转去处理所发生的事件。处理完该事件后，再返回到原来被中止的断点处继续工作，这样的过程称为中断。MCS-51 单片机的中断系统可以管理 5 个中断源（MCS-52 有 6 个），提供了 2 个优先级，该中断系统为 MCS-51 处理各种应急事件提供了方便。

定时/计数器（Timer/Counter）是单片机的一个重要组成部分，在实际的应用控制系统中，通过定时或计数可以实现很多重要的功能。例如：可以用定时器在规定的时间对温度、湿度、流量、转速等参数进行检测采样，用于环境检测、工业控制；或者利用定时器按一定的周期产生方波信号进行输出；还可以通过计数器对脉冲进行计数，用于信息的采集处理领域等。

单片机应用系统中，经常需要和其他计算机进行数据通信。为此，MCS-51 片内设立了一个可编程的全双工串行通信接口，可作为通用异步接收/发送器 UART，也可作为同步移位寄存器。它的帧格式有 8 位、10 位和 11 位，可以设置为固定波特率和可变波特率，给使用者带来很大的灵活性。

4.1　MCS-51 单片机的中断系统

4.1.1　中断的概念

4.1.1.1　中断系统的基本概念

中断是指 CPU 正在处理某任务的过程中，由于计算机系统内外的某种原因，发生的某一事件请求 CPU 及时处理，于是 CPU 暂时中止当前的工作，自动转去处理所发生的事件。处理完该事件后，再返回到原来被中止的断点处继续工作，这样的过程称为中断。

中断原理如图 4-1 所示。

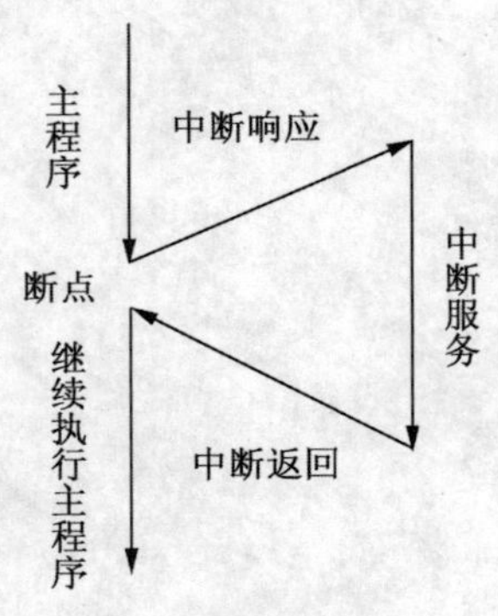

图 4-1　MCS-51 单片机中断原理图

当 CPU 正在处理一个中断请求的时候，外部又发生了一个优先级比它高的中断事件，请求 CPU 及时处理。于是，CPU 暂时中断当前的中断服务工作，转而处理所发生的事件。处理完毕，再回到原来被中断的地方，继续原来的中断处理工作。这样的过程，称为中断嵌套，这样的中断系统称为多级中断系统。

中断嵌套原理如图 4-2 所示。

MCS-51 具有 2 个中断优先级，可以实现 2 级中断嵌套。

现将与中断相关的名词介绍如下：

(1)中断系统：实现中断功能的硬件系统和软件系统统称为中断系统

(2)中断源：产生中断的请求源称为中断源。

(3)中断请求：中断源向 CPU 提出的处理请求，称为中断请求或中断申请。

(4)中断响应过程：CPU 暂时中止自身的事务，转去处理事件的过程，称为 CPU 的中断响应过程。

(5)中断服务：对事件的整个处理过程，称为中断服务或中断处理。

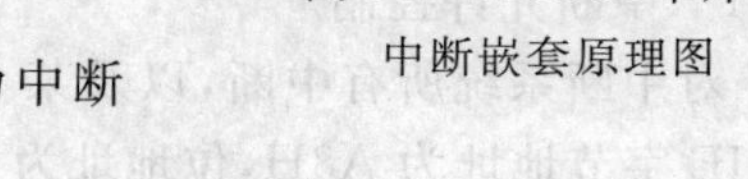

图 4-2　MCS-51 单片机中断嵌套原理图

(6)中断返回：中断处理完毕，再返回到原来被中止的地方，称为中断返回。

4.1.1.2　中断系统的优势

中断系统是计算机的重要组成部分，中断的使用消除了 CPU 在查询方式中的等待现象，大大提高了 CPU 的工作效率，改善了计算机的性能，具体表现在以下几个方面：

(1)有效地解决了快速 CPU 与慢速外设之间的通信矛盾，可使 CPU 与多个外设并行工作，大大提高了工作效率。

(2)在实时控制系统中，外设对 CPU 的服务请求是随机的。中断系统可以及时处理控制系统中许多随机产生的数据与信息，使系统具备实时处理的能力，从而提高了控制系统的性能。

(3)系统工作时会出现一些如电源断电之类的突发故障，中断系统可以使故障发生时自动运行处理程序，系统具备了处理故障的能力，提高了系统自身的可靠性。

4.1.2　MCS-51 中断系统的结构及中断控制

4.1.2.1　MCS-51 中断系统结构

MCS-51 中断系统的结构如图 4-3 所示。

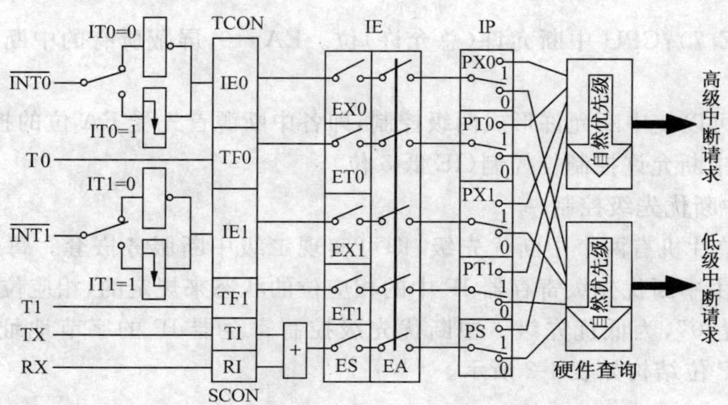

图 4-3　MCS-51 单片机中断系统结构

MCS-51 的中断系统有 5 个中断源(MCS-52 有 6 个),2 个优先级。5 个中断源分别为:

(1)2 个外部中断请求:外部中断 0($\overline{INT0}$)、外部中断 1($\overline{INT1}$),分别由 P3.2、P3.3 引脚引入,低电平有效、脉冲下降沿有效可选。

(2)2 个片内定时/计数器溢出中断请求:定时/计数器 0 溢出中断(T0)、定时/计数器 1 溢出中断(T1),分别在定时器 T0、T1 溢出时发出中断申请。

(3)串行中断(TX/RX),一次串行发送/接收完成后,发出中断申请。

5 个中断均可由软件设定为允许中断或禁止中断。

4.1.2.2　MCS-51 中断控制

4.1.2.2.1　中断允许控制

CPU 对中断系统所有中断,以及某个中断源的开放和屏蔽是由中断允许寄存器 IE 控制的。IE 字节地址为 A8H,位地址为 AFH～A8H,IE 位结构如表 4-1 所示。

表 4-1　**MCS-51 单片机中断允许控制寄存器 IE 位结构**

位地址	AFH			ACH	ABH	AAH	A9H	A8H
位名称	EA			ES	ET1	EX1	ET0	EX0

各位的含义如下:

(1)EX0(IE.0):外部中断 0 允许位。EX0＝0,禁止外部中断 0 中断;EX0＝1,允许外部中断 0 中断。

(2)ET0(IE.1):定时/计数器 T0 中断允许位。ET0＝0,禁止 T0 中断;ET0＝1,允许 T0 中断。

(3)EX1(IE.2):外部中断 1 允许位。EX1＝0,禁止外部中断 1 中断;EX1＝1,允许外部中断 1 中断。

(4)ET1(IE.3):定时/计数器 T1 中断允许位。ET1＝0,禁止 T1 中断;ET1＝1,允许 T1 中断。

(5)ES(IE.4):串行口中断允许位。ES＝0,禁止串行口中断;ES＝1,允许串行口中断。

(6)EA(IE.7):CPU 中断允许(总允许)位。EA＝0,屏蔽所有的中断请求;EA＝1,开放中断。

通过 EA 可以使中断允许形成两级控制,即各中断源首先受 EA 位的控制,其次受各中断源各自的中断允许控制位控制(IE 低 5 位)。

4.1.2.2.2　中断优先级控制

MCS-51 单片机有两个中断优先级,即可实现二级中断服务嵌套。每个中断源的中断优先级都是由中断优先级寄存器 IP 中的相应位的状态来规定的,相应位置“1”,为高优先级;相应位置“0”,为低优先级。中断优先级控制寄存器 IP 的字节地址 B8H,位地址 BFH～B8H,IP 位结构如表 4-2 所示。

表 4-2　　MCS-51 单片机中断优先级寄存器 IP 位结构

位地址				BCH	BBH	BAH	B9H	B8H
位名称				PS	PT1	PX1	PT0	PX0

(1)各位的含义如下：

①PX0(IP.0)：外部中断 0 优先级控制位。

②PT0(IP.1)：定时/计数器 T0 优先级控制位。

③PX1(IP.2)：外部中断 1 优先级控制位。

④PT1(IP.3)：定时/计数器 T1 优先级控制位。

⑤PS(IP.4)：串行口优先级控制位。

(2)对同时发生多个中断申请时 CPU 按以下原则处理：

①不同优先级的中断同时申请——先高后低。

②相同优先级的中断同时申请——事先规定。

③正处理低优先级中断又接到高级别中断——停低转高。

④正处理高优先级中断又接到低级别中断——高不理低。

同一优先级中的中断申请不止一个时，则有中断优先权排队问题。同一优先级的中断优先权排队，由中断系统硬件确定的自然优先级形成，其排列如表 4-3 所示。

表 4-3　　MCS-51 单片机中断自然优先级排列

中断源	优先级
外部中断 0($\overline{INT0}$)	高
定时/计数器(T0)	↓
外部中断 1($\overline{INT1}$)	↓
定时/计数器(T1)	↓
串行口	低

4.1.2.2.3　中断标志与方式控制寄存器

MCS-51 单片机的 5 个中断源的中断请求信号分别锁存在特殊功能寄存器 TCON 和 SCON 中。

(1)TCON：TCON 为定时/计数器控制寄存器，字节地址为 88H，其中的中断源请求标志位如表 4-4 所示。

表 4-4　　MCS-51 单片机 TCON 位结构

位地址	8FH		8DH		8BH	8AH	89H	88H
位名称	TF1		TF0		IE1	IT1	IE0	IT0

各位的含义如下：

①定时/计数器 T1 的溢出中断请求标志位(TF1):当启动 T1 计数后,如果 T1 计数器产生溢出,会由硬件使 TF1 置 1,向 CPU 发中断请求。如果 CPU 响应中断请求,会自动由硬件将 TF1 清零。

②定时/计数器 T0 的溢出中断请求标志位(TF0):含义与 TF1 相同。

③外部中断 1 的中断请求标志(IE1):如果检测到外部中断引脚 P3.3 上存在有效的中断请求信号,就由硬件将 IE1 置 1。如果 CPU 响应该中断请求,则自动由硬件将 IE1 清零。

④外部中断 0 的中断请求标志位(IE0):其含义与 IE1 类同。

⑤外部中断 1 的中断触发方式控制位(IT1):IT1 为 1 时,外部中断 1 为边沿触发方式,若 CPU 检测到外部中断 1 的引脚 P3.3 有由高到低的跳变,就使 IE1 置 1,请求中断。IT1 为 0 时,外部中断 1 为电平触发方式,若 CPU 检测到外部中断 1 的引脚 P3.3 为低电平,则使 IE1 置 1,请求中断;如果 P3.3 为高电平,则使 IE1 置 0。

⑥外部中断 0 的中断触发方式控制位(IT0):其含义与 IT1 类同。

(2)SCON:两个串行口发送/接收中断标志占用了 SCON 寄存器中的 2 位(TI 和 RI)。SCON 是串行口控制寄存器,字节地址为 98H。SCON 寄存器的位格式如表 4-5 所示。

表 4-5　　MCS-51 单片机 SCON 位结构

位地址							99H	98H
位名称							TI	RI

①串行口内部发送中断请求标志位(TI):当串行口发送完一个字符后,由内部硬件使发送中断标志 TI 置位。产生中断请求标志,CPU 响应中断时,并不复位 TI。TI 必须由用户在中断服务程序中用软件清零(如 CLR TI)。

③串行口内部接收中断请求标志位(RI):当串行口接收到一个字符后,由内部硬件使接收中断请求标志位 RI 置位,产生中断请求标志。同样,CPU 响应中断时并不复位 RI,RI 必须由用户在中断服务程序中用软件清零(如 CLR RI)。

4.1.2.3　MCS-51 中断响应及中断处理过程

CPU 响应中断的条件包括:

(1)中断源有请求,CPU 开中断(即 IE 的 EA=1,中断允许寄存器 IE 相应位置 1)。满足这个条件后,单片机 CPU 在每个机器周期对所有中断源进行检测,并可在任意 1 个周期的 S6 期间,找到所有有效的中断请求,对其按优先级排队。

(2)无同级或高级中断正在处理。

(3)现行指令执行到最后一个机器周期且已结束。

(4)若现行指令为访问 IE、IP 的指令或 RETI(中断返回指令),则要求该指令和紧随其后的另一条指令也已执行完毕。

4.1.2.3.1　MCS-51 中断矢量表

中断矢量指示中断源的入口地址,CPU 一旦响应中断,中断服务程序便从中断矢量地址开始执行。MCS-51 中断系统的各个中断的中断矢量地址如表 4-6 所示。

表 4-6　**MCS-51 单片机中断矢量表**

中断源	中断矢量地址
外部中断 0($\overline{INT0}$)	0003H
定时器 T0 中断	000BH
外部中断 1($\overline{INT1}$)	0013H
定时器 T1 中断	001BH
串行口中断	0023H

MCS-51 单片机为每个中断源分配了 8 个字节单元存储服务程序。如果 8 个字节单元不够存储，服务程序也可以异地存储，这时必须在入口地址中写转移指令，引导 CPU 跳转到写在其他地址下的中断服务程序。

4.1.2.3.2　MCS-51 中断响应的过程

如果满足中断响应的条件，单片机 CPU 便在紧接着中断申请的下 1 个机器周期的 S1 期间响应中断；否则，将丢弃中断查询的结果。

(1)CPU 响应中断的操作步骤

①将程序计数器 PC 的内容(断点地址)压入堆栈。

②将相应的中断矢量地址(或中断入口地址)装入程序计数器 PC，转入相应的中断服务程序，进行中断处理。

③中断服务程序结束位置，执行一条 RETI 指令，将堆栈中的断点地址恢复到 PC 程序计数器中，使程序恢复到断点发生处继续执行。

(2)中断撤销

在中断服务程序结束之前应撤销中断请求，否则返回后将再一次引起中断。

对于某些中断，中断响应后，计算机将自动清除有关的中断标志位。例如：定时器溢出标志 TF0、TF1，以及边沿触发方式下的外部中断标志 IE0、IE1。

而有些中断标志位不会自动清除，由用户在中断服务程序中软件清除，如串行口的发送和接收标志 TI 和 RI。

对于电平触发方式下的外部中断标志 IE0 和 IE1，根据 INT0 和 INT1 的电平变化，CPU 无法直接干预，必须由外部设置硬件清除。如图 4-4 所示。

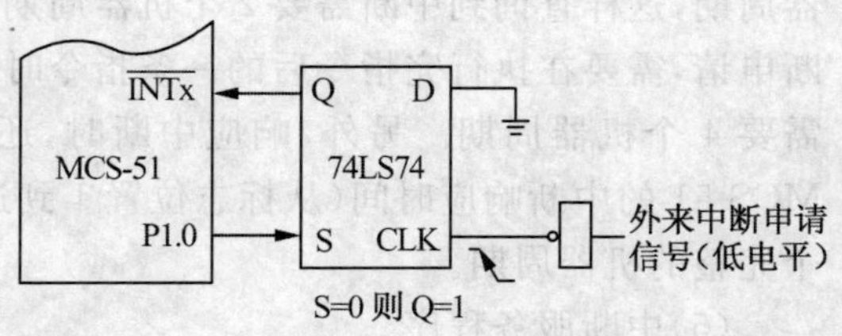

图 4-4　MCS-51 单片机外部中断硬件清除电路

图 4-4 的工作原理为：外来的低电平→反相→CLK 端产生上跳沿→D 端的“0”打到 Q 端→申请中断。

中断返回前，对 P1.0 送“0”→令 Q 端变为“1”。

指令如下：

CLR P1.0　　　;令 Q 端置“1”，禁止外部中断进入，在中断服务程序入口处加上

SETB P1.0　　;令 S 端置“1”，允许下次外部中断请求进入，在中断服务程序出口处;加上

(3)现场保护

MCS-51 单片机响应中断后，只保护断点而不保护现场。

所谓现场，是指累加器 A、程序状态字 PSW、工作寄存器 Rn 等寄存器在发生中断时的值。

当在中断服务程序中需要使用这些寄存器时，应该在使用之前先将所需要使用的寄存器的内容压栈，在结束中断服务程序之前再将这些寄存器的内容恢复出来，这就是现场保护。

现场保护时要注意入栈和出栈的顺序，要保证一一对应，“对称”使用。否则容易造成现场破坏，甚至使程序发生“紊乱”。

(4)中断响应时间

MCS-51 单片机中断响应时序如图 4-5 所示。

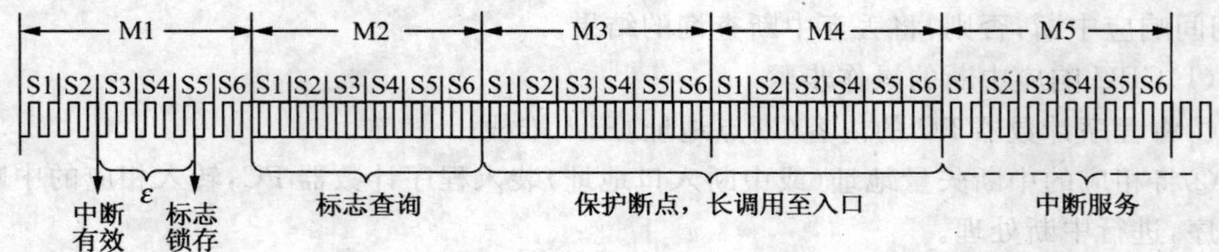

图 4.5　MCS-51 单片机中断响应时序

①最短响应时间：若 M1 周期的 S5P2 前某中断生效，在 S5P2 期间其中断请求被锁存到相应的标志位中去；M2 恰逢指令的最后一个机器周期，且该指令不是 RETI 或访问 IE、IP 的指令。于是，M3 和 M4 便可以执行硬件 LCALL 指令，M5 周期将进入了中断服务程序。因此，MCS-51 的中断响应时间(从标志位置 1 到进入相应的中断服务)，至少要 3 个完整的机器周期。

②最长响应时间：若中断查询时，正在执行 RETI 或者访问 IE 或 IP 指令的第一个机器周期，这样查询到中断需要 2 个机器周期。根据前面分析，我们知道，这种情况下的中断申请，需要在执行完指令后的一条指令时才能响应中断，如果这条指令是乘除指令，则需要 4 个机器周期。另外，响应中断时，还需要执行 2 个机器周期的断点保护。因此，MCS-51 的中断响应时间(从标志位置 1 到进入相应的中断服务)，最长要用 2+4+2=8 个完整的机器周期。

(5)中断服务程序

采用中断方式后，CPU 只有在外部设备准备好之后才让主程序进入中断服务程序，大大提高了 CPU 的利用效率。如何更为合理有效地设计中断服务子程序便成了我们当前要解决的首要问题。

由于两个中断源的入口矢量地址之间仅仅相隔 8 个单元，很难容纳下一个中断服务

子程序。所以，首先需要在中断入口地址单元处放一条无条件转移指令，使程序跳转到存储器的某个空间去，在这个空间中放置功能完善的中断服务程序。

由于 MSC-51 在响应中断时，只是自动保存了断点，所以系统的状态寄存器（PSW）、工作寄存器、SFR 寄存器的保护和恢复必须由用户自己在中断服务子程序中安排。另外，在保护现场和恢复现场之前应当关闭中断，以保证在保护和恢复现场的时候 CPU 不去响应新的中断请求，从而使得现场数据的正确性不受到影响。当然，为了使系统在执行某个中断服务子程序的时候能够响应更高级的中断，应当在保护现场和恢复现场之后打开中断。

【例 4-1】 若规定外部中断 1 为边沿触发方式，高优先级，在中断服务程序中将寄存器 B 的内容进行半字节交换，B 的初值设为 21H。试编写主程序与中断服务程序。

```
       ORG 0000H
       LJMP MAIN
       ORG 0013H           ;中断矢量
       LJMP INTS
MAIN:  SETB EA             ;开总中断允许“开关”
       SETB EX1            ;开外中断 1 允许“开关”
       SETB PX1            ;设置高优先级
       SETB IT1            ;边沿触发
       MOV B,#21H          ;给 B 寄存器赋初值
HERE:  SJMP HERE           ;原地等待中断申请
INTS:  MOV A,B             ;自 B 寄存器中取数
       SWAP A              ;半字节交换
       MOV B,A             ;存回 B
       RETI                ;中断返回
```

【例 4-2】 电路结构如图 4-6 所示，要求每次按动按键，使外接发光二极管 LED 改变一次亮灭状态。

$\overline{INT0}$输入按键信号，P1.0 输出改变 LED 状态。对于外部中断，可以有两种触发方式：边沿触发方式和电平触发方式。这里对两种情况分别介绍。

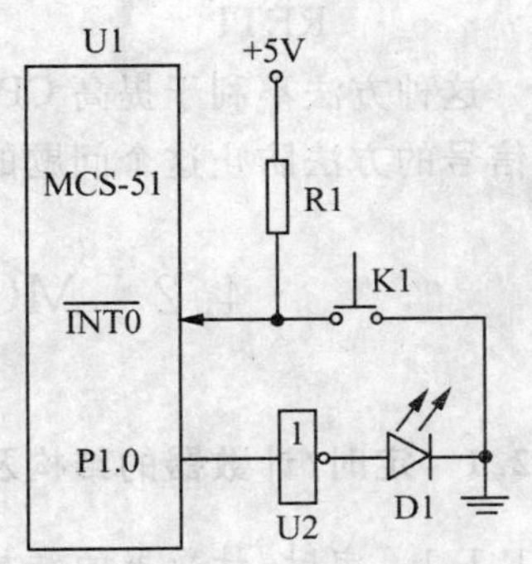

图 4-6　例 4-2 电路结构图

(1)边沿触发方式：每次按键 K1 按下，产生的一次跳变，引起一次外部中断 0 请求，在外部中断 0 服务程序中，将 P1.0 的输出状态反转，为了避免开关抖动引起的多次中断，可以考虑利用软件延时或者硬件去抖动法。相应的程序如下：

```
       ORG 0000H           ;复位入口
       AJMP MAIN
       ORG 0003H           ;中断入口
       AJMP PINT0
```

```
        ORG 0100H                   ;主程序
MAIN:MOV SP,#40H                    ;设栈底
        SETB EA                     ;开总允许开关
        SETB EX0                    ;开 INT0 中断
        SETB IT0                    ;负跳变触发中断
    H:  SJMP H                      ;执行其他任务
        ORG 0200H                   ;中断服务程序
PINT0:CPL P1.0                      ;改变 LED
        LCALL Delay10ms             ;软件延时 10ms 去开关抖动
        RETI                        ;返回主程序
```

(2) 电平触发:为了避免一次按键引起多次中断响应,应该在每次按键按下引起的中断服务程序中执行完 P1.0 的电平反转后先不退出中断服务程序,而是利用软件等待按键释放,按键释放后才结束中断服务程序。

```
        ORG 0000H                   ;复位入口
        AJMP MAIN
        ORG 0003H                   ;中断入口
        AJMP PINT0
        ORG 0100H                   ;主程序
MAIN:MOV SP,#40H                    ;设栈底
        SETB EA                     ;开总允许开关
        SETB EX0                    ;开 INT0 中断
        CLR IT0                     ;低电平触发中断
    H:  SJMP H                      ;执行其他任务
        ORG 0200H                   ;中断服务程序
PINT0:CPL P1.0                      ;改变 LED
WAIT:JNB P3.2,WAIT                  ;等按键释放
        RETI                        ;返回主程序
```

这种方法不利于提高 CPU 的工作效率,可以考虑采用前面图 4-4 所示的硬件清除中断信号的方法防止这个问题的出现。

4.2 MCS-51 单片机片内定时/计数器

4.2.1 定时/计数器的结构及基本原理

4.1.1.1 定时/计数器的结构及其工作原理

MCS-51 单片机的定时/计数器的结构如图 4-7 所示。

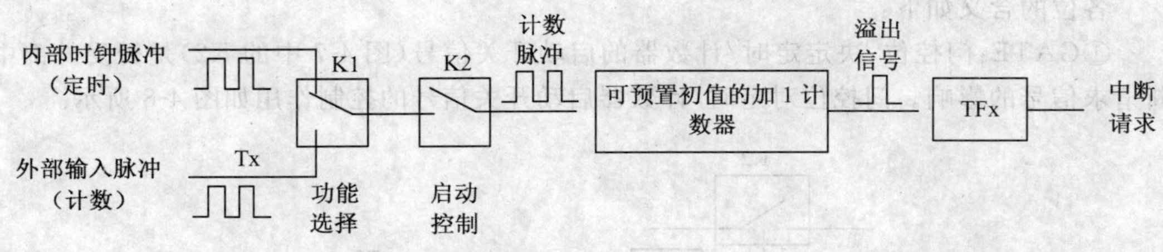

图 4-7　MCS-51 单片机定时/计数器结构图

MCS-51 单片机内部有两个 16 位的可编程定时/计数器，称为定时器 0（T0）和定时器 1（T1）。定时器 0 由两个 8 位专用寄存器 TH0（作 T0 的高 8 位）和 TL0（作 T0 的低 8 位）组成，定时器 1 由两个 8 位专用寄存器 TH1 和 TL1 组成。

定时/计数器本质上是加 1 计数器，加 1 计数器的初值可以由程序设定。设置的初值不同，定时的时间或计数值就不同。可以通过软件设置定时/计数器为定时工作方式或计数工作方式。

当定时/计数器设置为定时工作方式时，加 1 计数器对内部机器周期计数，每个机器周期计数器加 1，直至计满溢出，发出定时器溢出中断请求信号。这时，定时器的计数频率是片内振荡器频率的 1/12，计数值 N 乘以机器周期 T_{cy} 就是定时时间 t。

当定时/计数器设置为计数工作方式时，加 1 计数器对来自输入引脚 T0（P3.4）或 T1（P3.5）的外部脉冲信号计数。在每个机器周期的 S5P2 期间采样外部脉冲。若前一个机器周期采样到高电平，后一个机器周期采样到低电平，则将触发计数器加 1，更新的计数值将在下一个机器周期的 S3P1 期间装入计数器。因此，单片机检测一个从高电平到低电平的下降沿需要 2 个机器周期，要使下降沿能被检测到，就得保证被采样高、低电平分别至少维持一个机器周期的时间，即外部输入信号的频率不超过晶振频率的 1/24。例如：当晶振频率为 12MHz 时，最高计数频率不超过 0.5MHz，即计数脉冲的周期要大于 2μs。

当设定了定时/计数器的工作方式并启动它工作后，定时/计数器就按被设定的工作方式独立工作，不占用 CPU 的操作时间，只有在计数计满溢出时才可能中断 CPU 当前的操作。

4.1.1.2　定时/计数器的工作方式寄存器和控制寄存器

MCS-51 单片机的可编程定时/计数器，除了具有计数寄存器 THx 和 TLx 以外，还有两个寄存器 TMOD 和 TCON 用来控制其工作模式或者反映其工作状态。

（1）工作方式寄存器 TMOD

TMOD 为定时/计数器 T0、T1 的工作方式控制寄存器，字节地址 89H，只能按字节对它寻址。TMOD 的位结构如表 4-7 所示。

表 4-7　　MCS-51 单片机 TMOD 寄存器的位结构图

位	D7	D6	D5	D4	D3	D2	D1	D0
TMOD	GATE	$C/\overline{T}$	M1	M0	GATE	$C/\overline{T}$	M1	M0
	T1 方式字段				T0 方式字段			

各位的含义如下：

①GATE：门控位，决定定时/计数器的启动开关信号（图 4-7 中的 K2）是否受外部中断请求信号的影响。门控位对定时/计数器启动开关信号的控制作用如图 4-8 所示。

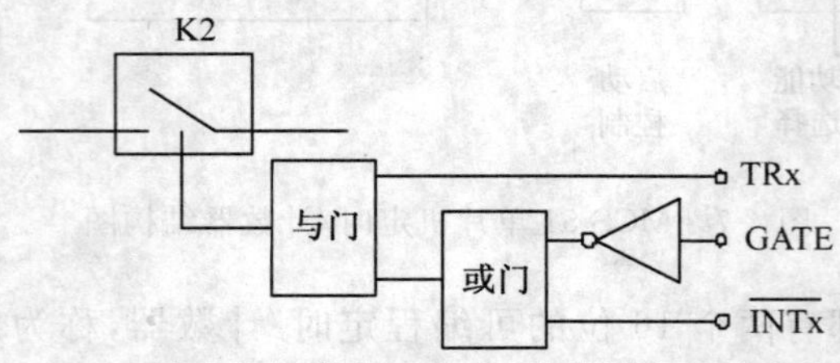

图 4-8　MCS-51 单片机门控位对定时/计数器启动信号的控制结构图

当 GATE＝0 时，定时/计数器的启动不受外部中断信号的影响，只要用软件使 TR0（或 TR1）置 1 就能启动定时器 T0（或 T1）。

当 GATE＝1 时，由外中断引脚信号控制或门的输出，此时控制与门的开启由外中断引脚$\overline{\text{INT0}}$（P3.2）或$\overline{\text{INT1}}$（P3.3）信号和 TRx 共同控制。当 TRx＝1 时，外中断引脚信号引脚$\overline{\text{INT0}}$（3.2）或$\overline{\text{INT1}}$（P3.3）的高电平启动计数，外中断引脚信号引脚的低电平停止计数。这种方式常用来测量外中断引脚上正脉冲的宽度。

②C/$\overline{\text{T}}$：定时或计数功能选择位，当 C/$\overline{\text{T}}$＝1 时为计数方式；当 C/$\overline{\text{T}}$＝0 时为定时方式。

③M1、M0：定时/计数器工作方式选择位，其值与工作方式对应关系如表 4-8 所示。

表 4-8　　MCS-51 单片机定时/计数器工作方式选择

M1	M0	工作方式	功能说明
0	0	方式 0	13 位计数器
0	1	方式 1	16 位计数器
1	0	方式 2	自动重装 8 位计数器
1	1	方式 3	定时器 T0 分成两个 8 位计数器，T1 停止工作

在系统复位时，寄存器 TMOD 的所有位被清零。

(2)控制寄存器 TCON

TCON 是定时/计数器 T0、T1 的控制寄存器，字节地址 88H，可以位寻址，TCON 的位结构如表 4-9 所示。

表 4-9　　MCS-51 单片机 TCON 寄存器的位结构图

位	8FH	8EH	8DH	8CH	8BH	8AH	89H	88H
TCON	TF1	TR1	TF0	TR0	IE1	IT1	IE0	IT0

各位的含义如下：

①TF1：定时器 1 溢出标志位。当定时器 1 计满数产生溢出时，由硬件自动置 TF1

为 1,向 CPU 发出中断请求信号(在允许中断的情况下)。如果 CPU 响应中断则转向中断服务程序,硬件将自动将该位清零。在中断屏蔽时,CPU 不响应中断则无法用硬件将该位清零,可以用软件对其清零。

②TR1:定时器 1 运行控制位。使用软件编程将 TR1 置 1 或清 0 可以控制定时/计数器的启动与关闭。但是当 GATE=1,需要同时满足 $\overline{\text{INT1}}$ 为高电平的条件,将 TR1 置 1 才会启动定时器 1。

③TF0:定时器 0 溢出标志位。其功能及操作情况同 TF1。

④TR0:定时器 0 运行控制位。其功能及操作情况同 TR1。

TCON 中的低 4 位 IT0、IE0、IT1、IE1 与中断有关,上一节已介绍。

在系统复位时,寄存器 TCON 的所有位被清零。

4.2.2　定时/计数器的四种工作方式

MCS-51 单片机的定时/计数器有四种工作方式,分别由 TMOD 寄存器中的 M1、M0 两位的二进制编码所决定,这里对这四种工作方式进行具体介绍。

4.2.2.1　方式 0 及其用法

当 M1M0=00 时,定时/计数器设定为工作方式 0,这时为 13 位的定时/计数器。其逻辑结构如图 4-9 所示。

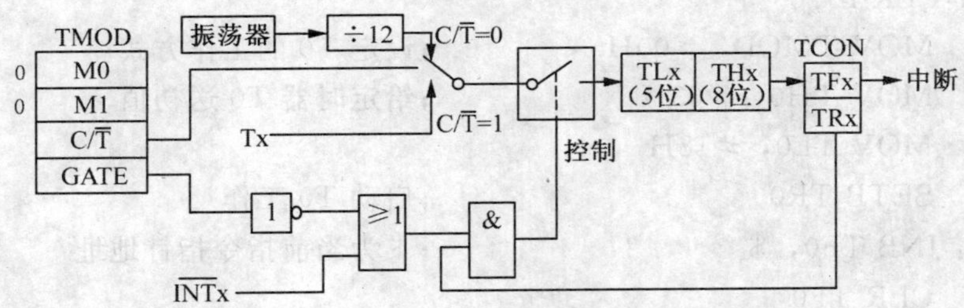

图 4-9　MCS-51 单片机定时/计数器方式 0 逻辑结构图

在方式 0 下,T0 和 T1 工作在 13 位的定时/计数器方式,定时/计数器的这 13 位由 THx 的 8 位作高 8 位和 TLx 的低 5 位作低 5 位组成。当 TLx(x=0 或 1)的低 5 位计数溢出时就向高 8 位 THx 进位,THx 溢出时,置位 TCON 中的 TFx 标志向 CPU 发出中断请求。当单片机进入中断服务程序时,由内部硬件自动清除该标志。

当 $C/\overline{T}=0$ 时,多路开关与片内振荡器的 12 分频输出相连,工作在定时工作方式。其定时时间为:

$$(2^{13}-\text{定时器初值})\times\text{机器周期}$$

根据上面的公式可以在已知定时时间的情况下求出所要设定的定时器初值。

当 $C/\overline{T}=1$ 时,多路开关与 T0(P3.4)或 T1(P3.5)相连,外部计数脉冲由引脚输入,工作在计数工作方式。当检测到外部信号电平发生从 1 到 0 跳变时,计数器加 1。设 x 为计数器初值,则外部脉冲计数值为 $N=2^{13}-x=8192-x$,$x=8191$ 时为最小计数值 1,$x=0$ 时为最大计数值 8192,即计数范围为 1～8192。

【例 4-3】 定时器 T0 工作在方式 0 下最大的定时时间是多少？利用定时器 T0 的方式 0 产生定时脉冲，要求每隔 5ms 产生宽度为 2 个机器周期的正脉冲，由 P1.0 输出此定时序列脉冲信号(设时钟频率为 12MHz)。

解 由于时钟频率为 12MHz，所以，机器周期为 1μs。T0 工作在方式 0 下最大的定时时间是：

t_{max}＝(8192－T0 初值)×机器周期＝(8192－0)×1μs＝8.192ms

为了产生周期为 5ms 的定时周期，先计算出定时器 T0 初值。

因为：t＝(8192－T0 初值)×机器周期

所以，当 t＝5ms 时，则：(8192－T0 初值)×1×10^{-6}＝5×10^{-3}

8192－T0 初值＝5000

解得：T0 初值＝3192＝0 1100 0111 1000B。

其中将高 8 位 0110 0011B＝63H 赋给 TH0，低 5 位 1 1000B＝18H 赋给 TL0。

参考程序如下：

方法 1：采用查询工作方式，编程如下：

```
        ORG 0000H
        AJMP MAIN
        ORG 0100H
 MAIN:CLR P1.0
        MOV TMOD，#00H          ;设定 T0 的工作方式
        MOV TH0，#63H           ;给定时器 T0 送初值
        MOV TL0，#18H
        SETB TR0                ;启动 T0 工作
 LOOP：JNB TF0，$               ;$为当前指令指针地址
        CLR TF0
        SETB P1.0               ;产生 2 个机器周期的正脉冲
        NOP
        CLR P1.0
        MOV TH0，#63H           ;重装载 TH0 和 TL0
        MOV TL0，#18H
        SJMP LOOP
        END
```

方法 2：采用中断工作方式，编程如下：

```
        ORG 0000H
        AJMP MAIN
        ORG 000BH
        AJMP T0INT
        ORG 0100H
 MAIN:CLR P1.0
```

```
          MOV TMOD,＃00H
          MOV TH0, ＃63H                  ;给定时器 T0 送初值
          MOV TL0,＃18H
          MOV IE, ＃82H                   ;开放 T0 中断与中断总开关
          SETB TR0                        ;启动 T0
          SJMP $
          ORG 0300H                       ;中断服务程序
    T0INT:SETB P1.0                       ;产生 2 个机器周期的正脉冲
          NOP
          CLR P1.0
          MOV TH0, ＃63H;重装载 TH0 和 TL0
          MOV TL0, ＃18H
          RETI
```

4.2.2.2　方式 1 及其用法

当 M1M0＝01 时，定时/计数器设定为工作方式 1，这时由 THx 作为高 8 位，TLx 作为低 8 位，组成了 16 位定时/计数器。方式 1 除了计数位数与方式 0 不同外，其他均与工作方式 0 相同。

方式 1 逻辑结构如图 4-10 所示

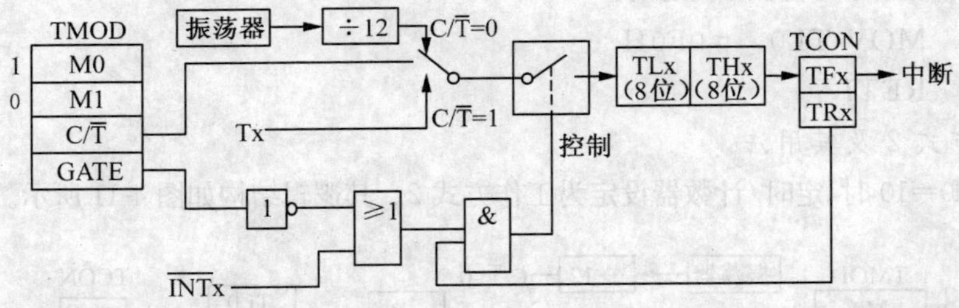

图 4-10　MCS-51 单片机定时/计数器方式 1 逻辑结构图

在定时模式下定时时间为：

$$(2^{16}-\text{定时器初值})\times\text{机器周期}$$

计数模式请结合方式 0，自己分析，这里不再重复。

【例 4-4】　定时器 T0 工作在方式 1 下最大的定时时间是多少？用定时器 T0 的方式 1 产生 50Hz 的方波，由 P1.0 输出此方波（设时钟频率为 12MHz）。

解　由于时钟频率为 12MHz，所以，机器周期为 1μs。T0 工作在方式 1 下最大的定时时间是：

$t_{max}=(2^{16}-\text{T0 初值})\times\text{机器周期}=(65536-0)\times 1\mu s=65.536ms$

由于 50HZ 的方波周期为 20ms，可以用定时器产生 10ms 的定时，每隔 10ms 改变一次 P1.0 的电平，即可得到 50Hz 的方波。此时，应使定时器 T0 工作在方式 1。工作在方式 1 时的 T0 初值，根据下式计算：

t＝(65536－T0 初值)×机器周期

10×10^{-3}＝(65536－T0 初值)×10^{-6}

解得：T0 初值＝55536＝ 11011000 11110000B＝D8F0H，其中将高 8 位 D8H 赋给 TH0，低 8 位 F0H 赋给 TL0。

采用中断工作方式，编程如下：

```
       ORG 0000H
       AJMP MAIN
       ORG 000BH
       AJMP T0INT
       ORG 0100H
 MAIN：MOV TMOD，#01H
       MOV TH0，#0D8H
       MOV TL0，#0F0H
       MOV IE，#82H              ；开放 T0 中断与中断总开关
       SETB TR0
       SJMP $
       ORG 0300H                 ；中断服务程序
T0INT：CPL P1.0
       MOV TH0，#0D8H
       MOV TL0，#0F0H
       RETI
```

4.2.2.3　方式 2 及其用法

当 M1M0＝10 时，定时/计数器设定为工作方式 2。其逻辑结构如图 4-11 所示。

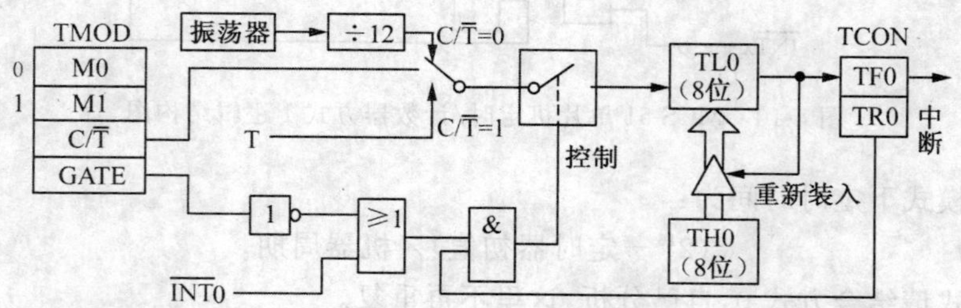

图 4-11　MCS-51 单片机定时/计数器方式 2 逻辑结构图

定时/计数器工作方式 2 具有自动重装载功能，即自动加载计数初值，所以也称为“自动重加载工作方式”。工作方式 0 和工作方式 1 的最大缺点就是计数溢出后，计数器初值为 0，因而在循环定时或循环计数应用时就存在需反复用软件向 THx 和 TLx 预置计数初值的问题。这给程序设计带来许多不便，同时也会影响计时精度，工作方式 2 就是针对这个问题而设置的。

在这种工作方式中，16 位计数器分为两部分，即以 TLx 作为 8 位计数器进行计数，

以 THx 保存 8 位初值并保持不变，作为预置寄存器。初始化时把相同的计数初值分别加载至 TLx 和 THx 中，当计数溢出时，不需再像方式 0 和方式 1 那样需要由软件重新赋值，而是由硬件自动将预置寄存器 THx 的 8 位初值给计数器重新加载给 TLx，继续计数，不断循环。

除能自动加载计数初值之外，方式 2 的其他控制方法同方式 0 类似。

方式 2 的定时时间为：

$$(2^8-\text{定时器初值})\times\text{机器周期}$$

计数模式请结合方式 0，自己分析，这里不再重复。

【例 4-5】 定时器 T1 工作在方式 2 下最大的定时时间是多少？用定时器 T1 的方式 2 从 P1.0 脚输出频率＝1KHz 方波（设时钟频率为 6MHz）。

解　f_{osc}＝6MHz，1 机器周期＝2μs

T1 工作在方式 1 下最大的定时时间是：

t_{max}＝(2^8－T0 初值)×机器周期＝(256－0)×2μs＝512μs

1kHz 方波周期＝1ms，半个方波周期＝500μs

500μs÷2μs ＝ 250

计算初值：256－250＝6

采用中断工作方式，编程如下：

```
        ORG 0000H
        AJMP MAIN
        ORG 001BH               ;T1 的中断矢量
        CPL P1.0                ;中断服务：P1.0 取反
        RETI                    ;中断返回
 MAIN:MOV TMOD，#20H            ;选 T1 方式 2
        MOV TH1，#6             ;赋重装值
        MOV TL1，#6             ;赋初值
        SETB ET1                ;开 T1 中断
        SETB EA                 ;开总中断
        SETB TR1                ;启动 T1
   HERE：AJMP HERE              ;原地等待中断
        END
```

【例 4-6】 利用 T0 的工作方式 2 扩展一个外部中断源。

解　将 T0 设置为计数器方式，按方式 2 工作，TH0、TL0 的初值均为 0FFH，T0 允许中断，CPU 开放中断。这样每来一个脉冲，都将产生一次计数中断，类似于外部中断。在定时计数器中断服务程序中编写该外部中断的服务内容即可。

参考程序如下：

```
        ORG 0000H
        AJMP MAIN
        ORG 000BH
```

```
        AJMP T0INT
        ORG 0100H
MAIN:MOV TMOD,#06H         ;置 T0 为计数器方式 2
        MOV TL0,#0FFH       ;置计数初值
        MOV TH0,#0FFH
        SETB TR0            ;启动 T0 工作
        SETB EA             ;CPU 开中断
        SETB ET0            ;允许 T0 中断
T0INT:……                  ;编写该中断的服务程序
        RETI
```

4.2.2.4 方式 3 及其用法

当 M1M0＝11 时,定时/计数器设定为工作方式 3。其逻辑结构如图 4-12 所示。

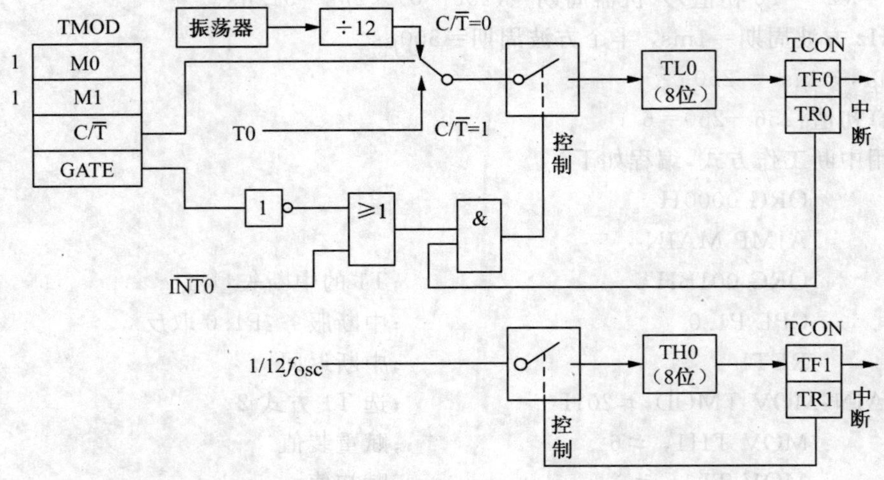

图 4-12 MCS-51 单片机定时/计数器方式 3 逻辑结构图

工作方式 3 只适用于定时器 T0。当定时器 T0 工作在方式 3 时,TH0 和 TL0 被拆成 2 个独立的 8 位计数器。这时,TL0 既可作为定时器使用,也可作为计数器使用。TL0 占用定时器 T0 所使用的控制位(C/$\overline{T}$、GATE、TR0、TF0),除了它的位数仅有 8 位外,其功能和操作与方式 0 或方式 1 完全相同。TH0 只能作定时器用,并且占据了定时器 T1 的控制位 TR1 和中断标志位 TF1。TH0 计数溢出位为 TF1,且 TH0 的启动和关闭仅受 TR1 的控制。由于 TH0 只能作定时器使用而不能作计数器使用,而 TL0 既能作定时器也能作计数器使用,所以在方式 3 模式下,定时/计数器 0 可以构成二个定时器或者一个定时器和一个计数器。

定时器 T1 无工作模式 3,当将定时器 T0 设定为方式 3 时,定时/计数器 T1 仍可设置为方式 0、方式 1 或方式 2。但由于 TR1、TF1 已被定时器 TH0 占用,中断源已被定时器 T0 占用,所以当其计数器计满溢出时,不能产生中断。在这种情况下,定时/计数器 1

一般用作串行口波特率发生器,其计数溢出将直接传送给串行口控制数据的传输。这种情况下,定时/计数器 T1 只要设置好工作方式(设置好工作模式、工作初值),然后用控制位 C/$\overline{T}$ 切换其为定时或计数功能就可以使 T1 运行,若想停止它的运行,只要把它的工作方式设置为方式 3 即可,因为定时器 T1 没有方式 3,将它设置为方式 3 就相当于使它的工作停止。

【例 4-7】 设晶振频率为 12MHz,定时/计数器 T0 工作于方式 3。TL0 和 TH0 作为两个独立的 8 位定时器,要求 TL0 使 P1.0 产生 200μs 的方波,TH0 使 P1.1 产生 400μs 的方波。

分析　f_{osc}=12MHz ,1 机器周期=1μs

若选择工作方式 3,计算初值:

TL0 初值= 256－100/1=156=9CH

TH0 初值= 256－200/1=56=38H

程序设计如下:

```
        ORG 0000H
        AJMP MAIN
        ORG 000BH            ;T0 中断服务程序
        CPL P1.0             ;P1.0 取反
        MOV TL0, #9CH        ; 重新装入计数初值
        RETI
        ORG 001BH            ;T1 中断服务程序
        CPL P1.1             ;P1.1 取反
        MOV TH0, #38H        ;重新装入计数初值
        RETI
        ORG 0100H            ;主程序
MAIN:   MOV TMOD, #03H       ;T0 工作于方式 3
        MOV TH0, #38H        ;置计数初值
        MOV TL0, #9CH
        SETB ET0             ;允许 T0 中断(用于 TL0)
        SETB ET1             ;允许 T1 中断(用于 TH0)
        SETB EA              ;CPU 开中断
        SETB TR0             ; 启动 TL0
        SETB TR1             ;启动 TH0
        SJMP $               ;等待中断
```

4.3 MCS-51单片机片内串行口

4.3.1 串行通信的基本知识

计算机通信是将计算机技术和通信技术相结合，完成计算机与外部设备或计算机与计算机之间的信息交换。

4.3.1.1 并行通信与串行通信

根据通信数据比特的传送方式，可以分为两大类：并行通信与串行通信。

(1)并行通信

并行通信通常是将数据字节的各位用多条数据线同时进行传送，如图 4-13 所示。

并行通信控制简单、传输速度快，但由于传输线较多，长距离传送时成本高且容易引入干扰，所以并行通信多用于短距离通信。

(2)串行通信

串行通信是将数据字节分成一位一位的形式在一条传输线上逐个地传送，如图 4-14 所示。

串行通信的特点：传输线少，长距离传送时成本低，且可以利用电话网等现成的设备，但数据的传送控制比并行通信复杂。在多微机系统以及现代测控系统中，信息的交换多采用串行通信方式。

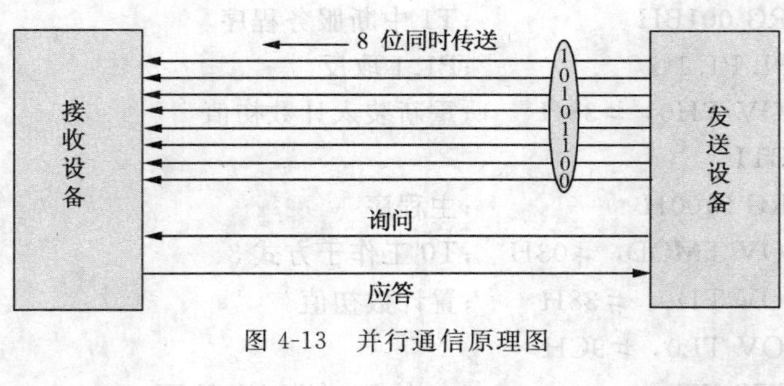

图 4-13 并行通信原理图

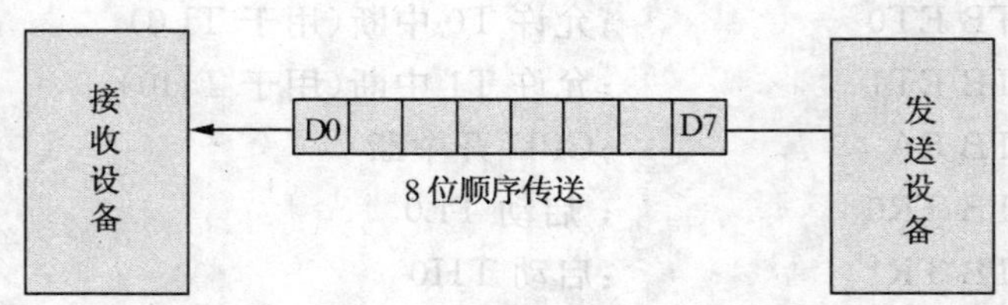

图 4-14 串行通信原理图

4.3.1.2 同步通信与异步通信

在数据通信过程中，通信双方需要交换数据，需要有高度的协同动作。数据位的发送与接收方必须按照相同的步调或者说接收方只有按照发送方发送数据位时的起止时刻进行接收才能保证接收的数据是正确的，收发之间才不存在误差，这就是数据通信的同步问题。如果收发之间存在同步误差，即使是很小的误差，如果不加以控制，随着时间的积累，这种误差也会逐渐增大，最后导致数据传输错误的出现，使传输失败。

根据通信双方之间的数据同步方式，串行通信又可以分为两大类：同步通信与异步通信。

(1)异步通信

异步通信是指通信的发送与接收设备使用各自的时钟控制数据的发送和接收过程。为使双方的收发协调，要求发送和接收设备的时钟频率尽可能一致。其原理如图 4-15 所示。

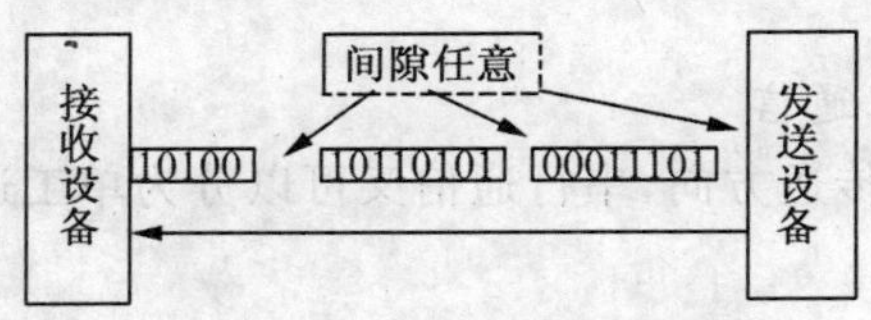

图 4-15　异步通信原理图

异步通信是以字符(构成的帧)为单位进行传输，字符与字符之间的间隙(时间间隔)是任意的，但每个字符中的各位是以固定的时间传送的，即字符之间是异步的(字符之间不一定有“位间隔”的整数倍的关系)，但同一字符内的各位是同步的(各位之间的距离均为“位间隔”的整数倍)。

异步通信的数据格式如图 4-16 所示。

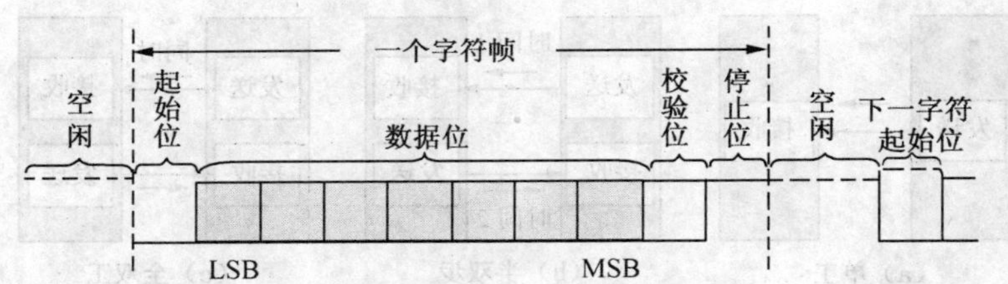

图 4-16　异步通信的数据格式

异步通信的特点：不要求收发双方时钟的严格一致，实现容易，设备开销较小，但每个字符要附加 2～3 位用于起止位，各帧之间还有间隔，因此传输效率不高。

(2)同步通信

同步通信时要建立发送方时钟对接收方时钟的直接控制，使双方达到完全同步。此时，传输数据的位之间的距离均为“位间隔”的整数倍，同时传送的字符间不留间隙，既保持位同步关系，也保持字符同步关系。发送方对接收方的同步可以通过两种方法实现：自同步与外同步，如图 4-17 所示。

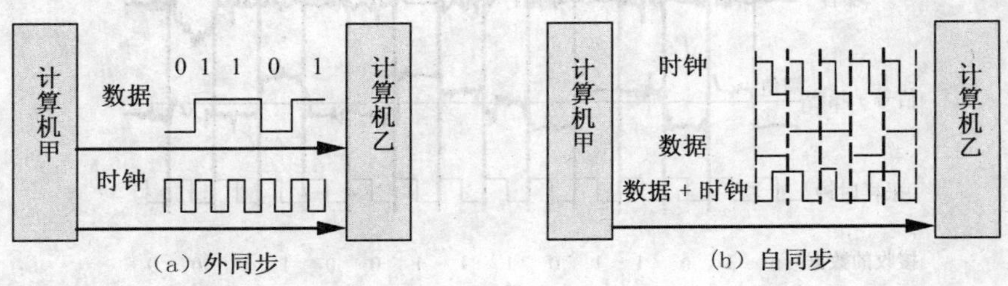

图 4-17　同步通信方式

①外同步法：发送方除了发送数据信号以外，还要发送一路同步脉冲信号。接收方根

据这一同步脉冲信号可以准时接收发送方所发送的数据信号。这种方法,传送一路信号需要两条线,传送成本较高,但实现起来简单。

②自同步法:发送方将要发送数据信号与同步脉冲信号合成在一起进行传送。接收方收到这样一路合成信号之后,提取出其中的同步信号,然后根据这一同步脉冲信号可以准时接收发送方所发送的数据信号。这种方法,传送一路信号只需要一条信号线,成本低,但实现起来较复杂。

4.3.1.3 单工通信与双工通信

根据通信双方数据的传送方向,串行通信又可以分为单工通信、半双工通信与全双工通信。

(1)单工通信

单工是指数据传输仅能沿一个方向,不能实现反向传输,如图 4-18(a)所示。

(2)半双工通信

半双工是指数据传输可以沿两个方向,但需要分时进行,如图 4-18(b)所示。

(3)全双工通信

全双工是指数据可以同时进行双向传输,如图 4-18(c)所示。

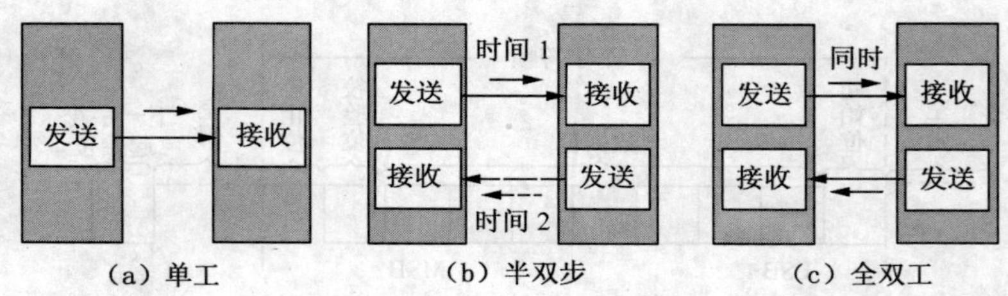

图 4-18 单双工通信方式

4.3.1.4 串行通信的错误校验

串行通信信号传送的过程中,容易受到各种干扰信号的干扰而产生错误,如图 4-19 所示。

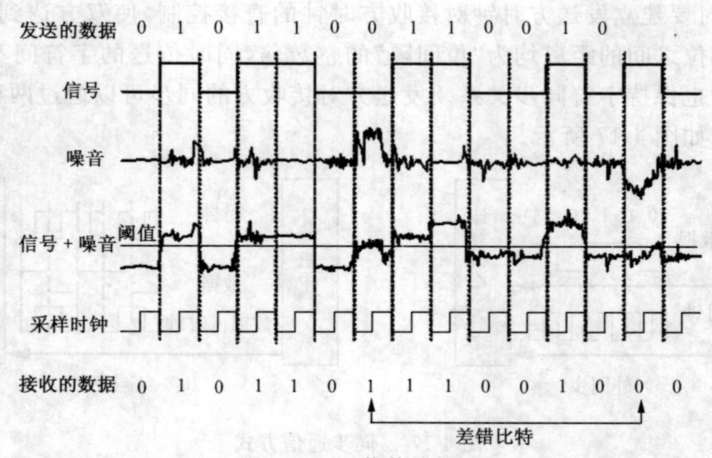

图 4-19 通信传输错误

为了检查并纠正这些错误,通信的双方应该采取一些校验措施。单片机串行通信中常用的几种校验措施为：

(1)奇偶校验

在发送数据时，数据位尾随的 1 位为奇偶校验位(1 或 0)。奇校验时，数据中"1"的个数与校验位"1"的个数之和应为奇数；偶校验时，数据中"1"的个数与校验位"1"的个数之和应为偶数。接收字符时，对"1"的个数进行校验，若发现不一致，则说明传输数据过程中出现了差错。

(2)代码和校验

代码和校验是发送方将所发数据块求和(或各字节异或)，产生一个字节的校验字符(校验和)附加到数据块末尾。接收方接收数据同时对数据块(除校验字节外)求和(或各字节异或)，将所得的结果与发送方的"校验和"进行比较，相符则无差错，否则即认为传送过程中出现了差错。

(3)循环冗余(CRC)校验

循环冗余码是最常用的一种差错校验码，其特征是：信息字段和校验字段的长度可以任意指定。

CRC 码又称为"多项式码"。这是因为任何一个二进制码都可以和一个只含有 0 和 1 两个系数的多项式建立一一对应的关系。例如，代码 1011011 对应的多项式为 $1*x^6+1*x^4+1*x^3+1*x+1$，即 $x^6+x^4+x^3+x+1$，而多项式 $x^5+x^4+x^2+x$ 对应的代码为 110110。

k 位要发送的信息位可对应于一个$(k-1)$次多项式 $K(x)$，r 位冗余位对应于一个$(r-1)$次多项式 $R(x)$。由 k 位信息位后面加上 r 位冗余位组成的 $n=k+r$ 位码字则对应于一个$(n-1)$次多项式 $T(x)=x^r\cdot K(x)+R(x)$。

根据代数理论，多项式 $T(x)$存在且仅存在一个 r 次多项式 $G(x)$，使得：

$$T(x)=x^r\cdot K(x)+R(x)=A(x)\cdot G(x)$$

其中 $G(x)=g_0+g_1x+g_2x+\cdots+g_{r-1}+g_rx^r$ 称为生成多项式，对应的二进制代码称为生成码。

数据通信中利用这一原理，在发送方通过指定的 $G(x)$产生 CRC 校验码，接收方利用相同的多项式 $G(x)$验证收到的信息的正确性。

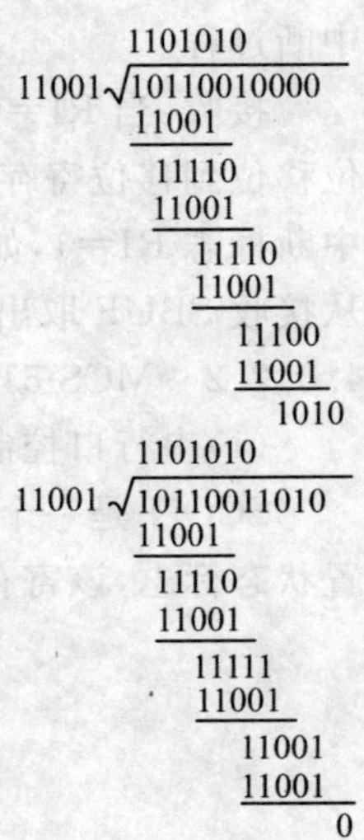

【例 4-8】 信息字段代码为 1011001，对应多项式为 $m(x)=x^6+x^4+x^3+1$，假设生成多项式为 $g(x)=x^4+x^3+1$，则对应的 $g(x)$的代码为 11001，$x^4\cdot m(x)=x^{10}+x^8+x^7+x^4$ 对应的代码记为 10110010000，采用多项式除法：

得到余数为 1010，即校验字段为 1010，因此，形成的传输码为

$\underset{\text{信息码}}{\underline{1011001}}\quad\underset{\text{校验码}}{\underline{1010}}$

接收端在收到发送方发送过来的信息后，用同样的生成码进行校验，即用接收到的信息码除以生成码，如果能够除尽，则正确，否则出错。

这种校验方法纠错能力强，常用于磁盘信息的传输、存储区的完整

性校验、安全性要求较高的通信系统中等。

4.3.2 MCS-51 单片机串行口的结构及其工作原理

4.3.2.1 MCS-51 单片机内部串行口结构

MCS-51 有一个可编程的全双工串行通信接口,可作为通用异步接收/发送器 UART,也可作为同步移位寄存器。它的帧格式有 8 位、10 位和 11 位,可以设置为固定波特率和可变波特率,给使用者带来很大的灵活性。其内部结构如图 4-20 所示。

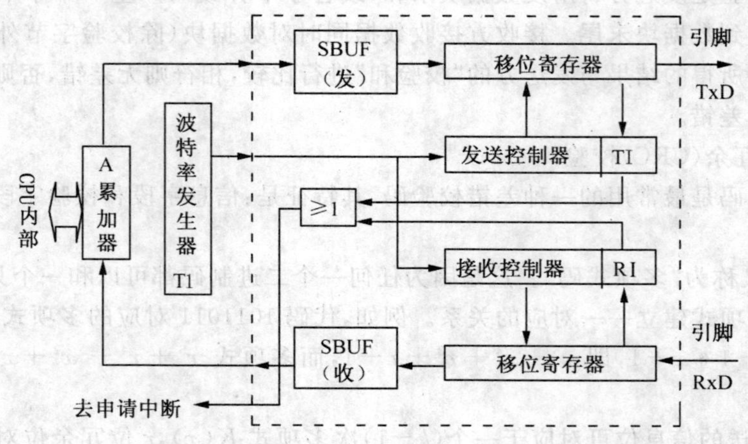

图 4-20 MCS-51 内部串行口结构图

MCS-51 单片机的串行口主要由 2 个物理上独立的串行数据缓冲器 SBUF(发送缓冲器和接收缓冲器,它们占用同一地址 99H)、移位寄存器和控制器等组成。除此之外,还有 2 个 SFR 寄存器 SCON 和 PCON,用于串行口的初始化编程。

发送:执行写命令"MOV SBUF,A"指令,便启动发送过程,通过移位寄存器一位一位从 TxD 引脚发送数据。完后使发送中断标志 TI 置"1",如果允许中断则将引起串行口中断过程。

接收:当 RI=0,置"1"允许接收位 REN 时,启动接收过程,数据从引脚 RxD 一位一位移位到移位寄存器。当接收完毕后,将从移位寄存器存到接收缓冲器 SBUF,会使接收中断标志 RI=1,如果允许中断,则将引起中断过程。执行读命令"MOV A,SBUF"时,可从接收 SBUF 取出信息并由内部总线送 CPU。

4.3.2.2 MCS-51 单片机内部串行口的控制

(1)串行口控制寄存器 SCON

SCON 是一个特殊功能寄存器,用以设定串行口的工作方式、接收/发送控制以及设置状态标志,该寄存器的字节地址为 98H,可位寻址,其位结构如表 4-10 所示。

表 4-10　　MCS-51 的 SCON 位结构

位地址	9FH	9EH	9DH	9CH	9BH	9AH	99H	98H
位名称	SM0	SM1	SM2	REN	TB8	RB8	TI	RI

①SM0、SM1 工作方式选择位：串行口工作方式控制位 SM0、SM1，用于选择串行口的四种工作方式之一，如表 4-11 所示（f_{osc}是晶振频率）。

表 4-11　　MCS-51 串行口工作方式选择

SM0　SM1	工作方式	说明	波特率
0　0	方式 0	同步移位寄存器	$f_{osc}/12$
0　1	方式 1	10 位异步收发	由定时器控制
1　0	方式 2	11 位异步收发	$f_{osc}/32$ 或 $f_{osc}/64$
1　1	方式 3	11 位异步收发	由定时器控制

②SM2 多机通信控制位：主要用于方式 2 和方式 3。当接收机的 SM2＝1 时可以利用收到的 RB8 来控制是否激活 RI(RB8＝0 时不激活 RI，收到的信息丢弃；RB8＝1 时收到的数据进入 SBUF，并激活 RI，进而在中断服务中将数据从 SBUF 读走）。当 SM2＝0 时，不论收到的 RB8 为 0 或 1，均可以使收到的数据进入 SBUF，并激活 RI（即此时 RB8 不具有控制 RI 激活的功能）。通过控制 SM2，可以实现多机通信。

在方式 0 时，SM2 必须是 0。在方式 1 时，若 SM2＝1，则只有接收到有效停止位时，RI 才置 1。

③REN，允许串行接收位。由软件置 REN＝1，则启动串行口接收数据；若软件置 REN＝0，则禁止接收。

④TB8，在方式 2 或方式 3 中是发送数据的第九位，可以用软件规定其作用。可以用作数据的奇偶校验位，或在多机通信中作为地址帧/数据帧的标志位。在方式 0 和方式 1 中，该位未用。

⑤RB8，在方式 2 或方式 3 中是接收到数据的第九位，作为奇偶校验位或地址帧/数据帧的标志位。在方式 1 时，若 SM2＝0，则 RB8 是接收到的停止位。

⑥TI，发送中断标志位。在方式 0 时，当串行发送第 8 位数据结束时，或在其他方式串行发送停止位的开始时，由内部硬件使 TI 置 1，向 CPU 发中断申请。在中断服务程序中，必须用软件将其清 0，取消此中断申请。

⑦RI，接收中断标志位。在方式 0 时，当串行接收第 8 位数据结束时，或在其他方式串行接收停止位的中间时，由内部硬件使 RI 置 1，向 CPU 发中断申请。也必须在中断服务程序中，用软件将其清 0，取消此中断申请。

(2)电源管理寄存器 PCON

PCON 主要是为 CHMOS 型单片机的电源控制而设置的专用寄存器，只有一位 SMOD 与串行口工作有关。该寄存器的字节地址为 97H，其位结构如表 4-12 所示。

表 4-12　　MCS-51 的 PCON 位结构

PCON (97H)	D_7	D_6	D_5	D_4	D_3	D_2	D_1	D_0
	SMOD	—	—	—	GF1	GF0	PD	IDL

SMOD(PCON.7)，波特率倍增位。在串行口方式 1、方式 2、方式 3 时，波特率与 SMOD 有关。当 SMOD=1 时，波特率提高一倍。复位时，SMOD=0。

4.3.3　MCS-51 单片机串行口的四种工作方式

4.3.3.1　方式 0

方式 0 时，串行口为同步移位寄存器的输入输出方式。数据由 RXD(P3.0)引脚输入或输出，同步移位脉冲由 TXD(P3.1)引脚输出。发送和接收均为 8 位数据，低位在先，高位在后。波特率固定为 $f_{osc}/12$。主要用于扩展并行输入或输出口。

(1)方式 0 输出

用串行口工作方式 0 扩展的并行输出电路如图 4-21 所示。

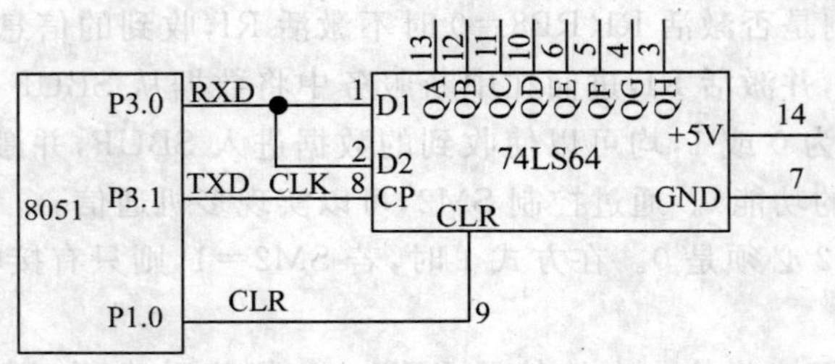

图 4-21　MCS-51 串行口工作方式 0 扩展的并行输出口

当一个数据写入 SBUF 后，串行数据将由 RxD 逐位移出；TxD 输出移位时钟，频率 $=f_{osc}/12$；时序如图 4-22 所示。

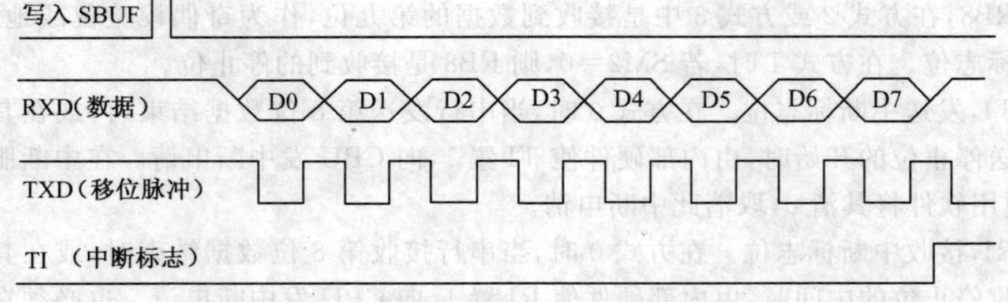

图 4-22　MCS-51 串行口工作方式 0 的输出时序

注意：每送出 8 位数据 TI 就自动置 1，再次发送前需要用软件清零 TI。

(2)方式 0 输入

用串行口工作方式 0 扩展的并行输入电路如图 4-23 所示。

串行数据由 RxD 逐位移入 SBUF 中；TxD 输出移位时钟，频率＝$f_{osc}/12$。时序如图 4-24 所示。

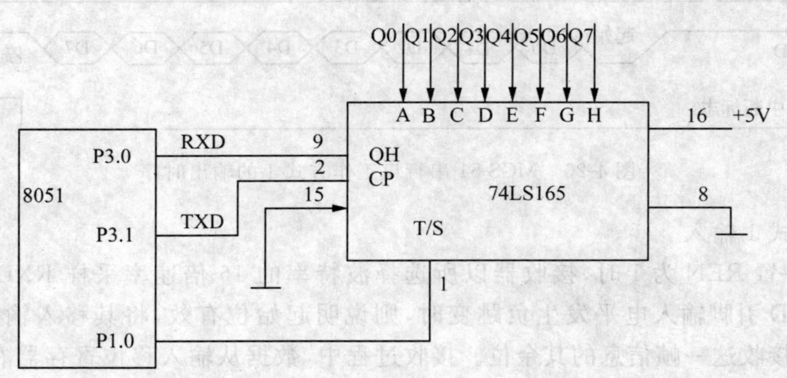

图 4-23　MCS-51 串行口工作方式 0 扩展的并行输入口

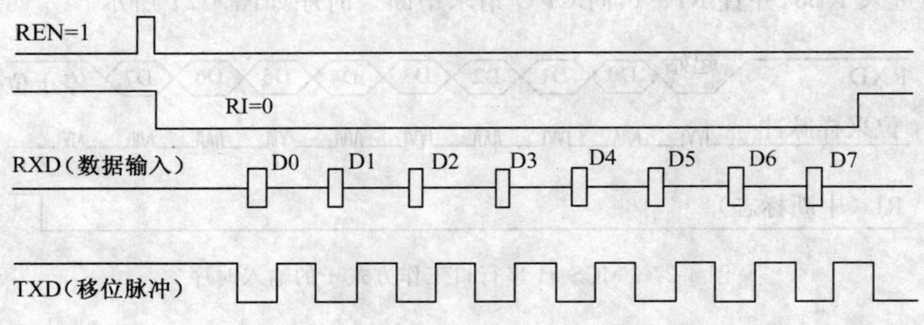

图 4-24　MCS-51 串行口工作方式 0 的输入时序

4.3.3.2　方式 1

方式 1 是 10 位数据的异步通信口，其中 1 位起始位，8 位数据位，1 位停止位。其位结构如图 4-25 所示。

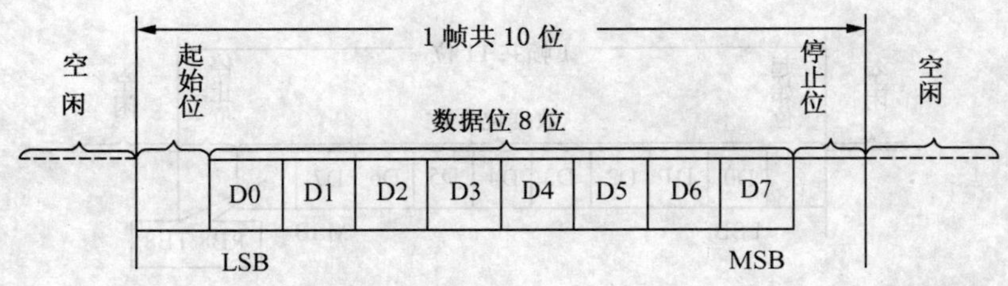

图 4-25　MCS-51 串行口工作方式 1 的位结构

(1)方式 1 输出

串行口以方式 1 发送数据时，数据位由 TXD 端输出，发送一帧信息为 10 位，其中 1 位起始位，8 位数据位(先低位后高位)，1 位停止位。CPU 执行 1 条写入发送缓冲器的指令后，就会启动发送器发送，当发送完数据后，就置中断标志 TI 为 1。时序如图 4-26

所示。

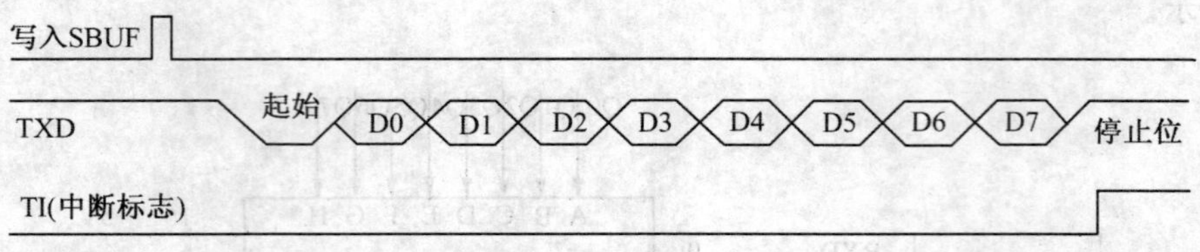

图 4-26　MCS-51 串行口工作方式 1 的输出时序

(2)方式 1 输入

用软件置 REN 为 1 时,接收器以所选择波特率的 16 倍速率采样 RXD 引脚电平。检测到 RXD 引脚输入电平发生负跳变时,则说明起始位有效,将其移入输入移位寄存器,并开始接收这一帧信息的其余位。接收过程中,数据从输入移位寄存器右边移入,起始位移至输入移位寄存器最左边时,控制电路进行最后一次移位。当 RI=0,且 SM2=0(或接收到的停止位为 1)时,将接收到的 9 位数据的前 8 位数据装入接收 SBUF,第 9 位(停止位)进入 RB8,并置 RI=1,向 CPU 请求中断。时序如图 4-27 所示。

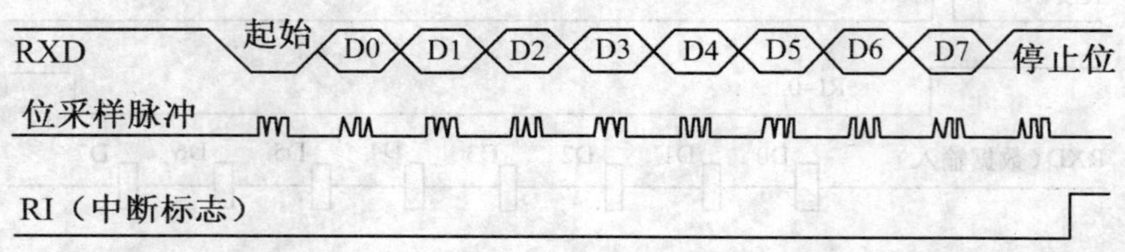

图 4-27　MCS-51 串行口工作方式 1 的输入时序

4.3.3.3　方式 2 和方式 3

方式 2 和方式 3 时为 11 位数据的异步通信口,其中起始位 1 位,数据 9 位(含 1 位附加的第 9 位,发送时为 SCON 中的 TB8,接收时为 RB8),停止位 1 位。方式 2 的波特率固定为晶振频率的 1/64 或 1/32,方式 3 的波特率由定时器 T1 的溢出率决定。其位结构如图 4-28 所示。

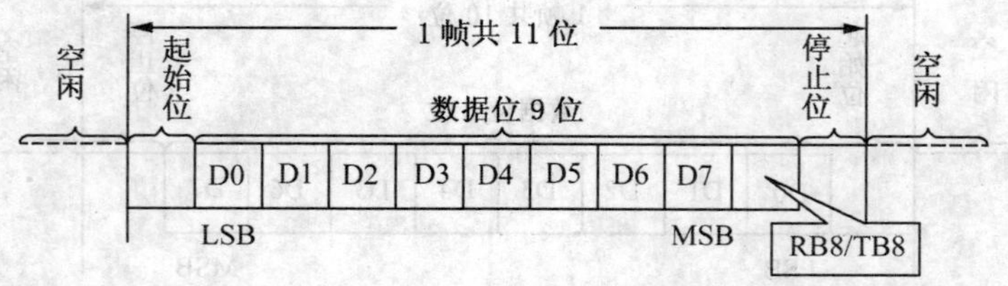

图 4-28　MCS-51 串行口工作方式 2 和 3 的位结构

(1)方式 2 和 3 输出

发送开始时,先把起始位 0 输出到 TXD 引脚,然后发送移位寄存器的输出位(D0)到 TXD 引脚。每一个移位脉冲都使输出移位寄存器的各位右移一位,并由 TXD 引脚输出。当发送完 1 帧数据时置 TI=1,向 CPU 请求中断。在发送下一帧数据之前,必须将 TI 清

0。时序如图 4-29 所示。

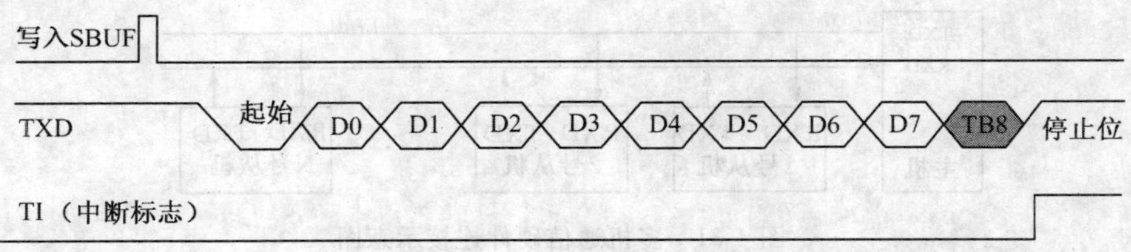

图 4-29　MCS-51 串行口工作方式 2 和 3 的输出时序

(2)方式 2 和 3 输入

接收时,数据从右边移入输入移位寄存器,在起始位 0 移到最左边时,控制电路进行最后一次移位。当 RI＝0,且 SM2＝0(或接收到的第 9 位数据为 1)时,接收到的数据装入接收缓冲器 SBUF 和 RB8(接收数据的第 9 位),置 RI＝1,向 CPU 请求中断。如果条件不满足,则数据丢失,且不置位 RI,继续搜索 RXD 引脚的负跳变。时序如图 4-30 所示。

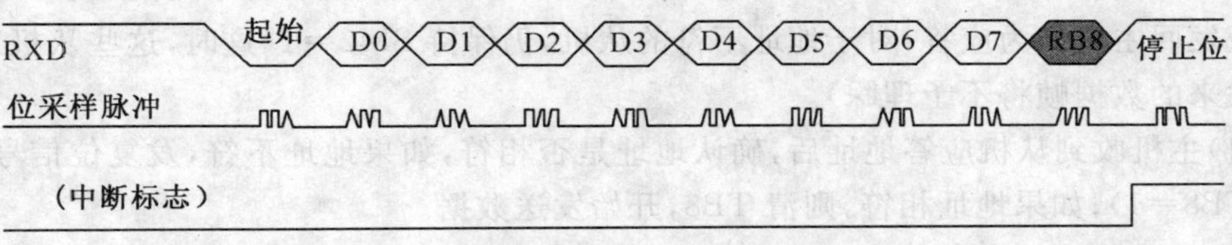

图 4-30　MCS-51 串行口工作方式 2 和 3 输入的时序

4.3.3.4　四种工作方式下的波特率发生器

(1)方式 0

方式 0 时的波特率由振荡器的频率(f_{osc})所确定:波特率为 $f_{osc}/12$。

(2)方式 2

方式 2 时的波特率由振荡器的频率和 SMOD 位(PCON. 7)所确定,即:

$$波特率=\frac{f_{osc}}{32}\times\frac{2^{SMOD}}{2}$$

当 SMOD 位＝1 时,波特率＝$f_{osc}/32$;当 SMOD＝0 时,波特率＝$f_{osc}/64$。

(3)方式 1 和 3

方式 1 和 3 时的波特率由定时器 T1 或 T2 的溢出率和 SMOD 所确定。

$$波特率=T1(或\ T2)溢出率\times\frac{2^{SMOD}}{32}$$

4.3.4　多机通信

在集散式分布系统中,多由多个计算机构成,它们之间往往需要数据通信,这就是多机通信。由单片机构成的多机通信系统中常采用总线型主从式结构。所谓主从式,即在数个单片机中,有一个是主机,其余的是从机,从机要服从主机的调度、支配。MCS-51 单片机的串行口工作方式 2 和方式 3 支持这种主从式的多机通信结构。这种系统的硬件连接结构如图 4-31 所示。

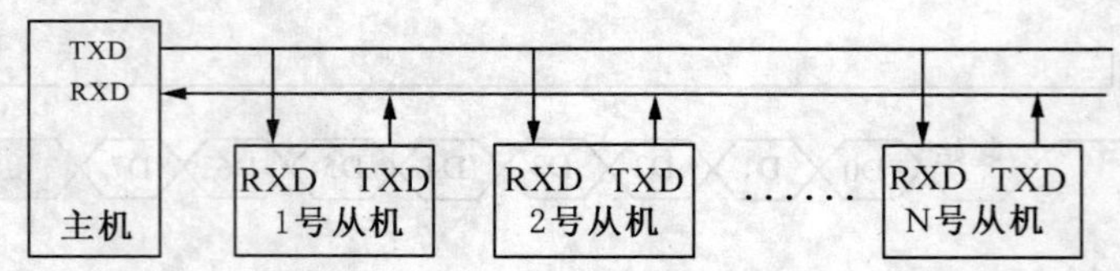

图 4-31 多机通信硬件连接示意图

当串行口工作于方式 2 和方式 3 时，有 9 位数据，其中第 9 位(TB8 和 RB8)数据用于区分前 8 位数据是数据还是地址(为 1 时表示的是地址，为 0 时表示的是数据)。多机通信的过程为：

(1)所有从机的 SM2 位置 1，处于接收地址帧状态。

(2)主机在发送数据之前先发送一地址帧，其中 8 位是地址，第 9 位为 1。

(3)当从机的 SM2＝1 时，从机收到地址帧后，都将接收的数据(即地址)装入 SBUF，并置 RI＝1，产生中断。在中断服务子程序中便可以与本机的地址比较。对于地址相符的从机，使自己的 SM2 位置 0(这时，该从机就可以接收主机随后发来的数据帧)，并把本站地址发回主机作为应答；对于地址不符的从机，仍保持 SM2＝1(这时，这些从机对主机随后发来的数据帧将不予理睬)。

(4)主机收到从机应答地址后，确认地址是否相符，如果地址不符，发复位信号(数据帧中 TB8＝1)；如果地址相符，则清 TB8，开始发送数据。

(5)从机收到复位命令后回到监听地址状态(SM2＝1)。否则开始接收数据和命令。

(6)主机发送数据结束后，要发送一帧校验和，并置第 9 位(TB8)为 1，作为从机数据传送结束的标志。

(7)从机接收数据时先判断数据接收标志(RB8)，若 RB8＝1，表示数据传送结束，并比较此帧校验和。若正确则回送正确信号 00H，并使该从机复位(即重新等待地址帧)；若校验和出错，则发送 0FFH，命令主机重发数据。若接收帧的 RB8＝0，则存数据到缓冲区，并准备接收下帧信息。

4.3.5 串行口的编程实例

【例 4-9】 用 8031 串行口外接 74LS165 移位寄存器扩展 8 位输入口，输入数据由 8 个开关提供，另有一个开关 K 提供联络信号。电路示意如图 4-32 所示。当开关 K 合上时，表示要求输入数据。根据输入的 8 位开关量，处理不同的程序。

```
START:JB P1.0, $           ;开关 K 未合上,等待
      SETB P1.1            ;165 并行输入数据
      CLR P1.1             ;开始串行移位
      MOV SCON,#10H        ;串行口模式 0 并启动接收
      JNB RI, $            ;查询 RI
      CLR RI               ;查询结束,清 RI
```

根据题意编写的程序如下：

```
MOV A,SBUF              ;输入数据
……                      ;根据 A 处理不同任务
SJMP START              ;准备下一次接收
```

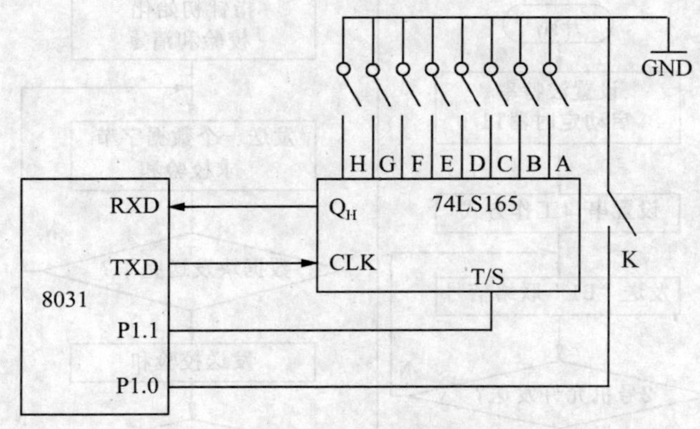

图 4-32　例 4-9 硬件连接示意图

【例 4-10】 利用串行口进行双机通信。设 1 号机是发送方，2 号机是接收方，如图 4-33所示。

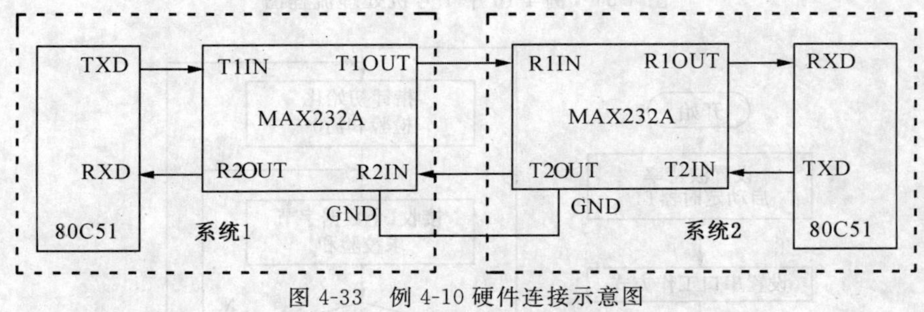

图 4-33　例 4-10 硬件连接示意图

二者之间的通信约定(协议)如下：

(1)当 1 号机发送时，先发送一个"E1"联络信号，2 号机收到后回答一个"E2"应答信号，表示同意接收。

(2)当 1 号机收到应答信号"E2"后，开始发送数据，每发送一个数据字节都要计算"校验和"。假定数据块长度为 16 个字节，起始地址为 40H，一个数据块发送完毕后立即发送"校验和"。

(3)2 号机接收数据并转存到数据缓冲区，起始地址也为 40H，每接收到一个数据字节便计算一次"校验和"。当收到一个数据块后，再接收 1 号机发来的"校验和"，并将它与 2 号机求出的校验和进行比较。若两者相等，说明接收正确，2 号机回答 00H；若两者不相等，说明接收不正确，2 号机回答 0FFH，请求重发。

(4)1 号机接到 00H 后结束发送。若收到的答复非零，则重新发送数据一次。

(5)双方约定采用串行口方式 1 进行通信，一帧信息为 10 位，其中有 1 个起始位、8 个数据位和一个停止位；波特率为 2400 波特，T1 工作在定时器方式 2，振荡频率选用 11.0592MHz。

解 根据题意计算可得 TH1＝TL1＝0F4H，PCON 寄存器的 SMOD 位为 0。双方的处理流程如图 4-34 和图 4-35 所示。

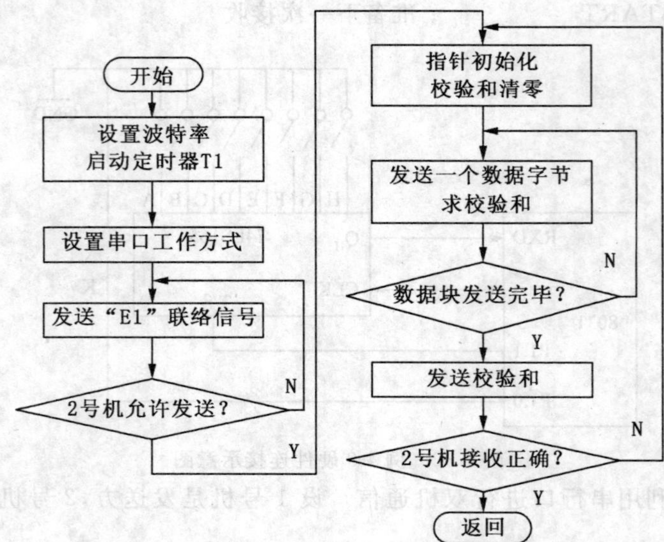

图 4-34 例 4-10 中 1 号机处理流程图

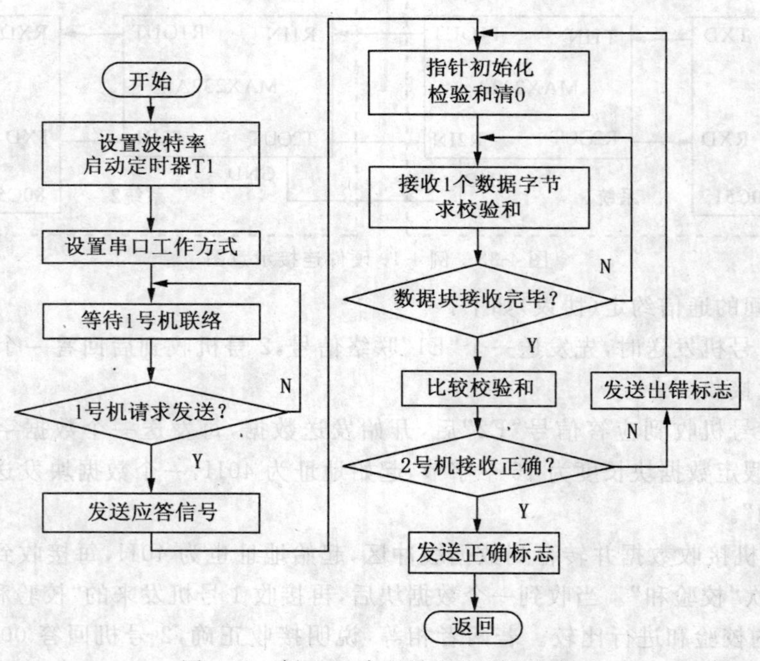

图 4-35 例 4-10 中 2 号机处理流程图

发送程序清单如下：

```
ASTART:CLR EA
       MOV TMOD,＃20H        ;定时器 1 置为方式 2
       MOV TH1,＃0F4H        ;装载定时器初值,波特率 2400
```

```
        MOV TL1,＃0F4H
        MOV PCON,＃00H
        SETB TR1              ;启动定时器
        MOV SCON,＃50H        ;设定串口方式 1,且准备接收应答信号
ALOOP1:MOV SBUF,＃0E1H        ;发联络信号
        JNB TI,$              ;等待一帧发送完毕
        CLR TI                ;允许再发送
        JNB RI,$              ;等待 2 号机的应答信号
        CLR RI                ;允许再接收
        MOV A,SBUF            ;2 号机应答后,读至 A
        XRL A,＃0E2H          ;判断 2 号机是否准备完毕
        JNZ ALOOP1            ;2 号机未准备好,继续联络
ALOOP2:MOV R0,＃40H           ;2 号机准备好,设定数据块地址指针初值
        MOV R7,＃10H          ;设定数据块长度初值
        MOV R6,＃00H          ;清校验和单元
ALOOP3:MOV SBUF,@R0           ;发送一个数据字节
        MOV A,R6
        ADD A,@R0             ;求校验和
        MOV R6,A              ;保存校验和
        INC R0
        JNB TI,$
        CLR TI
        DJNZ R7,ALOOP3        ;整个数据块是否发送完毕
        MOV SBUF,R6           ;发送校验和
        JNB TI,$
        CLR TI
        JNB RI,$              ;等待 2 号机的应答信号
        CLR RI
        MOV A,SBUF            ;2 号机应答,读至 A
        JNZ ALOOP2            ;2 号机应答"错误",转重新发送
        RET                   ;2 号机应答"正确",返回
```

接收程序清单如下：

```
BSTART:CLR EA
        MOV TMOD,＃20H
        MOV TH1,＃0F4H
        MOV TL1,＃0F4H
        MOV PCON,＃00H
        SETB TR1
```

```
         MOV SCON,#50H        ;设定串口方式1,且准备接收
BLOOP1:  JNB RI,$             ;等待1号机的联络信号
         CLR RI
         MOV A,SBUF           ;收到1号机信号
         XRL A,#0E1H          ;判断是否为1号机联络信号
         JNZ BLOOP1           ;不是1号机联络信号,再等待
         MOV SBUF,#0E2H       ;是1号机联络信号,发应答信号
         JNB TI,$
         CLR TI
BLOOP2:  MOV R0,#40H          ;设定数据块地址指针初值
         MOV R7,#10H          ;设定数据块长度初值
         MOV R6,#00H          ;清校验和单元
BLOOP3:  JNB RI,$
         CLR RI
         MOV A,SBUF
         MOV @R0,A            ;接收数据转储
         INC R0
         ADD A,R6             ;求校验和
         MOV R6,A
         DJNZ R7,BLOOP3       ;判断数据块是否接收完毕
         JNB RI,$             ;完毕,接收1号机发来的校验和
         CLR RI
         MOV A,SBUF
         XRL A,R6             ;比较校验和
         JZ END1              ;校验和相等,跳至发正确标志
         MOV SBUF,#0FFH       ;校验和不相等,发错误标志
         JNB TI,$
         CLR TI
         SJMP BLOOP2          ;转重新接收
END1:    MOV SBUF,#00H
         RET
```

注:(1)本例题使用 MAX232 芯片,RS-232 一般通信距离小于 15 米,最大传输距离不超过 20 米。

(2)如换用 RS-485 接口,最大传输距离可达 1200 米。

(3)MAX485 芯片主要特点如下:

①使用+5V 单电源工作。

②低功耗,工作电流为 120～150μA,静态电流为 300μA。

③驱动器具有过载保护功能。

④不同型号芯片兼容，可以共同组成半双工或全双工通信电路。

⑤通信传输线上最多可以同时挂载 32 个收发器。

⑥共模输入电压范围为－7～＋12V。

下面以 MAX485 芯片为例，介绍 RS-485 通信的具体应用。其接口电路参见 4.4.3 MAX485 通信实验部分。图中，单片机的 P1.0、P1.1 脚分别连接 485 接口的 DE 端和 $\overline{RE}$ 端，以控制发送器和接收器使能。RXD 和 TXD 引脚则分别连接 RO 脚和 DI 脚，以进行数据交换。为提高 IO 口的驱动能力，这 4 个引脚应该接上拉电阻。MAX485 的 A 和 B 端为 485 网络的差分信号输入/输出端，二者之间应串接一个 120Ω 的电阻，以便于阻抗匹配。

由于大部分 PC 机只配备了标准的 232 串口，因此如果要使 PC 机与 RS-485 网络上的设备通信，必须使用 232/485 转换器。此技术已比较成熟，市场上此类产品也很多。常用的一种电路是通过 232 芯片先将 232 电平转换为 TTL 电平，经过光电隔离后，再经 MAX 485 芯片将其变为符合 RS485 接口标准的差分信号。

使用 MAX485 可以构成半双工通信网络，多个接收器可以直接挂在传输线上而不会影响信号的正常传送。图 4-36 是一个典型的半双工 RS-485 通信网络，网络上最多可以挂接 32 个站，如果使用输入阻抗更高的 MAX487 作为各站的收发器，则最多可以挂载 128 个这样的站。

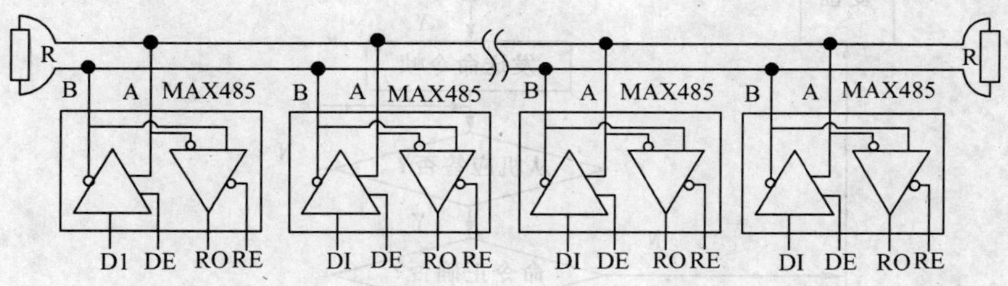

图 4-36　MAX485 多站通信

【例 4-11】　如图 4-31 所示的多机通信系统中有如下约定：

(1)系统中最多允许接 255 台从机，它们的地址分别为 00H～FEH。

(2)地址 FFH 是对所有从机都起作用的一条控制命令：命令各从机恢复 SM2＝1 的状态。

(3)主机发送的控制命令代码为：

①00H——要求从机接收数据块

②01H——要求从机发送数据块

③其他——非法命令

(4)数据块长度，为 16 个字节。

(5)从机状态字格式为：

D7	D6	D5	D4	D3	D2	D1	D0
ERR	0	0	0	0	0	TRDY	RRDY

其中：若 ERR＝1，从机接收到非法命令；

若 TRDY＝1，从机发送准备就绪；

若 RRDY＝1，从机接收准备就绪。

主机在接收或发送完一个数据块后可返回主程序，完成其他任务。从机部分以串行口中断服务程序的方式给出。若从机未作好接收或发送数据的准备，就从中断程序中返回，在主程序中做好准备。系统采用 T1 作为波特率发生器，主机和从机中对定时器初始化的程序从略。主机和从机的程序流程如图 4-37 和图 4-38 所示。

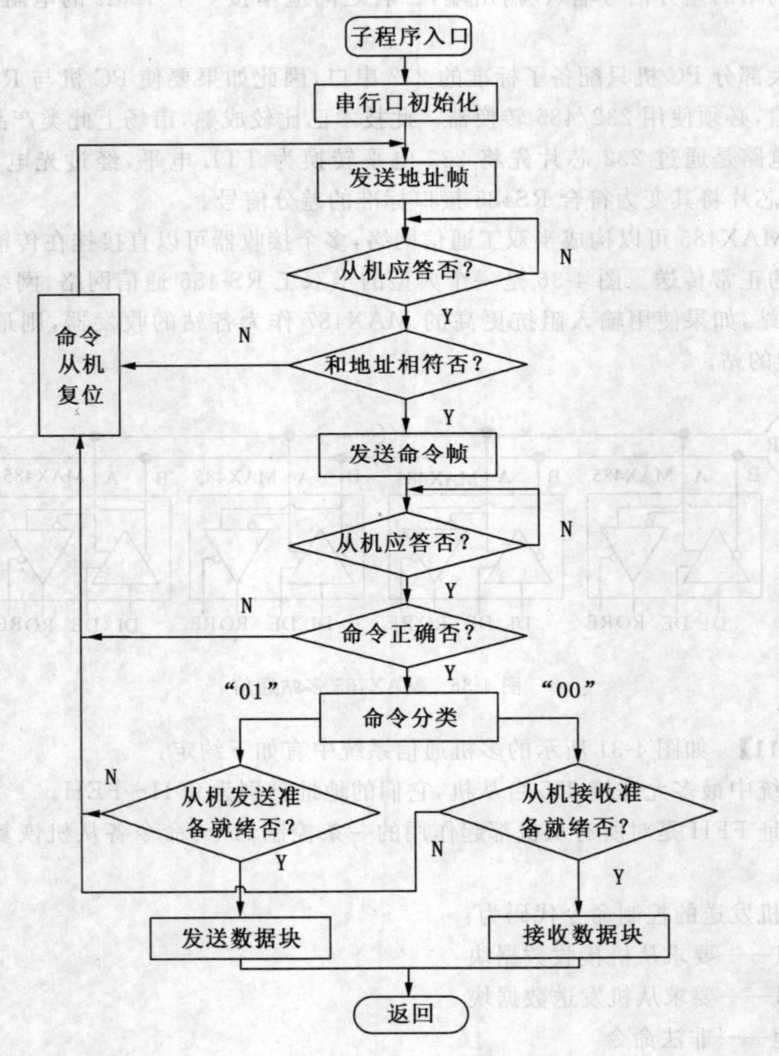

图 4-37 例 4-11 主机流程图

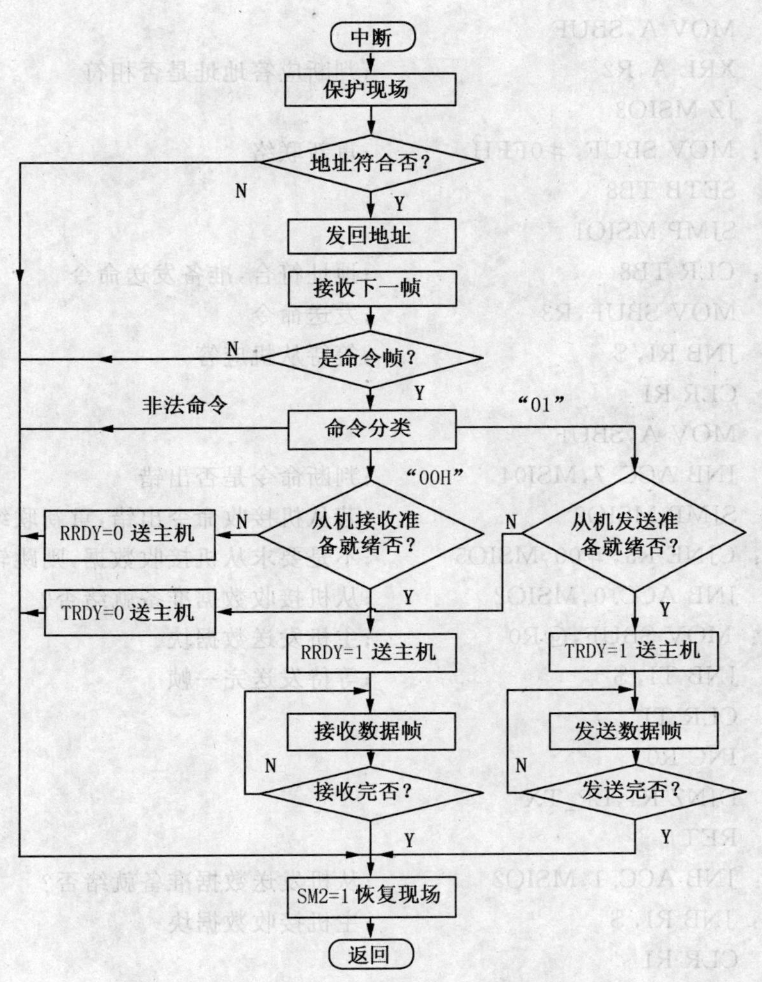

图 4-38　例 4-11　从机流程图

解　(1)主机串行通信子程序

入口参数：(R0)——主机发送的数据块首址

(R1)——主机接收的数据块首址

(R2)——被寻址从机地址

(R3)——主机命令

(R4)——数据块长度

程序代码为：

```
MSIO: MOV SCON,#0D8H          ;设串行口模式 3,允许接收,TB8 置 1
MSIO1:MOV A,R2                ;发送地址帧
      MOV SBUF,A
      JNB RI,$                ;等待从机应答
      CLR RI
```

```
        MOV A,SBUF
        XRL A,R2              ;判断应答地址是否相符
        JZ MSIO3
MSIO2:  MOV SBUF,#0FFH        ;重新联络
        SETB TB8
        SJMP MSIO1
MSIO3:  CLR TB8               ;地址符合,准备发送命令
        MOV SBUF,R3           ;发送命令
        JNB RI,$              ;等待从机应答
        CLR RI
        MOV A,SBUF
        JNB ACC.7,MSI04       ;判断命令是否出错
        SJMP MSIO2            ;若从机接收命令出错,重新联络
MSIO4:  CJNE R3,#00,MSIO5     ;不是要求从机接收数据,则跳转
        JNB ACC.0,MSIO2       ;从机接收数据准备就绪否?
LP_TX:  MOV SBUF,@R0          ;主机发送数据块
        JNB TI,$              ;等待发送完一帧
        CLR TI
        INC R0
        DJNZ R4,LP_TX
        RET
MSIO5:  JNB ACC.1,MSIO2       ;从机发送数据准备就绪否?
LP_RX:  JNB RI,$              ;主机接收数据块
        CLR RI
        MOV A,SBUF
        MOV @R1,A
        INC R1
        DJNZ R4,LP_RX
        RET
```

若主机向10号从机发送数据块,数据块放置在内部RAM区的40H～4FH单元中,则调用上述子程序MSIO的方法是:

```
        MOV R2,#0AH
        MOV R3,#0
        MOV R4,#10H
        MOV R0,#40H
        LCALL MSIO
```

(2) 从机串行通信子程序

从机的串行通信采用中断控制启动方式。

在串行通信启动后，仍采用查询方式来接收或发送数据块。从机的程序中还包括定时器 1 和串行口的初始化以及开中断程序。

程序中用 F0 作发送准备就绪标志，PSW.1 做接收准备就绪标志。背景程序的其他有关部分如下：

```
          MOV SP,#1FH          ;设置堆栈指针
          MOV SCON,#0F0H       ;置串行口方式 3,SM2=1,允许接收
          MOV 08H,#40H         ;接收缓冲区起始地址送 1 区 R0
          MOV 09H,#50H         ;发送缓冲区起始地址送 1 区 R1
          MOV 0AH,#10H         ;发送或接收字节数送 1 区 R2
          ORG 0023H
          AJMP SSIO            ;串行口中断服务程序入口
   SSIO:  CLR RI
          PUSH ACC             ;保护现场
          PUSH PSW
          SETB RS0             ;选 1 区工作寄存器
          CLR RS1
          MOV A,SBUF
          XRL A,#SLAVE         ;SLAVE 为本从机地址
          JZ SSIO1
 RETURN:  POP PSW              ;不是呼叫本从机,恢复现场后返回
          POP ACC
          RETI
  SSIO1:  CLR SM2              ;地址符合,与主机继续通信
          MOV SBUF,#SLAVE      ;从机地址送回主机
          JNB RI,$             ;等待接收 1 帧完
          CLR RI
          JNB RB8,SSIO2        ;是命令帧,跳 SSIO2
          SETB SM2             ;是复位,置 SM2=1 后返回
          SJMP RETURN
  SSIO2:  MOV A,SBUF           ;分拆命令
          CJNE A,#02H, SS
     SS:  JC SSIO3
          MOV SBUF,#80H        ;非法命令,置 ERR 位为 1
          SJMP RETURN
  SSIO3:  JZ CMD0
   CMD1:  JB F0,SSIO4
          MOV SBUF,#00H        ;未准备好,返回
          SJMP RETURN
```

```
SSIO4:MOV SBUF,#02H          ;TRDY=1,发送准备就绪
      CLR F0
SLP1: MOV SBUF,@R0           ;发送数据块
      JNB TI,$
      CLR TI
      INC R0                 ;发送循环
      DJNZ R2,SLP1
      SETB SM2               ;发送完,置SM2=1后返回
      SJMP RETURN
CMD0: JB PSW.1,SSIO5
      MOV SBUF,#00H          ;未准备好,返回
      SJMP RETURN
SSIO5:MOV SBUF,#01H          ;RRDY=1,接收准备就绪
      CLR PSW.1
SLP2: JNB RI,$               ;接收数据块
      CLR RI
      MOV @R1,SBUF
      INC R1                 ;接收循环
      DJNZ R2,SLP2
      SETB SM2               ;接收完,置SM2=1后返回
      SJMP RETURN
```

程序描述了多机串行通信中从机的基本工作过程,在实际系统中还应考虑更多的因素,如制定完善的通信规约,通信的可靠性设计(如数据校验、防通信"死机")等。

4.4 定时器、串行通信实验

4.4.1 定时/计数器实验

4.4.1.1 实验目的

了解定时器的硬件连接方法及时序关系。掌握其编程模式及其原理。

4.4.1.2 实验内容

(1)对单片机的定时/计数器T0、T1进行编程。

(2)了解8253定时器的硬件连接方法及时序关系。掌握8253的各种模式的编程及其原理,用示波器观察各信号之间的时序关系。

4.4.1.3 实验要求

(1)学习T0、T1定时/计数器编程,输出方波(参考例4-5)。

(2)编程:将8253定时器0设定为方式3(方波),定时器1设定在方式2(分频),定时器2设定在方式2,定时器0输出的脉冲作为定时器1的输入,定时器1的输出作为定时

器 2 的输入，定时器 2 的输出接在一个 LED 上，运行后可观察到该 LED 在不停闪烁。用示波器观察各对应引脚之间的波形关系。

4.4.1.4　实验电路及器材

本实验用到了 8253 定时/计数器模块，模块原理图如图 4-39 所示。

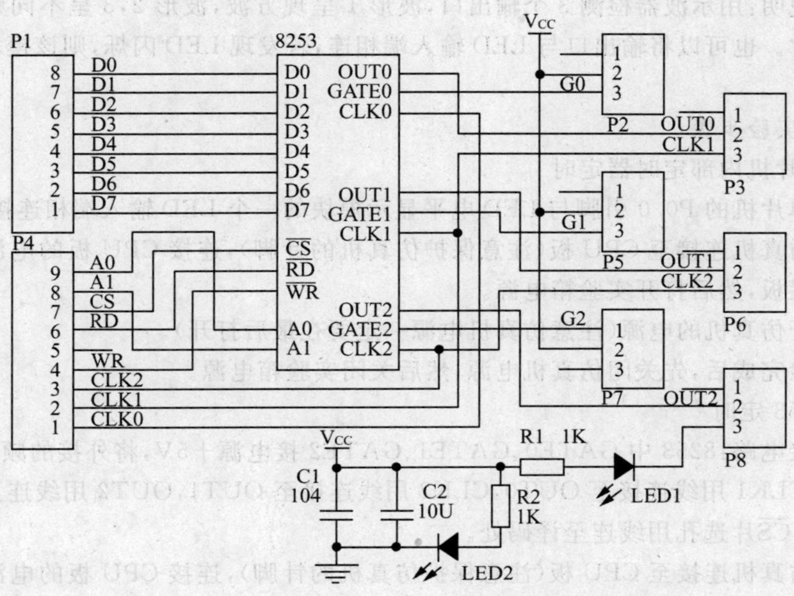

图 4-39　8253 模块原理图

4.4.1.5　实验说明

波特率：1 波特＝1 位/秒＝1bit/s＝1bps

8253 的工作频率是 0～2MHz，所以输入的 CLK 频率必须在 2MHz 以下。实验板上的晶振，分频后再作为 8253 的 CLK 输入(一般可将波特率设为 9600)。

运行程序后，用示波器观察 8253 的 OUT0、OUT1、OUT2 脚上的输出波形。

4.4.1.6　实验程序

将 8253 的定时器 0 设置成方式 3(方波)，定时器 1 设置成方式 2(分频)，定时器 2 设置成方式 2(分频)。

流程图如图 4-40 所示。

程序：初始化

```
Timer_ctl equ 7FFFh
Timer0 equ 7CFFh
Timer1 equ 7DFFh
Timer 2 equ 7EFFh                          ;设置地址
Tmode3_0 equ 00110110b
Tmode2_1 equ 01110100b
Tmode2_2 equ 10110100b                     ;设置控制字
```

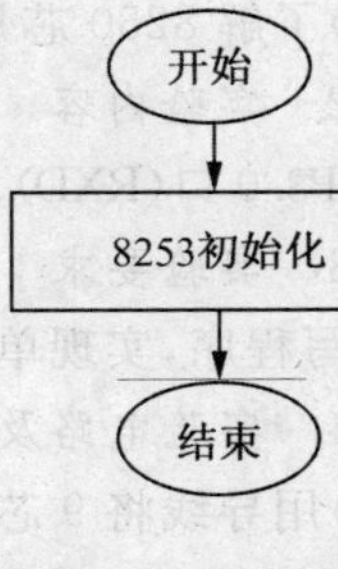

开始
8253初始化
结束

图 4-40　8253 初始化流程图

```
ORG 0000h
AJMP MAIN
……
 END
```

现象说明:用示波器检测3个输出口,波形1呈现方波,波形2,3呈不同频率的方波则视为正常。也可以将输出口与LED输入端相连,若发现LED闪烁,则该模块也可视为正常。

4.4.1.7 实验步骤

(1)单片机内部定时器定时

①将单片机的P0.0引脚与LED电平显示模块的一个LED输入端相连接。

②将仿真机连接至CPU板(注意保护仿真机的针脚),连接CPU板的电源线至电源及总线扩展板,然后打开实验箱电源。

③打开仿真机的电源(注意仿真机电源一定要在最后打开)。

④实验完成后,先关闭仿真机电源,然后关闭实验箱电源。

(2)8253定时

①连接电路:8253中GATE0、GATE1、GATE2接电源+5V,将外接的频率f用线连至CLK0,CLK1用线连接至OUT0,CLK2用线连接至OUT1,OUT2用线连至一个发光管(DL1)。$\overline{CS}$片选孔用线连至译码处。

②将仿真机连接至CPU板(注意保护仿真机的针脚),连接CPU板的电源线至电源及总线扩展板,然后打开实验箱电源。

③打开仿真机的电源(注意仿真机电源一定要在最后打开)。

④实验完成后,先关闭仿真机电源,然后关闭实验箱电源。

4.4.2 串行口应用实验

4.4.3.1 实验目的

(1)了解单片机异步串行通信的工作原理,实现串行通信的硬件环境。

(2)了解数据格式的协议、数据交换的协议。熟悉串行数据格式和波特率的计算方法。

(3)了解MAX232芯片和RS-232串行通讯口结构、一般原理和编程。

(4)了解8250芯片及PC机与单片机通信的编程方法。

4.4.2.2 实验内容

将P3.0口(RXD)、P3.1口(TXD)短路连接,数据由P3.1(TXD)发出,P3.0(RXD)接收。

4.4.2.3 实验要求

编写程序,实现单片机的自发自收通信。

4.4.2.4 实验电路及器材

(1)用导线将9芯插座的2,3脚短接,利用一台单片机实现自发自收实验。

(2)用RS232通信电缆一端接至单片机实验机9芯插座,另一端接至另一台PC机的串口,实现终端仿真。

4.4.2.5　实验说明(参考例 4-10)

(1)利用 PC 机和单片机实现串行通信,实验波特率一般选择 9600b/s。可选择下面的方法:

①利用 PC 机的 8250 编写汇编程序。

②利用 Windows 的超级终端实现通讯。

③利用 VB 中的通信控件。

2. 可采用查询方式/中断方式实现编程。

4.4.2.6　实验程序框图

单片机自发自收实验的流程图如图 4-41 所示。

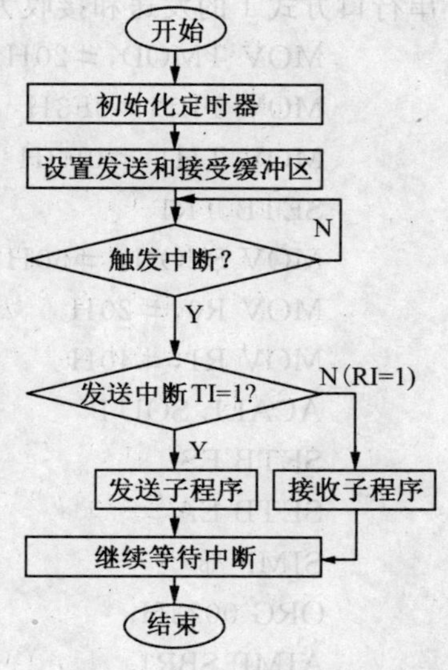

图 4-41　单片机自发自收实验流程图

4.4.2.7　实验步骤

(1)硬件连接:用导线将 9 芯插座的 2,3 脚短接,利用一台单片机实现自发自收实验。

(2)编写程序:89C51 串行口按双工方式收发 ASCII 字符,最高位用作奇偶校验位,采用奇校验方式,传送的波特率为 9600b/s,晶振 11.0592MHz。

4.4.3　单片机 MAX485 通信实验

4.4.3.1　实验目的

了解 MAX485 芯片和单片机串行口进行 485 通信的一般方法。

4.4.3.2　实验内容

利用单片机串行口,编写程序,实现 485 通信。

4.4.3.3　实验要求

利用两组单片机配合,一组作为发送方,一组作为接收方,传送指定数据。

4.4.3.4　实验电路及器材

硬件连接如图 4-42 所示。

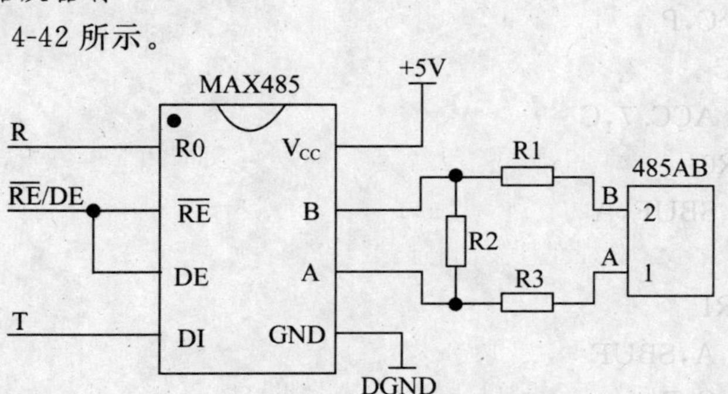

图 4-42　485 模块电路图

R 与 RXD,T 与 TXD 相连,RE/DE 为收发控制信号,与单片机任一 IO 口相连。

程序为一般串行口通信程序,参考 4.3.5 部分。

4.4.3.5　实验说明

实验时,可采用两个小组合作的方式,一个小组设置为接收状态,另一组设置为发送状态,两组的 A、B 端分别相连。

参考程序:

串行口方式 1 的发送和接收为(全双工):

```
        MOV TMOD,#20H
        MOV TL1,#0F3H
        MOV TH1,#0F3H
        SETB TR1
        MOV SCON, #50H
        MOV R0,#20H             ;发送数据首址
        MOV R1,#40H             ;接收数据首址
        ACALL SOUT
        SETB ES
        SETB EA
        SJMP $                  ;中断程序
        ORG 0023H
        AJMP SBR1
        ORG 0100H
SBR1: JNB RI ,SEND
        ACALL SIN
        SJMP NEXT
SEND: ACALL SOUT
NEXT: RETI
SOUT: CLR TI
        MOV A,@R0
        MOV C,P
        CPL C
        MOV ACC.7,C
        INC R0
        MOV SBUF,A
        RET
  SIN: CLR RI
        MOV A,SBUF
        MOV C,P
        CPL C
```

```
ANL A,＃7FH
MOV @R1,A
INC R1
RET
```

思考与习题

1. MCS-51 单片机中，有几个 16 位定时/计数器？其实际用途是什么？

2. 应对定时/计数器中的哪个特殊寄存器进行工作模式设置？试叙述几种工作模式功能。

3. 门控制信号 GATE 为 1 时，外部中断引脚 $\overline{\text{INTx}}$ 在什么状态下启动计数？

4. 当工作方式寄存器 TMOD 中 GATE 位为 0 时，可以测量外中断引脚上正脉冲的宽度吗？试予以说明。

5. 定时/计数器作为计数器时，对外界计数频率有什么要求？（假定时钟频率为 12MHz）

6. 定时/计数器在何种设置下可提供 3 个 8 位定时器？当 T0 运行在模式 3 下，TH0 作为定时器使用时，其启动和关闭受谁的控制？

7. 当定时/计数器 T0 被设置为模式 3 时，怎样使 T1 启动运行？又怎样使其停止运行？

8. 时钟频率为 12MHz。要求定时值分别为 0.1ms、1ms、10ms。定时/计数器 T0 分别工作在模式 0、模式 1、模式 2，其定时初值各为多少？

9. 时钟频率为 12MHz。编写程序完成从 P1.0 输出占空比为 1∶4，频率为 1000Hz 的脉冲波形。

10. 编写程序。时钟频率为 12MHz，使用 T1，由 P1.0、P1.1 分别输出周期为 500μs 和 2ms 的方波。

11. 试编程序：当 P1.2 引脚的电平上跳时，对 P1.1 的输入脉冲进行计数；当 P1.2 引脚的电平下跳时，停止计数，并将计数值写入 R6、R7。

12. 简述串行通信和并行通信的不同特点。

13. 异步通信中，数据格式中什么位保证了帧内数据位的同步？

14. 同步通信中，发送方对接收方的同步是通过什么方法实现的？

15. 半双工通信和全双工通信的区别？

16. 使用哪个特殊功能寄存器来确定串行口的工作方式？MCS-51 单片机串行口有几种工作方式？各工作方式的波特率如何确定？

17. 晶振为 11.059MHz，工作于方式 1，波特率为 1200b/s，用定时/计数器 T1 作为波特率发生器，写出其方式字和计数初值。

18. 串行口按工作方式 1 进行串行数据通信。晶振为 11.059MHz，波特率为 4800b/s，试编写具有收发功能的串口通信程序（两种接收方式）：

（1）以查询方式接收数据。

(2)以中断方式接收数据。

将接收数据放到30H为首的片内存储区中。

19. 串行口按工作方式3进行串行数据通信。晶振为11.059MHz,波特率为1200b/s,第9数据位作奇偶校验位,以中断方式传送数据。试编写通信程序。

20. 简述中断的基本概念。

21. MCS-51单片机可以响应几个中断源?有几个中断优先级?说出各中断源的中断矢量地址。

22. 在执行中断服务程序后,用什么指令完成返回到中断点发生处?

23. 外部中断有哪两种触发方式?对哪个特殊功能寄存器的哪个位进行设置,从而确定外部中断的触发方式?

24. 说出在中断系统中硬件确定的自然优先级的排列顺序(由高到低)。

25. MCS-51单片机有五个中断源,但只能设置两个中断优先级。因此,在中断优先级安排上受到一定的限制。试问以下几种中断优先顺序的安排(级别由高到低)是否可能?若可能,则应如何设置中断源的中断级别;否则,请简述不可能的理由。

(1)定时器0,定时器1,外中断0,外中断1,串行口中断。

(2)串行口中断,外中断0,定时器0,外中断1,定时器1。

(3)外中断0,定时器1,外中断1,定时器0,串行口中断。

(4)外中断0,外中断1,串行口中断,定时器0,定时器1。

(5)串行口中断,定时器0,外中断0,外中断1,定时器1。

(6)外中断0,外中断1,定时器0,串行口中断,定时器1。

(7)外中断0,定时器1,定时器0,外中断1,串行口中断。

第 5 章　系统扩展

5.1　MCS-51 的最小系统及系统扩展

使单片机能运行的最少器件构成的系统，就是最小系统。对于无 ROM 的单片机芯片如 8031，必须扩展 ROM、复位、晶振电路；而对于有 ROM 芯片如 89C51 等，不必扩展 ROM，只要有复位、晶振电路即可。80C51 构成的最小系统如图 5-1 所示。

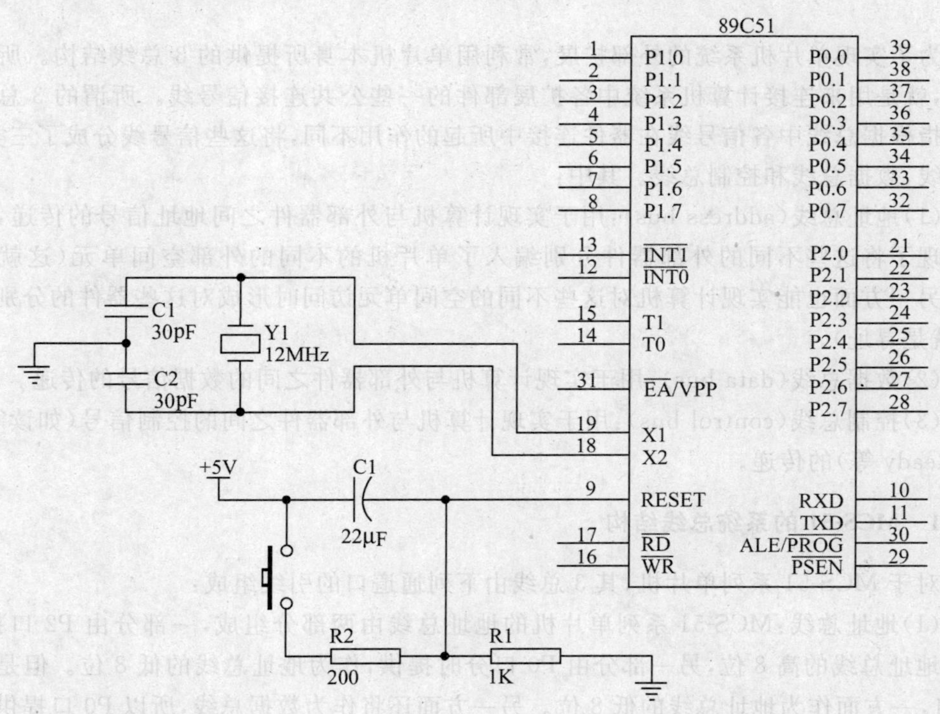

图 5-1　89C51 单片机的最小系统

关于最小系统中的各个组成部分电路在第 2 章中已作介绍，这里不再重复。

通常，采用 8051/8751/89C51 的最小系统最能发挥单片机体积小、成本低的优点。但在很多情况下，最小系统并不能满足应用要求。

当单片机最小系统不能满足系统功能的要求时，就需要进行扩展。首先，单片机内部一般都配置了一定的存储器，但是为了节省成本，所配置的这些存储器的容量一般都比较小(如:8031 内部有 128 字节的 RAM 和 0 字节的 ROM)，往往满足不了实际应用系统的需要，需要从外部扩展 RAM 和 ROM 以满足实际要求。其次，为了使单片机按照人们的要求工作，就需要将必要的命令和数据输入单片机，单片机也需要把运算的结果以一定的方式输出出来。要完成这些工作，仅仅依赖于单片机系统原配的接口往往难以胜任，这就需要一定的输入输出接口扩展，还有一些其他方面的扩展。总之，单片机系统的扩展一般包含以下几方面的内容：

①外部程序存储器的扩展。

②外部数据存储器的扩展。

③输入/输出接口的扩展。

④管理功能器件的扩展（如定时/计数器扩展、中断扩展、通信接口扩展等）。

本章主要讨论前两个方面的扩展技术和第三个方面、第四个方面的扩展中的一部分内容。关于这两个方面的扩展更详细的内容，将分别在第6、7章中详细阐述。

5.2 MCS-51系统总线扩展技术

为了实现单片机系统的外部扩展，常利用单片机本身所提供的3总线结构。所谓的总线，就是用来连接计算机系统中各扩展部件的一些公共连接信号线。所谓的3总线结构是指根据总线中各信号线在器件连接中所起的作用不同，将这些信号线分成了三类：地址总线、数据总线和控制总线。其中：

(1)地址总线(address bus)：用于实现计算机与外部器件之间地址信号的传递，一方面实现了将这些不同的外部器件分别编入了单片机的不同的外部空间单元（这就是编址），另一方面也能实现计算机对这些不同的空间单元访问时形成对这些器件的分别选择（这就是寻址）。

(2)数据总线(data bus)：用于实现计算机与外部器件之间的数据信号的传递。

(3)控制总线(control bus)：用于实现计算机与外部器件之间的控制信号（如读写、选通、Ready等）的传递。

5.2.1 MCS-51的系统总线结构

对于MCS-51系列单片机，其3总线由下列通道口的引线组成：

(1)地址总线：MCS-51系列单片机的地址总线由两部分组成，一部分由P2口提供，作为地址总线的高8位，另一部分由P0口分时提供，作为地址总线的低8位。但是对于P0口，一方面作为地址总线的低8位。另一方面还将作为数据总线，所以P0口提供的低8位地址需要外部电路进行锁存。

(2)数据总线：由P0口提供。

(3)控制总线：一部分包括ALE、$\overline{PSEN}$、$\overline{EA}$等，另一部分包括由P3口提供部分扩展系统时常用的控制信号，如$\overline{RD}$、$\overline{WR}$等。

MCS-51系列单片机的总线结构如图5-2所示。

地址锁存器常常采用带三态缓冲输出的8D锁存器，如74LS373、74LS273等实现。ALE为地址锁存信号，在其下降沿将P0口的内容锁存住，而这时P0口的内容恰好就是外部数据的地址低8位。当访问外部程序存储器时，ALE和P0口的时序对应关系如图

5-3 所示。

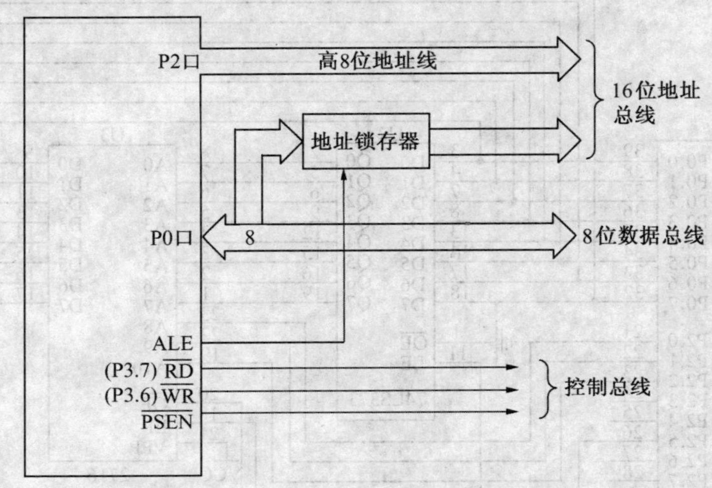

图 5-2　MCS-51 系列单片机的总线结构图

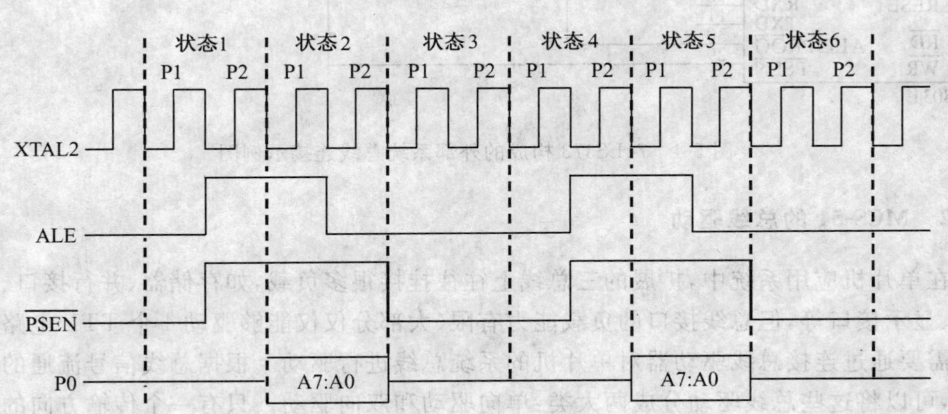

图 5-3　访问外部程序存储器时 ALE 和 P0 口的时序对应图

利用 74LS373 构成的外部系统总线如图 5-4 所示。

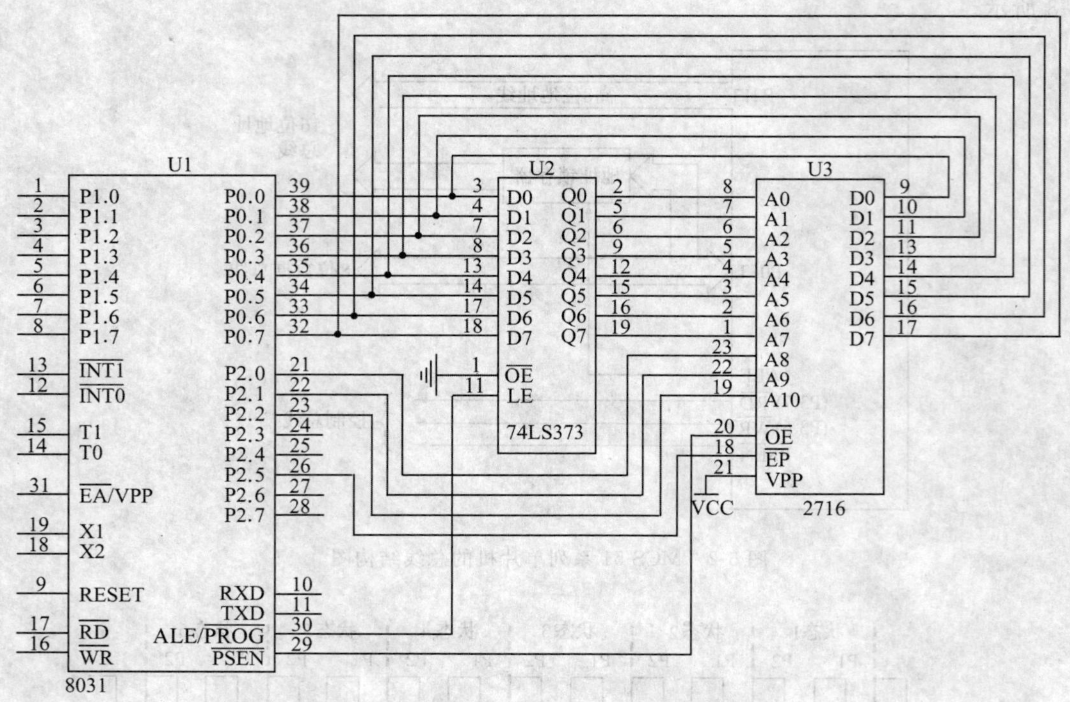

图 5-4　74LS373 构成的外部系统总线连接示例图

5.2.2　MCS-51 的总线驱动

在单片机应用系统中，扩展的三总线上往往挂接很多负载，如存储器、并行接口、A/D 接口、显示接口等，但总线接口的负载能力有限(大部分仅仅能够驱动 4 个 TTL 电路)，这时便需要通过连接总线驱动器对单片机的系统总线进行驱动。根据总线信号流通的方向不同，可以将这些总线驱动分成两大类：单向驱动和双向驱动。只有一个传输方向的信号(如地址信号)需要单向驱动，有两个传输方向的信号(如数据信号)需要双向驱动。

5.2.2.1　单向驱动

对于单向总线驱动常常选用 74LS244 来实现。74LS244 是三态输出的八缓冲器，由两组，每组 4 路输入、输出构成。每组有一个控制端(1 $\overline{G}$和 2 $\overline{G}$)控制，控制端的高或低电平决定该组数据被接通还是断开，其内部结构如图 5-5 所示。

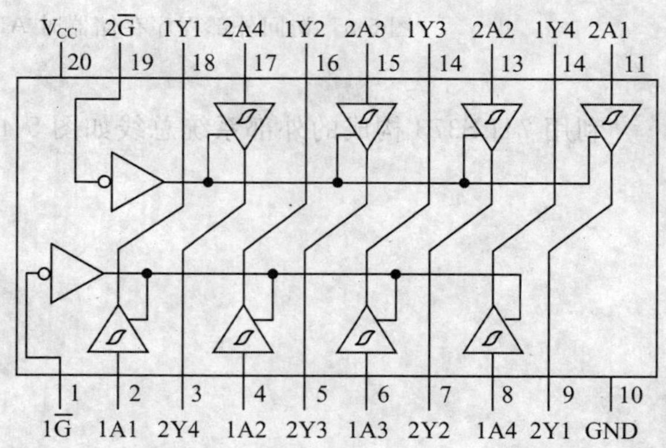

图 5-5　74LS244 的内部结构图

74LS244 的功能表如表 5-1 所示。

表 5-1　74LS244 的功能表

输　入		输　出
$\overline{G}$	A	Y
L	L	L
L	H	H
H	X	Z

L—低逻辑电平；H—高逻辑电平；X—任意逻辑电平；Z—高阻态。

用 74LS244 构成的高 8 位地址总线驱动电路如图 5-6 所示。

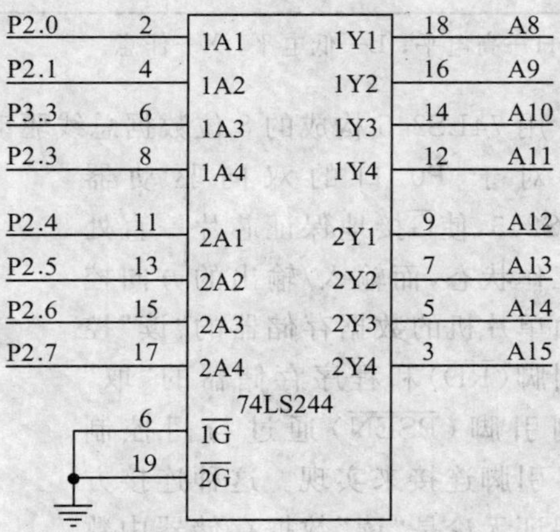

图 5-6　74LS244 构成的高 8 位地址总线驱动电路

74LS244 在高电平输入时最大需要 20μA 电流，在低电平输入时最大需要 200μA 电流，这对于单片机来讲只是一个 TTL 负载的输入要求。而输出时，在高电平时可以提供 15mA 的输出电流，在低电平时可以提供 24mA 的灌入电流，可以驱动近 120 个 TTL 负载。可见，使用 74LS244 使得单片机系统的总线驱动能力得到了很大提高。

5.2.2.2　双向驱动

对于双向总线驱动，常常选用 74LS245 来实现。74LS245 是 8 路双向数据总线驱动芯片，具有双向三态功能，既可以输出，也可以输入数据。74LS245 常常用来扩展数据总线，内部结构如图 5-7 所示。

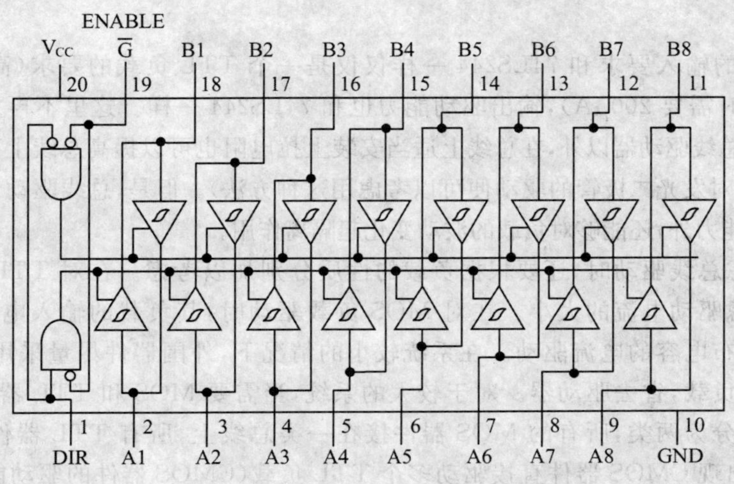

图 5-7　74LS245 的内部结构图

当片选端$\overline{G}$低电平有效时，DIR＝“0”，信号由 B 向 A 传输；DIR＝“1”，信号由 A 向 B 传输。当$\overline{G}$为高电平时，A、B 均为高阻态。

74LS245 的功能表如表 5-2 所示。

表 5-2　　74LS245 的功能表

使能端($\overline{G}$)	方向控制(DIR)	操　作
L	L	B→A
L	H	A→B
H	X	Isolation

H—高电平；L—低电平；X—任意。

用 74LS245 构成的 8 位数据总线驱动电路如图 5-8 所示。

对于 P0 口的双向驱动器 74LS245，使$\overline{G}$接地保证芯片一直处于工作状态，而输入/输出的方向控制由单片机的数据存储器的“读”控制引脚($\overline{RD}$)和程序存储器的“取”控制引脚($\overline{PSEN}$)通过与门控制 DIR 引脚连接来实现。这种连接方法保证无论是“读”数据存储器中数据($\overline{RD}$有效)还是从程序存储器中取指令($\overline{PSEN}$有效)时，都能保证 P0 口的输入驱动；除此以外的时间里($\overline{RD}$及$\overline{PSEN}$均无效)，保证 P0 口的输出驱动。

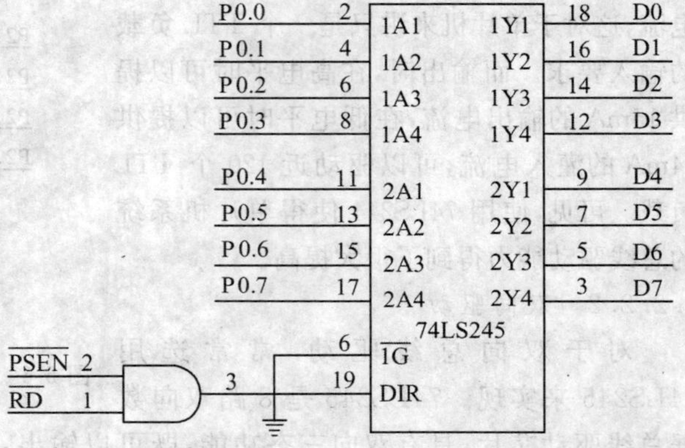

图 5-8　74LS245 构成的 8 位数据总线驱动电路

74LS245 的输入要求和 74LS244 一样仅仅是一个 TTL 负载的要求(高电平时需要 20μA，低电平时需要 200μA)，输出驱动能力也和 74LS244 一样。这里不再重复。

除了配置总线驱动器以外，在总线上适当安装上拉电阻也可以提高总线上高电平信号的带负载能力(如对发光二极管的驱动便可以考虑用这种方法)。但是，总线驱动器除了增加总线的电路驱动能力外，还能够对负载的波动变化起隔离作用。

同时，考虑总线驱动时，还要根据负载的性质分别加以考虑。在对 TTL 负载进行驱动时，只需考虑驱动电流的大小。在对 MOS 负载驱动时，其负载的输入电流很小，更多地要考虑对分布电容的电流驱动。在系统较小的情况下，外围器件尽量采用 MOS 器件，这样可以减少负载，省去驱动器。对于较大的系统，当需要 MOS 和 TTL 器件混用时，最好把双向总线分为两类，所有的 MOS 器件接在一类总线上，所有 TTL 器件接在另一类总线上，以免出现 CMOS 器件直接驱动多个 TTL 负载(CMOS 器件的驱动能力一般相对较弱)的情况，然后再将两类总线连接到一个公共总线上即可，如图 5-9 所示。

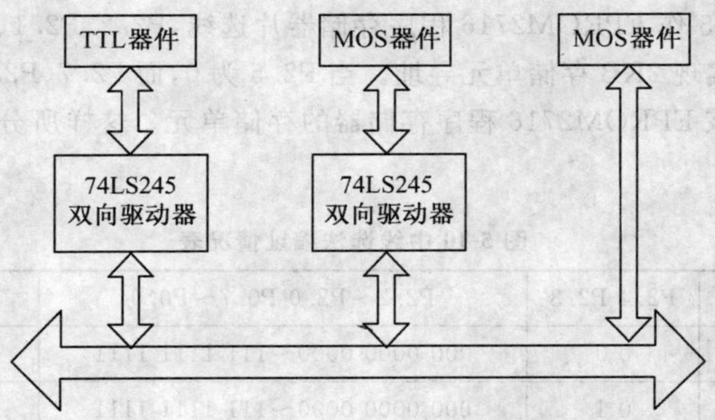

图 5-9　TTL 和 CMOS 混合系统的驱动电路

5.2.3　MCS-51 外部地址空间的分配

MCS-51 具有 64KB 的片内、片外统一编址的程序存储空间和 64KB 的片外数据存储空间。MCS-51 没有独立的 I/O 空间，I/O 空间和外部数据空间是统一的。也就是说，外部 I/O 设备也是编入外部数据空间的，占据外部数据空间的地址段，对这些 I/O 设备的访问和对外部数据存储器的访问方法也基本上一样(除了可能需要另外设置一些握手信号)。对于外部扩展的器件可以根据它们本身的性质不同分别编入这些存储空间内，占据不同的地址段，这种地址分配的过程就是单片机系统外部扩展器件的编址。根据编址实现的方式不同，可以将其分成线选法和译码法两类。

5.2.3.1　线选法

所谓线选法，就是直接以系统的地址线作为存储器芯片的片选信号，为此只需把用到的地址线与存储器芯片的片选端直接相连即可。如图 5-10 所示。

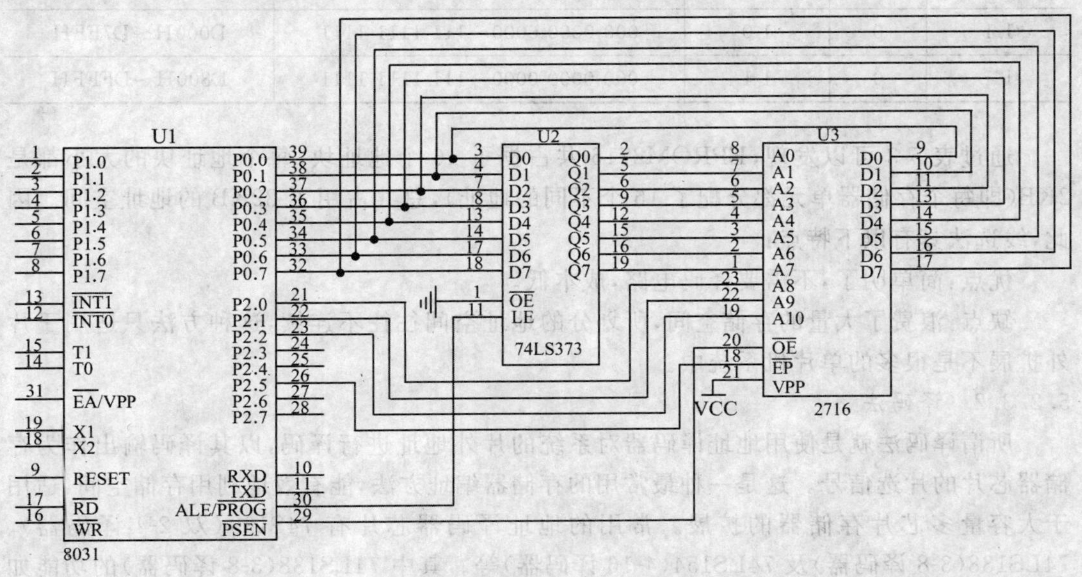

图 5-10　线选法编址示例图

图 5-10 中 P2.5 作 EPROM2716 程序存储器片选线，P2.2、P2.1、P2.0 与 P0 口共 11 位为地址线，可以实现 2KB 存储单元寻址。当 P2.5 为 0，而 P2.7、P2.6、P2.4、P2.3 为任意值时，都能访问该 EPROM2716 程序存储器的存储单元。这样所分配的地址空间如表 5.3 所示。

表 5-3　　图 5-10 中线选法编址情况表

P2.7 P2.6	P2.5	P2.4 P2.3	P2.2～P2.0 P0.7～P0.0	地址范围
0 0	0	0 0	000 0000 0000～111 1111 1111	0000H～07FFH
0 0	0	0 1	000 0000 0000～111 1111 1111	0800H～0FFFH
0 0	0	1 0	000 0000 0000～111 1111 1111	1000H～17FFH
0 0	0	1 1	000 0000 0000～111 1111 1111	1800H～1FFFH
0 1	0	0 0	000 0000 0000～111 1111 1111	4000H～47FFH
0 1	0	0 1	000 0000 0000～111 1111 1111	4800H～4FFFH
0 1	0	1 0	000 0000 0000～111 1111 1111	5000H～57FFH
0 1	0	1 1	000 0000 0000～111 1111 1111	5800H～5FFFH
1 0	0	0 0	000 0000 0000～111 1111 1111	8000H～87FFH
1 0	0	0 1	000 0000 0000～111 1111 1111	8800H～8FFFH
1 0	0	1 0	000 0000 0000～111 1111 1111	9000H～97FFH
1 0	0	1 1	000 0000 0000～111 1111 1111	9800H～9FFFH
1 1	0	0 0	000 0000 0000～111 1111 1111	C000H～C7FFH
1 1	0	0 1	000 0000 0000～111 1111 1111	C800H～CFFFH
1 1	0	1 0	000 0000 0000～111 1111 1111	D000H～D7FFH
1 1	0	1 1	000 0000 0000～111 1111 1111	D800H～DFFFH

通过表 5-3 可以发现，EPROM2716 共占据了 16 个地址块，每个地址块的大小都是 2KB(即每个存储器单元都分配了 16 个不同的地址)，总共占用了 32KB 的地址空间。因此，线选法具有以下特点：

优点：简单明了，不需要译码电路，成本低。

缺点：浪费了大量的存储空间，所划分的地址空间往往不连续，这种方法只适用于片外扩展不是很多的单片机系统中。

5.2.3.2　译码法

所谓译码法就是使用地址译码器对系统的片外地址进行译码，以其译码输出作为存储器芯片的片选信号。这是一种最常用的存储器编址方法，能有效地利用存储空间，适用于大容量多芯片存储器的扩展。常用的地址译码器芯片有 74S139(双 2-4 译码器)、74LS138(3-8 译码器)及 74LS154(4-16 译码器)等。其中 74LS138(3-8 译码器)的功能如图 5-11 所示。

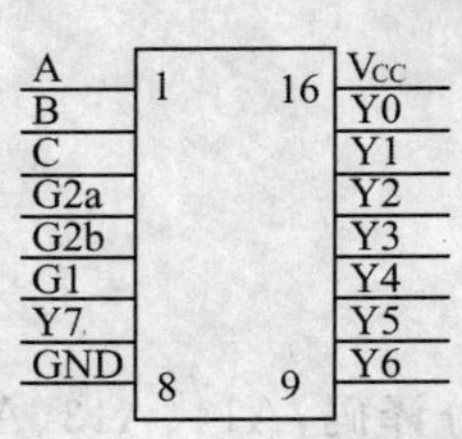

G1 G2a G2b	CBA	输出
1 0 0	0 0 0	Y0=0, 其余为1
1 0 0	0 0 1	Y1=0, 其余为1
1 0 0	0 1 0	Y2=0, 其余为1
1 0 0	0 1 1	Y3=0, 其余为1
1 0 0	1 0 0	Y4=0, 其余为1
1 0 0	1 0 1	Y5=0, 其余为1
1 0 0	1 1 0	Y6=0, 其余为1
1 0 0	1 1 1	Y7=0, 其余为1

图 5-11 74LS138 译码器功能图

用 74LS138 译码器构成的编址电路如图 5-12 所示。

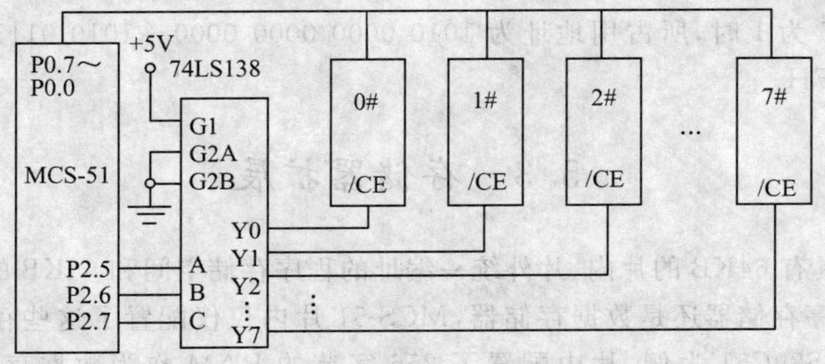

图 5-12 用 74LS138 译码器构成的编址电路

译码法又分为完全译码和部分译码两种。

(1)完全译码:地址译码器使用了全部地址线,地址与存储单元一一对应,也就是 1 个存储单元只占用 1 个唯一的地址。

(2)部分译码:地址译码器仅使用了部分地址线,地址与存储单元不是一一对应,而是 1 个存储单元占用了几个地址。1 根地址线不接,一个单元占用 2 个地址;2 根地址线不接,一个单元占用 4 个地址;3 根地址线不接,则占用 8 个地址,以此类推。

使用部分译码仍将会大量浪费存储单元,使存储器的实际容量降低。对于要求存储器容量较大的微机系统来说,一般均不采用。但是对于单片机系统来说,由于实际需要的存储器容量往往大大低于所能提供的容量,而部分译码可以简化译码电路,所以使用得比较多。

在设计地址译码器电路时,如果采用地址译码关系图的话,将会带来很大的方便。

所谓地址译码关系图,就是一种用简单的符号来表示全部地址译码关系的示意图,如表 5-4 所示。

表 5-4 **地址译码关系**

A15	A14	A13	A12	A11	A10	A9	A8	A7	A6	A5	A4	A3	A2	A1	A0
	0	1	0	0	X	X	X	X	X	X	X	X	X	X	X

其中"·"表示该地址线不接。"X"表示该地址线上的内容可能是"1",也可能是"0",是可变的。

从该地址译码关系表上可以得出以下几点结论：

①属完全译码还是部分译码。

②片内译码线和片外译码线各有多少根。

③所占用的全部地址范围为多少。

在表 5-4 中,有 1 个"·"(A15 不接),表示为部分译码,A14、A13、A12 和 A11 是参加译码的,片内译码线有 11 根(A10～A0),这样每个单元占用 2 个地址。所占用的地址范围如下：

(1)当 A15 为 0 时,所占用地址为 0010 0000 0000 0000～0010 0111 1111 1111,即 2000H～27FFH。

(2)当 A15 为 1 时,所占用地址为 1010 0000 0000 0000～1010 0111 1111 1111,即 A000H～A7FFH。

5.3 存储器扩展

MCS-51 具有 64KB 的片内、片外统一编址的程序存储空间和 64KB 的片外数据存储空间。不论程序存储器还是数据存储器,MCS-51 片内仅仅配置了这些存储空间中的部分单元(以 MCS89C51 为例,片内配置了 256 字节的 RAM 作为数据存储器和 4KB 的 FLASH 作为程序存储器)。对于功能相对简单,数据存储量不多的情况下,可以直接使用这些片内存储器来完成数据和程序的存储功能。而对于大部分情况下,片内存储单元(尤其是数据存储单元)是不够系统使用的。因此,单片机系统扩展中最重要也是最基本的内容便是存储器扩展。根据存储器的作用不同,存储器扩展又可以分成程序存储器扩展和数据存储器扩展两部分。下面我们将分别对这两种存储器扩展进行介绍。

5.3.1 程序存储器的扩展

程序存储器是用来存放系统的可执行程序代码和固定表格数据的,这些代码或数据一旦生成并存入存储器以后,系统运行过程中一般仅有读的需求,而没有写的需求。另外,这些代码或数据一旦写入后,希望系统断电再次上电后能够得到保持,也就是这些数据或代码具有"掉电不丢失"或者"非易失"性。因此,程序存储器的选型上一般选择"非易失"性存储器,如 ROM、PROM、EPROM、EEPROM 或者 FLASH 等来实现。

5.3.1.1 程序存储器类型简介

ROM:只读存储器,由厂家生产存储器时直接将数据或者代码直接烧写到存储器单元里,用户是无法更改的,一般非大批量生产用户难以使用这种存储器。

PROM:可编程 ROM。厂家预留了存储单元空间,内容由用户写入,与 ROM 相比有了一定的灵活性,但是往往也只有一次写的机会,如果程序不完善,或者需要对程序进行升级,都需要选择新的空白 PROM 进行重新烧写,这对于用户来讲也不是非常方便。

EPROM:可擦除可编程 ROM。类似于 PROM,用户可以编程存储单元,与 PROM

不同的是，编程完毕以后还可以进行擦除，擦除以后和空白 PROM 一样可以重新进行编程。这种存储器的擦除一般需要专用的擦除器，将 EPROM 放入擦除器内，用一定强度的紫外线照射 5～10 分钟就可以将 EPROM 内的存储内容擦除干净。这种存储器进一步方便了用户的使用。但是，由于是采用紫外线擦除，一方面擦除速度慢，另一方面采用这种擦除方法的 EPROM 擦除次数有限（一般在 100 次以内），因此，使用上还不是很方便。即便如此，这种存储器在目前单片机系统程序存储器里面还是用得最多的。常用的 EPROM 是 Intel 公司的 2764(8KB)/27128(16KB)/27256(32KB)等系列芯片。

EEPROM：电可擦除可编程 ROM。这种存储器和 EPROM 的区别就是擦除方法上作了改进，可以进行电擦除。这种改进使得 EEPROM 的可擦除次数比 EPROM 有了几百倍甚至上千倍的增加。擦除的速度也提高了上百倍。因此，是一种使用上非常方便的“非易失”性存储器。唯一的缺陷是工艺上比其他可编程存储器复杂，成本较高，其存储容量一般设计的不是很大（如 Intel 公司的 2817 有 2KB 的存储容量、2864 有 8KB 的存储容量）。平均到单位存储单元的价格里面，EEPROM 是 EPROM 的近 10 倍。因此，在单片机系统里面，一般很少有人拿 EEPROM 作为程序存储器来使用，而是用 EEPROM 来存放系统运行过程中产生的一些关键状态数据，这些状态数据往往对于系统在掉电或复位以后的继续运行是非常关键的。比如：对于由单片机控制的电梯系统而言，系统当前运行状态是上升还是下降？目标运行地点是哪里？当前运行地点是哪里？等等。如果这些状态保存不好，一旦控制电梯的单片机运行过程中发生了异常而复位，系统无法自动“回忆”起原来的运行状态，将是非常可怕的。对于这些数据，一般存储容量要求不是很大，采用 EEPROM 来保存是方便合适的。但是，这时的 EEPROM 所占据存储空间不再是程序存储空间，而是数据存储空间。一方面，这些数据是运行过程中产生的，和普通 RAM 中的数据性质上是一样的；另一方面，这些数据是随时需要读写的，读写的方式以及所用到的读写信号也和普通 RAM 中的数据基本一致，也就是说它在外观上和普通 RAM 中的数据是一样的。

FLASH：非易失闪存。FLASH 存储器是近几年发展起来的，与 EEPROM 相比，具有更高的存储容量，更小的体积，更快的擦除速度（数据删除不是以单个的字节为单位而是以固定的区块为单位，区块大小一般由 256KB 到 20MB；FLASH 这个词最初就是由于该芯片的瞬间清除能力而提出的），更高的性能价格比和更低的功耗，使用更加方便等特点。目前市场上的 FLASH 常用的有 ATMEL 公司的 AT29 系列，意法半导体公司的 M29F 系列，Intel 公司推出的 28F 系列等，存储容量也从 1MB 到 64MB 甚至 1GB、2GB 不等。由于单片机系统的存储容量一般都要求不是很大（存储空间才 64KB），因此除了个别单片机系统可能用到 FLASH 作为程序存储器或者非易失数据存储器以外（这时要采用特殊的访问方式，还要配合有关硬件、软件上，仅仅一条 MOVX 或 MOVC 也是难以胜任的），大部分系统是用不到 FLASH 的，所以本书中不再过多讨论关于 FLASH 的扩展。

5.3.1.2　典型 EPROM 扩展

典型的 EPROM 芯片是 27 系列产品，例如，2764(8KB×8)、27128(16KB×8)、27256(32KB×8)、27512(64KB×8)。其中“27”是产品系列名称，“27”后面的数字表示其位存

储容量。它们都是双列直插式 28 引脚的标准芯片。本章以最常用的 2764 为例，介绍一下 EPROM 芯片的管脚排列、工作原理和编程应用特点。

5.3.1.2.1 常用的 EPROM 芯片 2764 简介

(1)2764 的引脚

目前用于程序存储器的 EPROM，用得比较广泛的是 2764 芯片。该芯片容量为 8K×8 位，其管脚如图 5-13 所示。其中：

A12～A0：13 位地址线。

D7～D0：8 位数据线。

$\overline{CE}$：片选信号，低电平有效。

$\overline{OE}$：输出允许信号，低电平有效，当$\overline{OE}$有效时，输出缓冲器打开，被寻址单元的内容才能被读出。

V_{PP}：编程电源，当芯片编程时，该端加上编程电压(+25V或+12V)；正常使用时，该端加+5V 电源。

NC 为不用的管脚。

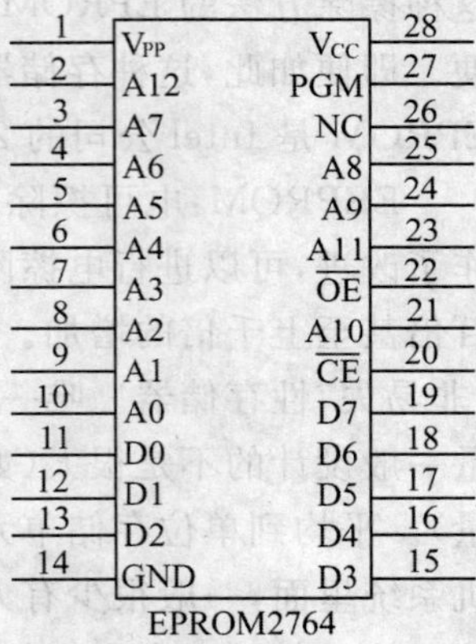

图 5-13 EPROM2764 引脚图

(2)2764 的工作时序

2764 在使用时，只能将其所存储的内容读出，其过程与 RAM 的读出十分类似。即首先送出要读出的单元地址，然后使$\overline{CE}$和$\overline{OE}$均有效(低电平)，则在芯片的 D0～D7 数据线上就可以输出要读出的内容。其过程的时序关系如图 5-14 所示。

(3)2764 的编程

EPROM 的一个重要特点就在于它可以反复擦除，即在其存储的内容擦除后可通过编程(重新)写入新的内容。这就为用户调试和修改程序带来很大的方便。EPROM 的编程过程如下：

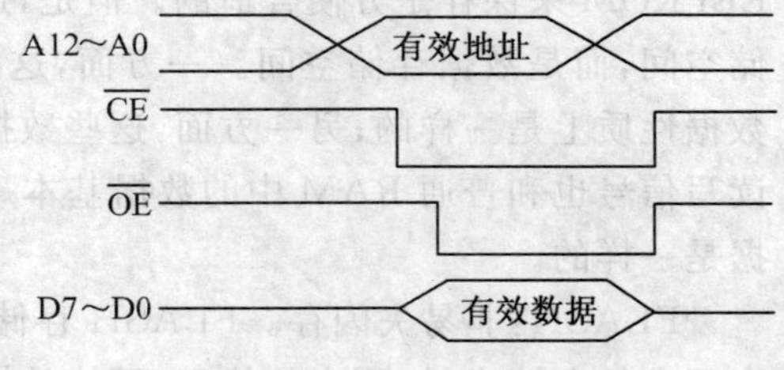

图 5-14 2764 时序关系

①擦除：如果 EPROM 芯片是第一次使用的新芯片，则它是干净的。干净的标志通常是每一个存储单元的内容都是 FFH。

②编程：EPROM 的编程有两种方式，标准编程和灵巧编程(图 5-15)。这里应注意的是，对于不同型号、不同厂家生产的 EPROM 芯片，其编程电压 V_{PP} 是不一样的，有+12V、+18V、+21V、+24V 等数种。编程时一定要根据芯片所要求的电压来编程，若不注意，极易烧坏芯片。

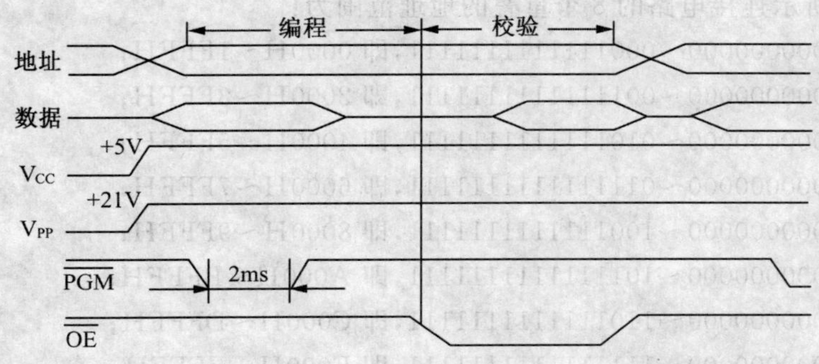

图 5-15　灵巧编程时序图

5.3.1.2.2　EPROM 程序存储器扩展实例

(1)线选法的单片程序存储器的扩展

【例 5-1】　试用 EPROM2764 构成 8031 的最小系统。

2764 是 8K×8 位程序存储器，芯片的地址引脚线有 13 条，顺次和单片机的地址线 A0～A12 相接。由于不采用地址译码器，所以高 3 位地址线 A13、A14、A15 不接，故有 $2^3=8$ 个重叠的 8KB 地址空间。因只用一片 2764，其片选信号 CE 可直接接地(常有效)。其连接电路如图 5-16 所示。

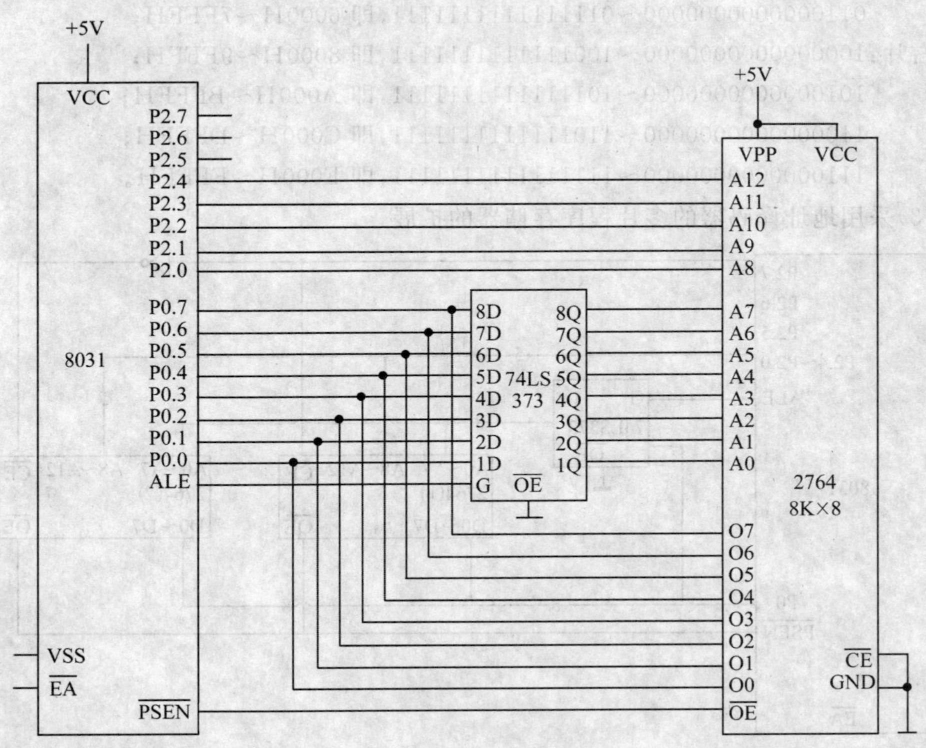

图 5-16　2764 与 8031 的扩展连接图

图 5-16 所示连接电路的 8 个重叠的地址范围为：
0000000000000000～0001111111111111，即 0000H～1FFFH；
0010000000000000～0011111111111111，即 2000H～3FFFH；
0100000000000000～0101111111111111，即 4000H～5FFFH；
0110000000000000～0111111111111111，即 6000H～7FFFH；
1000000000000000～1001111111111111，即 8000H～9FFFH；
1010000000000000～1011111111111111，即 A000H～BFFFH；
1100000000000000～1101111111111111，即 C000H～DFFFH；
1110000000000000～1111111111111111，即 E000H～FFFFH。

(2)线选法的多片程序存储器的扩展

【例 5-2】 使用两片 2764 扩展 16KB 的程序存储器，采用线选法选中芯片。扩展连接图如图 5-17 所示。以 P2.7 作为片选，当 P2.7=0 时，选中 2764(1)；当 P2.7=1 时，选中 2764(2)。因两根线(A13、A14)未用，故两个芯片各有 $2^2=4$ 个重叠的地址空间。它们分别为：

左片：0000000000000000～0001111111111111，即 0000H～1FFFH；
0010000000000000～0011111111111111，即 2000H～3FFFH；
0100000000000000～0101111111111111，即 4000H～5FFFH；
0110000000000000～0111111111111111，即 6000H～7FFFH；

右片：1000000000000000～1001111111111111，即 8000H～9FFFH；
1010000000000000～1011111111111111，即 A000H～BFFFH；
1100000000000000～1101111111111111，即 C000H～DFFFH；
1110000000000000～1111111111111111，即 E000H～FFFFH。

(3)采用地址译码器的多片程序存储器的扩展

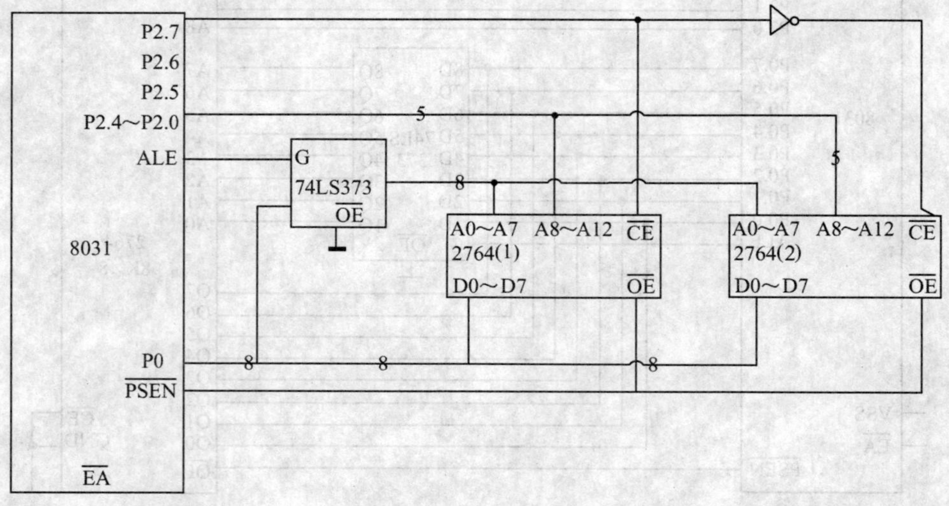

图 5-17 用两片 2764EPROM 的扩展连接图

【例 5-3】 试用 2764 芯片扩展 8031 的片外程序存储器，分配的地址范围为 0000H～3FFFH。

本例要求的地址空间是唯一确定的，所以要采用全译码方法。由分配的地址范围知：扩展的容量为 3FFFH－0000H＋1＝4000H＝16KB，2764 为 8K×8 位，故需要两片。第 1 片的地址范围应为 0000H～1FFFH；第 2 片的地址范围应为 2000H～3FFFH。

由地址范围确定译码器的连接。为此画出译码关系如下：

P2.7	P2.6	P2.5	P2.4	P2.3	P2.2	P2.1	P2.0	P0.7	P0.6	P0.5	P0.4	P0.3	P0.2	P0.1	P0.0
A15	A14	A13	A12	A11	A10	A9	A8	A7	A6	A5	A4	A3	A2	A1	A0
0	0	0	×	×	×	×	×	×	×	×	×	×	×	×	×
0	0	1	×	×	×	×	×	×	×	×	×	×	×	×	×

全译码、两片 2764EPROM 的扩展连接图如图 5-18 所示。

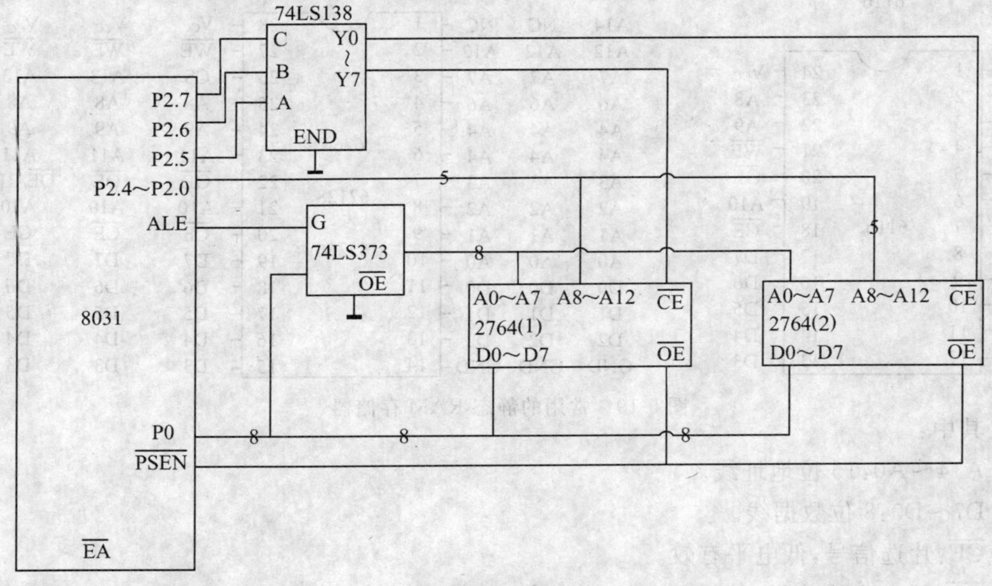

图 5-18 用两片 2764EPROM 的全译码扩展连接图

5.3.2 数据存储器的扩展

数据存储器是用来存放系统运行过程中所产生的数据的，对于这些数据的操作既有读也有写，也就是所要求在系统运行过程中能够对其修改。为此，数据存储器一般采用随机存取存储器(random access memory)，简称“RAM”来实现。对 RAM 可以进行读、写两种操作。按其工作方式，RAM 又分为静态(SRAM)和动态(DRAM)两种。静态 RAM 只需要提供电源和相应的读写信号，就能方便的对其操作。同时，保存到静态 RAM 中的数据，除非对其改写，在掉电之前不会自动改变，但掉电后将消失。而动态 RAM 使用的是动态存储单元，需要不断进行刷新以便周期性地再生，才能保存住信息。或者说，即使不对其改写，如果长期不对其进行刷新，则所保存的信息也将丢失。动态 RAM 的集成密度大，如集成同样的位容量，那么动态 RAM 所占芯片面积只是静态 RAM 的四分之一。

此外，动态 RAM 的功耗低，价格便宜，但是除了正常的读写逻辑外，还要增加动态存储器的刷新电路，因此适用于存储容量较大的系统。一般的单片机系统不需要太大的数据存储容量，所以一般都是采用静态 RAM。因此，我们这里也将主要介绍静态 RAM 的扩展。

RAM 是“易失”性的，单片机系统中的大部分数据也都是临时性的，也大都不要求掉电后持续保持。因此，对于这些大部分数据，采用 RAM 是合适的。但是，也有一些关键的状态数据可能要求“掉电后不丢失”或者“非易失”性，这时一般采用方便读写的“非易失”性存储器 EEPROM 来实现。根据 EEPROM 与单片机的连接方式，可以分成并行 EEPROM 和串行 EEPROM 两种。

5.3.2.1　SRAM 及其扩展技术

5.3.2.1.1　常用的静态 RAM 简介

常用的数据存储器 SRAM 芯片有 6116、6264、62256 等。其引脚分布如图 5-19 所示。

6116

引脚	引脚	引脚	引脚
A7	1	24	V_{CC}
A6	2	23	A8
A4	3	22	A9
A4	4	21	$\overline{WE}$
A3	5	20	$\overline{OE}$
A2	6	19	A10
A1	7	18	$\overline{CE}$
A0	8	17	D7
D0	9	16	D6
D1	10	15	D5
D2	11	14	D4
GND	12	13	D3

6264 / 62128 / 62256

62256	62128	6264	引脚	引脚	6264	62128	62256
A14	NC	NC	1	28	V_{CC}	V_{CC}	V_{CC}
A12	A12	A12	2	27	$\overline{WE}$	$\overline{WE}$	$\overline{WE}$
A7	A7	A7	3	26	CS	A13	A13
A6	A6	A6	4	25	A8	A8	A8
A4	A4	A4	5	24	A9	A9	A9
A4	A4	A4	6	23	A11	A11	A11
A3	A3	A3	7	22	$\overline{OE}$	$\overline{OE}$	$\overline{OE}$/RFS
A2	A2	A2	8	21	A10	A10	A10
A1	A1	A1	9	20	$\overline{CE}$	$\overline{CE}$	CE
A0	A0	A0	10	19	D7	D7	D7
D0	D0	D0	11	18	D6	D6	D6
D1	D1	D1	12	17	D5	D5	D5
D2	D2	D2	13	16	D4	D4	D4
GND	GND	GND	14	15	D3	D3	D3

图 5-19　常用的静态 RAM 存储器

其中：

A14～A0：15 位地址线。

D7～D0：8 位数据线。

$\overline{CE}$：片选信号，低电平有效。

$\overline{OE}$：输出允许信号，低电平有效，当有效时，输出缓冲器打开，被寻址单元的内容才能被读出。

$\overline{WE}$：写允许信号，低电平有效，当$\overline{WE}$有效时，才能对寻址单元的内容进行改写。

5.3.2.1.2　静态 RAM 扩展实例

数据存储器的扩展与程序存储器的扩展相类似，不同之处主要在于控制信号的接法不一样，不用$\overline{PSEN}$信号，而用$\overline{RD}$和$\overline{WR}$信号，且直接与数据存储器的$\overline{OE}$端和$\overline{WE}$端相连即可。

【例 5-4】　图 5-20 为外扩 1 片 6264 的连接图。采用线选法，将片选信号$\overline{CE1}$与 P2.7 相连，片选信号 CE2 与 P2.6 相连。其地址译码关系如表 5-5 所示。

表 5-5　　**例 5-4 地址译码关系**

A15	A14	A13	A12	A11	A10	A9	A8	A7	A6	A5	A4	A3	A2	A1	A0
0	1	X	X	X	X	X	X	X	X	X	X	X	X	X	X

所占用的地址为：

第 1 组　4000H～5FFFH(A13＝0)

第 2 组　6000H～7FFFH(A13＝1)

其连接图如图 5-20 所示。

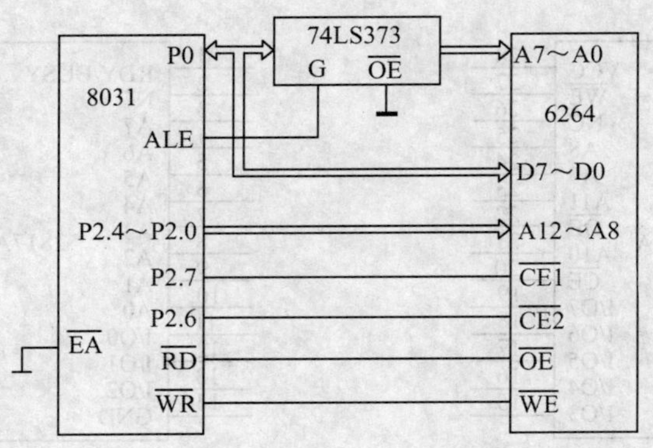

图 5-20　扩展一片 RAM6264 的连接图

【例 5-5】　全地址范围的存储器最大扩展系统

现以 8031 为例，说明全地址范围的存储器最大扩展系统的构成方法，如图 5-21 所示。8031 的片外程序存储器和数据存储器的地址各为 64K。若采用 EPROM2764 和 RAM6264 芯片，则各需 8 片才能构成全部有效地址。芯片的选择采用 3～8 译码器 74LS138，片外地址线只有 3 根（A15、A14、A13），分别接至 74LS138 的 C、B、A 端，其 8 路译码输出分别接至 8 个 2764 和 8 个 6264 的片选端$\overline{CE}$。

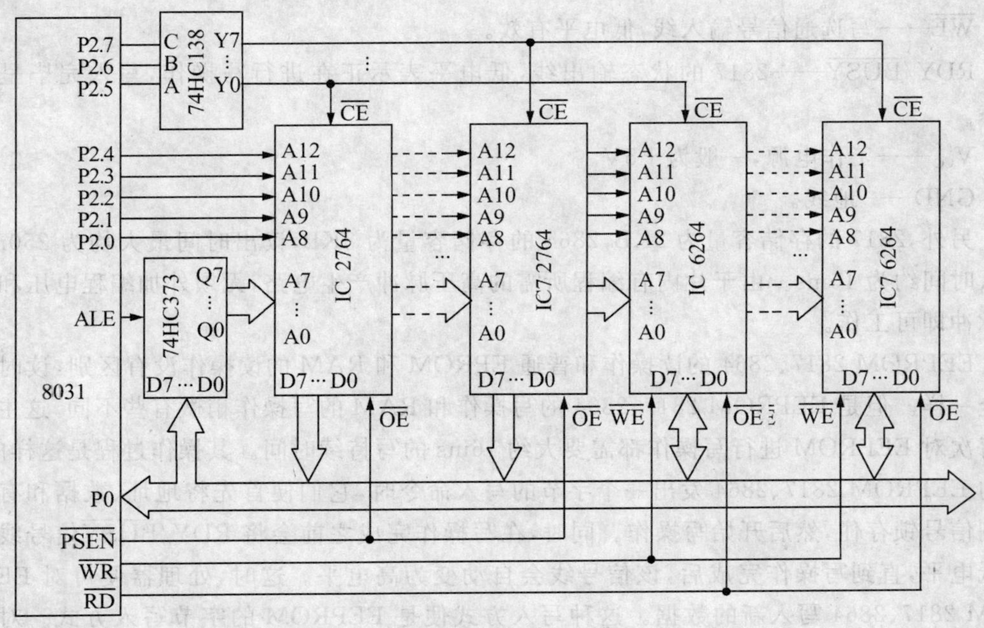

图 5-21　全地址范围的存储器最大扩展系统

5.3.2.2 并行 EEPROM 及其扩展技术

5.3.2.2.1 常用的并行 EEPROM 简介

常用的并行 EEPROM 有 2816(2K×8)、2817(2K×8)、2864(8K×8)、28256(32K×8)、28010(128K×8)、28040(512K×8)等。2864 和 2817 的引脚分布如图 5-22 所示。

2864A

引脚	名称	名称	引脚
1	NC	VCC	28
2	A12	$\overline{\text{WE}}$	27
3	A7	NC	26
4	A6	A8	25
5	A5	A9	24
6	A4	A11	23
7	A3	$\overline{\text{OE}}$	22
8	A2	A10	21
9	A1	$\overline{\text{CE}}$	20
10	A0	I/O7	19
11	I/O0	I/O6	18
12	I/O1	I/O5	17
13	I/O2	I/O4	16
14	GND	I/O3	15

2817A

引脚	名称	名称	引脚
1	RDY/BUSY	VCC	28
2	NC	$\overline{\text{WE}}$	27
3	A7	NC	26
4	A6	A8	25
5	A5	A9	24
6	A4	NC	23
7	A3	$\overline{\text{OE}}$	22
8	A2	A10	21
9	A1	$\overline{\text{CE}}$	20
10	A0	I/O7	19
11	I/O0	I/O6	18
12	I/O1	I/O5	17
13	I/O2	I/O4	16
14	GND	I/O3	15

图 5-22 常用的并行 EEPROM

图中有关引脚的含义如下：

A0～A12——地址输入线。

I/O0～I/O7——双向三态数据线。

$\overline{\text{CE}}$——片选信号输入，低电平有效。

$\overline{\text{OE}}$——读选通信号输入线，低电平有效。

$\overline{\text{WE}}$——写选通信号输入线，低电平有效。

RDY/$\overline{\text{BUSY}}$——2817 的状态输出线，低电平表示正在进行写操作，写入完毕呈高阻态。

V_{CC}——工作电源，一般为＋5V。

GND——地线。

另外，2817 的存储容量为 2KB，2864 的存储容量为 8KB，读出时间最大均为 250ns，写入时间约为 16ms。由于片内有编程所需的高压脉冲产生电路，无须外加编程电压和写入脉冲即可工作。

EEPROM 2817、2864 的读操作和普通 EPROM 和 RAM 的读操作没有区别，读时序完全一样。但是 EEPROM 2817、2864 的写操作和 RAM 的写操作稍微有些不同，这主要是每次对 EEPROM 进行写操作都需要大约 16ms 的写持续时间。其操作过程是这样的：当向 EEPROM 2817、2864 发出一个字节的写入命令时，它们便首先将地址、数据和有关控制信号锁存住，然后开始写操作。同时，在写操作完成之前会将 RDY/$\overline{\text{BUSY}}$信号线置为低电平，直到写操作完成后，该信号线会自动变为高电平。这时，处理器便可对 EEPROM 2817、2864 写入新的数据。这种写入方式便是 EEPROM 的字节写入方式。对于 2817 来讲只有这种字节写入方式，对于 2864 来讲还有一种以 16 字节为单位的“页缓冲”写入模式。对于大批量数据的写可以采用这种“页缓冲”模式，采用这种模式时，一个字节的写入操作时间为 3～20μs。关于这种写入方式，这里不再具体论述。

5.3.2.2.2　并行 EEPROM 扩展实例

并行 EEPROM 的扩展如图 5-23 所示。图中采用了将外部数据存储器空间和程序存储器空间合并的方法，即将 $\overline{\text{PSEN}}$ 和 $\overline{\text{RD}}$ 信号相“与”，输出作为 2817 的片选信号。RDY/$\overline{\text{BUSY}}$ 和 P1.0 连在一起，这样单片机可以通过查询 P1.0 来了解对 2817 的写操作是否完成。图中 P2.7 和 2817 的片选信号 $\overline{\text{CE}}$ 连在了一起，只有 P2.7 为低电平时才能选中该 2817 芯片，这是一种典型的线选模式。通过分析可以知道，该 2817 所占用的地址块有 16 块，分别是：

0000H～07FFH，0800H～0FFFH，1000H～17FFH，1800H～1FFFH，2000H～27FFH，2800H～2FFFH，3000H～37FFH，3800H～3FFFH，4000H～47FFH，4800H～4FFFH，5000H～57FFH，5800H～5FFFH，6000H～67FFH，6800H～6FFFH，7000H～77FFH，7800H～7FFFH。

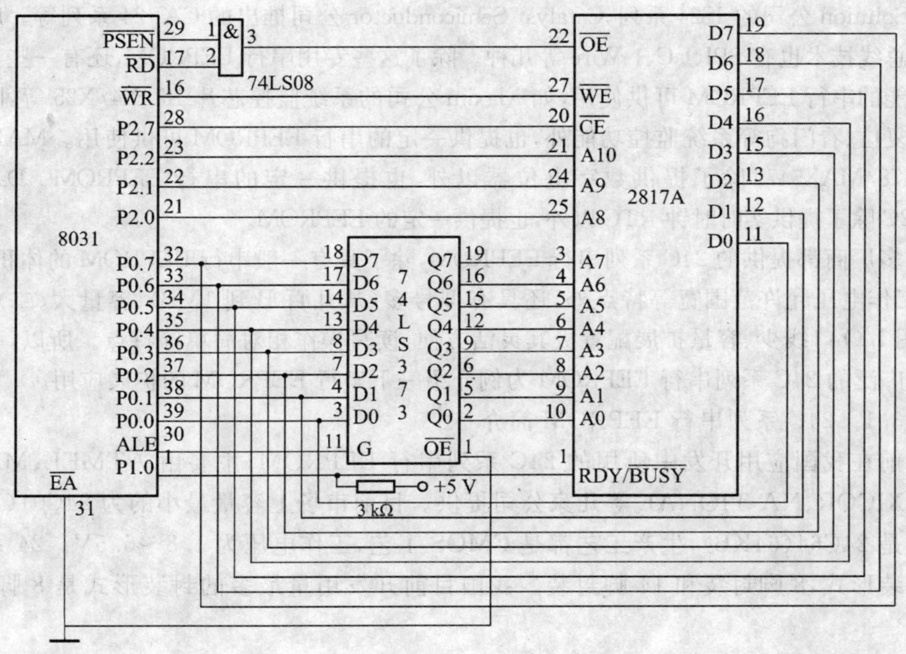

图 5-23　并行 EEPROM 的扩展实例

假如采用最后一组地址作为其实际操作地址，并要求对最后的 128 个单元（即 7F80H～7FFFH）完成清零，可以采用如下程序来实现：

```
       MOV DPTR，#7F80H
       MOV A，#00H
       MOV R7，#80H
LOOP： MOVX @DPTR ，A
WAIT： JNB P1.0，WAIT
       INC DPTR
```

```
DEC R7
JNZ LOOP
```

5.3.2.3 串行 EEPROM 及其扩展技术

并行 EEPROM 存储容量较大，读写方法简单，但价格较高，适用于信息量较多的场合。串行 EEPROM 结构简单紧凑，体积小，功耗低，价格低廉，硬件接口非常简单，但其读写方法相对并行 EEPROM 较复杂，存储单元较小，一般用于掉电情况下需要保存或一些数据需要在线修改的场合。通常这类数据不多却很重要，使用串行 EEPROM 来存储这类数据是最合适不过的。故此，串行 EEPROM 越来越受到人们的重视，在智能化仪器仪表、控制装置等领域得到了广泛的应用。

串行 EEPROM 种类很多，如：Microchip 公司的 24、25、93 系列，意法半导体（STM）公司的 M24/M93/M95 系列，Atmel 公司的 AT24/25/93C46/56/66 系列，Interl 公司的 ISL12026/7/8/9 系列，TOSHIBA（东芝）公司的 TC9WM 系列，MAXIM 公司的 DS24/26/28 系列，Integrated Silicon Solution 公司的 IS24 系列，Catalyst Semiconductor 公司推出的 CAT24 系列等。所采用的串行总线技术也有 SPI、I^2C、1-Wire 等几种。除了这些专用串行 EEPROM，还有一些集成了其他功能的串行 EEPROM 可供使用，如 Maxim 公司的系统监控芯片 X5/X4/X25 等，除了提供上电复位、看门狗等系统监控功能外，也提供一定的串行 EEPROM 可供使用。MAX5477/MAX5478/MAX5479 除了提供数字电位器以外，也提供一定的串行 EEPROM。Dallas 的 X1228I2C 除了提供实时时钟 RTC 以外，也提供一定的 EEPROM。

众多厂商都提供的 24C 系列串行 EEPROM，除了具有一般串行 EEPROM 的体积小、功耗低、工作电压允许范围宽等特点外，还具有型号多（从几百 B 到 1MB）、容量大、二总线协议、占用 I/O 口线少、容量扩展配置极其灵活方便、读写操作相对简单等特点。所以，下面以应用最广泛的 24C 系列串行 EEPROM 为例介绍一下串行 EEPROM 的扩展应用。

5.3.2.3.1 24C 系列串行 EEPROM 简介

目前在我国应用开发中所用的 24C 系列串行 EEPROM，主要由 ATMEL、MICRO-CHIP、XICOR、NA-TIONAL 等几家公司提供。目前市场上容量最小的为 24C01（1KB），最大的是 24C64（64KB），生产工艺都是 CMOS 工艺，工作电压为 1.8～5.5V。24 系列有两种封装形式，8 脚封装和 14 脚封装。我国目前开发用量最多的封装形式是 8 脚 PDIP 封装。

（1）引脚分布

8 脚 PDIP 封装的引脚定义如图 5-24 所示。其中 A0、A1、A2 为器件地址选择位，这 3 个引脚配置成不同的编码值，在同一串行总线上最多可扩展 8 片同一容量或不同容量的 24C 系列串行 EEPROM 芯片。WP（TEST）为硬件写保护控制端（测试端），在这个引脚，脉冲的上升沿将数据写入 EEPROM，下降沿将数据从 EEPROM 中读出。SDA 为串行数据输入、输出端，漏极开路驱动，容量扩展时，可以将多片 24C 系列 SDA 引脚直接相连，实际使用时要加一个上拉电阻。V_{CC} 和 GND 分别是电源和地。

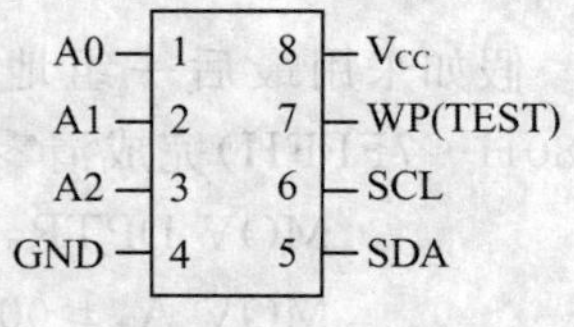

图 5-24 串行 EEPROM 24CXX 引脚图

(2)器件地址

24C系列串行EEPROM是串行接口器件,其地址、数据信息都在同一条线路上传送。当串行总线上挂有多个芯片时,每个芯片必须具有唯一的器件地址。24C系列芯片的器件地址格式如表5-6所示。

表5-6 24C系列芯片的器件地址格式

D7	D6	D5	D4	D3	D2	D1	D0
1	0	1	0	A2	A1	A0	$R/\overline{W}$

24C系列芯片的器件地址由7位数据位和一位读写位组成。其中,高4位的1010为24C系列的协议格式地址,即I^2C总线分配给串行EEPROM的器件地址,这4位是固定的;之后的3位A2、A1、A0为可编程地址位,以256字节为一页,供在总线上连接多片同一型号器件时作为分配给器件的地址使用;最后一位是读写控制位$R/\overline{W}$,当该位为高电平"1"时,表示当前的操作是读操作,该位为低电平"0"时,表示当前的操作是写操作。24C04以后的串行EEPROM芯片由多页组成,访问时需要提供页地址。页地址占用引脚地址(A2、A1、A0)位给出,参见表5-7。这时,根据厂家规定,凡是被寻址位占用的引脚(如24C04的A0脚),在线路上只能作悬空处理,不能另行使用。

表5-7 器件型号、容量、结构及地址选择位

器件型号	容量(B)	页数	器件地址选择位(8位)
24C01A	128×8	不分页	1010A2A1A0($R/\overline{W}$)
24C02	256×8	不分页	1010A2A1A0($R/\overline{W}$)
24C04	512×8	2	1010A2A1P0($R/\overline{W}$)
24C08	1024×8	4	1010A2P1P0($R/\overline{W}$)
24C16	2048×8	8	1010P2P1P0($R/\overline{W}$)
24C32	4096×8	不分页	1010A2A1A0($R/\overline{W}$)
24C64	8192×8	不分页	1010A2A1A0($R/\overline{W}$)

5.3.2.3.2 24C系列串行EEPROM扩展技术

24C系列串行EEPROM严格遵守I^2C总线的时序和数据格式。24C系列串行EEPROM的扩展电路如图5-25所示。

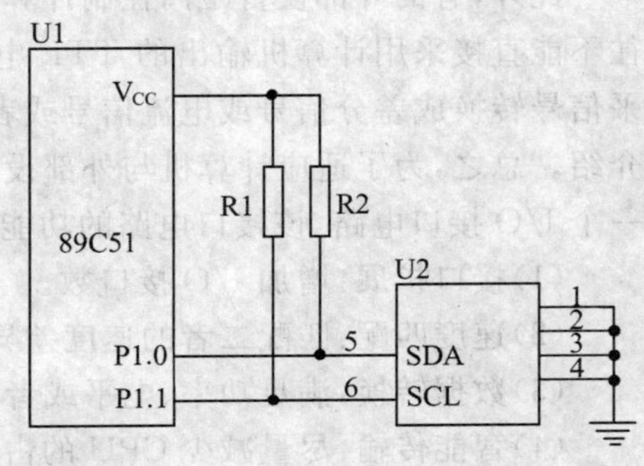

图5-25 串行EEPROM的扩展实例

5.4 并行 I/O 扩展

MCS-51 单片机系统中，单片机本身提供了 4 个并行 I/O 口，P0、P1、P2 和 P3 口。但是，其中 P0 口作为外部数据/地址低 8 位总线，P2 口作为地址高 8 位总线，一般都不能作为通用 I/O 口使用。而 P3 口都具有第二功能，这些第二功能有的作为外部扩展的读写信号（$\overline{WR}$、$\overline{RD}$），有的作为串行口（RXD 和 TXD），有的作为外部中断口（$\overline{INT0}$和$\overline{INT1}$），有的作为定时计数器的外部输入口（T0 和 T1）。因此，P3 口一般也难以完全作为通用 I/O 口使用。这样算来，只有 P1 口可以作为通用 I/O 使用，这对于大多数的单片机应用系统尤其是单片机控制系统来讲，是远远不够用的。因此，对于大多数单片机应用系统，并行 I/O 口的扩展是不可避免的。

5.4.1 单片机 I/O 接口的功能

MCS-51 的外部数据存储器空间和外部 I/O 口是统一编址的，用户可以利用外部数据存储器空间的一部分地址进行 I/O 扩展。对这些 I/O 口的访问也和外部数据存储器的访问很相似，采用相同的指令 MOVX 来实现。

MCS-51 访问外部数据存储器和外部 I/O 也有不同的地方，主要是因为外部数据存储器种类不是很多，访问速度比较快，大多数外部数据存储器的访问速度和计算机本身的运算速度差距并不是很大，而对于外部 I/O 设备来说，种类繁多，不同 I/O 设备的访问速度也差距很大。并且大多数外部 I/O 设备的工作速度比计算机 CPU 本身的处理速度要低的很多。这样，“高速”计算机为了和这些“慢速”的外部设备进行有效的数据通信，必须主动地来适应这些慢速设备。“适应”方法有两种：一是根据外部设备的访问速度，“高速”计算机在每向“慢速 I/O 设备”读写一个数据后自动增加适当的延时。二是“慢速”的外部设备按照自己的步骤操作数据，但在每次操作完数据之后主动向“高速”计算机反馈一个信号。这个信号称为握手信号，一般用 READY 来表示。其含义是“慢速”设备已经准备好接收或输出下一个数据，计算机可以提供下一次的数据访问，“高速”计算机看到这样的信号后再访问 I/O 设备。同时，外部设备的输入信号其功率要求也千差万别，有的功率比较大，使计算机直接输出的信号也很难满足要求。

此外，有的外部设备距离控制计算机之间有一定的距离，为了实现远距离的通信，往往不能直接采用计算机输出的 TTL 电平信号。有时需要经过电平转换，有的还要将电平信号转换成差分信号或电流信号或者进行一定的调制解调处理，这些在第 7 章中还要介绍。总之，为了适应计算机与外部设备之间的有效数据通信，一般需要在两者之间增加一个 I/O 接口电路，该接口电路的功能有以下几个方面：

(1)接口扩展：增加 I/O 接口数。

(2)速度匹配：匹配二者的速度差异。

(3)数据转换：满足功率、电平或者通信距离的要求。

(4)智能传输：尽量减少 CPU 的占用时间。

本章节主要是从接口扩展的角度，介绍 I/O 接口电路的实现方式，至于速度匹配和数据转换等方面的内容，在第 7 章中还要介绍。

5.4.2　用锁存电路扩展并行 I/O 口

74 系列中的 74LS377 锁存器可以用来利用计算机的 ALE 信号，将 P0 口输出的地址低 8 位锁存住，然后和 P2 口的地址高 8 位一起，合成外部空间的 16 位的地址总线；还可以用来利用适当的片选信号(线选或地址译码产生)、$\overline{RD}$或$\overline{WR}$信号进行组合来产生锁存信号，将 P0 口上的数据信号锁存住，作为外部扩展的 I/O 口使用。这是一种简单的并行 I/O 扩展方法。其优点是简单，缺点是集成度不高，每个芯片仅能扩展 8 个 I/O 口。对于扩展口数要求不是很多的情况下，这种方法还是非常合适的。

5.4.2.1　锁存扩展输出接口

用锁存器扩展输出 I/O 口的方法如图 5-26 所示。

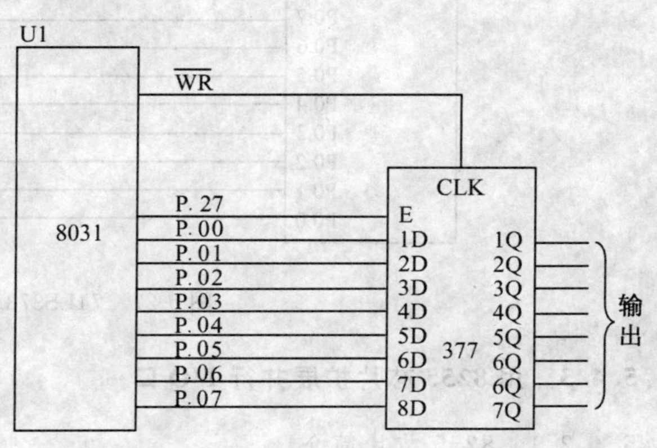

图 5-26　74LS377 扩展输出口

74LS377 是一个带锁存允许 8D 锁存器。它的特点是当 E＝0 时，CLK 的上升沿将 8 位 D 输入端的数据打入锁存器，这时锁存器将保持 D 端输入的 8 位数据，直到再次锁存新的数据。图 5-26 中 CLK 与$\overline{WR}$相连，E 与单片机的地址线 P2.7 相连。这样当输出口地址是 P2.7＝0 时，如果$\overline{WR}$出现，则将 P0 上的信号锁存住。$\overline{WR}$出现时，一定是单片机执行了外部访问指令 MOVX 指令，并且$\overline{WR}$出现的时刻 P0 口上出现的也将正是数据 Data。所以，对任何 P2.7＝0 的地址执行写操作都会将输出数据锁存到该 74LS377 的输出端。假定，我们选择了 74LS377 的地址为 7FFFH，那么对该口的如下操作将完成扩展并行 I/O 的数据输出功能：

```
MOV DPTR,#7FFFH          ;使 DPTR 指向 74LS377 输出口
MOV A,#data              ;输出的数据要通过累加器 A 传送
MOVX @DPTR,A             ;向 74LS377 扩展口输出数据
```

5.4.2.2　锁存扩展输入接口

用锁存器扩展输入 I/O 口的方法如图 5-27 所示。

74LS373 是一个带三态门的 8D 锁存器。G 端的上升沿将 74LS373 输入端 D 端的数据锁存住，同时经反向后在 8031 的外部中断$\overline{INT0}$端产生中断。8031 的外部中断服务子程序将读取使地址线 P2.6＝0 的地址处的外部数据空间单元，这时 P2.6 和$\overline{RD}$都是 0，逻辑或后仍为 0，74LS373 的输出端能使$\overline{OE}$有效，74LS373 的输出端 Q 端便出现了刚才锁存的输入信号，从而 8031 的 P0 口上也出现了该数据，完成了数据读的任务。当读其他的 P2.6≠0 的地址处的数据时，由于 P2.6＝1，$\overline{OE}$＝1，所以 74LS373 的输出端呈现三态状态，对 P0 口没有任何影响。假定该 74LS373 的地址为 0BFFFH，那么下面一段程序将完成该并行扩展 I/O 口的数据输入功能：

```
MOV DPTR,#0BFFFH
MOVX A,@DPTR
```

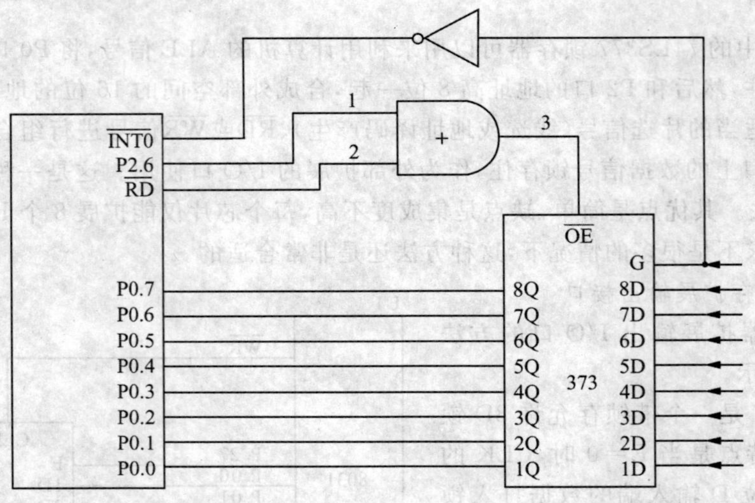

图 5-27　74LS373 扩展输入口

5.4.3　用 8255 芯片扩展并行 I/O 口

5.4.3.1　8255 芯片简介

8255A 可编程并行输入/输出接口芯片是 Intel 公司生产的标准外围接口电路。它采用 NMOS 工艺制造,用单一+5V 电源供电,具有 40 条引脚(引脚排列如图 5-28 所示,引脚功能如表 5-8 所示),采用双列直插式封装。它有 A、B、C 三个端口共 24 条 I/O 线,可以通过编程的方法来设定端口的各 I/O 功能。由于它功能强,又能方便地与各种微机系统相接,而且在连接外部设备时,通常不需要再附加外部电路,所以得到了广泛的应用。

引脚名	引脚	8255A	引脚	引脚名
PA3	1		40	PA4
PA2	2		39	PA5
PA1	3		38	PA6
PA0	4		37	PA7
$\overline{RD}$	5		36	$\overline{WR}$
$\overline{CS}$	6		35	RESET
GND	7		34	D0
A1	8		33	D1
A0	9		32	D2
PC7	10		31	D3
PC6	11		30	D4
PC5	12		29	D5
PC4	13		28	D6
PC0	14		27	D7
PC1	15		26	V_{CC}
PC2	16		25	PB7
PC3	17		24	PB6
PB0	18		23	PB5
PB1	19		22	PB4
PB2	20		21	PB3

图 5-28　8255 引脚分布

表 5-8　　**8255 芯片的引脚信号说明**

引脚信号	引脚号	引脚名称与功能
V_{CC}	26	电源的＋5V 端
GND	7	电源的 0V 端
RESET	35	复位信号输入端。使内部各寄存器清除，置 A、B、C 口为输入口
$\overline{WR}$	36	写信号输入端。使 CPU 输出数据或控制字到 8255A
$\overline{RD}$	5	读信号输入端。使 8255A 送数据或状态信息到 CPU
$\overline{CS}$	6	片选端
A1、A0	8、9	地址总线的最低 2 位，用于决定端口地址，如 A1A0 为 00，是 A 口；A1A0 为 01，是 B 口；A1A0 为 10，是 C 口；A1A0 为 11，是控制字寄存器
D7～D0	27～34	双向数据总线
PA7～PA0	37～40，1～4	A 口的 8 位 I/O 引脚
PB7～PB0	25～18	B 口的 8 位 I/O 引脚
PC7～PC0	10～13，17～14	C 口的 8 位 I/O 引脚

5.4.3.2　8255 芯片内部结构

8255A 的内部结构如图 5-29 所示。

8255A 内部由以下几个部分组成：

(1) 数据总线缓冲器：是一个 8 位的双向三态驱动器，用于与单片机的数据总线相连。

(2) 读/写控制逻辑：根据单片机的地址信息（A1、A0）与控制信息（$\overline{RD}$、$\overline{WR}$、RESET），控制片内数据、CPU 控制字、外设状态等信息的传送。

(3) 控制电路：根据 CPU 送来的控制字使有关

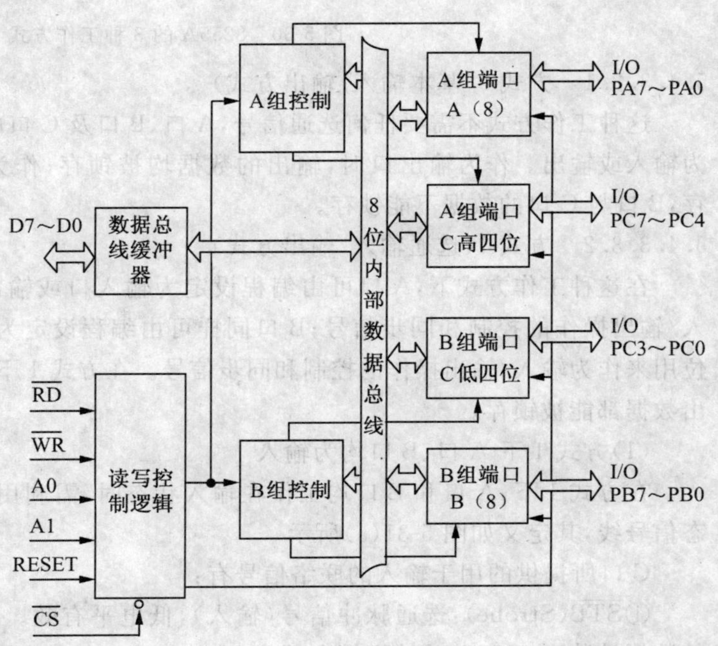

图 5-29　8255A 内部结构

I/O 口按一定方式工作。对 C 口甚至可按位实现“置位”或“复位”。控制电路分为两组：A 组控制电路控制 A 口及 C 口的高 4 位(PC7～PC4)，B 组控制电路控制 B 口及 C 口的低 4 位(PC3～PC0)。

(4)三个并行 I/O 端口：A 口可编程为 8 位输入，或 8 位输出，或双向传送；B 口可编程为 8 位输入，或 8 位输出，但不能双向传送；C 口分为两个 4 位口，用于输入或输出，也可用作 A 口、B 口的状态控制信号。

5.4.3.3　8255 芯片的工作方式及其设置

8255A 有三种工作方式，即方式 0、方式 1 和方式 2，这些工作方式可用软件编程来指定。三种工作方式的传送示意图如图 5-30 所示。

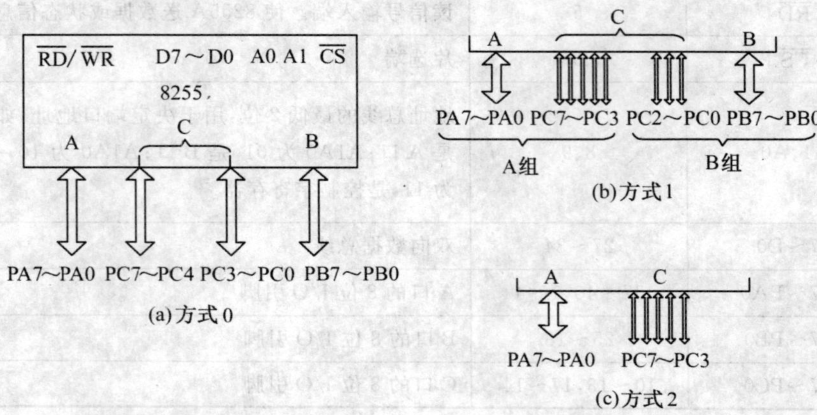

图 5-30　8255A 的 3 种工作方式

5.4.3.3.1　方式 0(基本输入/输出方式)

这种工作方式不需要任何选通信号，A 口、B 口及 C 口的高 4 位和低 4 位都可以设定为输入或输出。作为输出口时，输出的数据均被锁存；作为输入口时，A 口的数据能锁存，B 口与 C 口的数据不能锁存。

5.4.3.3.2　方式 1(选通输入/输出方式)

在这种工作方式下，A 口可由编程设定为输入口或输出口，C 口的 3 位用来作为输入/输出操作的控制和同步信号；B 口同样可由编程设定为输入口或输出口，C 口的另 3 位用来作为输入/输出操作的控制和同步信号。在方式 1 下 A 口和 B 口的输入数据或输出数据都能被锁存。

(1)方式 1 下 A 口、B 口均为输入

在方式 1 下，A 口和 B 口均工作在输入状态时，需利用 C 口的 6 条线作为控制和状态信号线，其定义如图 5-31(a)所示。

C 口所提供的用于输入的联络信号有：

①$\overline{STB}$(Strobe)：选通脉冲信号(输入)，低电平有效。当外设送来$\overline{STB}$信号时，输入的数据被装入 8255A 的输入锁存器中。

②IBF(Input Buffer Full)：输入缓冲器满信号(输出)，高电平有效。此信号有效时，

表示已有一个有效的外设数据锁存于8255A的锁存器中，尚未被CPU取走，暂不能向接口输入数据。它是一个状态信号。

③ INTR（Interrupt Request）：中断请求信号（输出），高电平有效。当IBF为高、$\overline{STB}$信号由低变高（后沿）时，该信号有效，向CPU发出中断请求。

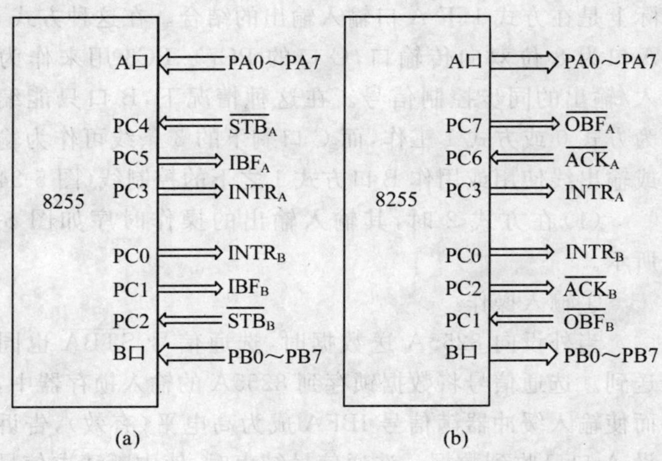

图5-31 方式1下的信号定义

方式1下数据输入过程如下：

当外设的数据准备好后，发出$\overline{STB}$信号，输入的数据被装入锁存器中，然后IBF信号有效（变为高电平）。

数据输入操作的时序关系如图5-32所示。

(2)方式1下A口、B口均为输出

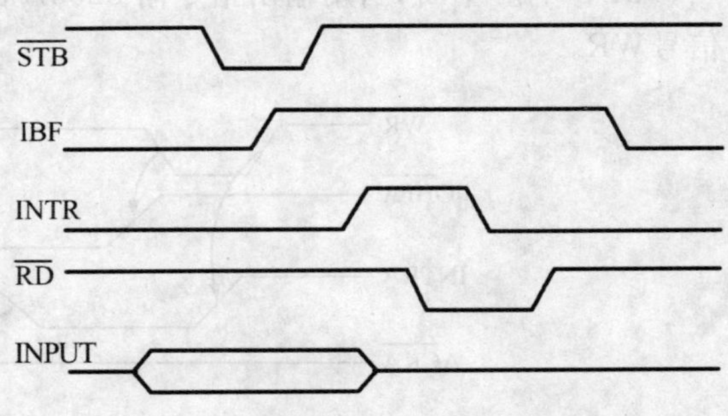

图5-32 方式1下的输入时序

与输入时一样，要利用C口的6根信号线，其定义如图5-31(b)所示。用于输出的联络信号有：

①$\overline{ACK}$（Acknowledge）：外设响应信号（输入），低电平有效。

②$\overline{OBF}$（Output Buffer Full）：输出缓冲器满信号（输出），低电平有效。

③INTR（Interrupt Request）：中断请求信号（输出），高电平有效。

方式1下数据输出过程如下：

当外设接收并处理完1组数据后，发回响应信号。数据输出操作的时序关系如图5-33所示。

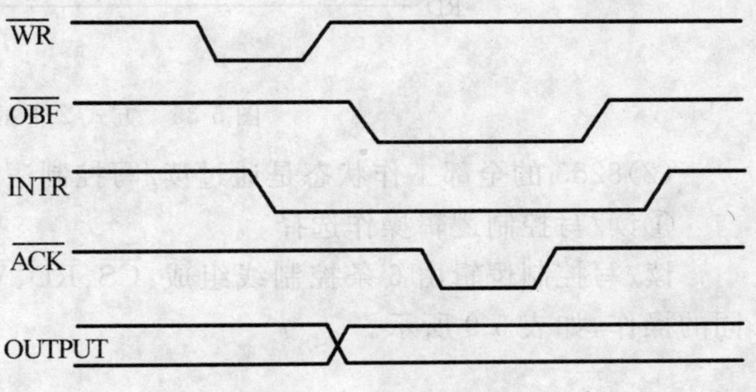

图5-33 方式1下的输出时序

应当指出，当8255A的A口与B口同时为方式1的输入或输出时，需使用C口的6条线，C口剩下的2条线还可以用程序来指定数据的传送方向是输入还是输出，而且也可以对它们实现置位或复位操作。当一个口工作在方式1时，则C口剩下的5条线也可按照上述情况工作。

5.4.3.3.3 方式 2

8255A 只有 A 口具有这种双向输入输出工作方式，实际上是在方式 1 下 A 口输入输出的结合。在这种方式下，A 口为 8 位双向传输口，C 口的 PC7～PC3 用来作为输入/输出的同步控制信号。在这种情况下，B 口只能编程为方式 0 或方式 1 工作，而 C 口剩下的 3 条线可作为输入或输出线使用或用作 B 口方式 1 之下的控制线(图 5-34)。

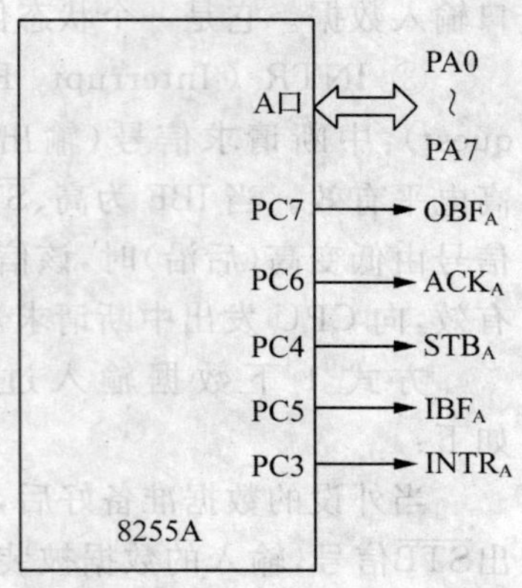

图 5-34 方式 2 下的信号定义

(1)在方式 2 时，其输入输出的操作时序如图 5-35 所示。

①输入操作

当外设向 8255A 送数据时，选通信号 $\overline{STBA}$ 也同时送到。选通信号将数据锁存到 8255A 的输入锁存器中，从而使输入缓冲器满信号 IBFA 成为高电平(有效)，告诉外设 A 口已收到数据。选通信号结束时，使中断请求信号为高，向 CPU 请求中断。

②输出操作

CPU 响应中断，当用输出指令向 8255A 的 A 端口中写入一个数据时，会发出写脉冲信号 $\overline{WR}$。

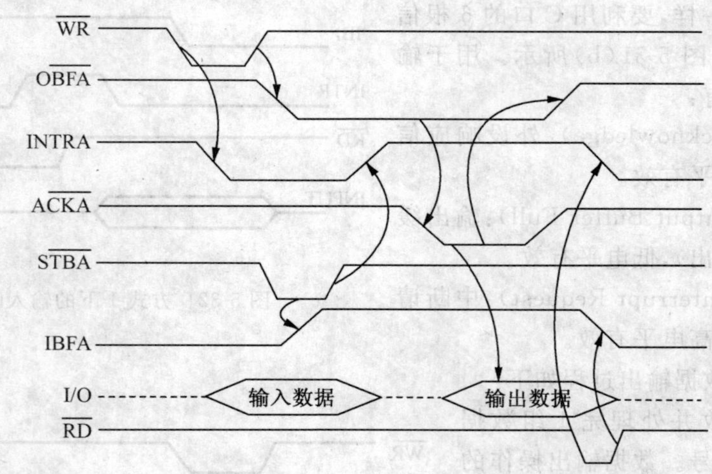

图 5-35 方式 2 下的时序图

(2)8255 的全部工作状态是通过读/写控制逻辑和工作方式选择来实现的：

①读/写控制逻辑操作选择

读/写控制逻辑由 6 条控制线组成：$\overline{CS}$、$\overline{RD}$、$\overline{WR}$、A1、A0、RESET，它们分别控制不同的操作，如表 5-9 所示。

表 5-9　　8255 控制线作用

控制信号线状态					选择功能
A1	A0	$\overline{RD}$	$\overline{WR}$	$\overline{CS}$	
0	0	0	1	0	A 口输入
0	1	0	1	0	B 口输入
1	0	0	1	0	C 口输入
0	0	1	0	0	A 口输出
0	1	1	0	0	B 口输出
1	0	1	0	0	C 口输出
1	1	1	0	0	送 8255 控制信号
X	X	X	X	1	数据总线为三态

②方式选择及方式控制字(图 5-36)

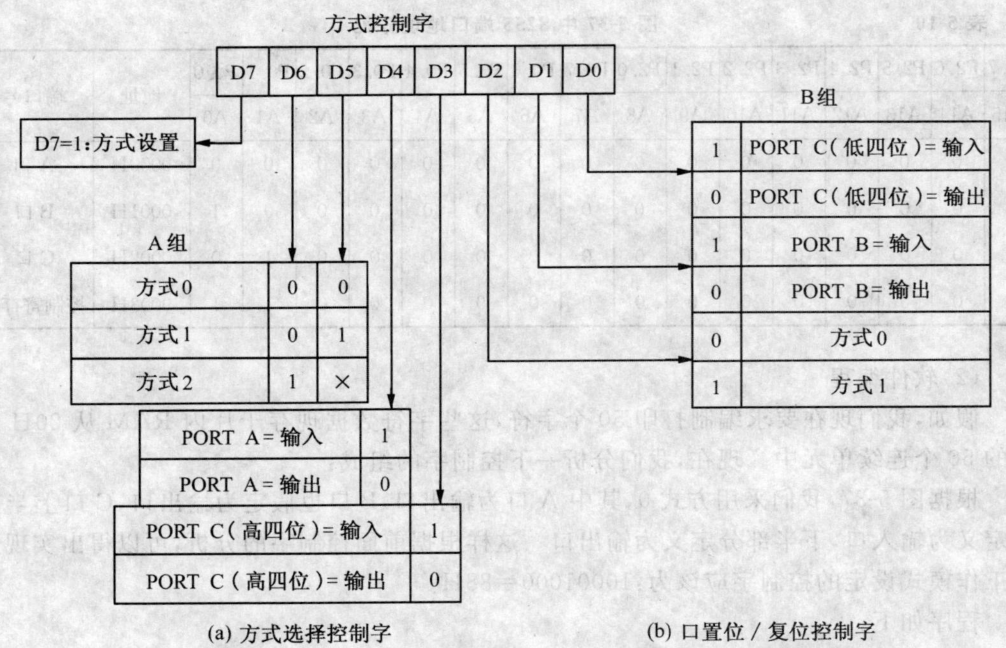

(a) 方式选择控制字　　(b) 口置位/复位控制字

图 5-36　8255 方式控制字

5.4.3.4　8255 芯片的应用

(1)硬件连接

现在采用线选法,利用高 8 位地址线的 P2.7 作为线选信号,直接与 8255A 的片选端 $\overline{CS}$ 相连,而 A1、A0 则与地址的最低 2 位相连。由图 5-37 所示接法,可得到 8255A 各个端口的地址,如表 5-10 所示。

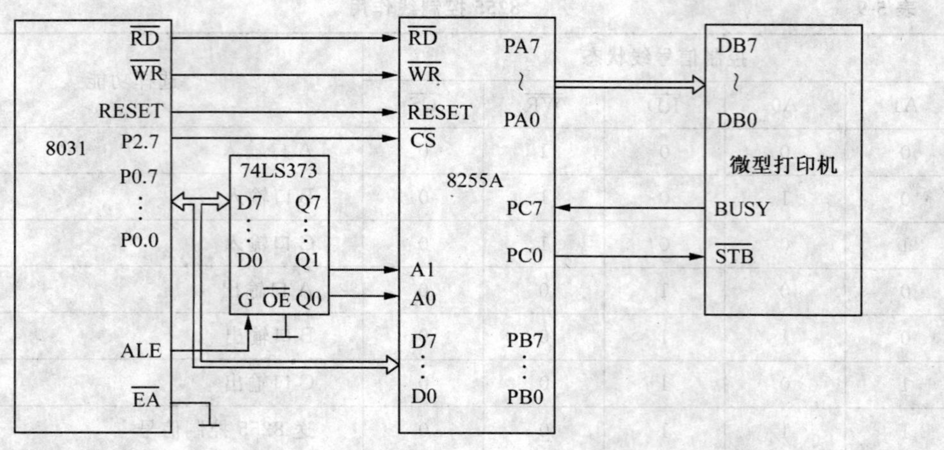

图 5-37　8255 扩展硬件连接

表 5-10　　图 5-37 中 8255 端口地址分配

P2.7	P2.6	P2.5	P2.4	P2.3	P2.2	P2.1	P2.0	P0.7	P0.6	P0.5	P0.4	P0.3	P0.2	P0.1	P0.0	地址	端口号
A15	A14	A13	A12	A11	A10	A9	A8	A7	A6	A5	A4	A3	A2	A1	A0		
0	0	0	0	0	0	0	0	0	0	0	0	0	0	0	0	0000H	A 口
0	0	0	0	0	0	0	0	0	0	0	0	0	0	0	1	0001H	B 口
0	0	0	0	0	0	0	0	0	0	0	0	0	0	1	0	0002H	C 口
0	0	0	0	0	0	0	0	0	0	0	0	0	0	1	1	0003H	控制寄存器

(2)软件编程

假如,我们现在要求编制打印 50 个字符,这些字符数据现存于片内 RAM 从 20H 开始的 50 个连续单元中。现在,我们分析一下控制字的组成:

根据图 5-37,我们采用方式 0,其中 A 口为输出口,B 口也假定为输出口,C 口上半部分定义为输入口,下半部分定义为输出口。这样根据前面控制字的分析,可以得出实现这一工作模式设定的控制字应该为:10001000＝88H。

程序如下:

```
          MOV DPTR,＃0003H      ;指向 8255A 的命令口
          MOV A,＃88H           ;取方式字:A 口输出,C 口低出高入
          MOVX @DPTR,A          ;送方式字
          MOV R1,＃20H          ;R1 指向数据区首址
          MOV R2,＃32H          ;送数据块长度
      LP: MOV DPTR,＃0002H      ;指向 C 口
LOOP1:
          MOVX A,@DPTR          ;读入 C 口信息
```

```
JB ACC.7,LOOP1        ;若 BUSY=1,继续查询,直到 BUSY=0
MOV DPTR,#0000H       ;指向 A 口
MOV A,@R1             ;取 RAM 数据
MOVX @ DPTR,A         ;数据输出到 A 口
INC R1                ;数据指针加 1
MOV DPTR,#0003H       ;指向命令口
MOV A,#00H            ;C 口置位/复位命令字(PC0=0)
MOVX @ DPTR,A         ;产生 STB 的下降沿
MOV A,#01H            ;改变 C 口置位/复位命令字(PC0=1)
MOVX @ DPTR,A         ;产生 STB 的上升沿
DJNZ R2,LP            ;未完,则反复
```

5.4.4 用串行口扩展并行 I/O 口

MCS-51 单片机有一个串行口,如果该口未使用可以用来扩展并行口。另外,我们也可以用并行口如 P1 口仿真某种串行口如 I^2C,然后利用 I^2C 接口扩展并行口。这些串口扩展并口的方法优点是线路连接少,节省了电路板的制板面积,器件本身也能做的较小,扩展的并行口数可以较多。但是,缺点是串口扩展的这种并行口的接口速度没有并行扩展的接口速度快。在速度要求不是很高的情况下,利用串口扩展并行口越来越成为一种趋势。

5.4.4.1 用 74LS164 扩展并行输出接口

MCS-51 单片机的串行口在方式 0(移位寄存器方式)下,使用移位寄存器芯片可以扩展一个或多个并行 I/O 口。扩展并行输出口时,可用串入并出移位寄存器芯片,如 CMOS 芯片 4094 和 74LS164 芯片。其引脚如图 5-38 所示。

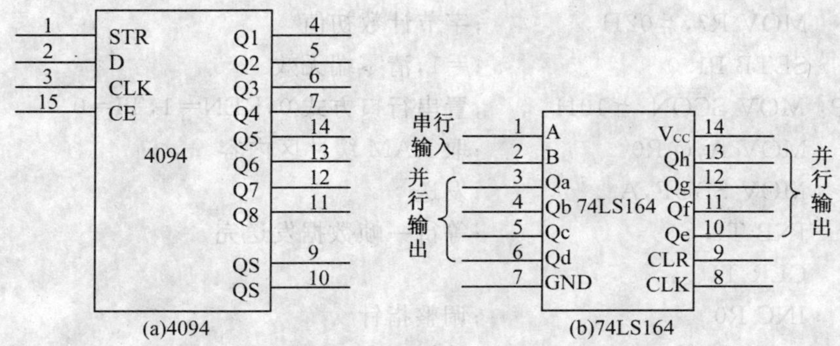

图 5-38 8 串行输入/并行输出移位寄存器芯片的引脚图

图 5-39 是利用两片 74LS164 扩展 2 个 8 位输出口的接口电路。单片机串行口工作在方式 0 时,RXD(P3.0)为串行数据输出与 74LS164 数据输入端(1,2)相连;TXD(P3.1)为移位脉冲输出,与 74LS164 的时钟脉冲输出端(8)相连;由 P1.0 口线控制 74LS164 的清除端 MR(9)。当 MR 为低电平时,清除 74LS164 中的数据;当 MR 为高电

平时,开始串行移位。当扩展多个 8 位输入口时,相邻两芯片的首尾(串行输出端 Q7 与串行输入端 A、B)相连即可。

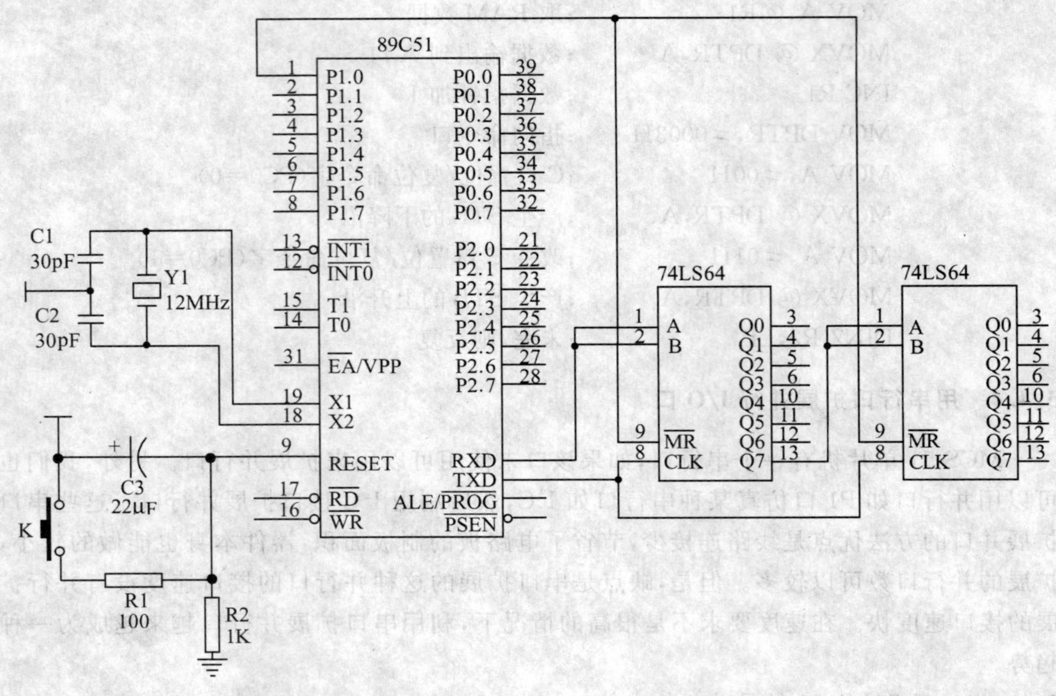

图 5-39　串行扩展并行输出口硬件连接

假设要将 8031 的片内 RAM 30H 和 31H 两个单元中的数据通过图 5-39 所示的扩展电路并行输出,编程如下:

```
        MOV R0,#30H         ;建立指针
        MOV R7,#02H         ;字节计数初值
        SETB P1.0           ;=1,清零端无效
LOOP:   MOV SCON,#10H       ;置串行口方式 0,REN=1,TI=0
        MOV A,@R0           ;取 RAM 缓冲区内容
        MOV SBUF,A          ;发送
        JNB TI,$            ;等待一帧数据发送完
        CLR TI
        INC R0              ;调整指针
        DJNZ R7,LOOP        ;数据未发送完,继续
```

两次发送过程中,两片 74LS164 的 16 位输出端是连续变化的。每个移位脉冲使数据自 Q0 向 Q7 方向移动一位,待两个字节全部发送完毕时,输出便稳定下来。

5.4.4.2　用 74LS165 扩展并行输入接口

扩展并行输入口时,可用并入串出移位寄存器芯片,如 CMOS 芯片 4014 和 74LS165 芯片。其引脚如图 5-40 所示。

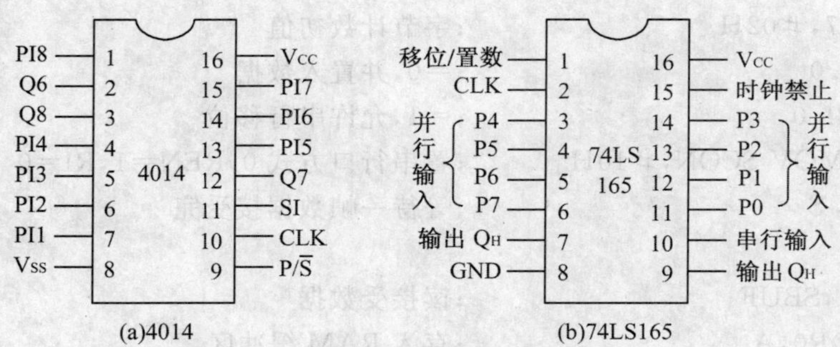

图 5-40　8 并行输入/串行输出移位寄存器芯片的引脚图

图 5-41 是利用两片 74LS165 扩展 2 个 8 位并行输入口的电路。单片机的 RXD(P3.0)作为串行数据输入端与 74LS165 的串行输出端 P7 相连；单片机的 TXD(P3.1)为移位脉冲输出端，与所有的 74LS165 芯片的移位脉冲输入端 CLK 相连；用 1 根 I/O 线(P1.0)与 74LS165 的移位/置位端相连，来控制其移位与置位。当 PL 为低电平时，并行数据置入 74LS165 的寄存器；当 PL 为高电平时，开始串行移位。当扩展多个 8 位输入口时，相邻两芯片的首尾(串行输出端 Q7 与串行输入端 SER)相连。串行接收时，由 RI 引起中断或对 RI 查询来决定何时接收下一个字符。

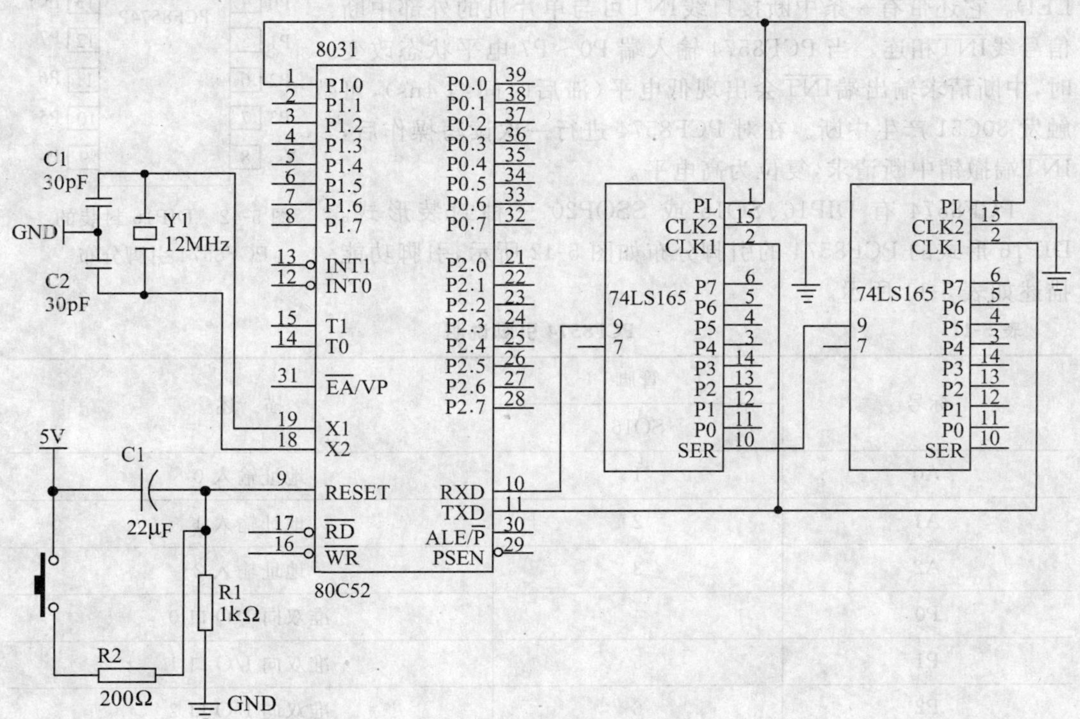

图 5-41　串行扩展并行输入口硬件连接

下面程序读入 16 位并行数据，并将它们存入 8031 的片内 RAM30H 和 31H 两个单元中。

```
MOV R0,#30H                ;建立指针
```

```
MOV R7,#02H            ;字节计数初值
CLR P1.0               ;=0,并置入数据
SETB P1.0              ;=1,允许串行移位
LOOP:MOV SCON,#10H     ;置串行口方式0,REN=1,RI=0
JNB RI,$               ;等待一帧数据接受完
CLR RI
MOV A,SBUF             ;读接受数据
MOV @R0,A              ;存入RAM缓冲区
INC R0                 ;调整指针
DJNZ R7,LOOP           ;数据未接受完,继续
```

5.4.4.3 用 I^2C 总线扩展并行双向输入输出接口

(1) I^2C 总线扩展并行双向输入输出接口芯片介绍

PCF8574 是 PHILIPS 公司推出的一款带 I^2C 总线,用来实现远程并行 I/O 口扩展的 CMOS 芯片。该器件包含一个 8 位准双向口和一个 I^2C 总线接口。PCF8574 电流消耗很低,并且口输出锁存具有大电流驱动能力(达 25mA)可直接驱动 LED。它还带有一条中断接口线 $\overline{\text{INT}}$ 可与单片机的外部中断信号线 $\overline{\text{INT}}$ 相连。当 PCF8574 输入端 P0~P7 电平状态改变时,中断请求输出端 $\overline{\text{INT}}$ 会出现低电平(滞后时间约 4ns),可触发 80C51 产生中断。在对 PCF8574 进行一次读写操作后,$\overline{\text{INT}}$ 端撤销中断请求,复位为高电平。

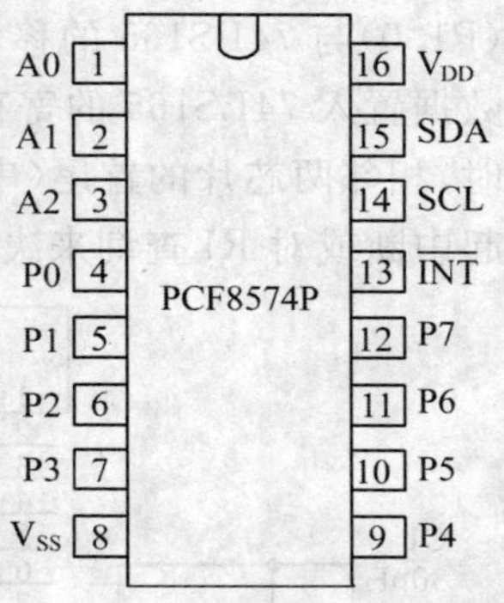

图 5-42 DIP16 封装的 PCF8574 引脚分布

PCF8574 有 DIP16、SO16 或 SSOP20 三种封装形式。DIP16 形式的 PCF8574 的引脚分布如图 5-42 所示,引脚功能描述如表 5-11 所示。

表 5-11 **PCF8574 引脚说明**

标号	管脚 SO16	描述
A0	1	地址输入 0
A1	2	地址输入 1
A2	3	地址输入 2
P0	4	准双向 I/O 口 0
P1	5	准双向 I/O 口 1
P2	6	准双向 I/O 口 2
P3	7	准双向 I/O 口 3
V_{SS}	8	地
P4	9	准双向 I/O 口 4

续表

标号	管脚	描　述
	SO16	
P5	10	准双向 I/O 口 5
P6	11	准双向 I/O 口 6
P7	12	准双向 I/O 口 7
$\overline{INT}$	13	中断输出（低电平有效）
SCL	14	串行时钟线
SDA	15	串行数据线
V_{DD}	16	电源

(2)PCF8574 应用实例

图 5-43 为 PCF8574 四键 LED 的扩展应用电路，PCF8574 P0～P3 为按键信号 K0～K3 输入端，P4～P7 为 LED 控制信号 D0～D3 输出端，要求当按键 K0～K3 按下后，相应 LED D0～D3 亮。

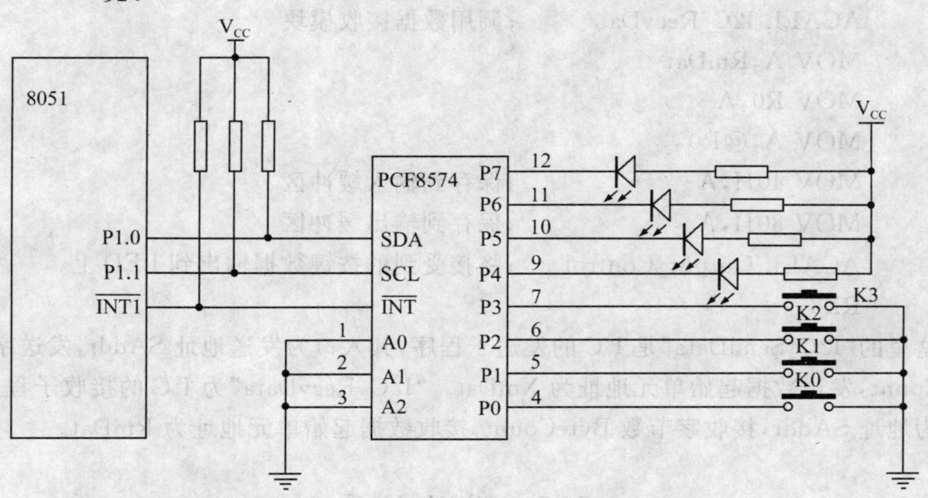

图 5-43　PCF8574 四键四 LED 控制电路

对于 PCF8574 的器件地址，根据 I^2C 协议规定和厂家设置，其地址格式如表 5-12 所示。

表 5-12　　PCF8574 的器件地址格式

D7	D6	D5	D4	D3	D2	D1	D0
0	1	0	0	A2	A1	A0	R/W

这样，当 A2A1A0 引脚全接地时为 000。$R/\overline{W}=1$ 时，表示是读地址，即输入地址，这时地址值应为 41H＝01000001B；$R/\overline{W}=0$ 时，表示是写地址，即输出地址，这时地址值应为 40H＝01000000B。

```
MTD EQU 30H              ;定义发送数据内 RAM 存储区首地址为 30H
MRD EQU 40H              ;定义接收数据内 RAM 存储区首地址为 40H
输出:
Output_Control:
MOV SAddr,#40h           ;取 PCF8574 的器件地址
MOV ByteCount,#1         ;传送字节个数为 1
MOV A,#30H               ;取输出缓冲区里面的数
MOV XmDat,A
ACALL I2C_SendData       ;调用数据发送模块
RET                      ;返回调用处
```

当有按键输入时 PCF8574 的$\overline{\text{INT}}$使得单片机产生中断,可以在中断服务子程序内部进行如下处理:

```
输入:
Input_Control:
        MOV SAddr,#40h
        MOV ByteCount,#1          ;接收字节个数为 1
        ACALL I2C_RecvData        ;调用数据接收模块
        MOV A,RmDat
        MOV R0,A
        MOV A,@R0
        MOV 40H,A                 ;保存到输入缓冲区
        MOV 30H,A                 ;保存到输出缓冲区
        ACALL Output_Control      ;将接受到的按键数据输出到 LED 上
        RET
```

这里的"I2C_SendData"是 I^2C 的发送子程序,其入口为发送地址 SAddr,发送字节数 ByteCount,发送数据起始单元地址为 XmDat。"I2C_RecvData"为 I^2C 的接收子程序,其入口为地址 SAddr,接收字节数 ByteCount,接收数据起始单元地址为 RmDat。

5.5 其他扩展

在单片机应用系统中,常常需要记录实时的时间信息,比如:银行营业大厅中的利率或汇率显示屏,除了显示利率或汇率外,还经常需要显示当前的时间信息,包括年、月、日、星期、时、分、秒等。这些时间信息的生成,可以利用单片机系统运行时间统计程序来实现,但是这种方法有些缺点:一方面需要占用单片机的资源(包括 CPU 资源和存储器资源)来实现时间统计功能,另一方面单片机系统的中断容易使得时间的统计不够准确,还有就是系统断电或复位后时间信息的恢复更是比较困难。因此,为了克服这些困难,一般情况下,单片机应用系统都采用专用的时钟扩展芯片来实现。这些时钟扩展芯片有的采用并行接口如 DS12887,有的采用串行接口如 DS1302/07,这些时钟芯片统称为实时时钟芯片(RTC)。

在某些单片机系统中，除了键盘、显示器等基本的人机接口外，还需要更加人性化的语音功能，如公共汽车报站器、银行服务大厅的语音排队机、录音电话机等，这些系统中的语音录放功能都是通过一些专用的语音录放芯片来实现的。这里我们结合常用的 ISD2560 芯片对单片机系统中的语音录放功能的实现作简单的介绍。

5.5.1 DS12887 扩展实时时钟

5.5.1.1 DS12887 芯片简介

DS12887 是美国达拉斯半导体公司推出的并行时钟芯片。它采用 CMOS 技术制成，把所需的晶振和外部锂电池相关电路都集成于芯片内部。同时，它与 PC 机常用的时钟芯片 MC146818B 和 DS1287 管脚兼容，可直接替换。采用 DS12887 芯片设计的时钟电路只需极少的外围电路，并具有良好的微机接口。DS12887 芯片具有微功耗、外围接口简单、精度高、工作稳定可靠等优点，可广泛用于各种需要较高精度的实时时钟场合中。其主要功能如下：

(1)内含一个锂电池，断电情况下运行十年以上不丢失数据。

(2)计秒、分、时、天、星期、日、月、年，并有闰年补偿功能。

(3)二进制数码或 BCD 码表示时间、日历和定闹。

(4)12 小时或 24 小时制，12 小时时钟模式(带有 PM 和 AM 指示)，有夏令时功能。

(5)MOTOROLA 和 Intel 总线时序选择。

(6)有 128 个 RAM 单元与软件音响器，其中 14 个作为字节时钟和控制寄存器，另 114 字节为通用 RAM。所有 RAM 单元数据都具有掉电保护功能。

(7)可编程方波信号输出。

(8)中断信号输出(IRQ)和总线兼容，定闹中断、周期性中断、时钟更新周期结束中断可分别由软件屏蔽，也可分别进行测试。

5.5.1.2 DS12887 芯片的外部引脚与内部结构

5.5.1.2.1 DS12887 的外部引脚分布

图 5-44 显示了 DS12887 引脚排列图。

下面分别说明引脚功能：

(1)GND(12p)、V_{CC}(24p)：直流电源＋5V 电压。当 5V 电压在正常范围内时，数据可读写；当 V_{CC} 低于 4.25V，读写被禁止，计时功能仍继续；当 V_{CC} 下降到 3V 以下时，RAM 和计时器被切换到内部锂电池。

(2)MOT(1p，模式选择)：MOT 管脚接到 V_{CC} 时，选择 MOTOROLA 总线时序，当接到 GND 或悬空时，选择 INTEL 总线时序。

(3)SQW(方波输出，23p)：SQW 管脚能从实时时钟内部 15 级分频器的 13 个分频中选择一个作为输出信号，其输出频率可通过对寄存

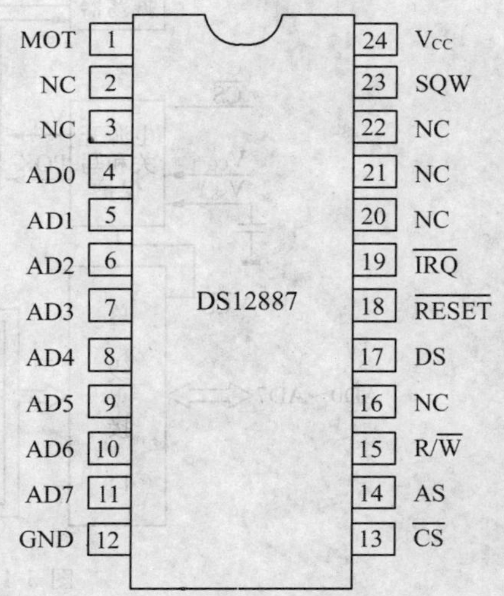

图 5-44 DS12887 引脚分布

器 A 编程改变。

(4)AD0～AD7(双向地址/数据复用线,4p～11p):总线接口,可与 MOTOROLA 微机系列和 INTEL 微机系列接口。

(5)AS(地址选通输入,14p):用于实现信号分离,在 AS/ALE 的下降沿把地址锁入 DS12887。

(6)DS(数据选通或读输入,17p):DS/RD 引脚有两种操作模式,取决于 MOT 管脚的电平。当使用 MOTOROLA 时序时,DS 是一正脉冲,出现在总线周期的后段,称为数据选通。在读周期,DS 指示 DS12887 驱动双向总线时刻;在写周期,DS 的下降沿使 DS12887 锁存写的数据。选择 INTEL 时序时,DS 称作 RD,RD 与典型存储器的允许信号(OE)的定义相同。

(7)R/$\overline{\text{W}}$(读/写输入,15p):R/$\overline{\text{W}}$管脚也有两种操作模式。选 MOTOROLA 时序时,R/$\overline{\text{W}}$表电平信号,指示当前周期是读或写周期,DS 为高电平时,R/$\overline{\text{W}}$高电平表示读周期,R/$\overline{\text{W}}$低电平表示写周期。选 INTEL 时序,R/$\overline{\text{W}}$为低电平有效写输入引脚,R/$\overline{\text{W}}$管脚与通用 RAM 的写允许信号(WE)的含义相同,上升沿锁存数据。

(8)$\overline{\text{CS}}$(片选输入,13p):在访问 DS12887 的总线周期内,低电平有效。

(9)$\overline{\text{IRQ}}$(中断申请输出,19p):低电平有效,可作微处理器的中断输入。没有中断条件满足时,IRQ 处于高阻态。IRQ 线是漏极开路输入,要求外接上拉电阻。

(10)$\overline{\text{RESET}}$(复位输入,18p):当该引脚保持低电平时间大于 200ms 时,可保证 DS12887 有效复位。

5.5.1.2.2 DS12887 的内部结构原理

DS12887 内部结构原理如图 5-45 所示,由振荡电路、分频电路、周期中断/方波选择电路、14 字节时钟和控制单元、114 字节用户非易失 RAM、十进制/二进制累加器、总线接口电路、电源开关写保护单元和内部锂电池等部分组成。

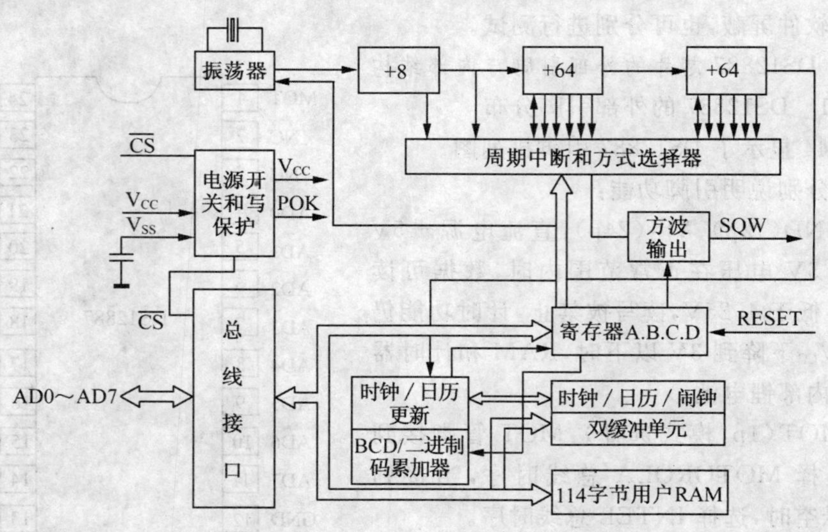

图 5-45 DS12887 内部结构

(1)地址分配图

DS12887 的内部共有 128 个字节的可寻址单元,其地址分配图如图 5-46 所示。其中包括 114 字节的用户 RAM，10 字节专门用于存放时间、星期、日历和定闹信息，4 字节特殊寄存器用于控制和存放状态信息。

(2)非易失 RAM

在 DS12887 中，地址处于 0x0E～0x7FH 之间的共有 114 字节的非易失 RAM 单元，不专用于任何特殊功能，可被处理器用作通用非易失性存储器。

(3)时间、日历和定闹单元

时间和日历信息是通过读取相应的内存字节单元来获取的。时间、日历信息的设定和闹钟信息的设定是通过写相应的内存单元来完成的，其字节内容可以是十进制或 BCD 形式。时间可选择 12 小时制或 24 小时制，当选择 12 小时制时，小时字节高位为逻辑“1”代表 PM。时间、日历和定闹字节是双缓冲的，随时都可以访问。

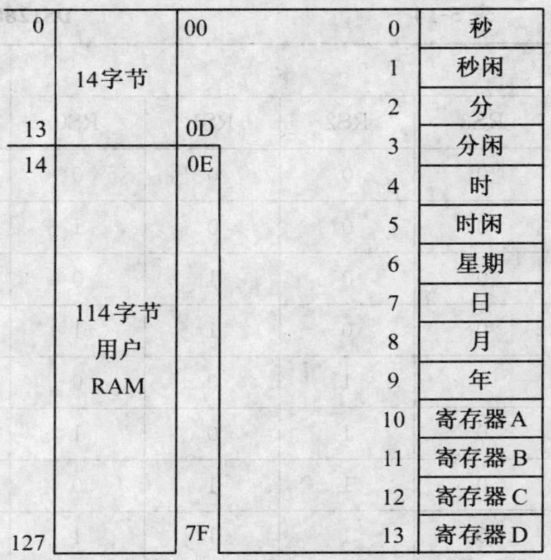

(4)中断

RTC 向处理器提供三个独立的、自动的中断源：定闹中断、周期中断和更新中断。定闹中断的发生率可编程，从每秒到每天产生一次。周期性中断可以从每 500ms 到每 122μs 产生一次，中断频率由寄存 A 确定，它的控制位为寄存器 B 中的 PIE 位。更新结束中断用于向处理器指示一个更新周期的完成。

地址			内容
0～13	00～0D	14字节	
14～127	0E～7F	114字节用户RAM	
		0	秒
		1	秒闲
		2	分
		3	分闲
		4	时
		5	时闲
		6	星期
		7	日
		8	月
		9	年
		10	寄存器 A
		11	寄存器 B
		12	寄存器 C
		13	寄存器 D

图 5-46　DS12887 地址分配图

(5)方波输出选择

15 级分频器抽头中的 13 个可用于控制在 SQW 管脚上产生的方波信号和周期中断产生的频率，其频率选择由寄存器 A 的 RS0～RS3 位设置。此外还可以用程序控制方波输出允许位 SWQE 来控制 SQW 管脚是否输出该方波信号。

(6)晶振控制位

DS12887 出厂时，其内部晶振被关掉，以防止锂电池在芯片装入系统前被消耗。寄存器 A 的 BIT4～BIT6 为 010 时打开晶振，BIT4～BIT6 的其他组合都会使晶振关闭。

5.5.1.2.3　DS12887 状态控制寄存器

DS12887 有 4 个控制寄存器，它们在任何时间都可访问。

(1)寄存器 A(表 5-13)

表 5-13　　**寄存器 A 的地址格式**

BIT7	BIT6	BIT5	BIT4	BIT3	BIT2	BIT1	BIT0
UIP	DV2	DV1	DV0	RS3	RS2	RS1	RS0

①UIP：更新周期正在进行位。当 UIP 为 1 时，更新转换将很快发生；当 UIP 为 0 时，更新转换至少在 244μs 内不会发生。

②DV0、DV1、DV2：用于开关晶振和复位分频。这些位的 010 唯一组合将打开晶振

并允许 RTC 计时。

③RS3、RS2、RS1、RS0：频率选择位（表 5-14），从 15 级分频器的 13 个抽头中选一个，或禁止分频器输入，选择好的抽头用于产生方波（SQW 管脚）输出和周期中断。

表 5-14　　DS12887 的频率选择

选择位				周期性中断频率	SQW 脚方波频率
RS3	RS2	RS1	RS0		
0	0	0	0	不允许	无输出
0	0	0	1	30.517μs	32.768kHz
0	0	1	0	61.035μs	16.384kHz
0	0	1	1	122.070μs	8.192kHz
0	1	0	0	244.141μs	4.096kHz
0	1	0	1	488.281μs	2.048kHz
0	1	1	0	976.5625μs	1.024kHz
0	1	1	1	1.953125ms	512Hz
1	0	0	0	3.90625ms	256Hz
1	0	0	1	7.8125ms	128Hz
1	0	1	0	15.625ms	64Hz
1	0	1	1	31.25ms	32Hz
1	1	0	0	62.5ms	16Hz
1	1	0	1	125ms	8Hz
1	1	1	0	250ms	4Hz
1	1	1	1	500ms	2Hz

（2）寄存器 B（表 5-15）

表 5-15　　寄存器 B 的地址格式

BIT7	BIT6	BIT5	BIT4	BIOT3	BIT2	BIT2	BIT1
SET	PIE	AIE	UIE	SQWE	DM	24/12	DSE

①SET：SET 为 0 时，时间更新正常进行，每秒计数走时一次；当 SET 位写入 1 时，时间更新被禁止。

②PIE：周期中断禁止位，PIE 为 1，则允许以选定的频率拉低 IRQ 管脚；PIE 为 0，则禁止中断。

③AIE：定闹中断允许位，AIE 为 1，允许中断，否则禁止中断。

④UIE：更新结束中断允许位，UIE 为 1 允许中断，否则禁止中断。

⑤SQWE：方波允许位，置 1 选定频率方波从 SQW 脚输出；置 0 时，SQW 脚为低。

⑥DM：数据模式位，DM 为 0 时为二进制数据，而为 1 时是 BCD 码的数据。

⑦24/12：小时格式位，1 表明 24 小时制，而 0 表明 12 小时制。

⑧DSE：P 夏令时允许位，当 DSE 置 1 时允许两个特殊的更新，在四月份的第一时期日、时间从 1:59:59AM 时改变为 1:00:00AM，当 DSE 位为 0，这种特殊修正不发生。

(3)寄存器 C(表 5-16)

表 5-16　　寄存器 C 的地址格式

BIT7	BIY6	BIT5	BIT4	BIT3	BIT2	BIT1	BIT0
IRQF	PF	AF	UF	0	0	0	0

①IRQF：中断申请标志位。当下列表达式中一个或多个为真时，置 1。PF＝PIE＝1；AF＝AIE＝1；UF＝UIE＝1。即 IRQF＝PF・PIE＋AF・AIE＋UF・UIE。

②只要 IRQF 为 1，IRQ 管脚输出低，程序读寄存器 C 清零以后或 RESET 管脚为低后，所有标志位清零。

③AF：定闹中断标志位，只读。AF 为 1 表明现在时间与定闹时间匹配。

④UF：更新周期结束标志位。UF 为 1 表明更新周期结束。

⑤BIAT0～BIT3：未用状态位，读出总为 0，不能写入。

(4)寄存器 D(表 5-17)

表 5-17　　寄存器 D 的地址格式

BIT7	BIT6	BIT5	BIT4	BIOT3	BIT2	BIT1	BIT0
VRT	0	0	0	0	0	0	0

①VRT：内部锂电池状态位，平时应总读出 1，如出现 0，表明内部锂电池耗尽。

②BIT0～BIT6：未用状态位，读出总为 0，不能写入。

5.5.1.3　DS12887 芯片与 MCS-51 的接口

5.5.1.3.1　硬件接口电路

DS12887 时钟芯片和 80C31 单片机的接口电路如图 5-47 所示。模式选择脚 MOT 接地，选择 INTEL 时序，选择 DS12887 时钟芯片的地址总线及 AS 端口和 80C31 单片微机的 P0 及 ALE 端直接相连。而 DS、R/$\overline{W}$读写控制线与单片机的$\overline{RD}$、$\overline{WR}$控制线相连。DS12887 的片选 CS 与 80C31 单片机的 P2.7 端口

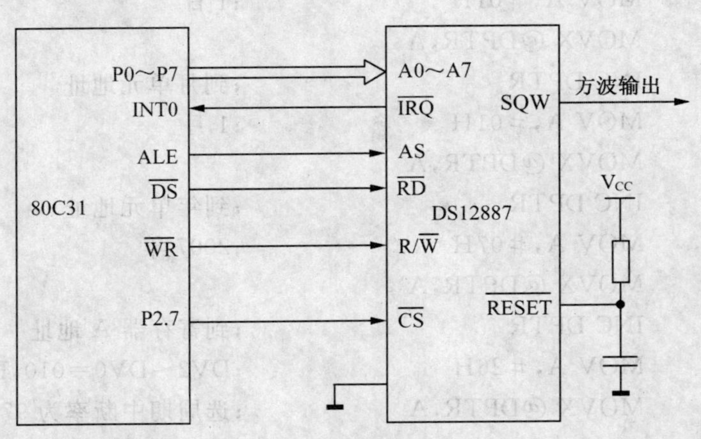

图 5-47　DS12887 的扩展连接

相连，则DS12887的高8位地址定为7FH，而其低8位地址则由芯片内部各单元的地址来决定(00H～7FH)。DS12887的中断输出端IRQ和80C31的外部INT0端相连，给单片机提供中断信号。DS12887的SQW端口可编程产生方波输出信号。

5.5.1.3.2　软件编程

下面为DS12887时钟芯片和80C31单片机的接口软件，假定采用每天24小时制，时间数据格式为BCD码，初始化时间为2007年1月1日0时00分00秒，1kHz方波输出。时钟芯片每一秒钟向单片机申请中断一次，一方面让单片机修改一次时钟显示，另一方面也给单片微机系统提供时间基准。

(1)DS12887时钟芯片的初始化写入程序

```
MOV DPTR,＃7F0AH          ;寄存器A地址
MOV A,＃70H               ;DV2～DV0＝111,分频复位
MOVX @DPTR,A
INC DPTR                  ;到寄存器B地址
MOV A,＃8AH               ;停止更新,允许更新中断,选BCD码,24小时制
MOVX @DPRT,A
MOV DPL,＃00H             ;秒单元地址
CLR A                     ;00秒
MOVX @DPTR,A
MOV DPL,＃02H             ;分单元地址
CLR A                     ;00分
MOVX @DPTR,A
MOV DPL,＃04H             ;时单元地址
MOV A,＃00H               ;0时
MOVX @DPTR,A
MOV DPL＃07H              ;日单元地址
MOV A,＃01H               ;1日
MOVX @DPTR,A
INC DPTR                  ;到月单元地址
MOV A,＃01H               ;1月
MOVX @DPTR,A
INC DPTR                  ;到年单元地址
MOV A,＃07H               ;2007年
MOVX @DPTR,A
INC DPTR                  ;到寄存器A地址
MOV A,＃26H               ;DV2～DV0＝010,RS3～RS0＝0110
MOVX @DPTR,A              ;选周期中断率为976.5625μs,允许方波
                          ;输出,频率1kHz
INC DPTR:到寄存器B
```

```
MOV A,#1AH                    ;每秒更新一次,允许方波输出,24 小时制
MOVX @DPTR,A                  ;时钟开始运行
```

(2)读取 DS12887 时钟日历数据程序

DS12887 的日历时钟通常有中断和查询两种方法读出。但在读数据时,首先要判断数据是否更新结束,只有在数据更新结束时数据读出才有效。

①查询寄存器 A 的 UIP 位,当 UIP=0 时,数据更新结束,可以读出。

以下是采用查询方法,从秒至年单元的数据读出后存入 80C31 内部 RAM 的 30~35H 单元中,该部分程序如下:

```
      MOV DPTR,#7F0AH         ;寄存器 A 地址
      MOVX A,@DPTR
WAIT: JB ACC.7,WAIT           ;UIP=1 则等待更新完毕
      MOV DPL,#00H            ;秒地址
      MOV R0,#30H             ;取目标首地址
      MOVX A,@DPTR            ;取秒数据
      MOV @R0,A               ;送入 80C31 的内部 RAM 缓冲区
      INC DPTR                ;移指针
      INC R0
```

②采用中断法读取数据:当 DS12887 发出中断请示,单片微机可以响应中断而读取日历数据。对于更新结束中断,中断时更新结束,数据有效,可以直接读取日历数据;对于闹钟中断和周期中断也需查询寄存器 A 的 UIP 位,当 UIP=0 时,数据更新结束,再读出日历时钟,具体指令这里不再列出。

5.5.2　DS1302/07 扩展实时时钟

DS1302 是美国 DALLAS 公司推出的一种高性能、低功耗、带 RAM 的实时时钟电路,具有产生秒、分、时、日、月、年等功能,且具有闰年自动调整功能,工作电压为 2.5~5.5V。DS1302 采用三线接口与 CPU 进行同步通信,并可采用突发方式一次传送多个字节的时钟信号或 RAM 数据。DS1302 内部有一个 31 字节具有掉电保护特性的静态 RAM。DS1302 是 DS1202 的升级产品,与 DS1202 兼容,但增加了主电源/后备电源双电源引脚,同时提供了对后备电源进行涓细电流充电的能力。

DS1307 也是美国 DALLAS 公司推出的一款串行实时时钟芯片。它采用 I^2C 总线接口,内部还集成有一定容量,具有掉电保护特性的 56 字节静态 RAM。DS1307 具有产生秒、分、时、日、月、年等功能,且具有闰年自动调整功能。DS1307 的芯片还具有主电源掉电情况下的时钟保护电路,其时钟靠后备电池维持工作。

下面主要介绍 DS1302 的应用。

5.5.2.1　DS1302 芯片的外部引脚及内部结构

DS1302 的外部引脚如图 5-48 所示。

管脚描述:

①X1、X2:32.768kHz 晶振管脚。

②GND:地。

③RST:复位。

④I/O:数据输入/输出。

⑤SCLK:串行时钟。

⑥V_{CC1},V_{CC2}:电源,V_{CC1}为后备电源,V_{CC2}为主电源。

⑦DS1302 的内部结构如图 5-49 所示。

⑧DS1302 由 V_{CC1} 或 V_{CC2} 两者中的较大者供电。当 V_{CC2} 大于 V_{CC1} +0.2V 时,V_{CC2} 给 DS1302 供电。当 V_{CC2} 小于 V_{CC1} 时,DS1302 由 V_{CC1} 供电。

⑨X1 和 X2 是振荡源,外接 32.768kHz 晶振。

⑩RST 是复位/片选线,通过把 RST 输入驱动置高电平来启动所有的数据传送。RST 输入有两种功能:首先,RST 接通控制逻辑,允许地址/命令序列送入移位寄存器;其次,RST 提供终止单字节或多字节数据的传送手段。当 RST 为高电平时,所有的数据传送被初始化,允许对 DS1302 进行操作。如果在传送过程中 RST 置为低电平,则会终止此次数据传送,I/O 引脚变为高阻态。上电运行时,在 V_{CC} 大于等于 2.5V 之前,RST 必须保持低电平。只有在 SCLK 为低电平时,才能将 RST 置为高电平。I/O 为串行数据输入输出端(双向),后面有详细说明。SCLK 始终是输入端。

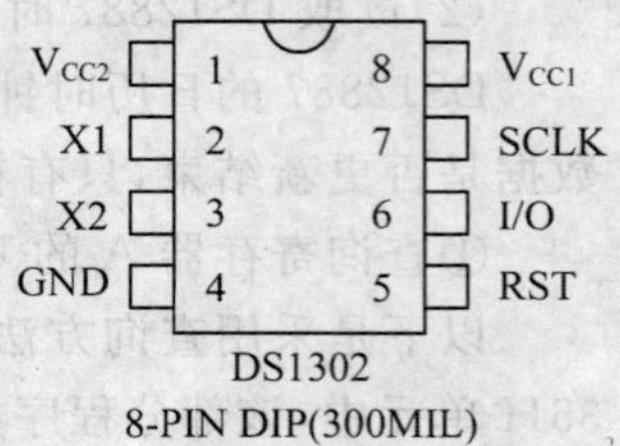

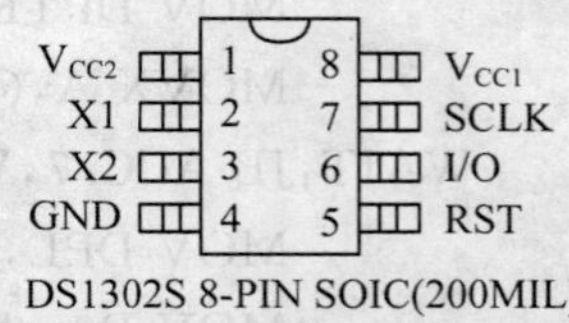

图 5-48 DS1302 引脚分布

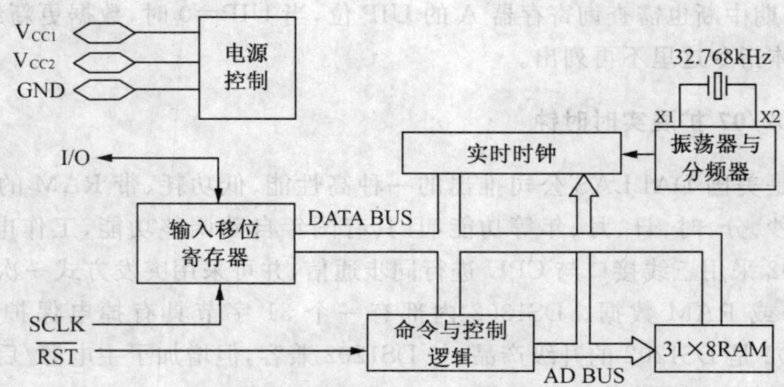

图 5-49 DS1302 的内部结构

5.5.2.2 DS1302 的应用

(1)DS1302的控制字节

DS1302 的控制字结构如图 5-50 所示。

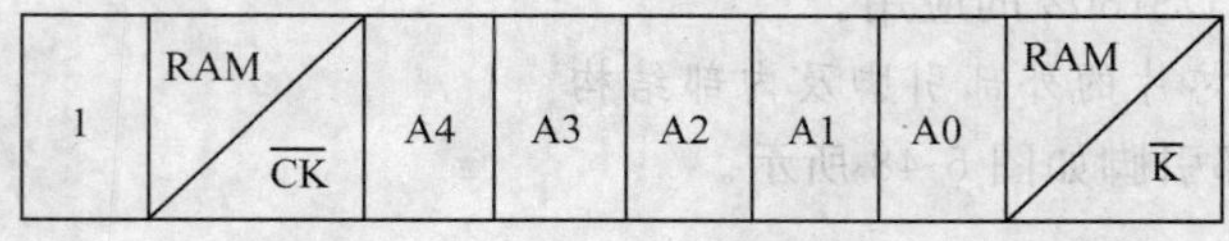

图 5-50 DS1302 的内部结构

控制字节的最高有效位(位 7)必须是逻辑 1,如果它为 0,则不能把数据写入 DS1302 中。位 6 如果为 0,则表示存取日历时钟数据,为 1 表示存取 RAM 数据。位 5 至位 1 是指示操作单元的地址。最低有效位(位 0)如为 0,表示要进行写操作,为 1 表示进行读操作,控制字节总是从最低位开始输出。

(2)DS1302 的寄存器

DS1302 有 12 个寄存器,其中有 7 个寄存器与日历、时钟相关,存放的数据位为 BCD 码形式。其日历、时间寄存器及其控制字如图 5-51 所示。

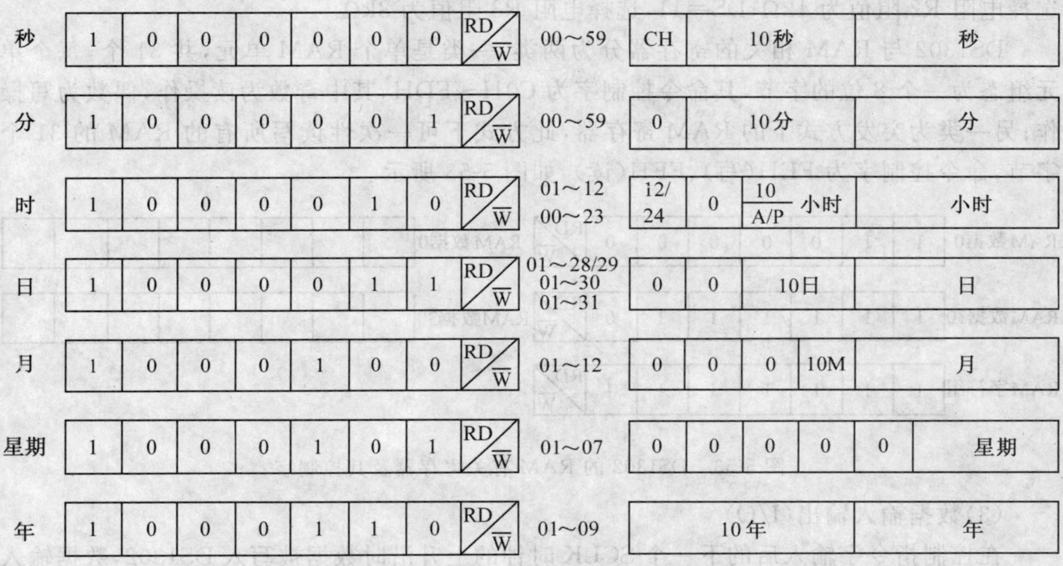

图 5-51　DS1302 的日历、时间寄存器及其控制字

其中:

①秒寄存器的 CH 为时钟停止位:当 CH=0 时振荡器工作允许,CH=1 时振荡器停止。

②小时寄存器的第 7 位为 12/24 小时标志:位 7=1 时为 12 小时模式;位 7=0 时为 24 小时模式。

③小时寄存器的第 5 位为 AM/PM 定义位:AP=1 时为下午模式,AP=0 时为上午模式。

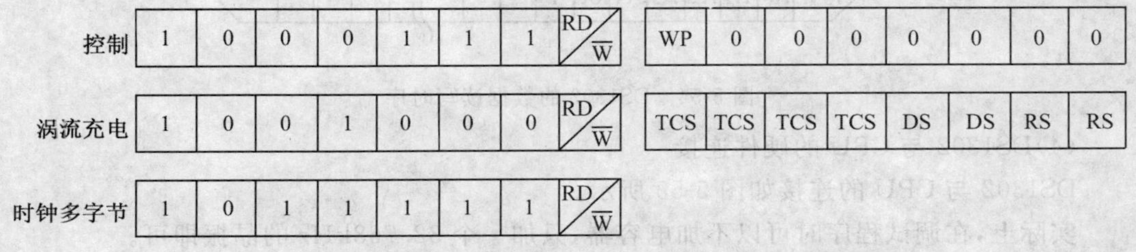

图 5-52　DS1302 的控制、充电与时钟突发寄存器及其控制字

此外,DS1302 还有控制寄存器、充电寄存器、时钟突发寄存器及与 RAM 相关的寄存

器等。时钟突发寄存器可一次性顺序读写除充电寄存器外的所有寄存器内容。

其中各位的含义如下：

寄存器写保护位：WP=0 寄存器数据能够写入，WP=1 寄存器数据不能写入

TCS 涓流充电选择：TCS=1010 使能涓流充电，TCS=其他禁止涓流充电。

DS 二极管选择位：DS=01 选择一个二极管，DS=10 选择两个二极管；DS=00 或 11，即使 TCS=1010，充电功能也被禁止。

RS 电阻选择位：DS=00 没有选择电阻，DS=01，选择电阻 R1 阻值为 2kΩ；DS=10，选择电阻 R2 阻值为 4kΩ；DS=11，选择电阻 R3 阻值为 8kΩ。

DS1302 与 RAM 相关的寄存器分为两类：一类是单个 RAM 单元，共 31 个，每个单元组态为一个 8 位的字节，其命令控制字为 C0H～FDH，其中奇数为读操作，偶数为写操作；另一类为突发方式下的 RAM 寄存器，此方式下可一次性读写所有的 RAM 的 31 个字节，命令控制字为 FEH(写)、FFH(读)，如图 5-53 所示。

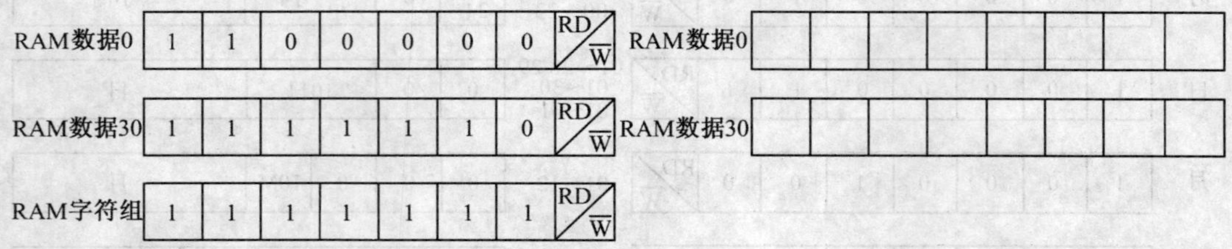

图 5-53　DS1302 的 RAM 有关寄存器及其控制字

(3)数据输入输出(I/O)

在控制指令字输入后的下一个 SCLK 时钟的上升沿时数据被写入 DS1302，数据输入从低位即位 0 开始。同样，在紧跟 8 位的控制指令字后的下一个 SCLK 脉冲的下降沿读出 DS1302 的数据，读出数据时从低位 0 位至高位 7，数据读写时序如图 5-54 所示。

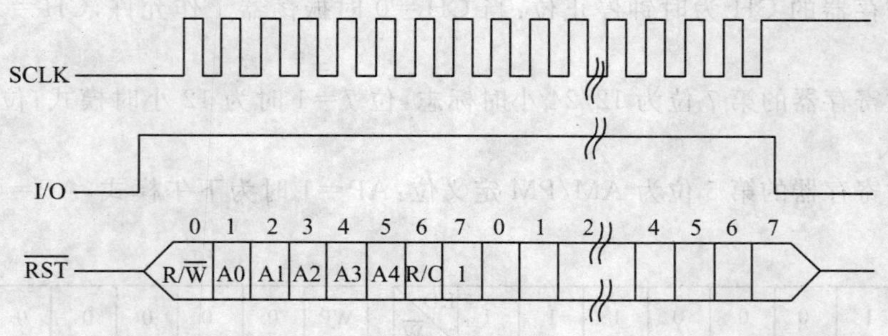

图 5-54　DS1302 的数据读写时序

(4)DS1302 与 CPU 的硬件连接

DS1302 与 CPU 的连接如图 5-55 所示。

实际上，在调试程序时可以不加电容器，只加一个 32.768kHz 的晶振即可。

(5)DS1302 的软件编程

DS1302 的软件编程流程如图 5-56 所示。

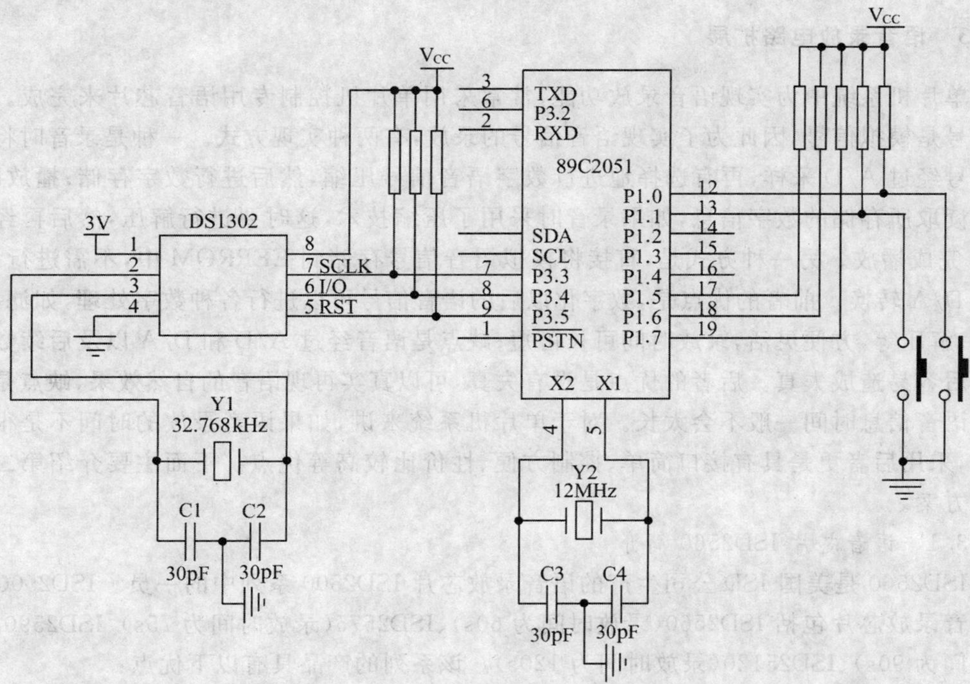

图 5-55 DS1302 与 CPU 的连接

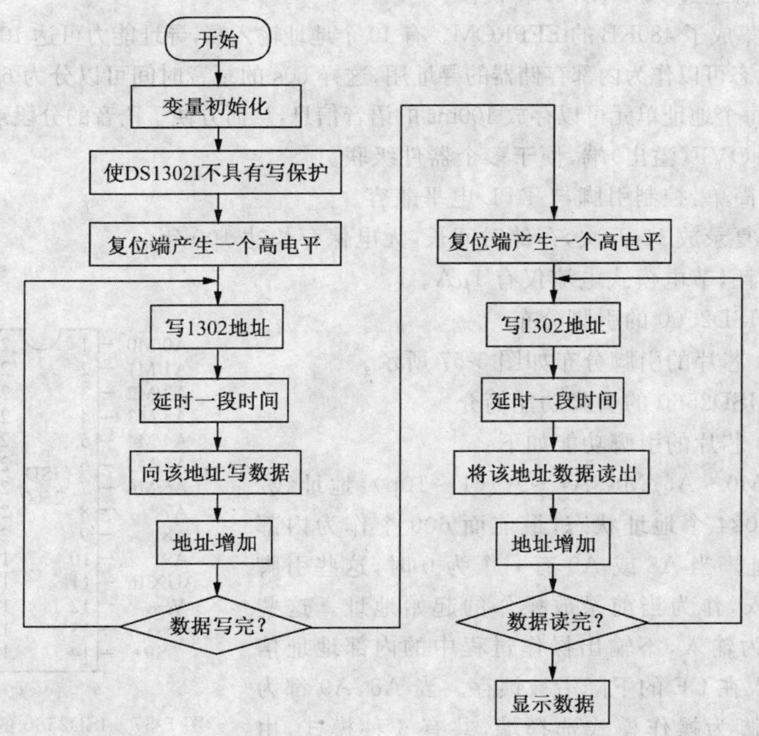

图 5-56 DS1302 的软件编程流程

5.5.3 语音录放电路扩展

单片机系统中为实现语音录放功能，常常采用单片机控制专用语音芯片来完成。语音信号是模拟信号，因此为了实现语音信号的录放，有两种实现方式。一种是录音时将语音信号经过 A/D 采样，再有选择地进行数字语音信号压缩，然后进行数字存储；播放时，首先读取所存储的数字信息，如果录音时采用了压缩技术，这时要进行解压，然后再经过 D/A 完成播放。另一种方式是，直接将模拟语音信号存储到 EEPROM 中，不需进行 A/D 和 D/A 转换。前者的优点是，数字化以后的语音信号可以进行各种数字处理，如滤波、压缩、解压等，方便灵活，录放时间可长可短；缺点是语音经过 A/D 和 D/A 以及后续数字处理后容易造成失真。后者的优点是没有失真，可以真实再现语音的自然效果，缺点是存储的语音信息时间一般不会太长。对于单片机系统来讲，如果语音录放的时间不是很长的话，采用后者更是具有接口简单、控制方便、性价比较高等优点。下面主要介绍第二种实现方案。

5.5.3.1 语音芯片 ISD2560 简介

ISD2560 是美国 ISD 公司生产的语音录放芯片 ISD2500 系列中的一员。ISD2500 系列语音录放芯片包括 ISD2560（录放时间为 60s）、ISD2575（录放时间为 75s）、ISD2590（录放时间为 90s）、ISD25120（录放时间为 120s）。该系列的产品具有以下优点：

(1)采用模拟数据在半导体存储器直接存储的专利技术，即将模拟语音数据直接写入存储单元，不需经过 A/D、D/A 转换。

(2)内部集成了 480KB 的 EEPROM。有 10 个地址输入端，寻址能力可达 1024 位，但最前面的 600 个状态可以作为内部存储器的寻址用，这样 60s 的录音时间可以分为 600 段，每段使用一个地址，每个地址单元可以存放 100ms 的语音信息，从而方便了语音的分段录放。

(3)设有 OVF(溢出)端，便于多个器件级联。

(4)控制简单：控制引脚与 TTL 电平兼容。

(5)可重复录放 10 万次，存储时间长，无电保存长达 100 年。

(6)低功耗，节电模式电流仅有 1μA。

5.5.3.1.1 ISD2560 的引脚分布

ISD2560 芯片的引脚分布如图 5-57 所示。

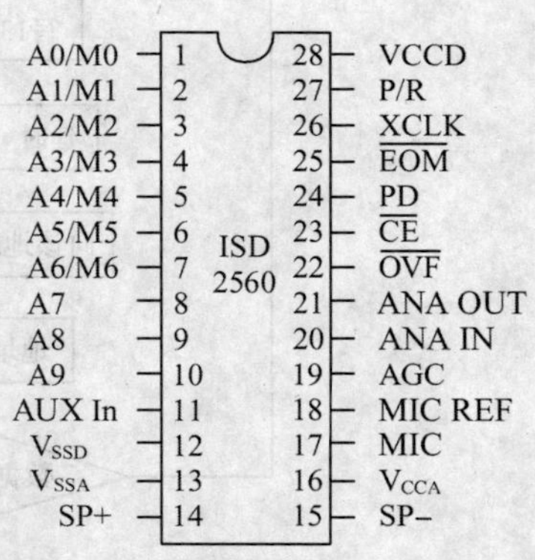

图 5-57 ISD2560 的引脚分布

5.5.3.1.2 ISD2560 的引脚功能简介

ISD2560 芯片的引脚功能如下：

(1)A0/M0～A6/M6、A7～A9(1～10p)：地址线/模式输入。1024 个地址状态，最前面 600 个作为内部存储器的地址。当 A8 或 A9 有一个为 0 时，这些引脚为地址线输入，作为当前录放操作的起始地址。这些地址线只作为输入，不输出操作过程中的内部地址信息。地址输入在 CE 的下降沿被锁存。当 A8、A9 都为 1 时，这些引脚为操作模式选择端，共有 6 种模式，由 M0～M6 决定，如表 5-18 所示。

表 5-18 ISD2560 操作模式列表

模式控制	功 能	典型应用
M0	信息检索	快速检索信息
M1	删除 EOM 标志	在全部语音录放结束时，给出 EOM 标志
M2	未用	当工作模式操作时，此端应接低电平
M3	循环放音	从 0 地址开始连续重复放音
M4	连续寻址	可录放连续的多段信息
M5	CE 电平触发	允许信号中止
M6	按钮控制	简化器件接口

使用操作模式时需要注意两点：

①所有操作模式下的操作都是从 0 地址开始，以后的操作根据模式的不同，而从相应的地址开始工作。当电路中录音转放音或进入省电状态时，地址计数器复位为 0。

②操作模式位不加锁定，可以在 MSB(A8、A9)地址位为高电平时，CE 电平变低的任何时间执行操作模式操作。如果下一片选周期 MSB(A8、A9)地址位中有一个(或两个)变为低电平，则执行信息地址，即从该地址录音或放音，原来设定的操作模式状态丢失。

(2)AUX IN(11p)：辅助输入。当 CE 和 P/R 为高，放音不进行或出于放音溢出状态时，此引脚的输入信号通过内部输出放大器驱动扬声器输出端。

(3)V_{SSD}、V_{SSA}(12、13p)：数字和模拟地。

(4)SP+、SP−(14、15p)：扬声器输出，可驱动 16Ω 以上扬声器(内存放音时，功率为 12.2mW；AUX IN 放音时，功率为 50mW)。芯片内部有差分扬声器驱动器。扬声器输出在录音和节电模式时，保持为 VSSA 电平。因此，多个 ISD2500 芯片一起使用时，不能将它们的扬声器输出引脚并接，否则有可能会造成芯片损坏。

(5)V_{CCA}、V_{CCD}(16、28p)：模拟和数字电源。

(6)MIC IN(17p)：话筒输入。麦克的输出通过此引脚将信号送入片内的前置放大器，片内自动增益控制电路(AGC)将此前置放大器的增益控制在−15～+24dB。外接话筒应通过电容交流耦合进此引脚。耦合电容和芯片内部该引脚上的 10kΩ 输入阻抗共同决定了 ISD2560 芯片频带的低频截止点。

(7)MIC REF(18p)：话筒参考输入。此引脚是前置放大器的反向输入，当以差分方式与话筒连接时，可以减少噪声，提高共模抑制比。

(8)AGC(19p)：自动增益控制引。可以动态调整前置增益，以补偿话筒输入电平的宽幅变化，使得录制变化很大的音量时失真都保持到最小。响应时间决定于该端内置的 5kΩ 电阻和从该端到 V_{SSA} 端所接电容的时间常数。释放时间取决于该端外接对地电容和电阻所决定的时间常数，选用 470kΩ 的电阻和 4.7μF 的电容可以得到满意的效果。

(9)ANA IN(20p)：模拟输入脚。此引脚为芯片录音信号输入脚。对于话筒输入来说，应将 ANA OUT 脚通过外接电容连接至此脚。该电容和本端的 3kΩ 输入阻抗决定了芯片频带附加低频截止频率。其他音源可通过交流耦合直接连至该端。

(10)ANA OUT(21p):模拟输出。此引脚是前置放大器的输出。

(11)OVF(22p):溢出标志输出,低电平有效。芯片处于存储空间末尾时,此引脚输出低电平脉冲以表示溢出。之后该引脚状态跟随CE引脚状态,直到PD引脚变高复位芯片。此外,该引脚可以用于级联多个ISD2500系列器件以增加录音存储时间。

(12)CE(23p):芯片使能输入,低电平有效。此引脚为低使能所有的录音和播放操作。芯片在该引脚的下降沿将所存地址线和P/R引脚的状态。另外,此引脚在模式6中也有特殊的意义。

(13)PD(24p):节电控制。此脚拉高可使芯片停止工作而进入节电状态。芯片发生溢出,即OVF脚输出低电平后,应将此引脚变高,以将地址指针复位到录放空间的开始位置。

(14)EOM(25p):信息结尾标志输出,低电平有效。EOM标志在录音时由芯片自动插入到该信息段的结尾,当放音遇到EOM时,此引脚输出低电平脉冲。另外,当电压低于3.5V时,此引脚变低,此时芯片只能放音。

(15)XCLK(26p):外部时钟输入。此脚内部有下拉元件,不用时应接地。

(16)P/R(27p):录放模式选择。此引脚在CE的下降沿锁存,高电平选择放音,低电平选择录音。录音时,由地址线提供起始地址,直到录音持续到CE或PD变高,或内存溢出。如果是前一种情况,芯片将自动在录音结束处写入EOM标志。放音时,由地址输入提供起始地址,放音持续到EOM标志。如果CE一直为低,或芯片工作在某些操作模式,放音则会忽略EOM而继续进行下去,直到发生溢出为止。

5.5.3.2 ISD2560语音芯片的应用

(1)ISD2560的典型应用电路(图5-58)

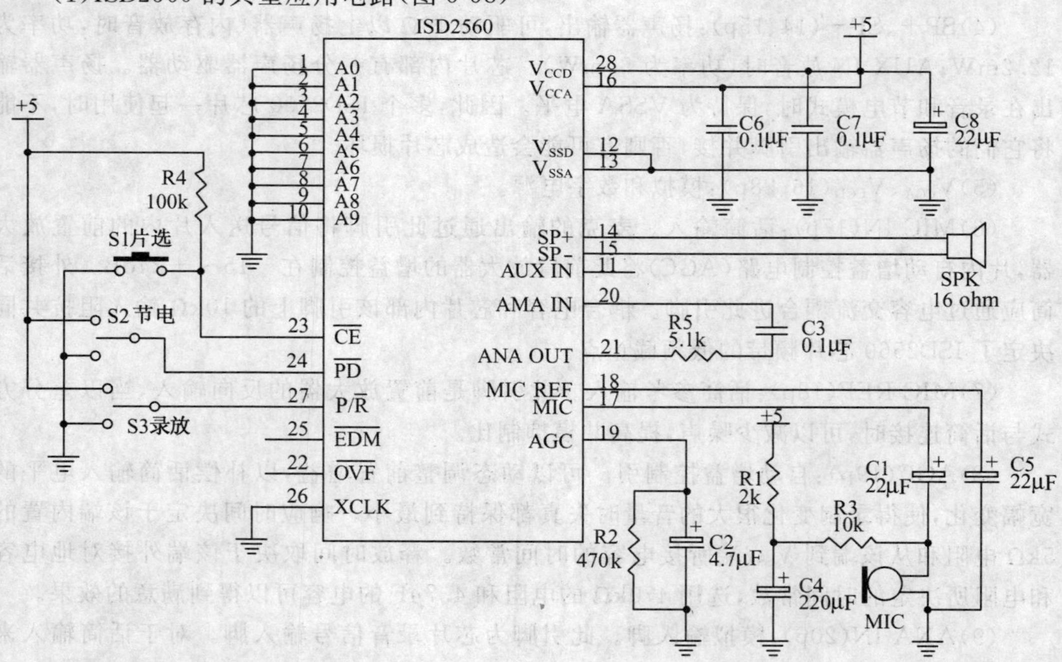

图5-58 ISD2560的典型应用电路

(2)ISD2560 和微处理器的接口应用电路(图 5-59)

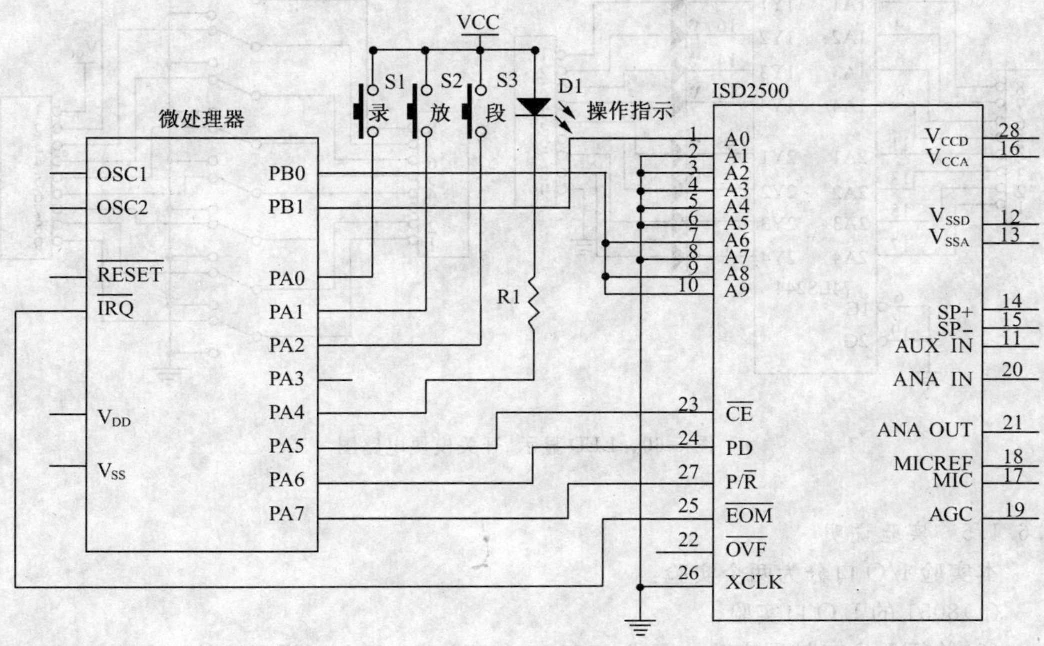

图 5-59 ISD2560 和微处理器的接口应用电路

5.6 I/O 接口实验

5.6.1 开关状态显示实验

5.6.1.1 实验目的

学习开关量的应用,掌握 8255 各个口的不同工作方式。

5.6.1.2 实验内容

(1)采用 8051 的 I/O 口的控制发光二极管。

(2)采用 8255 芯片并行 I/O 口的扩展应用并控制发光二极管。

5.6.1.3 实验要求

(1)编写程序,要求能随时将输入的开关状态,通过发光二极管显示出来。

(2)8051 的 P1 口为开关量输入,P0 口为开关量输出。

(3)设定 8255 工作于方式 0,8255 的 PA 口为开关量输入,PB 口为开关量输出。

5.6.1.4 实验电路及器材

8255 电路图参考 5.4.3 部分用 8255 芯片扩展并行 I/O 口。

LED 电平显示、开关模块电路图如图 5-60 所示。

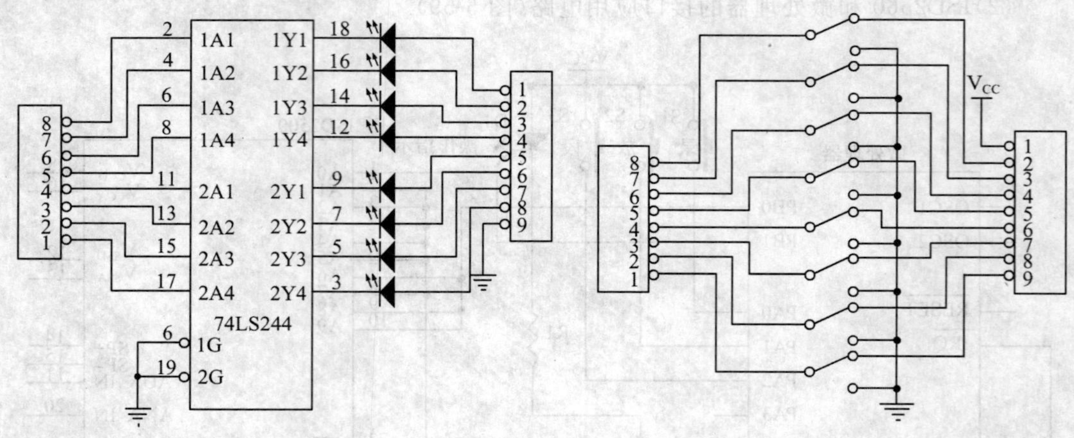

图 5-60　LED 显示、开关模块电路图

5.6.1.5　实验说明

本实验 I/O 口分为两个实验：

(1)8051 的 I/O 口实验。

(2)并行 I/O 口扩展实验。要求 8255 工作于方式 0，PA 口设置为输入，PB 口设置为输出，输入量为开关量，通过 8255 可实时在 LED 灯上，显示输入开关量。

5.6.1.6　实验程序框图

实验程序参考 5.4.3 部分，如图 5-61 所示。

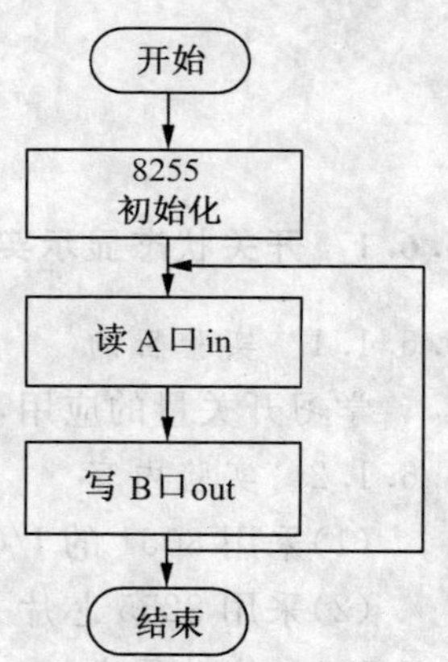

图 5-61　I/O 口实验程序流程图

5.6.1.7　实验步骤

(1)连接模块电路

①P1 口与电平显示开关模块的开关端相连，P0 口与电平显示开关模块的 LED 输入端相连。

②8051 的 P0.0～P0.7 分别连到 8255 的 D0～D7。8051 的 RESET、RD、WR 分别与 8255 相应的 RESET、RD、WR 引脚相连，CS 端连到 P2.7。P0.0、P0.1 经 373 连到 8255 的 A0、A1。8255 的 PA 口与电平显示开关模块的开关端相连，PB 口与电平显示开关模块的 LED 输入端相连。

(2)将仿真机连接至 CPU 板(注意不要将仿真机的针脚弄坏)，连接 CPU 板的电源线至电源及总线扩展板，然后打开实验箱电源。

(3)打开仿真机的电源(注意仿真机电源一定要最后开)。

(4)实验完成后，先关闭仿真机电源，然后关闭实验箱电源。

5.6.2 交通灯实验

5.6.2.1 实验目的

学习并行I/O接口的扩展应用方法以及双色灯的使用。

5.6.2.2 实验内容

模拟交通灯控制。

5.6.2.3 实验要求

编写程序,以8255为输出口,使用12个双色LED模拟东西南北4个方向的红黄绿交通灯(直行灯、转弯灯)。

5.6.2.4 实验仪器

PC机,仿真机。

5.6.2.5 实验电路及器材

参考本书3.3.2.2部分例3-23交通灯。

参考5.6.1开关状态显示实验。

5.6.2.6 实验说明

(1)因为本实验是模拟交通灯控制实验,所以要先了解实际路口交通灯(直行灯、转弯灯)的变化规律。

(2)不同的交通灯各种状态时,单片机送往8255口的数据不同

(3)由于各单片机速度不同,为达到较好的实验效果,可适当调节LED亮灭的延时时间。

5.6.2.7 实验步骤

(1)连接电路。将8051的P0.0～P0.7分别连到8255的D0～D7。8051的RESET、RD、WR分别与8255相应的RESET、RD、WR引脚相连。CS端连到P2.7。P2.0、P2.1连到8255的A0、A1。8255的PA口、PB口与LED显示模块的LED输入端相连。

(2)将仿真机连接至CPU板(注意保护仿真机的针脚),连接CPU板的电源线至电源及总线扩展板,然后打开实验箱电源。

(3)打开仿真机的电源(注意电源一定要在最后打开)。

(4)实验完成后,先关闭仿真机电源,然后关闭实验箱电源。

思考与习题

1. 简述单片机最小系统的构成。

2. 单片机系统的扩展一般包含哪几个方面的内容?

3. 系统的三总线是指哪三总线?每组总线都由哪些引脚组成?

4. MCS-51单片机的P0口为什么要连接8位锁存器?

5. 用P0、P2作为地址线,选11位地址线时,寻址范围是多少?选13位地址线时,寻址范围是多少?选16位地址线时,寻址范围是多少?

6. 画出含锁存器(74LS373)的MCS-51最小系统连线电路图。

7. 什么是单片机的扩展总线？并行扩展总线与串行扩展总线各有哪些特点？目前单片机应用系统中较为流行的扩展总线有哪些？为什么？

8. 画出 MCS-51 扩展一片程存 2764 和数存 6264 的系统连线电路图，要求用线选法选址。

9. 设计并画出 MCS-51 扩展一片并口 I/O 8255A 和一片数存 6264 的系统连线图，采用译码法选址(译码器 74LS138)。要求：(1)写出访问 6264 的地址。

(2)写出访问 8255A 的地址，并写出 8255A 控制字寄存器地址和 A、B、C 扩展口寄存器地址。

(3)试编写将读出的 A 口数据写到 B 口的实例程序(数据放在 1000H 起始的地址)。

第 6 章　人机交互接口

人机交互接口是指人和计算机之间建立联系、交流信息的有关输入/输出设备的接口。人机交互接口也称为外设接口，是计算机与用户之间最直接的信息通道，是计算机设备的外在表现。对于一个智能设备来讲，设计人性化的人机接口，可方便用户使用，因而变得越来越重要。

6.1　人机交互输入设备——键盘

常用的人机交互输入设备有键盘、鼠标、触摸屏、拨码盘、声音信号输入等。对于单片机系统来说，主要的人机交互输入设备是键盘、触摸屏，其中键盘是最基本的输入设备，几乎任何单片机系统都需要它。因此，本节主要介绍键盘及其与单片机的接口电路。

6.1.1　键盘的种类

键盘是一组按键的组合，是一种最基本的输入设备。通过键盘，可以将数据、地址和命令等输入到计算机中。

根据键盘功能和结构形式的不同，通常把键盘分为两种基本类型：编码键盘和非编码键盘。

(1)编码键盘：编码键盘的按键识别由专用的硬件编译码电路实现，按下键后，键盘电路便能自动产生按键代码，如 ASCII 码、EBCDIC 码等。编码键盘使用方便，键盘码产生速度快，占用 CPU 时间少。但对按键的检测与消除抖动干扰是靠硬件电路来完成的，因而硬件电路复杂、成本高，价格较贵，在单片机系统中应用较少，这里不再过多地介绍。

(2)非编码键盘。这种键盘只简单地提供按键的通或断状态，而按键的识别、键值的确定等工作全靠软件完成，需要程序控制扫描键盘，判断是否有键被按下、哪个键被按下。非编码键盘硬件电路简单，成本低，但占用 CPU 的时间较长，相当于用时间换取硬件电路的简单化。

非编码键盘又可分为独立式键盘和行列式键盘。

①独立式键盘是指其中每一个按键均有一条输入线与计算机的接口相连，如图 6-1 所示，每个按键的电路相互独立。结构简单，连接方便，但缺点是有多少个按键，就需要多少条输入线。这种键盘结构占用硬件资源较多，适合按键不多的场合。

②行列式键盘是指在键盘中按键数量较多时，为了减少 I/O 口的占用，按键按行和列来排列，成为矩阵形式，如图 6-2 所示，因此又叫“矩阵式键盘”。以 4×4 键盘为例，这种方式可排列 4×4＝16 个按键，但与计算机的连线仅为 4＋4＝8 条。这种结构适合按键较多的场合。

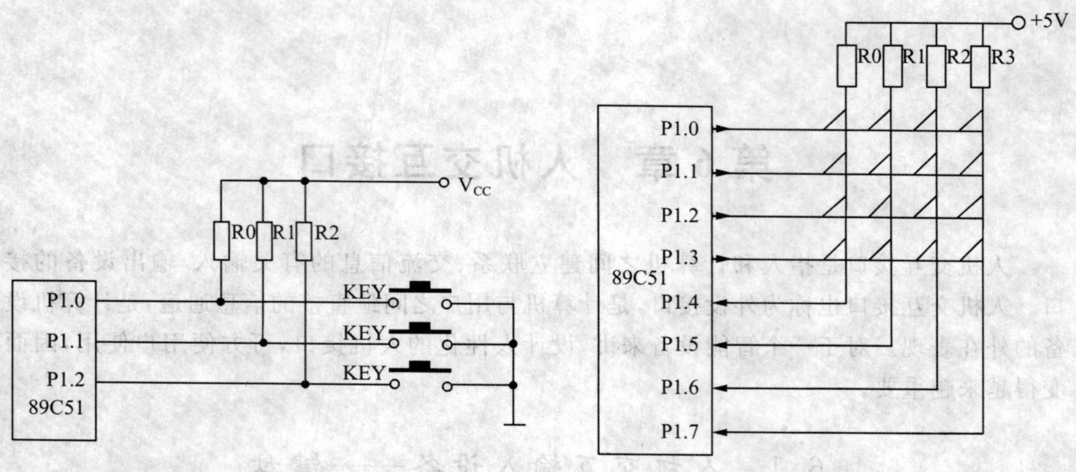

图 6-1 独立式键盘连接图

图 6-2 行列式键盘连接图

6.1.2 键盘的去抖动技术

按键的按下与释放一般是通过机械触点的闭合与断开来实现。由于机械触点的弹性振动,按键在按下时不会马上稳定地接通,在弹起时也不能立刻完全地断开,因而在按键闭合和断开的瞬间均会出现一连串的抖动。如图 6-3 所示。

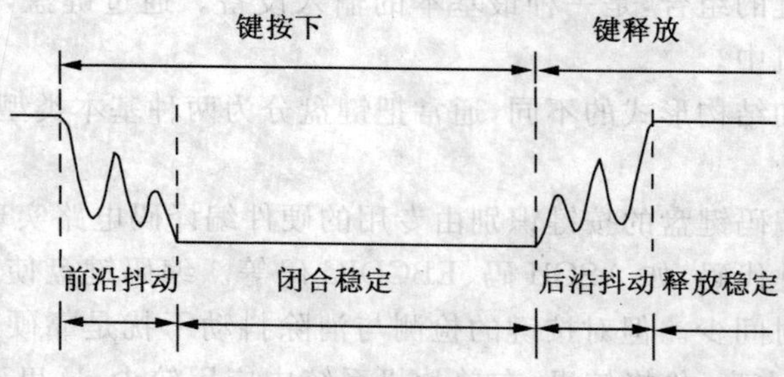

图 6-3 键盘的抖动原理

一般情况下,正常的按键操作其开关动作时间(抖动时间加上稳定时间)大约 100ms,而抖动时间一般都不超过 10ms。

按键的抖动会造成按一次键产生的开关状态被 CPU 误读几次,即按键一次按下或释放被错误地认为是多次操作。为了使 CPU 能正确地读取按键状态,必须在按键闭合或断开时,消除产生的前沿或后沿抖动,去抖动的方法有硬件方法和软件方法两种。

(1)硬件去抖动技术

硬件去抖动技术即在键开关输出端与计算机接口之间加一个硬件消抖电路,如 RC 滤波电路、单稳态触发器电路、双稳态触发器电路(R-S 触发器)等。

其中 RC 滤波去抖动电路如图 6-4 所示。

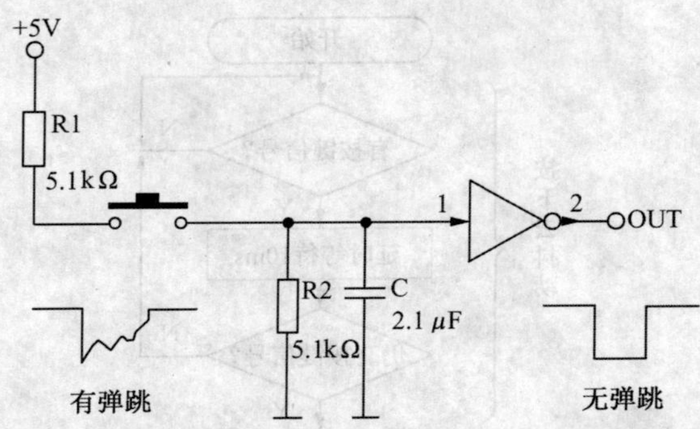

图 6-4　RC 滤波键盘去抖动电路

当按键按下时，电容 C 开始充电。由于 C 两端电压不能突变，去抖动电路送入单片机的电平将不会改变，只有经过一段充电时间后，单片机 I/O 口上的电平才会为 0。当按键松开时情况与其类似。所以只要调整 R1、R2 和 C 值的大小，使充电（或放电）延迟时间大于前沿（或后沿）抖动时间即可（10～20ms）。

双稳态去抖动电路如图 6-5 所示。

按键未按下时，S＝0，R＝1，由于 RS 触发器的特性知，输出 Q＝1。按键按下时，S＝1，R＝0，输出至单片机的 Q＝0。但是因为按键的机械弹性作用，按键产生抖动时会从 R 跳开，从而出现 R 暂时改变为 1 的情况，这时只要按键不会弹到 S 处，S 就一直保持状态为 1。又因为初态 Q＝0，由 RS 触发器的特性知，这时不论 R 的状态为 1 还是为 0，输出至单片机的 Q＝0，消除了前沿抖动。当开关稳定到达 R 端后，因 S＝1，R＝0，使现态 Q＝0。同理可知，在键松开的过程中，RS 触发器也能消除后沿抖动，使得键盘输送到单片机的波形为稳定的矩形波形式。

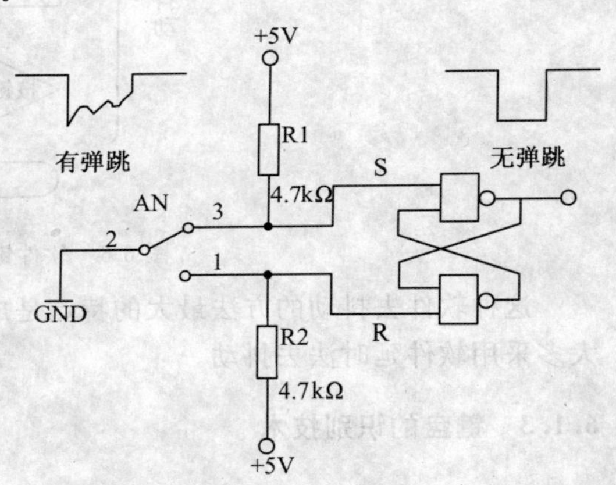

图 6-5　RS 双稳态键盘去抖动电路

由于硬件去抖技术增加了电路的复杂性，故适用于按键数目较少的场合。

（2）软件去抖动技术

根据图 6-3 可以发现，当有键按下或释放时，可以利用软件延时一段时间再检测，就会“躲过”这个不稳定的抖动期，而进入稳定期。例如，当检查到有键按下以后延时一段时间（10～20ms），再检查一次看是否有按键按下，若这一次检查不到，则说明前一次结果为干扰或者抖动；若这一次检查到有按键按下，则说明信号已经稳定，确实有键按下。同样，在监测到有按键释放时，也是先延迟一段时间，然后再检查按键是否释放，如果又检测到按键释放，则说明按键已稳定释放。其处理流程如图 6-6 所示。

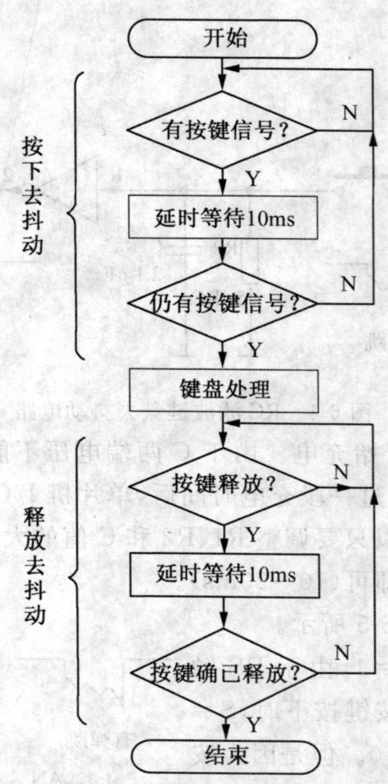

图 6-6　软件键盘去抖动流程图

这种软件去抖动的方法最大的特点是成本低，实现起来比较灵活，在键数目较多时，大多采用软件延时法去抖动。

6.1.3　键盘的识别技术

(1)独立式键盘的识别技术

由于独立式键盘，每个按键连接了一个独立的输入端口，所以 CPU 定时去查看各个输入口的状态时，只要定时时间合适，即可识别出相应的按键状态。但是，如果查询时间不合适或者按键动作太快，就有可能漏判。为了防止这种情况的出现，可以利用中断技术来实现，具体实现电路如图 6-7 所示。

这样，当有任何一个按键按下时都会产生中断，在中断服务子程序中，再进一步识别具体是哪一个按键按下即可。这种方法一般不会漏键。使用此方法时一定要注意去抖动，否则一次按键将引起多次中断。在中断服务子程序开始的位置应该关掉中断，在中断服务程序结束的地方应该打开中断。

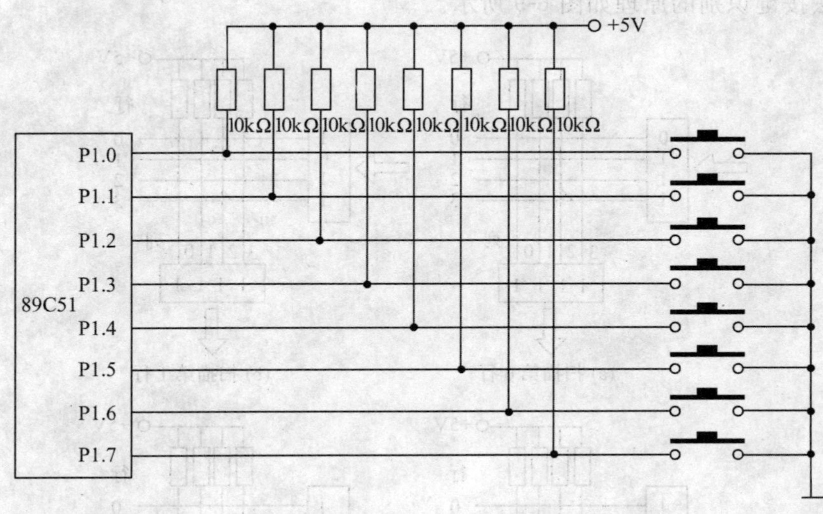

图 6-7 独立式键盘中断识别法

(2)行列式键盘的识别技术

行列式键盘中识别闭合键的方法有两种:扫描法和线反转法。

①扫描法:扫描法中,为了提高效率,识别键盘中有无按键按下是由行线送出全扫描字、列线读入行线状态来判断的,这叫做按键发现。具体确定键盘中哪一个键按下可由行线逐行置低电平后,检查列线输入状态来判断,这叫做按键识别。

扫描法按键发现的原理如图 6-8 所示。

为了发现按键按下,行线(输出信号线)输出全 0 信号,列线通过上拉电阻连接到 V_{CC},若无按键按下,读列线(输入信号线)读到的信号各位应该为全 1,如图 6-8(a)所示。当有任何一个按键按下时,该按键将相应的行线与列线短路,而行线输出全是 0,所以列线读到的信号应该至少有一个位不是 1,如图 6-8(b)所示。哪一个位不是 1,说明该按键在哪一列。

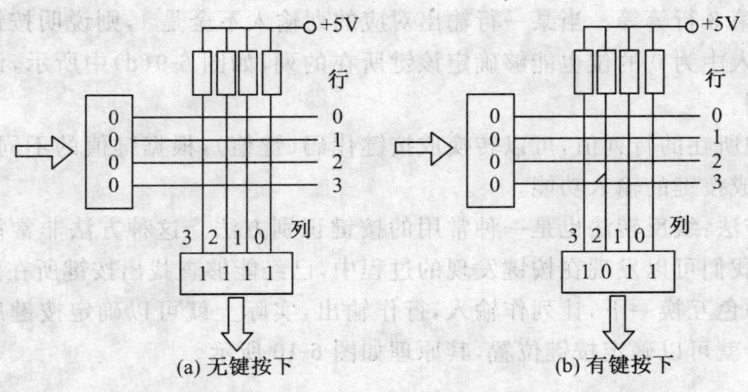

图 6-8 行列式键盘扫描法按键发现原理

扫描法按键识别的原理如图 6-9 所示。

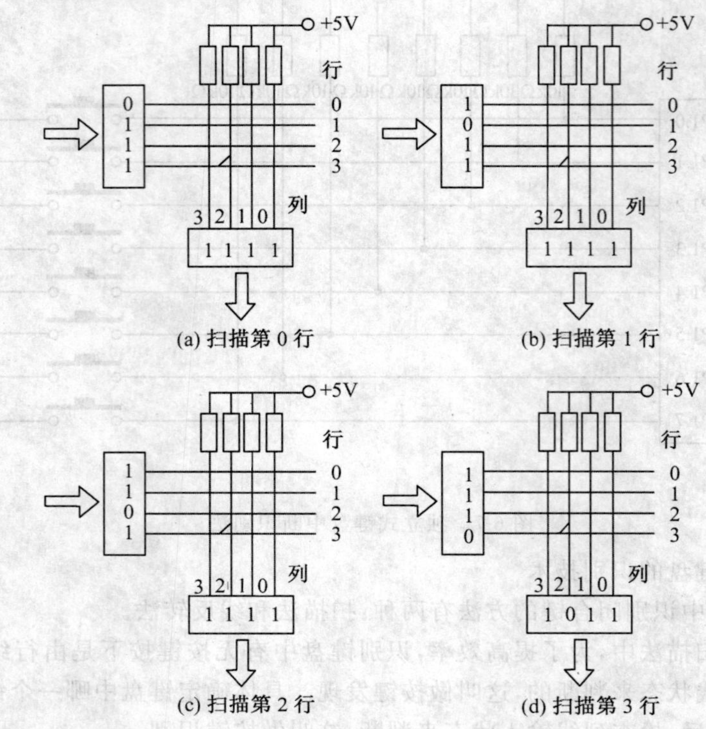

图 6-9 行列式键盘扫描法按键识别原理

当按键发现部分已经发现有按键按下时，就需要进一步确定具体是哪一个按键被按下，也就是需要确定按键的具体位置。方法是：先让行线输出第 0 行为 0，其他行都是 1，这时读入列线，查看所读入的列线信号是否全为 1，如果全为 1，则说明该键不在第 0 行，如图 6-9(a)所示。再让行线输出第 1 行为 0，其他行都为 1，再读入列线信号，查看所读入的列线信号是否为 1，同样如果全为 1，则说明该键不在第 1 行，如图 6-9(b)所示。如是再查看第 2 行、第 3 行等等。当某一行输出对应的列输入不全是 1，则说明按键在该行。同时，根据列输入中为 0 的位也能够确定该键所在的列，如图 6-9(d)中所示，说明该按键在第 3 行第 2 列。

有了按键所在的行列值，可以转换成按键代码（键值），根据键值的不同，执行不同的程序，即可完成按键的输入功能。

②线反转法：线反转法也是一种常用的按键识别方法。这种方法非常简单。通过前面的扫描法，我们可以发现在按键发现的过程中，已经能够查找出按键所在的列。只需要把行和列的角色互换一下，让列作输入，行作输出，实际上就可以确定按键所在的行。这样只需要两步就可以确定按键位置，其原理如图 6-10 所示。

(a) 确定按键所在列　　(b) 确定按键所在行

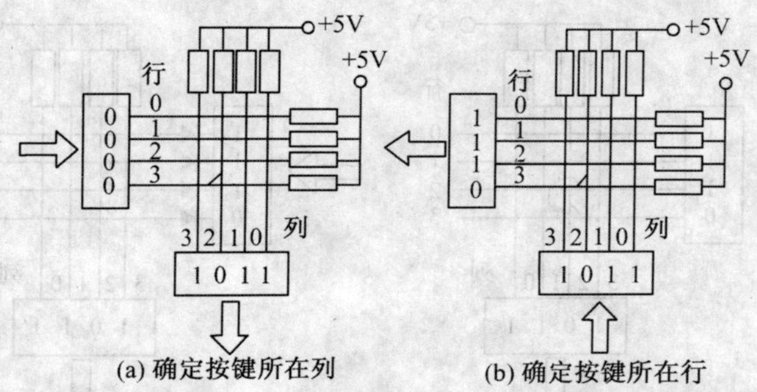

图 6-10　行列式键盘线反转法按键识别原理

第一步和扫描法一样，让行输出为全 0，读列输入，发现哪一列为 0，就说明该键就在这一列，如图 6-10(a)所示。第二步，让列输出刚才读到的值(或者列输出全 0)，然后从行读入，如果哪一行为 0，说明该按键就在该行和列的交叉点上，如图 6-10(b)所示。

这种方法比扫描法速度要快，因此在实际应用中常用。但有一点，要求行输出和列输入的信号传输方向能够被改变，否则这种方法将无法实现。

6.1.4　键盘的按键保护技术

如果同时有两个或两个以上按键同时按下时，对于线反转法会出现输入端口有两个以上的 0 位，如图 6-11 所示，这时应作废键处理。

对于扫描方式，如果是同一行两个相邻的列上的按键同时按下，也会使得输入数据中出现两个以上 0，如图 6-12 所示，同样作为废键处理。

(a) 确定按键所在列　　(b) 确定按键所在行

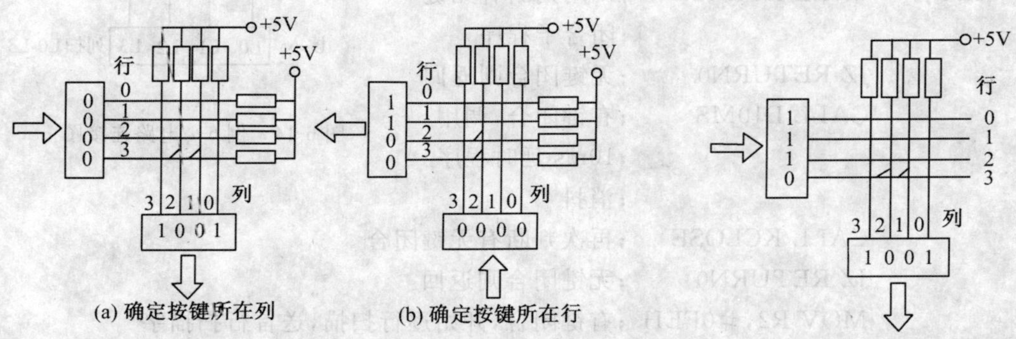

图 6-11　线反转法两个以上按键同时按下

图 6-12　扫描法同一行上两个以上按键同时按下

对于扫描方式，如果是两个相邻的行上的按键同时按下，会使得输出电路的两个行之间的接口出现短路现象，如图 6-13(a)所示。这种现象的出现有可能导致行线输出接口灌入电流过大而烧毁。为了防止出现这一问题，一般都是在输出端口上串接开关二极管限制电流方向即可，如图 6-13(b)所示。

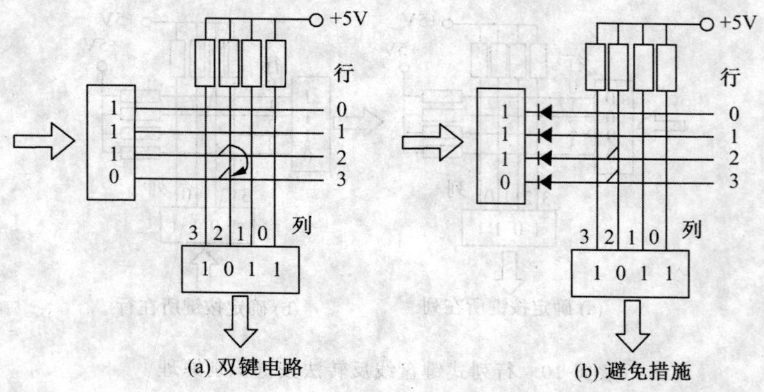

图 6-13　扫描法不同行两个以上按键同时按下出现的短路及防范措施

6.1.5　非编码键盘的应用举例

【例 6-1】 利用单片机的 P1 口作为键盘接口，连接 4×4 的行列式键盘(如图 6-14 所示)，P1.0～P1.3 接行扫描。P1.4～P1.7 接列扫描，用扫描法实现键盘输入程序。

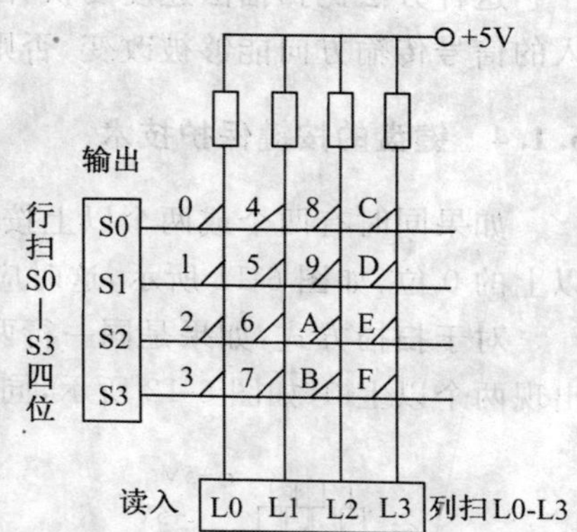

图 6-14　例 6-1 电路连接图

相应的接口程序为：

程序接口描述：R2 作行扫描字寄存器，行号存放在寄存器 R4 中，R3 寄存器存放所按下按键的键值。

```
KEY:    CALL KCLOSE     ;调用判断有无键
                        ;闭合子程序
        JZ RETURN0      ;无键闭合则返回
        CALL D10MS      ;有键闭合，调用
                        ;10ms 延时程序
                        ;消抖
        CALL KCLOSE     ;再次判断有无键闭合
        JZ RETURN0      ;无键闭合则返回
        MOV R2,#0FEH    ;有键闭合，开始逐行扫描，送首行扫描字
        MOV R4,#00H     ;送首行号
LIE0:   MOV A,R2
        MOV P1,A
        NOP             ;使 P1 口输出稳定
        NOP
        NOP
        MOV A,P1        ;扫描字从 P1 口送出
        JB ACC.4,LIE1   ;第 0 列无键闭合，转第 1 列
```

```
          MOV A,#00H          ;第 0 列首键号送 A
          AJMP DECODE         ;转键值计算程序
LIE1:     JB ACC.5,LIE2       ;第 1 列无键闭合,转第 2 列
          MOV A,#04H          ;第 1 列首键号送 A
          AJMP DECODE         ;转键值计算程序
LIE2:     JB ACC.6,LIE3       ;第 2 列无键闭合,转第 3 列
          MOV A,#08H          ;第 2 列首键号送 A
          AJMP DECODE         ;转键值计算程序
LIE3:     JB ACC.7,NEXT       ;第 3 列无键闭合,转下 1 行
          MOV A,#0CH          ;第 3 列首键号送 A
DECODE:   ADD A,R4            ;计算键值
          MOV R3,A            ;把键值暂存 R3
WaitK:    CALL KCLOSE         ;等待键释放
          JNZ WaitK           ;没有释放则继续等待
          SETB PSW.5          ;置有键按下标志
          SJMP RETURN
NEXT:     INC R4              ;行号加 1
          MOV A,R2
          RL A                ;新的行扫描字送 R2(为扫描下 1 列做准备)
          MOV R2, A
          CJNE R4, #04H,LIE0  ;4 行是否都已扫描完? 没完则扫描下 1 行
RETURN0:  CLR PSW.5           ;清有键按下标志
RETURN:   RET                 ;键盘扫描子程序结束,返回
KCLOSE:   MOV P1,#0F0H        ;判键闭合子程序
          MOV A,P1
          ORL A, #0FH
          CPL A               ;A=0 则无键闭合
          RET
D10MS:    MOV R7,#10H         ;延时 10ms 子程序
DE1:      MOV R6,#0FFH
DE2:      DJNZ R6,DE2
          DJNZ R7,DE1
          RET
```

6.2　人机交互输入设备——触摸屏

触摸屏(touch screen)是一种新型的输入设备,用户只要用手指碰触显示屏上的图符或文字就能实现对主机的操作,而无须使用鼠标或键盘。它使人机交互更为简单、方便、

自然，在票务销售、信息查询、多媒体教学、手机、电玩等领域均有广泛应用。

6.2.1 触摸屏的分类及其工作原理

按照触摸屏的工作原理和传输信息的介质，触摸屏可分为四种，分别为电阻式、电容感应式、红外线式以及表面声波式（还曾有一种矢量压力传感技术触摸屏，现已退出历史舞台）。

(1)电阻式触摸屏

电阻式触摸屏附着在显示器的表面，是一种多层的复合薄膜。其最下面以一层玻璃或硬塑料平板作为基层，表面涂有一层透明氧化金属阻性导体层，上面覆盖另一阻性导体层，两阻性导体层之间有许多细小的透明隔离点把它们隔开，最上面是外表面经过硬化处理从而光滑防刮的塑料层。如图 6-15 所示。

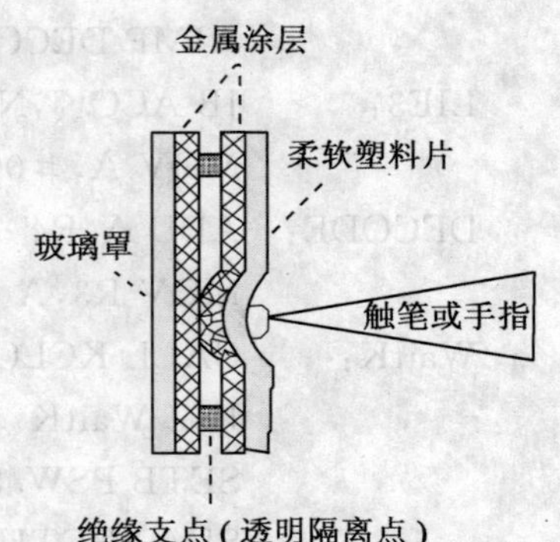

图 6-15 电阻式触摸屏结构

两层电阻面板的端点都各有电极，电极选用导电性能极好的材料（如银粉墨）构成，如图 6-16 所示的 Y＋、Y－、X＋、X－，因此配合一些开关就可侦测出面板上哪一相对位置被触摸。

设定开关 SW2 与 SW3 是 OFF(open)，SW0 与 SW1 是 ON(close)，如图 6-17 所示。当有外力在面板上的某一点压下去时，取得电压接到 ADC(analog to digital converter)。

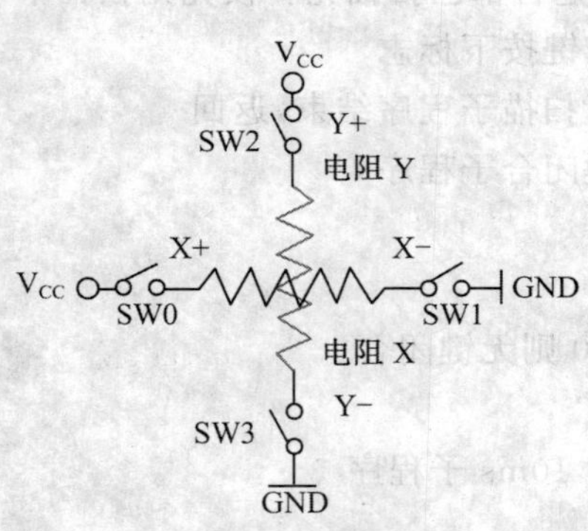

图 6-16 电阻式触摸屏原理

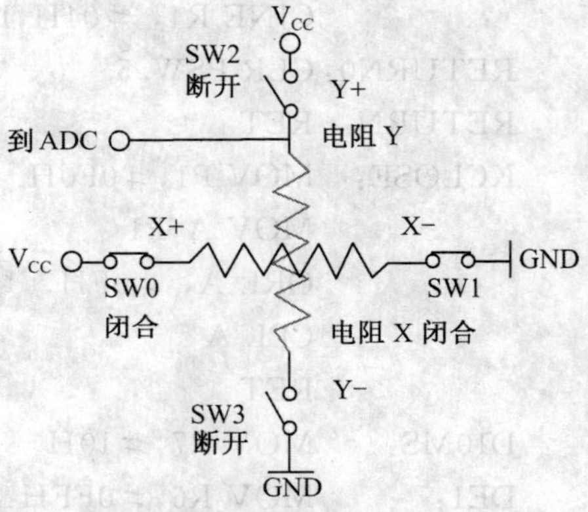

图 6-17 电阻式触摸屏 X 坐标测量原理

图 6-17 实际上可以等效为图 6-18。

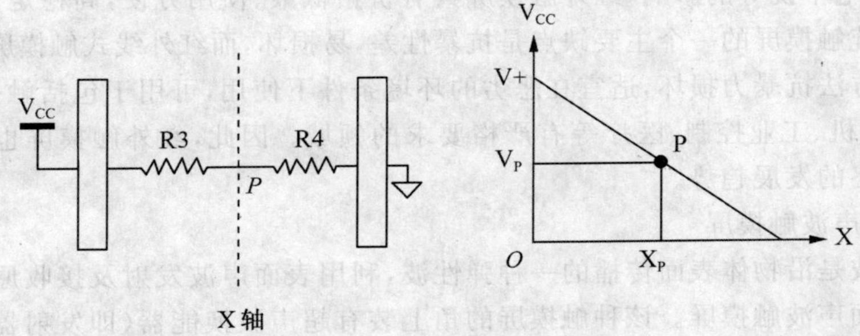

图 6-18　电阻式触摸屏 X 坐标测量等效原理图

R3 是触摸点到 V_{CC} 板的电阻值，R4 是触摸点到地的电阻值，那么，触摸点的电压就是：

$$V_{Px}=V_{CC}\times R4/(R3+R4)$$

这样不同的电压与 X 坐标将一一对应，根据所测量的电压值就可以转换成横向坐标值。

同理，设定开关 SW0 与 SW1 是 OFF(open)，SW2 与 SW3 是 ON(close)，如图 6-19 所示，当有外力在面板上的某一点压下去时，由 P 点取得电压接到 ADC(analog to digital converter)，就可以得到被触摸点的 Y 坐标相对位置。

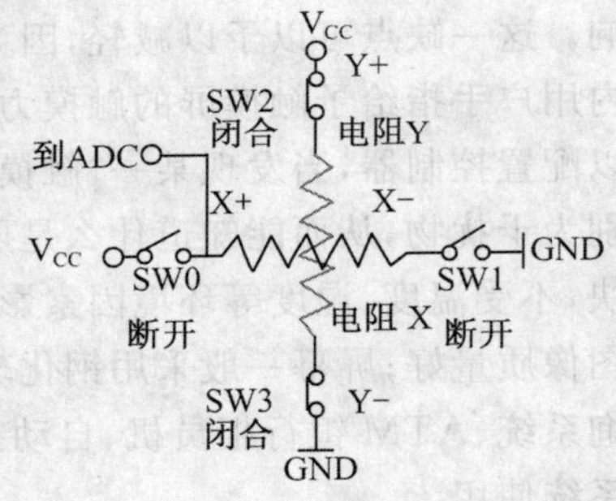

图 6-19　电阻式触摸屏 Y 坐标测量原理

电阻式触摸屏触摸感应灵敏(可在 7～30ms 内作出反应)，触摸力度小，定位准确，屏幕本身一般具有防辐射、防磁功能，在嵌入式系统中用的较多。但屏幕表面容易被划破，使用时应当注意。

(2)电容式触摸屏

电容式触摸屏是在玻璃屏幕上镀上透明的薄膜金属导电层，在金属导电层外加保护玻璃，在触摸屏四边均引出电极。当手指触摸在金属层上时，人体和触控屏表面形成一个耦合电容，改变了导电体内的电场，使流经屏的四边上电极的电流随手指到屏的四边的距离而变化。通过计算屏的四边的电流比例，即可得出触摸点的位置。

电容触控屏不易受尘埃、油渍或其他污染物的影响，但缺点是由于其采用电场耦合原理进行工作，所以当外界有电感和磁感的时候，会受到周围环境的影响。因表面有涂层，所以它的透光率低并且有反光。同时，由于电容会受温度、湿度等影响而变化，故电容式触摸屏存在不同程度的漂移现象，使用时需要校正。

(3)红外式触摸屏

红外触摸屏采用红外发射及接受原理制成，在触摸屏外框上加装红外线发射与接收感测元件，在屏幕表面上形成横竖交叉的红外线探测矩阵来探测用户的触摸。当有物体挡住屏幕上的红外线时，改变了 X、Y 两个方向的接受信息，因而可以判断出触摸点在屏幕的位置。由于是基于红外线扫描技术，安装方便、对触摸物没有特殊的要求，不容易受环境污染、静电干扰等的影响，红外触摸屏具有价格低廉、使用方便，高稳定性、高可靠性的特点。传统触摸屏的一个主要缺点是抗暴性差，易损坏，而红外线式触摸屏可通过装配防暴玻璃等方法抗暴力损坏，适宜在恶劣的环境条件下使用，可用于包括触摸查询机、自动终端、POS 机、工业控制、医疗等有严格要求的领域。因此，红外触摸屏也被称为是触控屏产品最终的发展趋势。

(4)表面声波触摸屏

表面声波是沿物体表面传播的一种弹性波，利用表面声波发射及接收原理制造的触摸屏就是表面声波触摸屏。该种触摸屏的角上装有超声波换能器(即发射器及接收器)，能分别发射、接收高频声波，实现电信号与声波之间的转换。当手指或其他能够吸收或阻挡声波能量的物体触摸屏幕时，触点处的声波即被部分吸收，根据接收器信号的衰减变化情况可以分析出坐标位置。同其他类型的触摸屏相比，表面声波触摸屏还可根据接收信号衰减处的衰减量计算得到用户触摸压力大小值，这是因为用户触摸屏幕的力量越大，接收信号波形上的衰减也就越厉害。

表面声波触摸屏的缺点是受其工作原理的限制，表面声波触摸屏表面必须保持清洁，如沾有水渍、油渍、污物或尘埃，便会影响声波传播，对系统感应的准确度产生一定的影响。这一缺点可以予以减轻，因为表面声波触摸屏有触摸压力大小测量功能，在一定时间内用户手指给予触摸屏的触摸力度总会有微弱的变化，而水渍或灰尘就不会改变，所以可以配置控制器，当发现某一“触摸”出现后接收信号波形丝毫不变，超过一定时间即自动识别为干扰物，从而能知道什么是屏幕上的干扰物，什么是手指。表面声波触摸屏感应速度快，不受温度、湿度等环境因素影响，因而没有漂移。它的表面没有涂层，所以透光率高、图像质量好；屏幕一般采用钢化玻璃制作，能接受多次的触碰，寿命长，适合在公共信息查询系统、ATM 银行柜员机、自动提款机、智能排队取号机等公共场所以及工厂设备控制系统使用。

6.2.2 触摸屏的控制芯片

触摸屏的控制采用专用芯片，专门处理是否有笔或手指按下触摸屏，并在按下时分别给两组电极通电，然后将其对应位置的模拟电压信号经过 A/D 转换送回处理器。ADS7843 是一种常用的触摸屏控制芯片，是一个内置 12 位模数转换、低导通电阻模拟开关的串行接口芯片。供电电压 2.7～5V，参考电压 V_{REF} 为 1V～$+V_{CC}$，转换电压的输入范围为 0～V_{REF}，最高转换速率为 125kHz。ADS7843 引脚分布如图 6-20 所示。

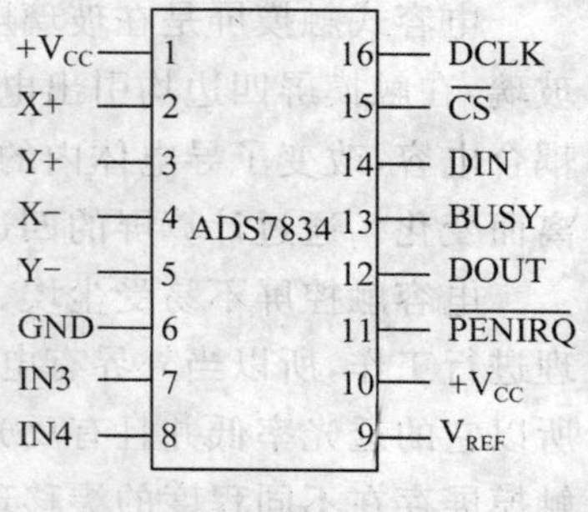

图 6-20 触摸屏控制芯片 ADS7843 引脚分布

引脚功能如表 6-1 所示。

表 6-1　　触摸屏控制芯片 ADS7843 引脚功能

引脚号	名称	描述
1、10	$+V_{CC}$	供电电源输入 2.7～5V
2、3	X+、Y+	触摸屏 X+、Y+输入，接内部 ADC 输入通道
4、5	X−、Y−	触摸屏 X−、Y−输入
6	GND	接地
7、8	IN3、IN4	附属 ADC 输入通道
9	V_{REF}	ADC 参考电压
11	$\overline{\text{PENIRQ}}$	接触中断输出，必须外接 10～100kΩ 电阻
12、14、16	DOUT、DIN、DCLK	控制字输入、A/D 转换结果输出端；在时钟下降沿时输出，上升沿时输入
13	BUSY	忙指示输出
15	$\overline{\text{CS}}$	片选

其中，X+、Y+、X−、Y−引脚直接与触摸屏的相应管脚相连。ADS7843 与 CPU 之间的数据接口是 SPI 接口，数据从 DIN 和 DOUT 在 DCLK 的同步控制下，输入输出。当有触点按下时，$\overline{\text{PENIRQ}}$就会有有效信号输出，引起 CPU 的中断，CPU 应延迟一下再响应中断请求，目的是为了消除抖动，使采样更精确，如果采样一次不够准确，可以尝试多次采样取平均，目的也是为了减少抖动引起的干扰。

ADS7843 支持两种参考电压输入模式：一种是参考电压固定为 V_{REF}，如图 6-21(a)所示；另一种采取差动模式，参考电压来自驱动电极，如图 6-21(b)所示。

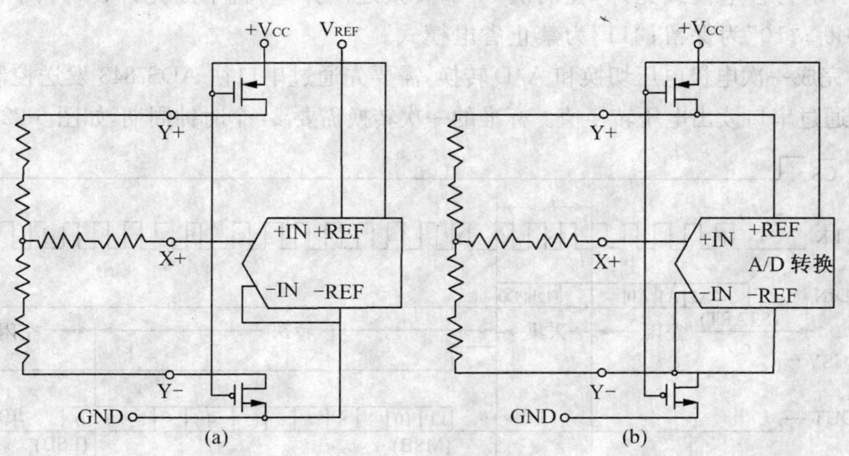

图 6-21　触摸屏控制芯片 ADS7843 的参考电压输入模式

ADS7843 的控制字如表 6-2 所示。

表 6-2　　触摸屏控制芯片 ADS7843 的控制字

bit7(MSB)	bit6	bit5	bit4	bit3	bit2	bit1	bit0
S	A2	A1	A0	MODE	SER/$\overline{\text{DFR}}$	PD1	PD0

其中 S 为数据传输起始标志位，该位必为“1”。SER/$\overline{\text{DFR}}$选择参考电压的输入模式，A2～A0 进行通道选择，具体选择情况如表 6-3 和表 6-4 所示。

表 6-3　　ADS7843 参考电压非差动模式通道选择(SER/DFR＝1)

A2	A1	A0	X＋	Y＋	IN3	IN4	－IN	X 开关	Y 开关	＋REF	－REF
0	0	1	＋IN				GND	OFF	ON	$+V_{REF}$	GND
1	0	1		＋IN			GND	ON	OFF	$+V_{REF}$	GND
0	1	0			＋IN		GND	OFF	OFF	$+V_{REF}$	GND
1	1	0				＋IN	GND	OFF	OFF	$+V_{REF}$	GND

表 6-4　　ADS7843 参考电压差动模式通道选择(SER/DFR＝0)

A2	A1	A0	X＋	Y＋	IN3	IN4	－IN	X 开关	Y 开关	＋REF	－REF
0	0	1	＋IN				－Y	OFF	ON	＋Y	－Y
1	0	1		＋IN			－X	ON	OFF	＋X	－X
0	1	0			＋IN		GND	OFF	OFF	$+V_{REF}$	GND
1	1	0				＋IN	GND	OFF	OFF	$+V_{REF}$	GND

MODE 用来选择 A/D 转换的精度，“1”选择 8 位，“0”选择 12 位。PD1、PD0 选择省电模式：“00”为省电模式允许，在两次 A/D 转换之间掉电，且中断允许；“01”同“00”，只是不允许中断；“10”为保留；“11”为禁止省电模式。

为了完成一次电极电压切换和 A/D 转换，需要先通过串口往 ADS7843 发送控制字，转换完成后再通过串口读出电压转换值。标准的一次转换需要 24 个时钟周期，如图 6-22 所示。

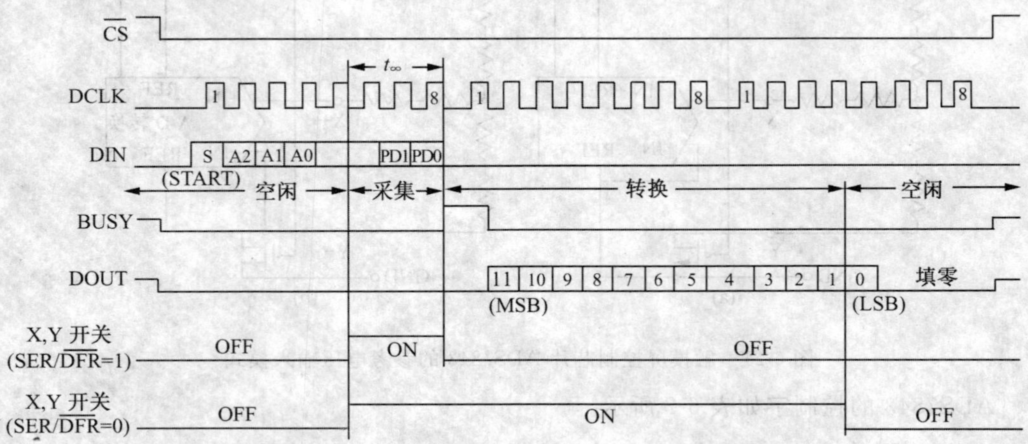

图 6-22　触摸屏控制芯片 ADS7843 A/D 转换时序(24 机器周期)

由于串口支持双向同时进行传送，并且在一次读数与下一次发控制字之间可以重叠，所以转换速率可以提高到每次 16 个时钟周期，如图 6-23 所示。

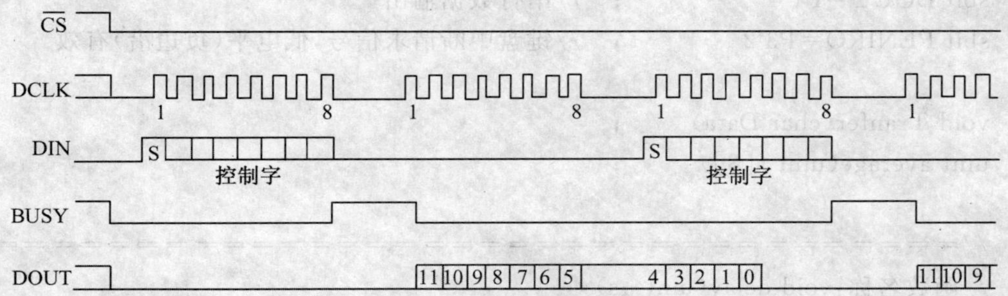

图 6-23　触摸屏控制芯片 ADS7843 A/D 转换时序(16 机器周期)

6.2.3　触摸屏的接口电路及驱动程序

用 ADS7843 构成的单片机触摸屏接口电路如图 6-24 所示。

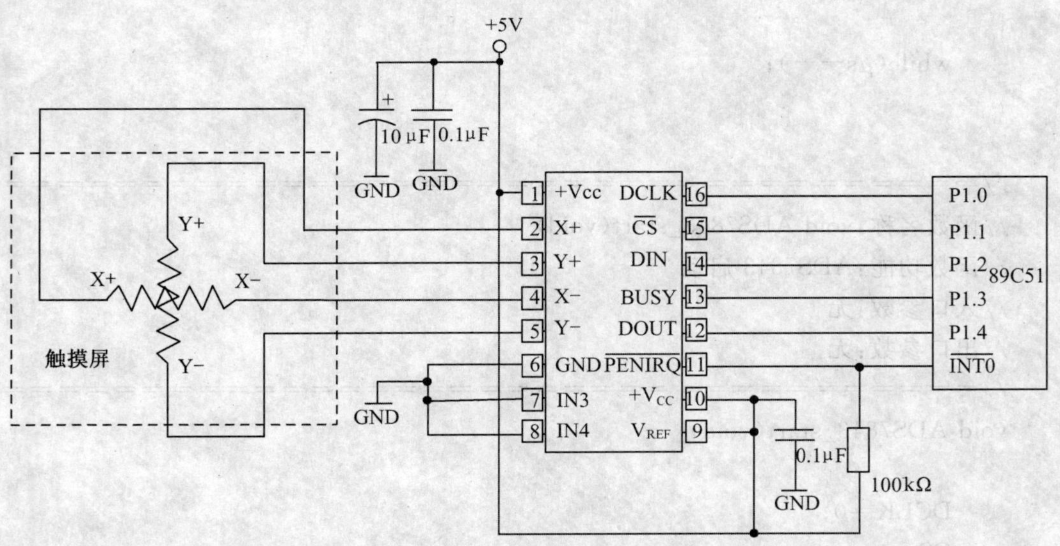

图 6-24　用 ADS7843 构成的单片机触摸屏电路

图 6-24 所对应的 89C51 触摸屏 C 语言接口程序如下：

```
#include <STC89C51RC.h>     //STC 单片机头文件
#include <intrins.h>
#define uint unsigned int
#define uchar unsigned char

sbit DCLK=P1^0              ;   //时钟信号，下降沿有效
sbit CS=P1^1                ;   //片选信号，低电平有效
```

```
sbit DIN=P1^2          ; //串行数据输入
sbit BUSY=P1^3         ; //忙信号
sbit DOUT=P1^4         ; //串行数据输出
sbit PENIRQ=P3^2       ; //键盘中断请求信号,低电平(负边沿)有效

void Tranfer(char Data)    ;
uint average(uint a[8])    ;

//==========================================
//函数名称:void delay(uint μs)
//函数功能:延时子函数
//入口参数:μs 延时时间,假设时钟周期为 12MHz
//出口参数:无
//==========================================
void delay(uint μs)
{
    while(μs--);
}

//==========================================
//函数名称:void ADS7843_start(void)
//函数功能:ADS7843 启动
//入口参数:无
//出口参数:无
//==========================================
void ADS7843_start(void)
{
    DCLK=0;
    CS=1;
    DIN=1;
    DCLK=1;
    CS=0;
}

//==========================================
//函数名称:void ADS7843_wr(uchar dat)
//函数功能:写 ADS7843
//入口参数:dat 写入的数据
```

```
//出口参数:无
//========================================
void ADS7843_wr(uchar dat)
{
    uchar count;
    DCLK=0;
    for(count=0;count<8;count++)
    {
        dat<<=1;
        DIN=CY;
        DCLK=0;
        _nop_();
        _nop_();
        _nop_();
        DCLK=1;
        _nop_();
        _nop_();
        _nop_();
    }
}

//========================================
//函数名称:uint ADS7843_rd(void)
//函数功能:读 ADS7843
//入口参数:无
//出口参数:读回的坐标值
//========================================
uint ADS7843_rd(void)
{
uchar count=0;
uint dat=0;
for(count=0;count<12;count++)
{
    dat<<=1;
    DCLK=1;
    _nop_();
    _nop_();
    _nop_();
```

```
        //下降沿有效
        DCLK=0;
        _nop_();
        _nop_();
        _nop_();
        if(DOUT)
        dat++;
    }
    return(dat);
    }

    //================================================
    //函数名称:void intr0_int()
    //函数功能:外中断 0 中断服务函数
    //入口参数:无
    //出口参数:无
    //================================================
    void intr0_int() interrupt 0 using 2
    {
        uint X=0,Y=0,a[4],i, avex,avey,x[8],y[8];
        IE=0                 ; //关中断
        delay(100)           ; //中断后延时以消除抖动,使得采样数据更准确
        if(! PENIRQ)
        {
          for(i=0;i<8;i++)  //进行 8 次数据采集
    {
        delay(2);
        ADS7843_wr(0x90);     //送控制字 10010000
                              //即用差分方式读 X 坐标
        delay(2);
        DCLK=1;
        _nop_();
        _nop_();
        _nop_();
        _nop_();
        DCLK=0;
        _nop_();
        _nop_();
```

```
    _nop_();
    _nop_();
    X=ADS7843_rd()            ;//读 X 轴坐标
    x[i]=X;
    ADS7843_wr(0xD0)          ;//送控制字 11010000
                               //即用差分方式读 Y 坐标
    DCLK=1;
    _nop_();
    _nop_();
    _nop_();
    _nop_();
    DCLK=0;
    _nop_();
    _nop_();
    _nop_();
    _nop_();
          Y=ADS7843_rd() ;//读 Y 轴坐标
          y[i]=Y;
          CS=1;
      }
      avex=average(x)         ;//X 坐标数据处理
      avey=average(y)         ;//Y 坐标数据处理
      for(i=0;i<10;i++)       //延时,在程序中根据具体情况改动
      delay(10000);
  }
  IE=0x81                     ;//开中断
}

//=========================================
//函数名称:uint average(uint a[8])
//函数功能:数据处理程序,采集 8 次的数据,求平均
//入口参数:数组首地址
//出口参数:平均值
//=========================================
uint average(uint a[8])
{
    uint i,ave=0,sum=0;
    for(i=0;i<8;i++)
```

```
    {
        sum+=a[i];
    }
    ave=sum/8;
    return ave;
}

//==========================================
//函数名称:int main()
//函数功能:主函数
//入口参数:无
//出口参数:无
//==========================================
int main()
{
    TCON=0x01              ;//设置外部中断0下降沿触发
    EX0=1                  ;//开外中断0
    EA=1                   ;//开总中断
    while(1);
}
```

6.3　人机交互输出设备——LED

发光二极管(light emitting diode)的英文缩写为LED。将LED组合起来用于图形、数字、文字等的显示器件即LED显示器,有时也将LED显示器简称为LED。由于具有可靠性高,使用寿命长,配置灵活,性能价格比高,使用成本低等特点,LED显示器在工业自动化控制、广告媒体显示、公共交通信息建设等领域中得到广泛应用。根据显示形式,LED显示器分成两类:一类是简单的段型显示器,另一类是点阵型显示器。段型的显示器又分成七段数码显示器和米字型数码显示器。这些段型显示器的优点是控制简单,缺点是只能用于显示阿拉伯数字和英文字母,无法用于显示图形和汉字。而点阵型LED显示器不仅能够显示字母、数字,还能显示各种文字和图形,甚至还能显示动画、实时图像,这就是通常所说的“电子大屏”。当然,点阵式LED的控制要比段式LED复杂得多。本书主要对七段数码显示技术进行详细描述,同时也对点阵式LED显示技术作些介绍。

6.3.1　LED数码显示器的工作原理

比较常用的一种LED段式显示器件是LED七段显示数码管。它是利用七个发光二极管排列成“日”字,通过七个发光二极管的明暗组合显示出一位数字,一般还加了一个发光二极管用于显示小数点,共八个发光二极管组成数码管。数码管的引脚外形如图6-25

所示。

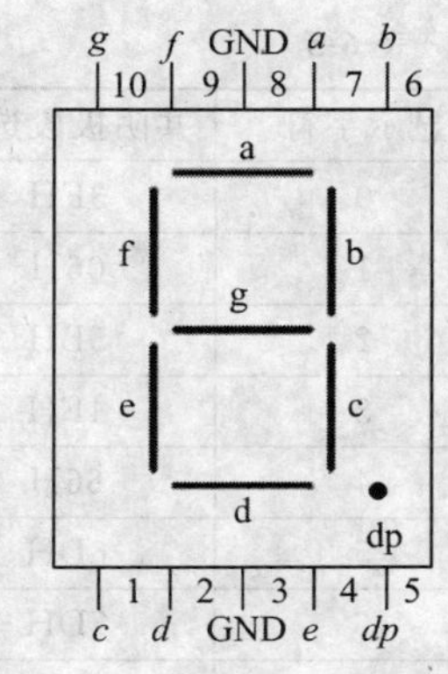

图 6-25　7 段 LED 数码管

LED 七段数码管的极性有共阴极和共阳极两种类型，如图 6-26 所示。(a)图为共阴型内部结构原理图，各个二极管的阴极一端都连在一起，发光二极管的阳极为高电平时，二极管被点亮。(b)图为共阳型内部结构原理图，各个二极管的阳极一端连在一起，发光二极管的阴极为低电平时，二极管被点亮。

每个 LED 数码管导通时，将产生约 1V 的压降，而维持导通所需要的电流为 10～15mA。因此，对于 5V 的 TTL 电平，通常要在每个段串一个 300～400Ω 的电阻。如图 6-27 所示。

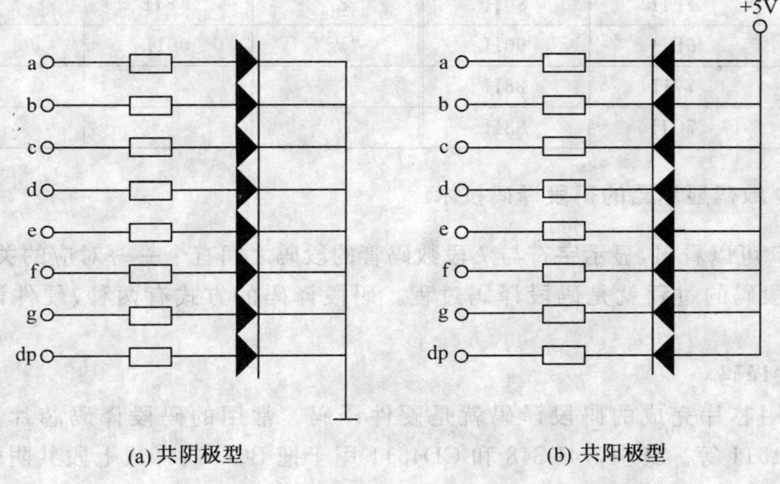

图 6-26　7 段 LED 数码管的两种类型

为了显示字符，需要为 LED 数码管 8 个引脚提供合适的高低电平。如果高电平用数“1”表示，低电平用数“0”表示，那么送往数码管的 8 个引脚的电平组合就对应了一个 8 位数据，这个 8 位数据称为所显示字符的段码(或段选码)。段码排列格式如下：

h	g	f	e	d	c	b	a

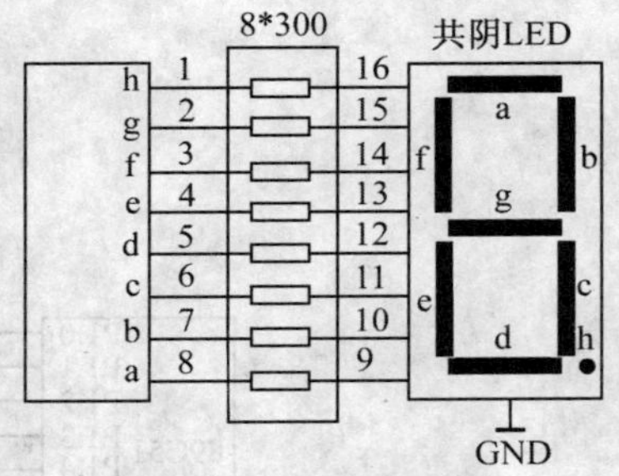

图 6-27　共阴极 7 段 LED 数码管的连接

由于共阳极和共阴极的显示器点亮某一位段的电平相反(共阳需要低电平，共阴需要高电平)，因此，它们的段码互为相反数。常用字符共阳极、共阴极的段码如表 6-5 所示。

表 6-5　常用字符的 7 段数码管段码表

显示字符	共阴极段选码	共阳极段选码	显示字符	共阴极段选码	共阳极段选码
0	3FH	C0H	C	39H	C6H
1	06H	F9H	d	5EH	A1H
2	5BH	A4H	E	79H	86H
3	4FH	B0H	F	71H	8EH
4	66H	99H	P	73H	8CH
5	6DH	92H	U	3EH	C1H
6	7DH	82H	r	31H	CEH
7	07H	F8H	Y	6EH	91H
8	7FH	80H	8.	FFH	00H
9	6FH	90H	“灭”	00H	FFH
A	77H	88H			⋮
b	7CH	83H			

6.3.2　LED 数码显示器的码段译码技术

从表 6-5 可以看出，显示字符与 7 段数码管的段码之间有个一一对应的关系，把显示内容映射成段码的过程就是码段译码过程。码段译码的方式有两种，硬件译码和软件译码。

(1)硬件译码

利用专用芯片完成的码段译码就是硬件译码。常用的码段译码芯片是 74LS48、74LS47、CD4511 等。其中，74LS48 和 CD4511 用于把 BCD 码译成七段共阴极数码管的码段，并具有一定的驱动功能；74LS47 用于把 BCD 码译成七段共阳极数码管的码段，并具有一定的驱动功能。利用硬件译码构成的数码管驱动电路如图 6-28 所示。

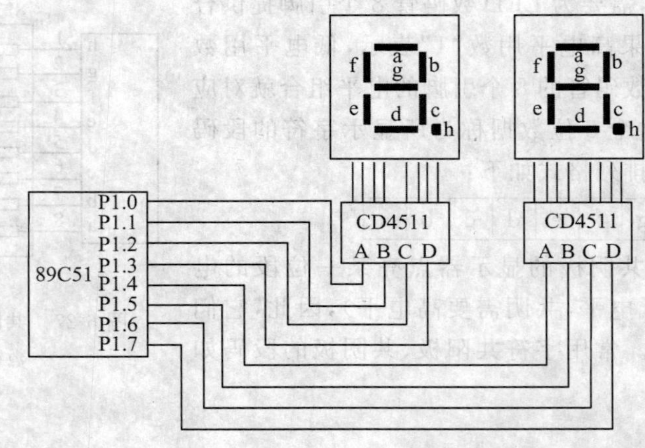

图 6-28　共阴极 7 段 LED 数码管硬件译码电路

硬件译码特点：采用专用的译码/驱动器件，驱动功率较大；软件编程简单；增加了硬件的开销；字型固定（例如，只有七段，只可译数字）。

(2)软件译码

利用软件查表的方式完成的码段译码就是软件译码。如下面一段程序可用于完成 0～9 的译码（假定待显示数字位于 30H 单元）：

```
        MOV DPTR，＃TABLE          ;共阴 LED 数码管译码表首址
        MOV R0，＃30H              ;待显数据缓冲区的地址
        MOV A，@R0                 ;通过 R0 实现寄存器间接寻址
        MOVC A，@A＋DPTR           ;查表
        MOV P1，A                  ;输出
        ……
TABLE：DB 3FH，06H，5BH，4FH，66H  ;共阴 LED 译码表
        DB 6DH，7DH，07H，7FH，6FH
```

软件译码特点：不用专用的译码/驱动器件，不增加硬件的开销；字型灵活（例如，有八段，可译多种字符）。缺点是增加了软件编程的复杂度。

6.3.3　LED 数码显示器的显示方式

LED 显示器有静态显示和动态显示两种方式。

(1)LED 静态显示

所谓静态显示就是当不改变显示内容时，对应的发光二极管就一直保持导通或截止状态不变，直到改变显示内容为止。

这种静态显示法，对于多个数码管或点阵显示器件，每一个显示单元都需要一个独立的 I/O 口和一套独立的驱动控制端，如图 6-29 所示。

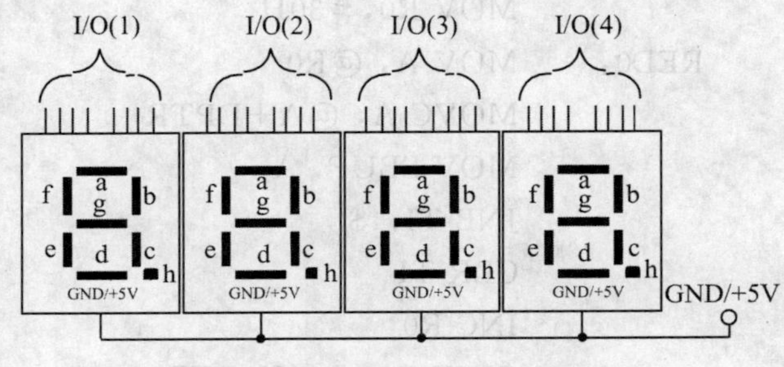

图 6-29　LED 静态显示电路

静态显示方式亮度高、编程容易，CPU 只是在系统运行到在需要改变显示内容时，才去执行显示更新程序，故 CPU 时间占用少，工作效率高。但是由于所要求的 I/O 口线路资源较多，因此在显示位数较少时才使用静态显示方式，在显示位数较多时一般采用动态显示方式。

静态显示中每位的段选线与一个 8 位并行口相连。这里的 8 位并行口可以直接采用并行 I/O 接口（如 80C51 的 P1 端口、8155 和 8255 的 I/O 端口等）来实现，也可以采用串行输入/并行输出的移位寄存器来扩展实现，并且后者是常用的静态显示接口方式。图 6-30 是利用 8 位移位寄存器 74LS164 构成的静态显示电路。

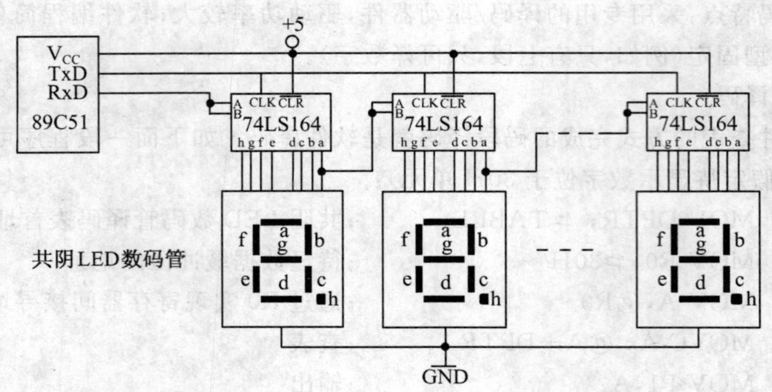

图 6-30 串行扩展 LED 静态显示电路

MCS-51 串行口工作在移位寄存器方式(方式 0)，通过在 TXD(P3.1)运行时钟信号，将显示数据由 RXD(P3.0)口串行输出，由 74LS164 转换成并行数据，送给 LED 显示器进行显示。有几个 LED 就要几个 74LS164，但只要数据不变，送一次就保持住了，且不闪烁，编程十分简单。

【例 6-2】 根据图 6-30 编写驱动共阴 LED 数码管查表显示的子程序，假设系统中有 6 个 LED 数码管，待显数据(00H～09H)已放在 35H～30H 单元中(分别对应十万位→个位)。

解 编程如下：

```
DISPLAY: MOV DPTR, #TABLE          ;共阴 LED 数码管译码表首址
         MOV R0, #30H              ;待显数据缓冲区的个位地址
RED0:    MOV A, @R0                ;通过 R0 实现寄存器间接寻址
         MOVC A, @A+DPTR           ;查表
         MOV SBUF, A               ;经串行口发送到 74LS164
         JNB TI, $                 ;查询送完一个字节的第 8 位?
         CLR TI                    ;为下一字节发送作准备
         INC R0                    ;R0 指向下一个数据缓冲单元
         CJNE R0, #36H, RED0       ;判断是否发完 6 个数?
         RET                       ;发完 6 个数就返回
TABLE:   DB 3FH, 06H, 5BH, 4FH, 66H ;共阴 LED 译码表
         DB 6DH, 7DH, 07H, 7FH, 6FH
```

(2)LED 动态显示

动态显示又叫“动态扫描显示”，是利用人的视觉暂留现象及发光二极管的余辉效应，分时选通数码管的公共端，在选通相应 LED 后，即在显示字段上得到显示字形。虽然显示器在每一时刻只有一个单元显示，但只要扫描的频率足够高(一般大于 25Hz，周期取到 10～20ms)，就可以像扫描屏一样，使人在直观上感觉是连续点亮的。

动态扫描显示方式中，动态扫描的频率有一定的要求。频率太低，LED 将出现闪烁现象；

如频率太高，由于每个 LED 点亮的时间太短，LED 的亮度太低，肉眼无法看清，所以一般均取 10ms 左右为宜。动态显示的电路原理图如图 6-31 所示：

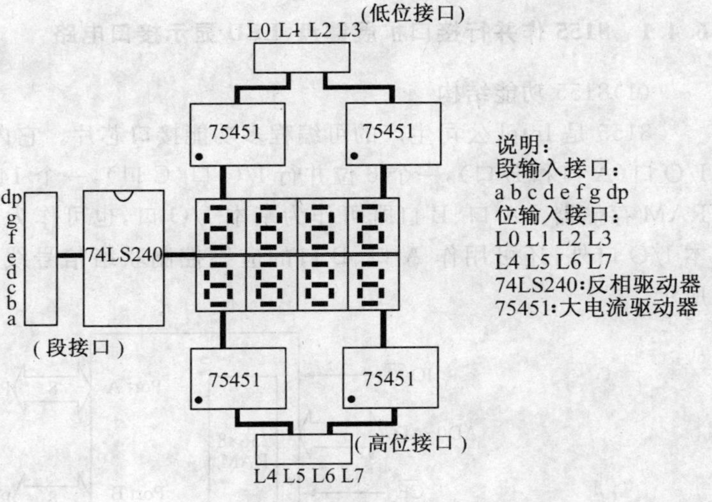

图 6-31　LED 动态显示电路

图 6-31 中使用总线驱动器 74LS240 作为反向段驱动。位驱动使用驱动器 75451。

动态扫描显示方式不但能提高数码管的发光效率，而且在同时需要多个数码管的时候，由于各个数码管的字段线是并联使用的，从而大大简化了硬件线路，但会占用大量 CPU 时间。因此动态显示的实质是以牺牲 CPU 时间来换取器件的减少，这与静态显示方式正好相反。

【例 6-3】 按照图 6-31 电路，编写在 8 个数码管依次显示 0，1，…，7 的程序。

解

```
#include <reg51.h>
extern void delay_1ms(void); /* 延时 1ms 函数 */
void display(void)              /* 在数码管上显示 0, 1, …, 7 子程序 */
{
  uchar code LEDValue[8]={0x3f,0x06,0x5b,0x4f,0x66,0x6d,0x7d,0x07};
  uchar i;
  for (i=0; i<8; i++)          /* 8 位数码管依次显示 0, 1, …, 7 */
  {
     P0=LEDValue[i];
     P2=i;
     delay_1ms( );
  }
}
```

采用此显示子程序，每调用一次，仅扫描一遍，要得到稳定的显示，必须不断地调用显示子程序。

6.4　键盘、LED 显示接口电路

一般的单片机系统中，既有键盘完成输入功能，又有显示器完成输出功能。这时可以用一些集成度更高的扩展芯片（如 8155、8255、8279、7279 等）来构成键盘、显示器的接口电路。

6.4.1 8155 作并行接口扩展键盘、LED 显示接口电路

(1)8155 功能结构

8155 是 Intel 公司生产的可编程多功能接口芯片。它内部有两个可编程的 8 位并行 I/O 口(A 口和 B 口),一个 6 位并行 I/O 口(C 口),一个 14 位定时/计数器以及 256B 的 RAM 存储器。A 口、B 口既可作为基本 I/O 口,也可作为选通 I/O 口;C 口除可作为基本 I/O 口外,还可用作 A 口、B 口的应答控制联络信号线。8155 的功能结构如图 6-32 所示。

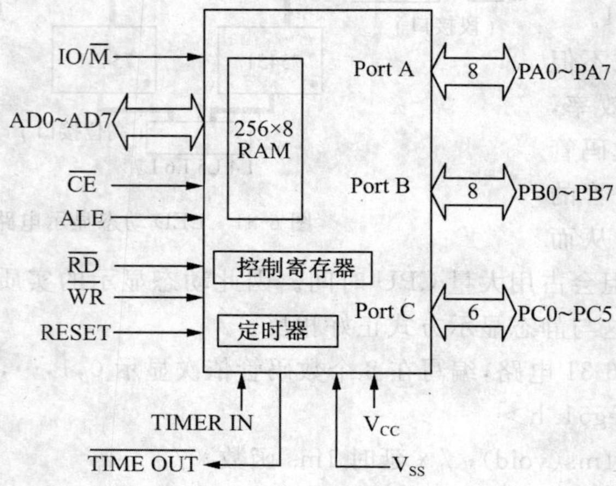

图 6-32 8155 功能结构图

8155 与 MCS-51 单片机采用总线连接可以直接相连,是一款常用的单片机接口芯片,如图 6-33 所示。

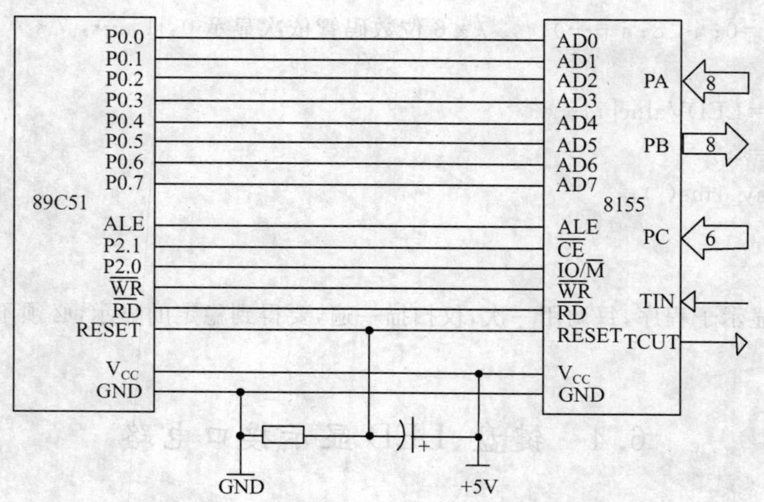

图 6-33 MCS-51 与 8155 的连接电路图

(2)引脚介绍

8155 引脚分布如图 6-34 所示。

8155 为 40 脚双列直插式封装,现将其各引脚的功能简介如下:

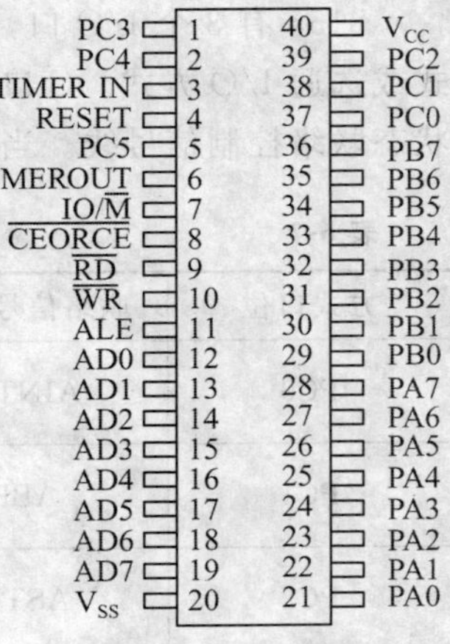

图 6-34　8155 的引脚分布

①RESET:复位信号,将系统复位于初始状态。高电平有效,有效时,将芯片复位并置 3 个 I/O 接口为输入方式。

②$\overline{CE}$:片选信号,低电平有效,为输入信号。

③IO/$\overline{M}$:存储器和 I/O 口选择信号。当 IO/$\overline{M}$=1 时,选中 I/O 口;当 IO/$\overline{M}$=0 时,选中 RAM 存储器。

④AD0～AD7:地址/数据复用线。它与单片机的地址/数据总线直接相连,时分复用功能与 89C51 的 P0 口一致。8155 和 CPU 之间的地址、数据、命令及状态信号都通过这组信号线传送。

⑤ALE:地址锁存信号。在下降沿将地址、$\overline{CE}$、IO/$\overline{M}$的状态锁存。

⑥$\overline{RD}$:读选通信号,低电平有效,为输入信号。

⑦$\overline{WR}$:写选通信号,低电平有效。当有效时,如果$\overline{CE}$也有效,就按 IO/$\overline{M}$的极性将 AD 线上的数据写入 RAM 或 IO 接口

⑧TIMERIN:片内定时器输入端。

⑨TIMEROUT:片内定时器输出端,可以输出矩形波或脉冲波。

⑩PA0～PA7:A 口的通用 8 位输入/输出线。由编程来决定是输入还是输出。

⑪PB0～PB7:B 口的通用 8 位输入/输出线。由编程来决定是输入还是输出。

⑫PC0～PC5:C 口的通用 6 位输入/输出线,或者用作 A 口、B 口的控制信号线。

(3)8155 内部 RAM 和 I/O 编址

8155 的 RAM 和 I/O 口均占用单片机系统片外 RAM 的地址,当$\overline{CE}$=0,且 IO/$\overline{M}$=0 时,AD0～AD7 指示的 00H～FFH 地址范围作为 RAM 的有效地址;当$\overline{CE}$=0,且 IO/$\overline{M}$=1 时,AD0～AD7 表示的是 I/O 地址(实际上由 8 位地址中的末 3 位——A2A1A0 来决定各个口的地址),如表 6-6 所示。

表 6-6　**8155 端口地址分布如图**

AD7～AD0	选中的寄存器
XXXXX000	命令/状态字寄存器
XXXXX001	A 口(PA7～PA0)
XXXXX010	B 口(PB7～PB0)
XXXXX011	C 口(PC5～PC0)
XXXXX100	定时器低 8 位寄存器
XXXXX101	定时器高 6 位和输出方式寄存器

(4)8155 的 I/O 口工作方式

8155 有 3 个 I/O 口,即 A 口、B 口和 C 口,其中 A 口和 B 口均可工作于基本 I/O 方式或选通 I/O 方式。C 口既可工作于基本 I/O 方式,也可作为 A 口、B 口选通工作时的状态联络控制信号线。当 C 口工作于选通方式时,C 口各位的定义如表 6-7 所示。

表 6-7　　8155 选通方式下 PC 口联络信号定义

方式口位	联络信号名称	含　义
PC0	AINTR	A 口中断请求信号,输出,表示 A 口缓冲器接收到外设数据,或外设已取走数据,高电平有效
PC1	ABF	A 口缓冲器满(输入时)空(输出时)标志,输出,高电平有效
PC2	ASTB	A 口选通信号,输入,将数据打入缓冲器(输入时),或表示外设已将数据取走,低电平有效
PC3	BINTR	B 口中断请求信号,输出,表示 B 口缓冲器接收到外设数据,或外设已取走数据,高电平有效
PC4	BBF	B 口缓冲器满(输入时)空(输出时)标志,输出,高电平有效
PC5	BSTB	B 口选通信号,输入,将数据打入缓冲器(输入时),或表示外设已将数据取走,低电平有效

(5)8155 的命令控制字

8155 的一个控制寄存器组,用来存放控制命令字。实际上这是两个寄存器,即命令和状态寄存器,合用了一个地址,对命令寄存器只能进行写操作,对状态寄存器只能进行读操作。

①8155 的命令控制字的格式如表 6-8 所示。

表 6-8　　8155 的命令控制字格式

TM2	TM1	IEB	IEA	PC2	PC1	PB	PA

PA:A 口工作方式控制位,当 PA=0 时,A 口作输入;当 PA=1 时,A 口作输出。

PB:B 口工作方式控制位,当 PB=0 时,B 口作输入;当 PB=1 时,B 口作输出。

PC1、PC2:C 口工作方式控制位,其功能选择如表 6-9 所示。

表 6-9　　8155 C 口工作方式选择

PC2	PC1	方式类型	方式描述
0	0	ALT1	C 口为输入口(A、B 为基本 I/O)
0	1	ALT2	C 口为输出口(A、B 为基本 I/O)
1	0	ALT3	C 口低 3 位为 A 口选通 I/O 提供应答信号,B 口为基本 I/O,C 口高 3 位为输出口
1	1	ALT4	C 口的低、高 3 位分别为 A 口、B 口的选通 I/O 提供应答信号

IEA：A 口中断方式控制位，当 IEA＝0 时，A 口中断禁止；当 IEA＝1 时，A 口中断允许。

IEB：B 口中断方式控制位，当 IEB＝0 时，B 口中断禁止；当 IEB＝1 时，B 口中断允许。

TM2、TM1 定时器工作方式控制位，其功能选择如表 6-10 所示。

表 6-10　　8155 定时器口工作方式选择

TM2	TM1	方式描述
0	0	无操作
0	1	立即停止计数
1	0	减到 0 停止计数
1	1	开始计数(这时若尚未开始计数，则装入计数长度和方式后立即开始计数，若正在计数则减到 0 后按新的方式和初值计数)

②8155 的状态字的格式如表 6-11 所示。

表 6-11　　8155 的状态字格式

X	D6	D5	D4	D3	D2	D1	D0

D0：A 口中断请求标志。如果 D0＝0，表示 A 口没有中断；如果 D0＝1，表示 A 口有中断。

D1：A 口缓冲器状态标志。如果 D1＝0，表示 A 口缓冲器是空的；如果 D1＝1，表示 A 口缓冲器是满的。

D2：A 口中断允许标志。如果 D2＝0，表示 A 口不允许中断；如果 D2＝1，表示 A 口允许中断。

D3：B 口中断请求标志。如果 D3＝0，表示 B 口没有中断；如果 D3＝1，表示 B 口有中断。

D4：B 口缓冲器状态标志。如果 D4＝0，表示 B 口缓冲器是空的；如果 D4＝1，表示 B 口缓冲器是满的。

D5：B 口中断允许标志。如果 D5＝0，表示 B 口不允许中断；如果 D5＝1，表示 B 口允许中断。

D6：定时器中断状态标志。如果 D6＝1，表示定时器已经记满；读出状态字或硬件复位后，D6＝0。

(6)8155 的定时/计数器

8155 的定时/计数器是一 14 位的减法计数器，工作时需要先对低 8 位寄存器和高 6 位寄存器写入初始值。其地址分别为：A2A1A0＝100B 和 101B。

TIMER 的低 8 位(地址为 100B)为：

D7	D6	D5	D4	D3	D2	D1	D0

TIMER 的高 8 位(地址为 101B)为：

M2	M1	D5	D4	D3	D2	D1	D0

其中 M2、M1 为定时/计数器输出信号的模式选择位，具体选择情况如图 6-35 所示。

当 M2M1＝00 时，定时器的计数方式如图 6-35(a)所示。这时定时器的输出是单个方波，其脉冲宽度是初值的一半。

当 M2M1＝01 时，定时器的计数方式如图 6-35(b)所示。这时定时器的输出是连续方波(自动重装初值)，其占空比约为 1∶1(初值若为偶数，则占空比为 1∶1，若为奇数，则正半周多一个脉冲周期)，方波的周期由初值决定。这种方式常常用作分频器。

当 M2M1＝10 时，定时器的计数方式如图 6-35(c)所示。这时定时器的输出是单个脉冲，其负脉冲宽度约等于 Tin 的一个脉冲宽度。

当 M2M1＝11 时，定时器的计数方式如图 6-35(d)所示。这时定时器的输出是连续脉冲(自动重装初值)，其负脉冲宽度约等于 Tin 的一个脉冲宽度，周期由初值决定，这种方式也常常用作分频器。

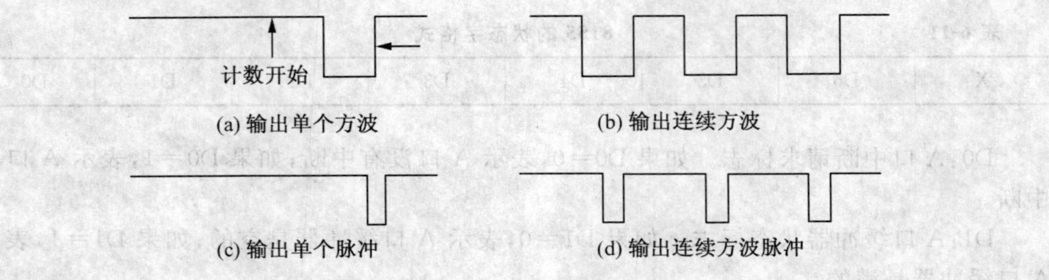

图 6-35　8155 的定时器工作模式

(7)8155 在键盘显示电路中的应用

【例 6-4】 用 8155 的三个并行口同时完成键盘和显示器的接口。其接口电路如图 6-36 所示。这里 8155 的 PB 端口是输出端口，提供显示器的段码；PA 口是输出端口，提供显示器的位选码，同时作为键盘的列输出；PC 口是输入端口，作为键盘的行输入。LED 是共阴极。LED 采用动态扫描显示，显示内容在 40～45H 单元(从右至左，最右边数码管对应的显示缓冲区在 40H 单元，最左边数码管对应的显示缓冲区在 45H 单元)，显示位码在 46H 单元，键盘采用逐列扫描查询方式。

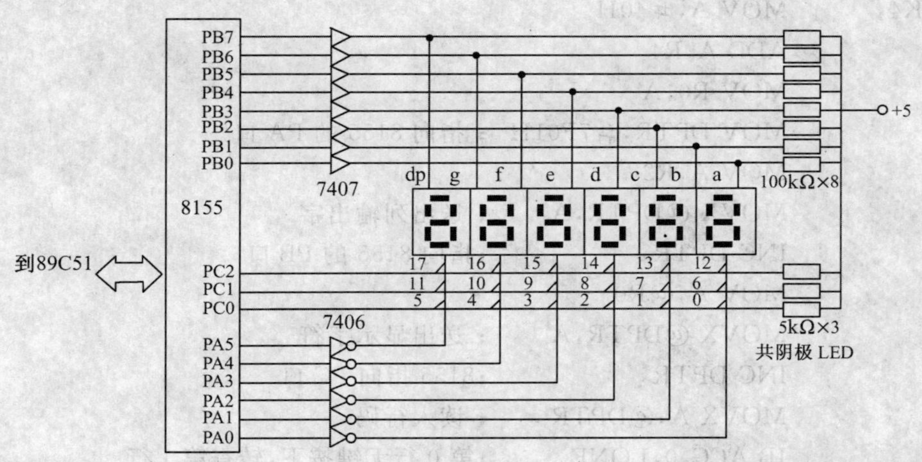

图 6-36 8155 的键盘/显示器应用电路

解 设 8155 的端口地址为 7F00H-7F05H，程序如下：

```
KeyDisp:  MOV A,#00000011B     ;8155 初始化:PA、PB 基本输出,PC 输入
          MOV DPTR,#7F00H      ;指向 8155 的命令字
          MOVX @DPTR,A
          MOV R5,#40H          ;设置初始显示缓冲区地址
          MOV 46H,#01H         ;设置起始显示位扫描码

KEY1:     ACALL KS1            ;查有无键按下
          JNZ LK1              ;有,转键扫描
          ACALL DIS            ;调显示子程序
          AJMP KEY1

LK1:      LCALL D10ms          ;键扫描延时 10ms 去抖动
          ACALL KS1            ;查有无键按下
          JNZ LK2              ; 确实有按键
          ACALL DIS            ;属于抖动,调显示子程序
          AJMP KEY1

LK2:      MOV DPTR,#7F02H      ; 指向 8155 的 PB 口
          MOV A,#0
          MOVX @DPTR,A         ; 使数码管输出变黑
          MOV R2,#01H          ;列输出字,从首列开始
          MOV R4,#00H          ;首列号送 R4
```

```
LK4:     MOV A,#40H
         ADD A,R4
         MOV R0,A
         MOV DPTR,#7F01H  ;指向 8155 的 PA 口
         MOV A,R2 ;
         MOVX @DPTR,A     ;送出列输出字
         INC DPTR         ;指向 8155 的 PB 口
         MOV A,@R0
         MOVX @DPTR,A     ;送出显示字符
         INC DPTR         ;8155 指向 PC 口
         MOVX A,@DPTR     ;读入行码
         JB ACC.0,LONE    ;第 0 行无键按下,转查第 1 行
         MOV A,#00H       ;第 0 行有键按下,该行首键号送 A
         AJMP LKP         ;转求键号

LONE:    JB ACC.1,LTWO    ;第 1 行无键按下,转查第 2 行
         MOV A,#06H       ;第 1 行有键按下,该行首键号送 A
         AJMP LKP         ;转求键号

LTWO:    JB ACC.2,NEXT    ;第 2 行无键按下,转查下一列
         MOV A,#0CH       ;第 2 行有键按下,该行首键号送 A

LKP:     ADD A,R4         ;求键号。键号=行首键号+列号
         PUSH ACC         ;保护键号
LK3:     ACALL DIS        ;等待键释放
         ACALL KS1 ;
         JNZ LK3 ;
         POP ACC ;
         RET              ;键扫描结束。此时 A 的内容为按下键的键号

NEXT:    INC R4           ;指向下一列
         MOV A,R2 ;
         JNB ACC.5,KND    ;判 6 列扫描完没有。
         RL A             ;未完,扫描字对应下一列
         MOV R2,A ;
         AJMP LK4         ;转下一列扫描

KND:     AJMP KEY1        ;扫完,转入新一轮扫描
```

```
KS1:      MOV DPTR,#7F02H   ;指向 B 口
          MOV A,#00H
          MOVX @DPTR,A      ;输出显示字"00H",使所有显示器变黑
          MOV DPTR,#7F01H   ;查有无键按下子程序。指向 A 口
          MOV A,#00H
          MOVX @DPTR,A      ;送扫描字"00H"
          INC DPTR
          INC DPTR          ;指向 C 口
          MOVX A,@DPTR
          CPL A             ;变正逻辑
          ANL A,#07H        ;屏蔽高位
          RET               ;子程序出口,A 的内容非 0 则有键按下

DIS:      MOV A,R5
          CLR C
          SUBB A,#45H       ;判断是否显示到最左边的数码管
          JNC CONTDIS
          MOV R5,#40H
          MOV 46H,#01H
CONTDIS:  MOV DPTR,#7F01H   ;指向 A 口
          MOV A,46H         ;取位控字
          MOVX @DPTR, A     ;输出位控字
          INC DPTR          ;指向 B 口
          MOV A,R5          ;取显示段码
          MOVX @DPTR,A      ;输出显示段码
          INC R5            ;指向下一个显示缓冲区
          MOV A,46H
          RL A              ;将位控字左移 1 位
          MOV 46H,A
          LCALL D10ms       ;延时 10ms
          NOP
          RET
```

6.4.2　7279 键盘、LED 显示接口

除了使用通用并行口扩展芯片 8155/8255 来扩展键盘显示器接口电路,还可以使用键盘、显示器专用管理芯片来实现扩展,如 8279、7279、7289 等。其中 8279 采用并行接口,引脚较多(40 引脚),芯片体积较大,现在用得已越来越少;而 7279/7289 采用串行接

口，引脚相对较少，用得较多。

7279/7289 都是专用键盘/显示器的可编程串行接口芯片，具有 SPI 串行接口功能。7279/7289 使用方便，可直接驱动 LED，最多控制 64 键键盘，且带有按键消抖电路，具有多种控制指令，充分提高了单片机的工作效率，被广泛应用于控制、显示等领域。

由于北京比高公司的 HD7279a 芯片和周立功公司的 ZLG7289B 芯片从功能到外部引脚再到读写时序基本上一致，本书以 HD7279 为例来说明这种接口电路的实现方法。

6.4.2.1 芯片管脚分布

HD7279a 芯片采用 DIP 28pin 和 SOIC 28pin 两种封装形式，管脚分布如图 6-37 所示：

图 6-37 HD7279A 引脚分布

HD7279A 引脚功能如表 6-12 所示。

表 6-12 HD7279A 引脚功能

引脚	名称	说明
1,2	V_{DD}	正电源
3,5	NC	无连接，必须悬空
4	V_{SS}	接地
6	$\overline{CS}$	片选信号，低电平有效，有效时可以向芯片发送命令或者读取键盘数据
7	CLK	SPI 总线时钟输入信号，此引脚电平上升沿表示数据有效
8	DATA	SPI 总线串行数据输入/输出端，当接收命令时，此引脚为输入端。在读取键盘数据时，此引脚在“读”指令最后一个时钟的下降沿变为输出端。
9	$\overline{KEY}$	按键有效请求信号。平时为高电平，当检测到有按键按下时，此引脚变为低电平

续表

引脚	名称	说明
10～16	SG～SA	数码管 g 段～a 段/键盘行信号 0～6
17	DP	数码管小数点/键盘行信号 7
18～25	DIG0～7	数码管位选信号 0～7/键盘列信号 0～7
26	CLKO	振荡器输出端
27	RC	RC 振荡器连接端，时钟振荡器的输入端
28	$\overline{\text{RESET}}$	复位信号，低电平有效

6.4.2.2　7279 的控制指令

7279 的控制指令分为两大类，纯指令和带有数据的指令。

(1)纯指令

①复位(清除)指令(A4H)

D7	D6	D5	D4	D3	D2	D1	D0
1	0	1	0	0	1	0	0

当 HD7279 收到该指令后，将所有的显示清除，所有设置的字符消隐、闪烁等属性也被一起清除。执行该指令后，芯片所处的状态与系统上电后所处的状态一样。

②测试指令(BFH)

D7	D6	D5	D4	D3	D2	D1	D0
1	0	1	1	1	1	1	1

该指令使所有的 LED 全部点亮，并处于闪烁状态，主要用于测试。

③左移指令(A1H)

D7	D6	D5	D4	D3	D2	D1	D0
1	0	1	0	0	0	0	1

使所有的显示自右向左(从第 1 位向第 8 位)移动一位(包括处于消隐状态的显示位)，但对各位所设置的消隐及闪烁属性不变。移动后，最右边一位为空(无显示)。例如，原显示为：

1	2	5	2	H	P	8	6

假设其中第 2 位“8”和第 4 位“H”为闪烁显示，执行了左移指令后，显示变为：

2	5	2	H	P	8	6	

第二位“6”和第四位“P”仍为闪烁显示。

④右移指令(A0H)

D7	D6	D5	D4	D3	D2	D1	D0
1	0	1	0	0	0	0	0

右移指令与左移指令类似,但所做移动为自左向右(从第 8 位向第 1 位)移动,移动后,最左边一位为空。

⑤循环左移指令(A3H)

D7	D6	D5	D4	D3	D2	D1	D0
1	0	1	0	0	0	1	1

循环左移指令与左移指令类似,不同之处在于移动后原最左边一位(第 8 位)的内容显示于最右位(第 1 位)。在上例中,执行完循环左移指令后的显示为:

2	5	2	H	P	8	6	1

第二位“6”和第四位“P”为闪烁显示。

⑥循环右移指令(A2H)

D7	D6	D5	D4	D3	D2	D1	D0
1	0	1	0	0	0	1	0

循环右移指令与循环左移指令类似,但移动方向相反。

(2)带有数据的指令

①下载数据且按方式 0 译码

D7	D6	D5	D4	D3	D2	D1	D0
1	0	0	0	0	a2	a1	a0

D7	D6	D5	D4	D3	D2	D1	D0
DP	X	X	X	d3	d2	d1	d0

X=无影响

此指令又称为“按方式 0 译码显示指令”,命令由两个字节组成,前半部分为指令,其中 a2、a1、a0 为位地址,具体分配如表 6-13 所示。

表 6-13　　HD7279A 方式 0 地址表

a2	a1	a0	显示位
0	0	0	LED 1
0	0	1	LED 2
0	1	0	LED 3
0	1	1	LED 4
1	0	0	LED 5
1	0	1	LED 6
1	1	0	LED 7
1	1	1	LED 8

d0～d3 为数据，收到此指令时，按以下规则（译码方式 0）进行译码，如表 6-14 所示。

表 6-14　　HD7279A 方式 0 译码表

十六进制	d3	d2	d1	d0	7 段显示
00H	0	0	0	0	0
01H	0	0	0	1	1
02H	0	0	1	0	2
03H	0	0	1	1	3
04H	0	1	0	0	4
05H	0	1	0	1	5
06H	0	1	1	0	6
07H	0	1	1	1	7
08H	1	0	0	0	8
09H	1	0	0	1	9
0AH	1	0	1	0	
0BH	1	0	1	1	E
0CH	1	1	0	0	H
0DH	1	1	0	1	L
0EH	1	1	1	0	P
0FH	1	1	1	1	空（无显示）

小数点的显示由 DP 位控制，DP＝1 时，小数点显示；DP＝0 时，小数点不显示。

②下载数据且按方式 1 译码

D7	D6	D5	D4	D3	D2	D1	D0
1	1	0	0	1	a2	a1	a0

D7	D6	D5	D4	D3	D2	D1	D0
DP	X	X	X	d3	d2	d1	d0

X＝无影响

此指令又称为“按方式 1 译码显示指令”，与上一条指令基本相同，所不同的是译码方式。该指令的译码按表 6-15 进行。

表 6-15　HD7279A 方式 1 译码表

十六进制	d3	d2	d1	d0	7 段显示
00H	0	0	0	0	0
01H	0	0	0	1	1
02H	0	0	1	0	2
03H	0	0	1	1	3
04H	0	1	0	0	4
05H	0	1	0	1	5
06H	0	1	1	0	6
07H	0	1	1	1	7
08H	1	0	0	0	8
09H	1	0	0	1	9
0AH	1	0	1	0	A
0BH	1	0	1	1	b
0CH	1	1	0	0	C
0DH	1	1	0	1	d
0EH	1	1	1	0	E
0FH	1	1	1	1	F

③下载数据但不译码

D7	D6	D5	D4	D3	D2	D1	D0
1	0	0	1	0	a2	a1	a0

D7	D6	D5	D4	D3	D2	D1	D0
DP	A	B	C	D	E	F	G

其中，a2、a1、a0 为位地址，位地址译码请参见“下载数据且译码”指令。A～G 和 DP 为显示数据，分别对应 7 段 LED 数码管的各段和小数点。当相当数据位＝1 时，该段点亮。

④闪烁控制(88H)

D7	D6	D5	D4	D3	D2	D1	D0
1	0	0	0	1	0	0	0

D7	D6	D5	D4	D3	D2	D1	D0
d8	d7	d6	d5	d4	d3	d2	d1

此命令控制各个数码管的闪烁属性。d1～d8 分别对应数码管 1～8，0＝闪烁，1＝不闪烁。开机后，缺省的状态为各位均不闪烁。

⑤消隐控制(98H)

D7	D6	D5	D4	D3	D2	D1	D0
1	0	0	1	1	0	0	0

D7	D6	D5	D4	D3	D2	D1	D0
d8	d7	d6	d5	d4	d3	d2	d1

此命令控制各个数码管的消隐属性。d1～d8 分别对应数码管 1～8，1＝显示，0＝消隐。当某一位被赋予了消隐属性后，芯片在扫描时将跳过该位，因此在这种情况下无论对该位写入何值，均不会被显示，但写入的值将被保留，在将该位重新设为显示状态后，最后一次写入的数据将被显示出来。当无须用到全部 8 个数码管显示的时候，将不用的位设为消隐属性，可以提高显示的亮度。

注意：至少应有一位保持显示状态，如果消隐控制指令中 d1～d8 全部为 0，该指令将不被接受，将保持原来的消隐状态不变。

⑥段点亮指令(E0H)

D7	D6	D5	D4	D3	D2	D1	D0
1	1	1	0	0	0	0	0

D7	D6	D5	D4	D3	D2	D1	D0
X	X	d5	d4	d3	d2	d1	d0

此指令为段寻址指令，作用为点亮数码管中某一指定的段，或 LED 矩阵中某一指定的 LED。

指令中，X＝无影响。d0～d5 为段地址，范围从 00H～3FH，具体分配为：

第 1 个数码管的 G 段地址为 00H，F 段为 01H……A 段为 06H，小数点 DP 为 07H，第 2 个数码管的 G 段为 08H，F 段为 09H……以此类推，直至第 8 个数码管的小数点 DP 地址为 3FH。

⑦段关闭指令(C0H)

D7	D6	D5	D4	D3	D2	D1	D0
1	1	0	0	0	0	0	0

D7	D6	D5	D4	D3	D2	D1	D0
X	X	d5	d4	d3	d2	d1	d0

段寻址命令，作用为关闭(熄灭)数码管中的某一段，指令结构与“段点亮指令”相同，请参阅上文。

⑧读键盘数据指令(15H)

D7	D6	D5	D4	D3	D2	D1	D0
0	0	0	1	0	1	0	1

D7	D6	D5	D4	D3	D2	D1	D0
d7	d6	d5	d4	d3	d2	d1	d0

该指令从 7279(或 7289)中读出当前的按键代码。与其他指令不同，此命令的前一个字节 00010101B 为微控制器传送到 7279(或 7289)的指令，而后一个字节 d0～d7 则为 HD7279 返回的按键代码，其范围是 0～3FH(无键按下时为 0xFF)。各键键盘代码的定义如图 6-38 所示。

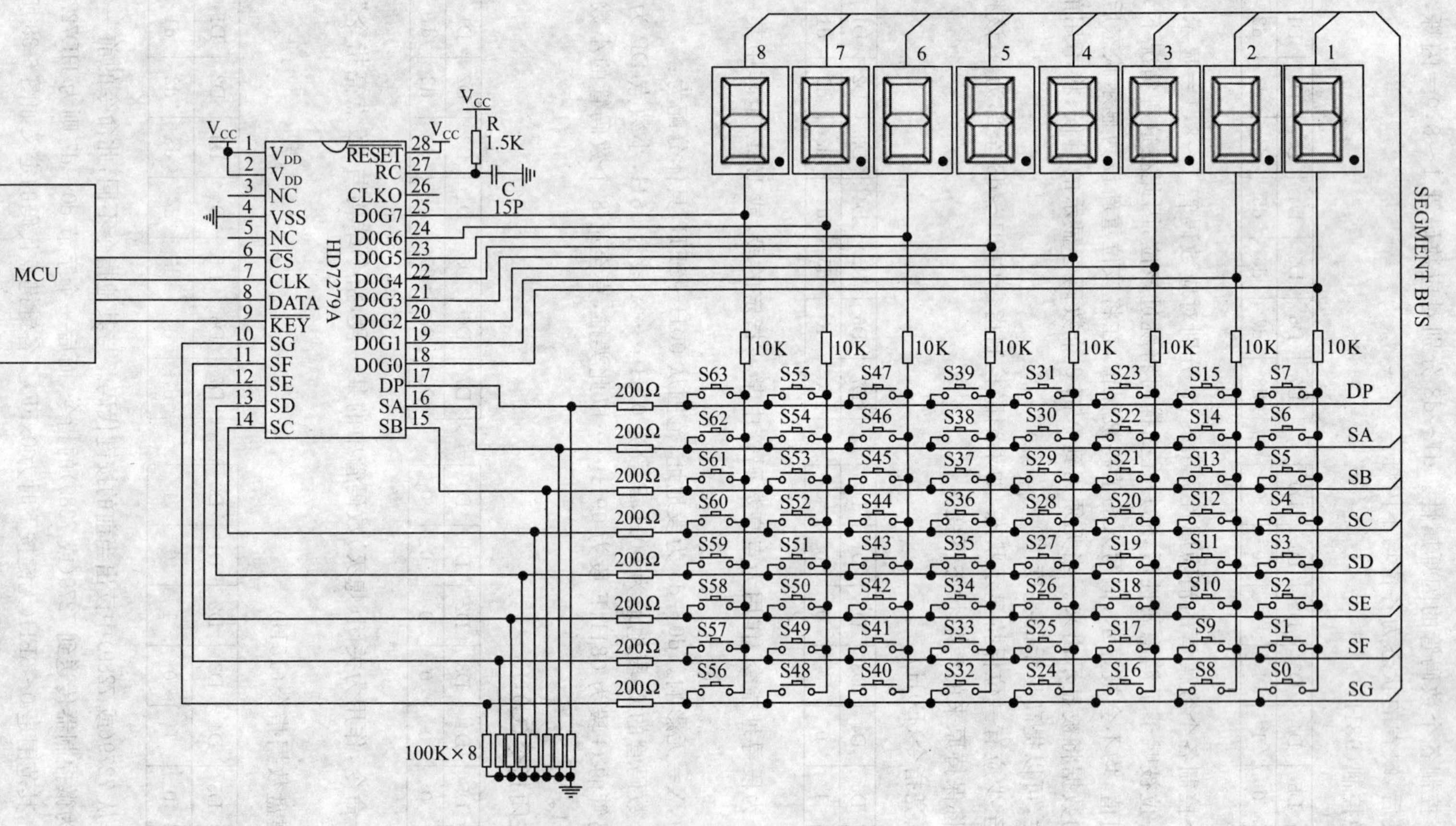

图6-38 HD7279A的典型应用电路

此指令的前半段，HD7279 的 DATA 引脚处于高阻输入状态，以接受来自微处理器的指令；在指令的后半段，DATA 引脚从输入状态转为输出状态，输出键盘代码的值。故微处理器连接到 DATA 引脚的 I/O 口应有一从输出态到输入态的转换过程，详情请参阅本书“串行接口”部分的内容。

当 7279(或 7289)检测到有效的按键时，KEY 引脚从高电平变为低电平，并一直保持到按键结束。在此期间，如果 7279(或 7289)接收到“读键盘数据指令”，则输出当前按键的键盘代码；如果在收到“读键盘指令”时没有有效按键，将输出 FFH (11111111B)。

6.4.2.3　7279 的读写时序

HD7279 采用串行方式与微处理器通讯，数据从 DATA 引脚送入芯片，并由 CLK 端同步。当片选信号变为低电平后，DATA 引脚上的数据在 CLK 引脚的上升沿被写入 HD7279 的缓冲寄存器。

时序图如图 6-39 所示。

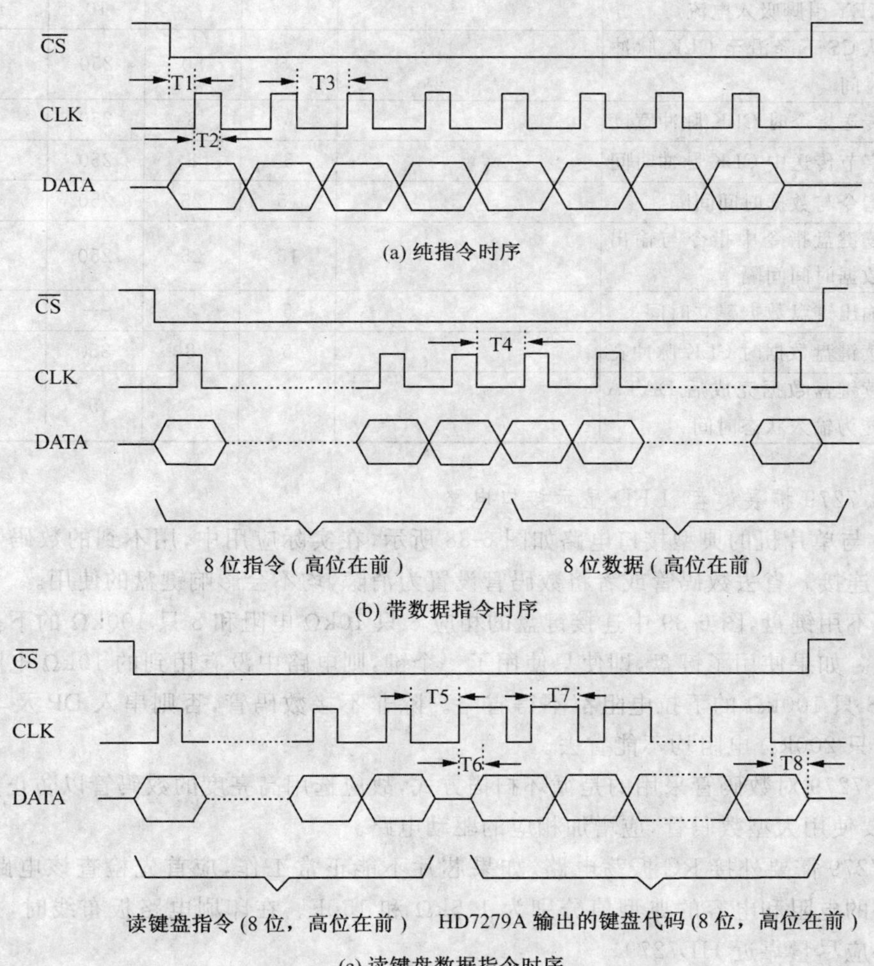

图 6-39　HD7279A 的读写时序

6.4.2.4 7279 的电特性

HD7279 的电特性如表 6-16 所示。

表 6-16 HD7279A 电特性表

符号	参 数	测试条件	最小	典型	最大	单位
V_{CC}	电源电压		4.5	5.0	5.5	V
ICC	工作电流	不接 LED		3	5	mA
ICC	工作电流	LED 全亮，ISEG=10mA		60	100	mA
VIH	逻辑输入高电平		2.0		5.5	V
VIL	逻辑输入低电平		0		0.8	V
TKEY	按键响应时间	含去抖动时间	10	18	40	mS
IKO	KEY 引脚输出电流				7	mA
IKI	KEY 引脚吸入电流				10	mA
T1	从 CS 下降沿至 CLK 脉冲时间		25	50	250	μs
T2	传送指令时 CLK 脉冲宽度		5	8	250	μs
T3	字节传送中 CLK 脉冲时间		5	8	250	μs
T4	指令与数据时间间隔		15	25	250	μs
T5	读键盘指令中指令与输出数据时间间隔		15	25	250	μs
T6	输出键盘数据建立时间		5	8	—	μs
T7	读键盘数据时 CLK 脉冲宽		5	8	250	μs
T8	读键盘数据完成后 DATA 转为输入状态时间				5	μs

6.4.2.5 7279 扩展键盘、LED 显示接口电路

7279 与单片机的典型接口电路如图 6-38 所示，在实际应用中，用不到的数码管和键盘可以不连接。省去数码管或者将数码管设置为消隐，均不会影响键盘的使用。

如果不用键盘，图 6-39 中连接键盘的相应 8 只 10kΩ 电阻和 8 只 100kΩ 的下拉电阻可以省去。如果使用了键盘，即使只使用了一个键，则电路中没有用到的 10kΩ 电阻可以省掉，但 8 只 100kΩ 的下拉电阻都不得省略。除非不接数码管，否则串入 DP 及 SA-SG 连线的 8 只 200kΩ 电阻均不能省去。

因为 7279 对数码管采用的是循环扫描方式，故应选用高亮度的数码管以防止亮度不够，如果要使用大型数码管，应增加相应的驱动电路。

HD7279 需要外接 RC 振荡电路，如果芯片不能正常工作，应首先检查该电路。RC 振荡电路的电阻和电容的典型值分别为 1.5kΩ 和 15pF。在印刷电路板布线时，振荡电路的原件应尽量靠近 HD7279。

RESET 复位端一般可以直接与 V_{CC} 相连，在需要较高可靠性的情况下，可以连接一外部的复位电路，或直接由 MCU 控制。在该端由低电平变为高电平时，还需要 18～

25ms 的时间 HD7279 才可以正常工作。

如果有 2 个键同时按下，7279 只能给出其中一个键的代码。因此，7279 不适用于需要 2 个或 2 个以上键同时按下的场合。

【例 6-5】 按图 6-38 所示电路，单片机所用时钟频率 12MHz，编写一段程序当有键按下时读取按键值并将其显示在 LED 上。

解　相应的程序如下：

```
MAIN:    MOV SP,#2FH
;************************************
;单片机 I/O 连接 7279 的接口定义
;************************************
         CS BIT P1.5            ;CS 连接于单片机的 P1.5
         CLK BIT P1.4           ;CLK 连接于单片机的 P1.4
         DAT BIT P1.3           ;DATA 连接于单片机的 P1.3
         KEY BIT P1.2           ;KEY 连接于单片机的 P1.2

         MOV P1,#9FH            ;单片机 I/O 初始化(CS=1,CLK=0;
                                ;DATA=0; KEY=1)
         ACALL DELAY            ;开机延时 25ms
         MOV A,#0A4H            ;复位(清除)命令字放累加器 A
         ACALL SEND             ;调用 SEND 子程序把复位(清除)命令
                                ;字发送到 7279
         SETB CS                ;设 CS 为高电平

START:   JB KEY,START           ;等待键盘按下
         MOV A,#15H             ;有键按下,发送读键盘指令
         ACALL SEND             ;调用 HD7279A 写指令
         ACALL RECEIVE          ;从 HD7279A 读键盘代码
         SETB CS                ;设 CS 为高电平
;************************************
;将 16 进制代码转换成 BCD 码以用于显示
;************************************
         MOV B,#10
         DIV AB                 ;A 中存放十位,B 中存放个位
         MOV R5,A               ;把十位放到 R5 中
         MOV A,#0C9H            ;BCD 码的十位按方式 1 译码显示在数
                                ;码管 LED2 位
         ACALL SEND             ;调用 SEND 子程序把命令字发送
                                ;到 7279
```

```
        ACALL S_DELAY           ;短延时
        MOV A,R5                ;把 R5 中存放的放到累加器
        ACALL SEND              ;调用 SEND 子程序把十位发送到 7279
        SETB CS                 ;设 CS 为高电平
        MOV A,#0C8H             ;BCD 码的个位按方式 1 译码显示在数
                                ;码管 LED1 位
        ACALL SEND              ;调用 SEND 子程序把命令字发送
                                ;到 7279
        ACALL S_DELAY           ;短延时
        MOV A,B                 ;把 B 中存放的个位放到累加器
        ACALL SEND              ;调用 SEND 子程序把个位发送到 7279
        SETB CS                 ;设 CS 为高电平

LOOP:   JNB KEY,LOOP            ;按键是否已松开,没松开就继续等待
        AJMP START              ;按键已松开,则返回到 START 继续
                                ;检测

;*************************************
;发送 1 个字节到 HD7279,高位在前
;*************************************
SEND:   CLR CS                  ;设 CS 为低电平
        MOV R4,#8H              ;设定位计数器 R4=8
        CALL L_DELAY            ;长延时,约延时 50μs
SEND_LP: RLC A                  ;输出累加器 A 最高位至 C,同时使 A 左
                                ;移一位
        MOV DATA,C
        SETB CLK                ;设 CLK 为高电平
        ACALL S_DELAY           ;短延时
        CLR CLK                 ;设 CLK 为低电平
        ACALL S_DELAY
        DJNZ R4, SEND_LP        ;检查是否 8 位均发送完毕;R4 不为零则
                                ;未发送完;继续循环,发送下一位
        CLR DATA                ;发送完毕,将 DATA 置为低电平,即让
                                ;P1.6 为输出态
        RET                     ;返回

;*************************************
;从 HD7279 接收一个字节,高位在前
```

```
;＊＊＊＊＊＊＊＊＊＊＊＊＊＊＊＊＊＊＊＊＊＊＊＊＊＊＊＊＊＊＊＊＊＊＊＊＊＊＊＊＊＊＊
RECEIVE:     MOV R4,#8H          ;设定位计数器 R4＝8
             SETB DATA           ;给 DATA 写 1,准备输入
             CALL L_DELAY        ;长延时,约延时 50μs
RECEIVE_LP:  SETB CLK            ;置 CLK 为高电平
             CALL SHORT_DELAY    ;短延时
             MOV C,DATA          ;读取一位数据
             RLC A               ;读入的一位数据放 A 最低位
             CLR CLK             ;置 CLK 为低电平
             ACALL S_DELAY       ;短延时
             DJNZ R4, SEND_LP    ;检查是否 8 位均接收完毕;R4 不为零
                                 则接收送完;继续循环,接收下一位
             CLR DATA            ;接收完毕,将 DATA 置为低电平,即
                                 让 P1.6 为输出态
             RET                 ;返回

;＊＊＊＊＊＊＊＊＊＊＊＊＊＊＊＊＊＊＊＊＊＊＊＊＊＊＊＊＊＊＊＊＊＊＊＊＊＊＊＊＊＊＊
; 延时子程序(略)
;＊＊＊＊＊＊＊＊＊＊＊＊＊＊＊＊＊＊＊＊＊＊＊＊＊＊＊＊＊＊＊＊＊＊＊＊＊＊＊＊＊＊＊
DELAY:...                        ;设定延时时间为约 25ms
      RET
L_DELAY:...                      ;设定延时时间为约 50μs
        RET
S_DELAY:...                      ;设定延时时间为约 10μs
        RET
```

简要说明:子程序 RECEIVE 读数据时要给 DATA 写 1,是因为 DATA 实际上就是接的单片机的 P1.3,而单片机的 P1 口作输入时应该先向其写 1。子程序 RECEIVE 并未出现 CLR CS,设置 CS 为低电平是因为每次调用子程序 RECEIVE 前必然已经调用过子程序 SEND 了,而在 SEND 中已经有 CLR CS 设置 CS 为低电平。

6.5 人机交互输出设备——LCD

6.5.1 LCD 的原理

物质有固态、液态、气态三种形态。液体分子的排列虽然不具有任何规律性,但是如果这些分子是长形的(或扁形的),它们的分子指向就可能有规律性。于是就可将液态又细分为许多形态,分子方向没有规律性的液体称为液体,而分子具有方向性的液体则称之为“液态晶体”,简称“液晶”。

液晶是由奥地利植物学家 Reinitzer 于 1888 年发现的，是一种介于固体与液体之间，具有规则性分子排列的有机化合物。一般最常用的液晶形态为向列型液晶，分子形状为细长棒形，长宽为 1～10nm。在不同电流电场作用下，液晶分子会做规则旋转 90°排列，产生透光度的差别，如此在电源 ON/OFF 下产生明暗的区别。依此原理控制每个像素，便可构成所需图像。

液晶显示器根据显示的颜色可以分为单色显示器和彩色显示器。单色显示器又分成黑白二值显示器和灰度显示器。

根据光线传输方式，液晶显示器又分成反射型、透射型和透反射型三种类型的 LCD。

(1)反射型 LCD 的底偏光片后面加了一块反射板，一般在户外和光线良好的办公室使用。

(2)透射型 LCD 的底偏光片是透射偏光片，需要连续使用背光源，一般在光线差的环境使用。

(3)透反射型 LCD 是处于以上两者之间，底偏光片能部分反光，一般也带背光源，光线好的时候，可关掉背光源；光线差时，可点亮背光源使用 LCD。

按照控制方式不同，液晶显示器又可分为被动矩阵式 LCD 及主动矩阵式 LCD 两种。

被动矩阵型又可分为扭转式向列型(twisted nematic, TN)、超扭转式向列型(super twisted nematic, STN)及其他被动矩阵驱动液晶显示器；而主动矩阵型大致可区分为薄膜式晶体管型(thin film transistor, TFT)及二端子二极管型(meta insulator metal, MIM)二种方式。

TN、STN 及 TFT 型液晶显示器因其利用液晶分子扭转原理之不同，在视角、彩色、对比及动画显示品质上有高低层次之差别，使其在产品的应用范围分类亦有明显区隔。以目前液晶显示技术所应用的范围以及层次而言，主动式矩阵驱动技术是以薄膜式晶体管型为主流，多应用于笔记型计算机及动画、影像处理产品。而单纯矩阵驱动技术目前则以扭转向列以及超扭转向列为主，目前的应用多以文书处理器以及消费性产品为主。

TN 型采用的是液晶显示器中最基本的显示技术，之后其他种类的液晶显示器也是以 TN 型为基础来进行改良的。而且，它的运作原理也较其他技术来的简单。图 6-40 是 TN 型 LCD 的原理图，图中所表示的是 TN 型液晶显示器的简易构造图，包括了垂直方向与水平方向的偏光板，具有细纹沟槽的配向膜、液晶材料以及导电的玻璃基板。

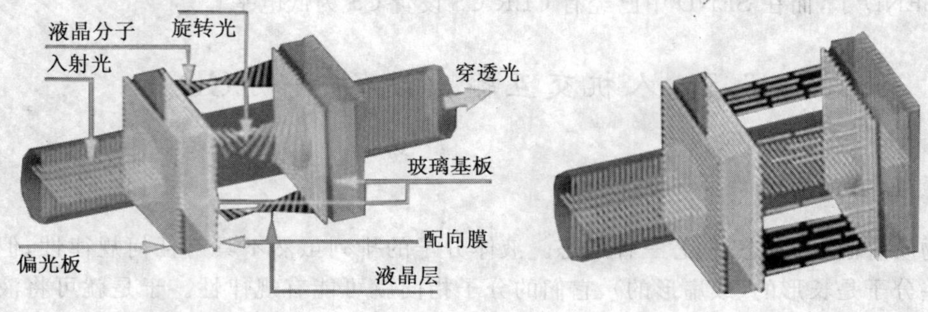

图 6-40　TN 型 LCD 原理图

在不加电场的情况下，入射光经过偏光板后通过液晶层，偏光被分子扭转排列的液晶层旋转 90°。在离开液晶层时，其偏光方向恰与另一偏光板的方向一致，所以光线能顺利通过，使整个电极面呈光亮。

当加入电场的情况时，每个液晶分子的光轴转向与电场方向一致。液晶层也因此失去了旋光的能力，结果来自入射偏光片的偏光，其方向与另一偏光片的偏光方向成垂直的关系，并无法通过，这样电极面就呈现黑暗的状态。

TFT 型的液晶显示器较为复杂，主要由荧光管、导光板、偏光板、滤光板、玻璃基板、配向膜、液晶材料、薄模式晶体管等构成，如图 6-41 所示。首先，液晶显示器必须先利用背光源，也就是荧光灯管投射出光源，这些光源会先经过一个偏光板然后再经过液晶。这时液晶分子的排列方式就会改变穿透液晶的光线角度，然后这些光线还必须经过前方的彩色的滤光膜与另一块偏光板。因此，只要改变刺激液晶的电压值就可以控制最后出现的光线强度与色彩，这样就能在液晶面板上变化出有不同色调的颜色组合了。

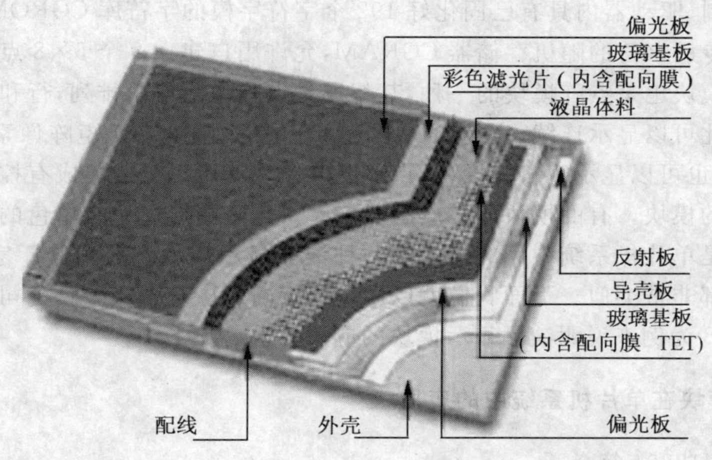

图 6-41　TFT 型 LCD 原理图

TFT-LCD 的每个像素点都是由集成在自身上的 TFT 来控制的，它们是有源像素点。因此，不但反应时间可以极大地加快，起码可以到 80ms 左右；对比度和亮度也大大提高了；同时分辨率也得到了空前的提升。因为它具有更高的对比度和更丰富的色彩，荧屏更新频率也更快，所以被称为“真彩”。

液晶显示器(LCD)具有显示信息丰富、功耗低、体积小、重量轻、超薄等许多其他显示器无法比拟的优点，近几年来被广泛用于单片机控制的智能仪器、仪表和低功耗电子产品中。

6.5.2　LCD 的模块

液晶显示模块是一种将液晶显示器件、连接件、集成电路、PCB 线路板、背光源、结构件装配在一起的组件，英文名称叫“LCD Module”，简称“LCM”，中文一般称为“液晶显示模块”。实际上它是一种商品化的部件。根据我国有关国家标准的规定：只有不可拆分的一体化部件才称为“模块”，可拆分的叫做“组件”。所以，规范的叫法应称为“液晶显示组件”。但是长期以来人们都已习惯称其为“模块”。

液晶模块根据其显示方式和显示内容，可以分成数显液晶模块、点阵字符模块和点阵图形模块。

数显液晶模块又可以分成计数模块、计量模块和计时模块。计数模块显示的内容类似于 LED 数码管 7 段计数型模块，用于显示数字。计量模块除了具有液晶显示部件外，还有 A/D 转换器件，因此可以将模拟量直接显示出来，主要用于各种仪表显示。计时模块除了有液晶显示部件以外，还有一个功能完整的定时器，主要用于各种电子表。数显模块一般都是单色模块。

点阵字符模块是由点阵字符液晶显示器件和专用的行驱动器、列驱动器、控制器及必要的连接件、结构件装配而成的，可以显示数字和西文字符。这种点阵字符模块本身具有字符发生器，显示容量大，功能丰富。一般该种模块最少也可以显示 8 位 1 行或 16 位 1 行以上的字符。这种模块的点阵排列是由 5×7、5×8 或 5×11 的一组组像素点阵排列组成的。每组为 1 位，每位间有一点的间隔，每行间也有一行的间隔，所以不能显示图形。一般在模块控制、驱动器内具有已固化好 192 个字符字模的字符库 CGROM，还具有让用户自定义建立专用字符的随机存储器 CGRAM，允许用户建立 8 个 5×8 点阵的字符。

点阵图形模块也是点阵模块的一种，其特点是点阵像素连续排列，行和列在排布中均没有空隔。因此可以显示连续、完整的图形。由于它也是由 X-Y 矩阵像素构成的，所以除显示图形外，也可以显示字符、汉字。点阵图形模块又可以分成集成有控制器的模块和不集成控制器的模块。有的模块还集成有汉字库。点阵图形模块有单色的，也有彩色的。点阵图形模块是单片机系统中用的最多的一种液晶显示模块。其生产厂家也很多，基本原理和功能上都非常类似。下面我们就以用量比较高的广东肇庆金鹏公司的液晶显示模块 OCMJ5X10B 为例来说明液晶显示模块的应用方法。

6.5.3 LCD 模块在单片机系统中的应用

6.5.3.1 OCM12864 简介

肇庆金鹏电子有限公司生产的 OCM12864 系列图形点阵液晶显示模块是 128×64 点阵型液晶显示模块，可显示各种字符及图形，可与 CPU 直接接口，具有 8 位标准数据总线、6 条控制线及电源线，采用 KS0107 控制 IC。金鹏公司的液晶显示器模块型号非常丰富，有几十种，OCM12864 系列也有五六种之多，其中 OCM12864-1 和 OCM12864-2 的外形如图 6-42 所示。

图 6-42　OCM12864 外形

OCM12864 模块的主要特点如下：

①8 位并行总线接口，能直接与 MCS-51 系列的微处理器相连。

②可用图形方式、文本方式以及图形和文本合成方式显示。

③本模块采用 COG 封装，外形更轻薄。

④3.3V 供电，功耗更低。

⑤标准的串行接口，模块的性价比更高。

⑥显示内容(点阵数)：128×64。

⑦外形尺寸/mm(L×W×H)：92.5×53.7×11.5。

⑧视阈尺寸/mm：60.8×33。

⑨点尺寸/mm：0.49×0.45。

⑩控制器：KS0107。

6.5.3.2　OCM12864-1 及 COM12864-2 的引脚排列

OCM12864-1 和 OCM12864-2 的接口引脚排列如表 6-17 所示。

表 6-17　**OCM12864-1 和 OCM12864-2 引脚排列**

管脚号	管脚	方向	说　明
1	V_{SS}	—	逻辑电源地
2	V_{DD}	—	逻辑电源+5V
3	VO	I	LCD 调整电压，应用时接 10kΩ 电位器可调端
4	RS	I	数据/指令选择：高电平：数据 D0～D7 将送入显示 RAM 低电平：数据 D0～D7 将送入指令寄存器执行
5	R/W	I	读/写选择：高电平，读数据；低电平，写数据
6	E	I	读写使能，高电平有效，下降沿锁定数据
7	DB0	I/O	数据输入/输出引脚
8	DB1	I/O	数据输入/输出引脚
9	DB2	I/O	数据输入/输出引脚
10	DB3	I/O	数据输入/输出引脚
11	DB4	I/O	数据输入/输出引脚
12	DB5	I/O	数据输入/输出引脚
13	DB6	I/O	数据输入/输出引脚
14	DB7	I/O	数据输入/输出引脚
15	CS1	I	片选择信号，高电平时选择左半屏
16	CS2	I	片选择信号，高电平时选择右半屏
17	$\overline{RET}$	I	复位信号，低电平有效
18	VEE	O	LCD 驱动，负电压输出，对地接 10kΩ 电位器

续表

管脚号	管脚	方向	说　明
19	LEDA	—	背光电源，LED＋(5V)
20	LEDK	—	背光电源，LED－(0V)

6.5.3.3　指令说明

计算机对液晶显示模块 OCM12864 的控制是通过数据输入和输出引脚向它发送指令来完成，OCM12864 的指令如下：

(1)显示开/关设置

R/W	RS	DB7	DB6	DB5	DB4	DB3	DB2	DB1	DB0
L	L	L	L	H	H	H	H	H	H/L

功能：设置屏幕显示开/关。

DB0＝H，开显示；DB0＝L，关显示。不影响显示 RAM(DDRAM)中的内容。

(2)设置显示起始行

R/W	RS	DB7	DB6	DB5	DB4	DB3	DB2	DB1	DB0
L	L	H	H	行地址(0～63)					

功能：执行该命令后，所设置的行将显示在屏幕的第一行。显示起始行是由 Z 地址计数器控制的，该命令自动将 A0～A5 位地址送入 Z 地址计数器，起始地址可以是 0～63 范围内任意一行。Z 地址计数器具有循环计数功能，用于显示行扫描同步，当扫描完一行后自动加 1。

(3)设置页地址

R/W	RS	DB7	DB6	DB5	DB4	DB3	DB2	DB1	DB0
L	L	H	L	H	H	H	页地址(0～7)		

功能：执行本指令后，下面的读写操作将在指定页内，直到重新设置。页地址就是 DDRAM 的行地址。页地址存储在 X 地址计数器中，A2～A0 可表示 8 页，读写数据对页地址没有影响，除本指令可改变页地址外，复位信号(RST)可把页地址计数器内容清零。

DDRAM 地址映像如图 6-43 所示。

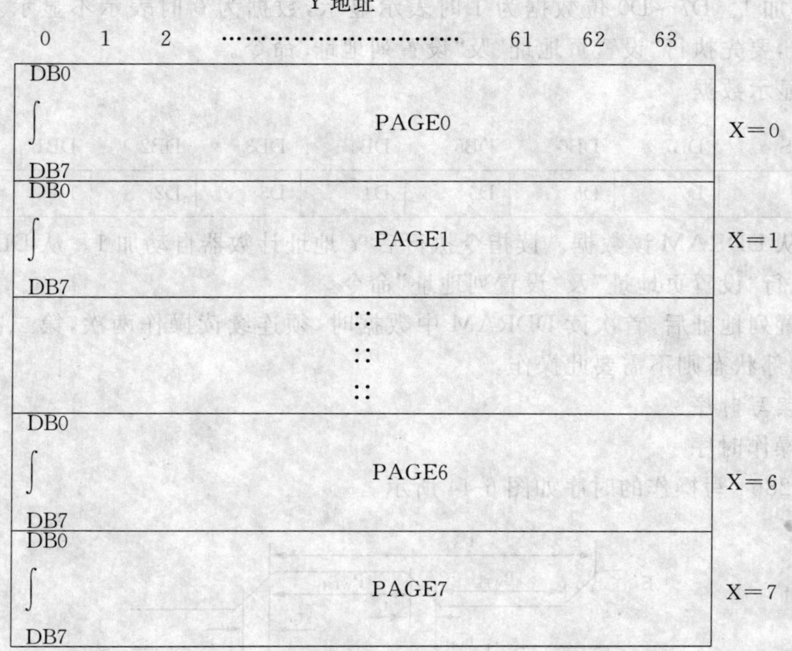

图 6-43　DDRAM 地址映像

(4)设置列地址

R/W	RS	DB7	DB6	DB5	DB4	DB3	DB2	DB1	DB0
L	L	L	H	列地址(0～63)					

功能:DDRAM 的列地址存储在 Y 地址计数器中,读写数据对列地址有影响,在对 DDRAM 进行读写操作后,Y 地址自动加 1。

(5)状态检测

R/W	RS	DB7	DB6	DB5	DB4	DB3	DB2	DB1	DB0
H	L	BF	L	ON/OFF	RST	L	L	L	L

功能:读忙信号标志位(BF)、复位标志位(RST)以及显示状态位(ON/OFF)。

BF=H:内部正在执行操作;BF=L:空闲状态。

RST=H:正处于复位初始化状态;RST=L:正常状态。

ON/OFF=H:表示显示关闭;ON/OFF=L:表示显示开。

(6)写显示数据

R/W	RS	DB7	DB6	DB5	DB4	DB3	DB2	DB1	DB0
L	H	D7	D6	D5	D4	D3	D2	D1	D0

功能:写数据到 DDRAM。DDRAM 是存储图形显示数据的,写指令执行后 Y 地址

计数器自动加 1。D7～D0 位数据为 1 时表示显示,数据为 0 时表示不显示。数据写入 DDRAM 前,要先执行“设置页地址”及“设置列地址”命令。

(7)读显示数据

R/W	RS	DB7	DB6	DB5	DB4	DB3	DB2	DB1	DB0
H	H	D7	D6	D5	D4	D3	D2	D1	D0

功能:从 DDRAM 读数据。读指令执行后 Y 地址计数器自动加 1。从 DDRAM 读数据前要先执行“设置页地址”及“设置列地址”命令。

注:设置列地址后,首次读 DDRAM 中数据时,须连续读操作两次,第二次才为正确数据。读内部状态则不需要此操作。

6.5.3.4 读写时序

(1)写操作时序

OCM12864 写操作的时序如图 6-44 所示。

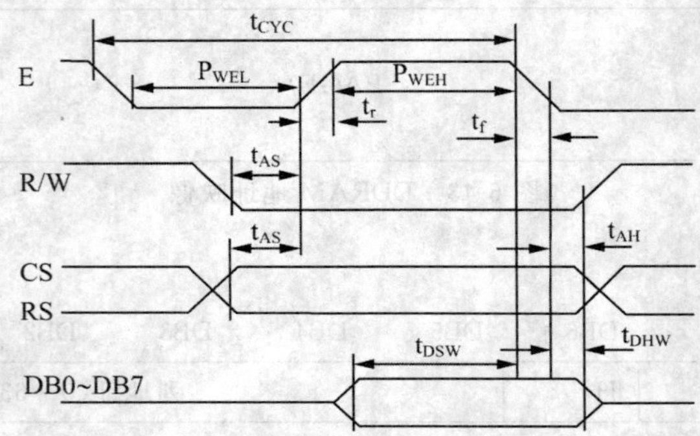

图 6-44 OCM12864 写操作时序

(2)读操作时序

OCM12864 读操作的时序如图 6-45 所示。

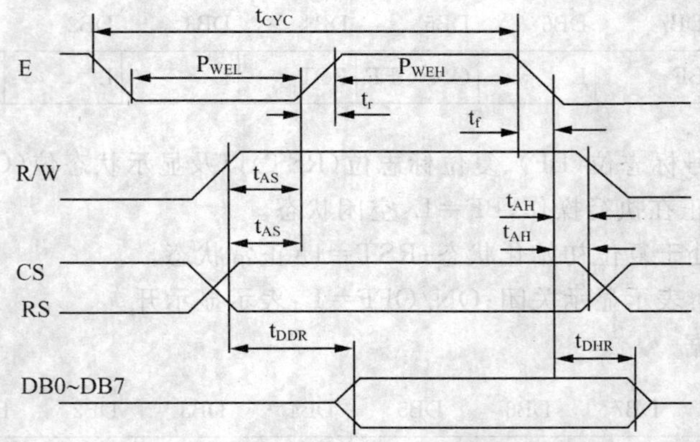

图 6-45 OCM12864 读操作时序

图 6-44 和图 6-45 中的时序参数如表 6-18 所示。

表 6-18　　　　OCM12864 读写操作时序参数表

名称	符号	单位	最小值	典型值	最大值
E 周期时间	t_{CYC}	ns	1000		
E 高电平宽度	P_{WEH}	ns	450		
E 低电平宽度	P_{WEL}	ns	450		
Es上升时间	t_R	ns			25
Es下降时间	t_F	ns			25
地址建立时间	t_{AS}	ns	140		
地址保持时间	t_{AW}	ns	10		
数据建立时间	t_{DSW}	ns	200		
数据延迟时间	t_{DDR}	ns			320
写数据保持时间	t_{DHW}	ns	10		
读数据保持时间	t_{DHR}	ns	20		

6.5.3.5　屏幕显示与 DDRAM 地址映射表

液晶显示模块的显示屏上的每一个点都对应有控制器片内的显示缓存 RAM 中的一个位。显示屏上 64×128 个点分别对应着显示 RAM 的 8 个页(Page)，每一个 Page 有 128 个字节 byte 的空间对应。Page 中的一个 byte 数据对应屏上的点的排列方式为：纵向排列，低位在上高位在下 8 个点。表 6-19 为显示 RAM 区与显示屏的点映射表。

表 6-19　　　　显示 RAM 区与显示屏的点映射图

			列 / 行	LCD 显示器横向坐标(自左至右)								
				0	1	2	3	…	…	125	126	127
LCD 显示器纵向坐标(自上至下)	Page0	Sbit 数据	0	bit0	bit0	bit0	bit0	…	…	bit0	bit0	bit0
			1	bit1	bit1	bit1	bit1	…	…	bit1	bit1	bit1
			2	bit2	bit2	bit2	bit2	…	…	bit2	bit2	bit2
			…	…	…	…	…	…	…	…	…	…
			6	bit6	bit6	bit6	bit6	…	…	bit6	bit6	bit6
			7	bit7	bit7	bit7	bit7	…	…	bit7	bit7	bit7
	Page1	Sbit 数据	8	bit0	bit0	bit0	bit0	…	…	bit0	bit0	bit0
			9	bit1	bit1	bit1	bit1	…	…	bit1	bit1	bit1
			…	…	…	…	…	…	…	…	…	…
			15	bit7	bit7	bit7	bit7	…	…	bit7	bit7	bit7
	…		…	…	…	…	…	…	…	…	…	…
	…		…	…	…	…	…	…	…	…	…	…
	Page7	Sbit 数据	56	bit0	bit0	bit0	bit0	…	…	bit0	bit0	bit0
			…	…	…	…	…	…	…	…	…	…
			59	bit7	bit7	bit7	bit7	…	…	bit7	bit7	bit7
			60	bit0	bit0	bit0	bit0	…	…	bit0	bit0	bit0
			61	bit1	bit1	bit1	bit1	…	…	bit1	bit1	bit1
			62	bit2	bit2	bit2	bit2	…	…	bit2	bit2	bit2
			63	bit3	bit3	bit3	bit3	…	…	bit3	bit3	bit3

用户如要点亮 LCD 屏上的某一个点时，实际上就是对该点所对应的显示 RAM 区中的某一个位进行置 1 操作，所以就要确定该点所处的行地址、列地址。从表 6-19 中可以看出，OCM12864 液晶显示模块的行地址实际上就是 Page 的信息，每一个 Page 应有 8 行；而列地址则表示该点的横坐标，在屏上为从左到右排列，Page 中的一个 byte 对应的是 8 个点。可以根据这样的关系在程序中控制 LCD 显示屏的显示。

6.5.3.6　液晶汉字显示

在点阵式液晶显示器的显示中，字符包括中文和 ASCII 字符只不过是一种特殊的点阵图像。如字母“A”的点阵图像如图 6-46 所示。

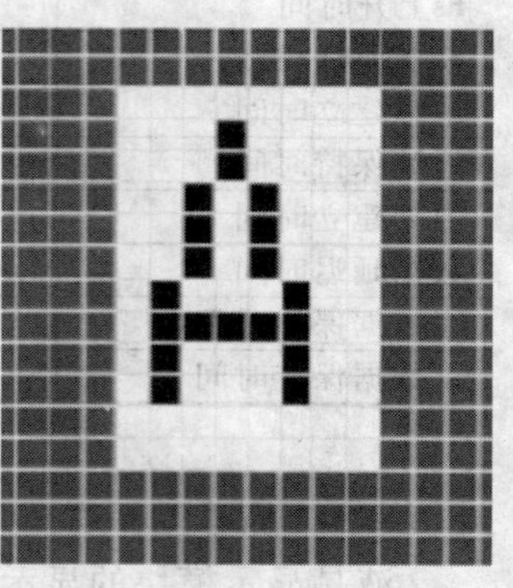

图 6-46　字符“A”的点阵图像

图 6-46 为取字模工具中输入字符“A”后显示的栅格情况，字体选择较小，整个字用 8×12 的点阵表示。其实在取这个字符的字模时，只需要取 6×12 的就够了，但如上所述，为了补齐 8 位的 byte 数据，才用了 8×12 的点阵规模。

至于数据位补齐的原则，与取模的方向有关。本驱动当中的字模取向为从左到右，自上到下，是以横向为基准的。所以，要在横向满足最小存储单元的位数倍数要求，才补齐字模为 8×12。如果取字模的方向为自上至下，从左到右（纵向优先），则补齐字模就会为 6×16 的了。

采用从左到右，自上至下的顺序取的字模数据如下：

```
/*——文字：A——*/
/*——MS Gothic9；此字体下对应的点阵为：宽×高＝6×12——*/
/*—— 宽度不是 8 的倍数，现调整为：宽度×高度＝8×12——*/
0x00,0x10,0x10,0x41,0x41,0x41,0x44,0x7C,0x44,0x44,0x00,0x00
```

又如，汉字“中”的点阵图像如图 6-47 所示。

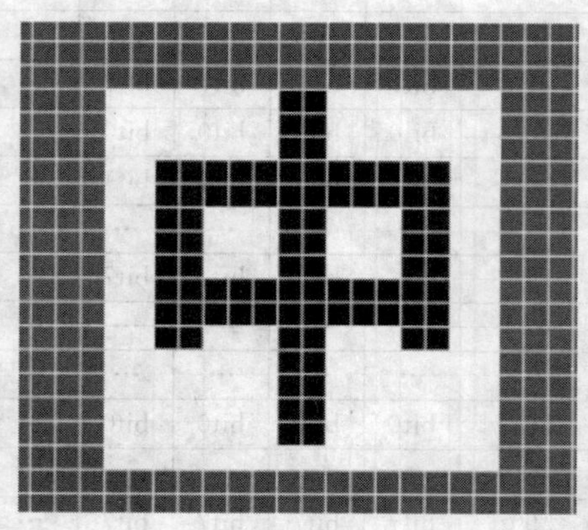

图 6-47　字符“中”的点阵图像

字模数据如下：

```
/*—— 文字：中 ——*/
```

/＊—— 黑体 12；此字体下对应的点阵为：宽×高＝16×16 ——＊/

0x01，0x80，0x01，0x80，0x01，0x80，0x3F，0xFC，0x3F，0xFC，0x31，0x8C，0x31,0x8C，

0x31，0x8C，0x3F，0xFC，0x3F，0xFC，0x31，0x8C，0x01，0x80，0x01，0x80，0x01,0x80，

0x01,0x80,0x00,0x00

实际应用中，字模的提取有两种方法，一种是利用字模提取软件来提取，另一种就是在标准的字库中提取。

字模提取软件的种类非常多，甚至读者可以编写自己的字模提取软件。下面以常用的字模提取软件“zimo221”为例展示一下字模的提取方法。首先运行“zimo221.exe”软件，将出现如图 6-48 所示的操作界面。

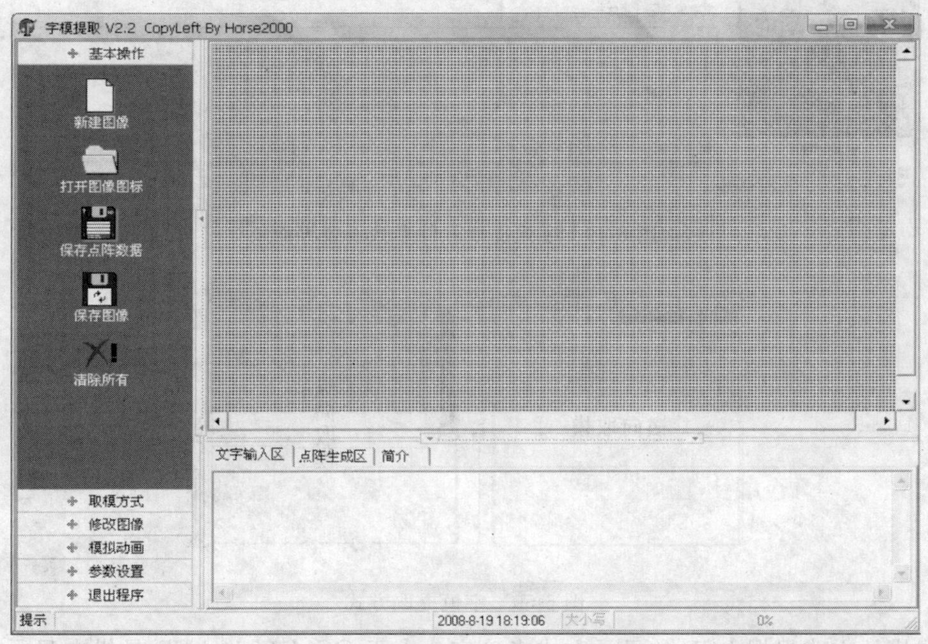

图 6-48 字模提取软件操作界面

用鼠标点取参数设置，将出现如图 6-49 所示界面。

选择“文字输入区字体选择”，可以选择所输入的文字字体类型，字体大小等。在“其他选项”可以设定字模的产生格式，是横向取模还是纵向取模，是否需要倒序等。纵向还是横向是指以纵的 8 个位点，还是以横的 8 个位点为单位来记录数据。图 6-50 很好地表示了两者的区别。

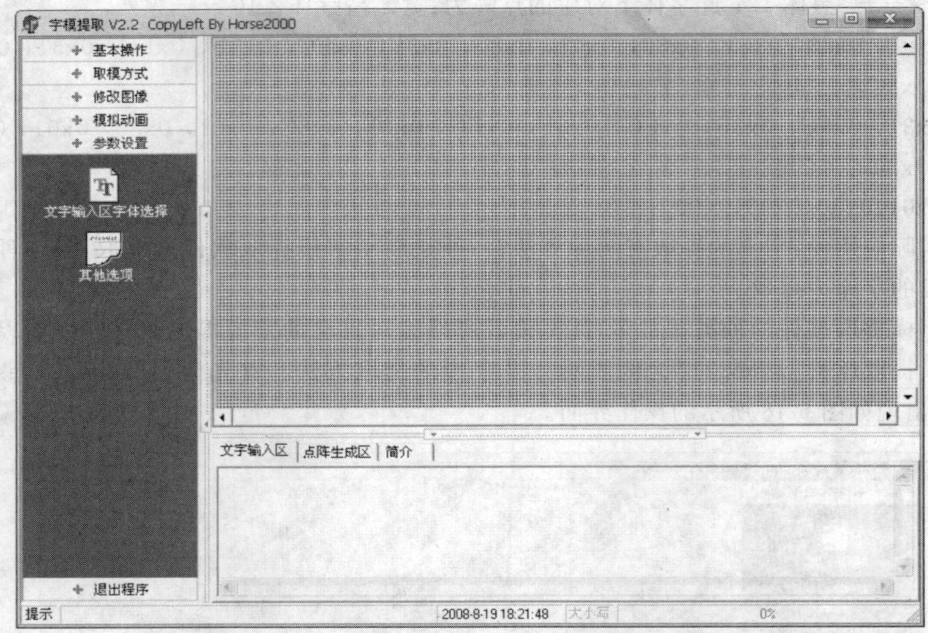

图 6-49　字模提取软件参数设置界面

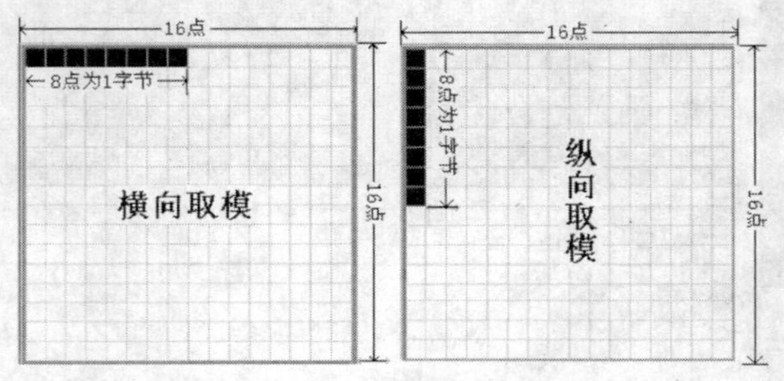

图 6-50　字模提取方式

取模的方式根据 LCD 的显示方式来确定。由于 OCM12864 LCD 是纵向显示的，所以取模软件应设置为纵向取模。至于字节正序与倒序，是指这 8 个位点组成一个字节数据的方向，从高位到低位为正序，从低位到高位为倒序。对于 OCM12864 LCD 应设置为倒序。

设置好参数之后，就可以在文字输入区输入要取模的字符，如“山东大学”，输入完毕后用“Ctrl＋Enter”结束。

然后选择“取模方式”，将出现如图 6-51 所示界面。

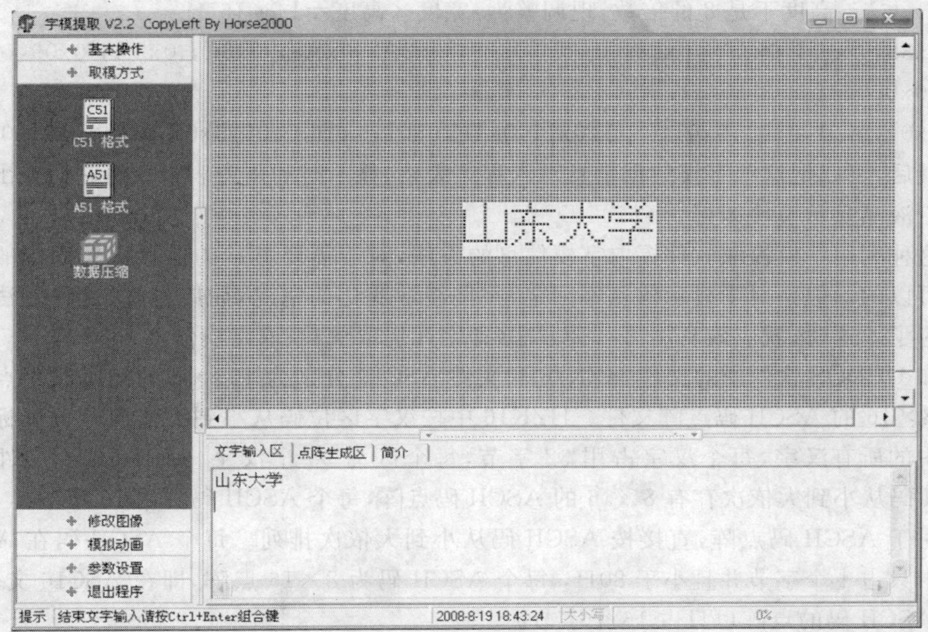

图 6-51　字模提取取模方式选择界面

这里可以选择 C51 格式和 A51 格式，本书选择 C51 格式，将会在点阵生成区出现如下的字模信息：

/＊—— 文字：山 ——＊/

/＊—— 宋体 11；此字体下对应的点阵为：宽×高＝14×14 ——＊/

/＊—— 高度不是 8 的倍数，现调整为：宽度×高度＝14×16 ——＊/

0xFC, 0x00, 0x00, 0x00, 0x00, 0x00, 0xFF, 0x00, 0x00, 0x00, 0x00, 0x00, 0xFC,0x00,

0x0F,0x08,0x08,0x08,0x08,0x08,0x0F,0x08,0x08,0x08,0x08,0x08,0x1F,0x00

/＊—— 文字：东 ——＊/

/＊—— 宋体 11；此字体下对应的点阵为：宽×高＝14×14 ——＊/

/＊—— 高度不是 8 的倍数，现调整为：宽度×高度＝14×16 ——＊/

0x04,0x44,0x44,0x74,0x4C,0x47,0xF4,0x44,0x44,0x44,0x44,0x04,0x04,0x00,

0x10,0x08,0x04,0x03,0x10,0x10,0x0F,0x00,0x01,0x02,0x0C,0x18,0x00,0x00

/＊—— 文字：大 ——＊/

/＊—— 宋体 11；此字体下对应的点阵为：宽×高＝14×14 ——＊/

/＊—— 高度不是 8 的倍数，现调整为：宽度×高度＝14×16 ——＊/

0x10,0x10,0x10,0x10,0x10,0xD0,0x3F,0xD0,0x10,0x10,0x10,0x10,0x10,0x00,

0x10,0x10,0x08,0x04,0x03,0x00,0x00,0x00,0x03,0x04,0x08,0x18,0x08,0x00

/＊—— 文字：学 ——＊/

/＊—— 宋体 11；此字体下对应的点阵为：宽×高＝14×14 ——＊/

/＊—— 高度不是 8 的倍数,现调整为:宽度×高度＝14×16 ——＊/

0x38, 0x09, 0x2A, 0x28, 0x28, 0x29, 0x2A, 0xA8, 0x6C, 0x2A, 0x09, 0x08, 0x38,0x00,

0x01,0x01,0x01,0x01,0x11,0x11,0x1F,0x01,0x01,0x01,0x01,0x01,0x01,0x00

最后,可以把这些字模数据信息写入程序表格,显示时利用查表指令将它们查出来并发送给液晶显示模块即可。

这种利用字模提取软件提取字模信息的方法,对于需要显示的信息比较固定的情况下是可以的。但是对于显示信息不固定,并且经常变化的情况,如广告牌,这种方法就难以适应了。这时,就应该利用另一种方法(即字库提取法)获取字模信息。

如 UCDOS 软件中的文件 HZK16 和文件 ASC16 分别为 16×16 的国际汉字点阵文件和 8×16 的 ASCII 码点阵文件。HZK16 中按汉字区位码从小到大依次存放国标区位码表中的所有汉字,每个汉字占用 32 字节,每个区为 94 个汉字。而 ASC16 文件中按 ASCII 码从小到大依次存有 8×16 的 ASCII 码点阵,每个 ASCII 码占用 16 字节。

对于 ASCII 码点阵,直接按 ASCII 码从小到大依次排列。每个 ASCII 码在 ASC16 文件中只占 1 个字节并且小于 80H, 每个 ASCII 码为 8×16 点阵,即在 ASC16 文件中,每个 ASCII 码的点阵也只占 16 个字节。

汉字库文件中,汉字是用机内码的形式存储的,每个汉字占 2 字节,其中第一个字节为机内码的区码。汉字机内码的区码范围是从 0A1H(十六进制)开始,对应区位码中区码的第一区;而机内码的第二个字节为机内码的位码,范围也是从 0A1H(十六进制)开始,对应某区中的第一个位码。就是说,将汉字机内码减去 0A0A0H 就得到该汉字的区位码。例如,汉字“北”的机内码是十六进制的“B1B1”,其中前两位“B1”表示机内码的区码,后两位“B1”表示机内码的位码。所以“北”的区位码为 0B1B1H－0A0A0H＝1111H,将区码和位码分别转换为十进制,得汉字“北”的区位码为 1717。即“北”的点阵位于第 17 区的第 17 个字的位置,在文件 HZK16 中的位置为第 32×[(17－1)×94＋(17－1)]＝48640D 以后的 32 个字节为“北”的显示点阵。读入二进制文件“hzk16j. bin”后查找到 BE00H (48640D 是十进制,将其转变为十六进制后得 BE00H)开始的 32 个字节:04 80 04 80 04 88 04 98 04 A0 7C C0 04 80 04 80 04 80 04 80 04 80 04 80 1C 82 E4 82 44 7E 00 00(以上全为十六进制)。单片机系统中,连续取 32 个字节送到 LCD 的相应位置,就能正确显示汉字的图形符号。对于 OCM12864 LCD 来讲,还要经过旋转 90°和倒序处理。这里不再对这一方法进行深入阐述。

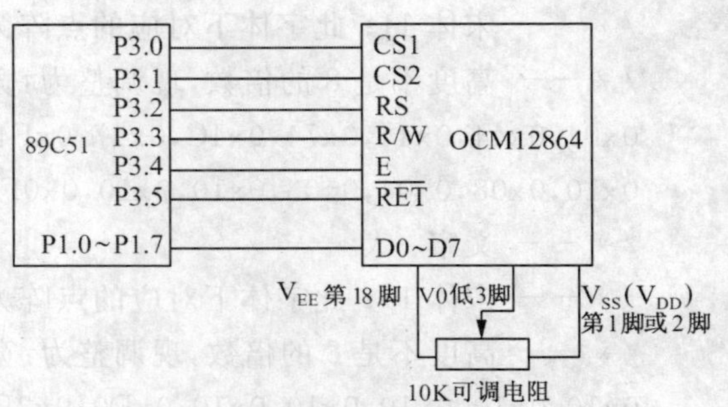

图 6-52 OCM12864 液晶显示模块在单片机系统中的典型应用电路

6.5.3.7 液晶显示模块的应用

OCM12864 液晶显示模块在单片机系统中的典型应用电路如图 6-52 所示。

根据图 6-52 所示电路,将“山东大

学”显示于液晶显示器上的参考程序如下：

```
//OCM12864 参考程序
#include <reg52.h>
#define uint       unsigned int
#define uchar      unsigned char
#define disp_off   0x3e
#define disp_on    0x3f
#define disp_x     0xb8
#define disp_z     0xc0
#define disp_y     0x40
#define comm       0
#define dat        1
#define data_ora   P1   //MCU P1<————————> LCM

sbit cs1=P3^0;                   //cs1=H,选择左半屏
sbit cs2=P3^1;                   //cs2=H,选择右半屏
sbit di =P3^2;                   //Data or Instrument Select,H:写数据,L:
                                 //写指令
sbit rw =P3^3;                   //Write or Read,H:读,L:写
sbit e =P3^4;                    //读写使能

sbit rst=P3^5;                   //Lcm reset,低有效
sbit bf =P1^7;
sbit res=P1^4;

void chk_busy (void);

uchar code hz11[]={
/*-- 文字：山 --*/
/*-- 宋体 11；此字体下对应的点阵为：宽×高=14×14 --*/
/*-- 高度不是 8 的倍数,现调整为：宽度×高度=14×16 --*/
0xFC, 0x00, 0x00, 0x00, 0x00, 0x00, 0xFF, 0x00, 0x00, 0x00, 0x00, 0x00,
0xFC,0x00,
0x0F,0x08,0x08,0x08,0x08,0x08,0x0F,0x08,0x08,0x08,0x08,0x08,0x1F,0x00
/*-- 文字：东 --*/
/*-- 宋体 11；此字体下对应的点阵为：宽×高=14×14 --*/
/*-- 高度不是 8 的倍数,现调整为：宽度×高度=14×16 --*/
0x04,0x44,0x44,0x74,0x4C,0x47,0xF4,0x44,0x44,0x44,0x44,0x04,0x04,0x00,
```

```
    0x10,0x08,0x04,0x03,0x10,0x10,0x0F,0x00,0x01,0x02,0x0C,0x18,0x00,0x00
    /*—— 文字：大 ——*/
    /*—— 宋体 11；此字体下对应的点阵为：宽×高=14×14 ——*/
    /*—— 高度不是 8 的倍数,现调整为：宽度×高度=14×16 ——*/
    0x10,0x10,0x10,0x10,0x10,0xD0,0x3F,0xD0,0x10,0x10,0x10,0x10,0x10,0x00,
    0x10,0x10,0x08,0x04,0x03,0x00,0x00,0x00,0x03,0x04,0x08,0x18,0x08,0x00
    /*—— 文字：学 ——*/
    /*—— 宋体 11；此字体下对应的点阵为：宽×高=14×14 ——*/
    /*—— 高度不是 8 的倍数,现调整为：宽度×高度=14×16 ——*/
    0x38, 0x09, 0x2A, 0x28, 0x28, 0x29, 0x2A, 0xA8, 0x6C, 0x2A, 0x09, 0x08,
0x38,0x00,
    0x01,0x01,0x01,0x01,0x11,0x11,0x1F,0x01,0x01,0x01,0x01,0x01,0x01,0x00
    };

    /*——————————————延时子程序——————————————*/
    void delay (uint μs)
    {
      while(μs--);
    }
    void delay1 (uint ms)
    {
      uint i,j;
      for(i=0;i<ms;i++)
      for(j=0;j<1000;j++)
      ;
    }
    /*——————————————写数据或命令到 LCD——————————————*/
    void wr_lcd (uchar dat_comm,uchar content)
    {
      chk_busy ();
      di=dat_comm;
      rw=0;
      data_ora=content;
      e=1;
      ;
      e=0;
    }
    /*——————————————读 LCD 数据——————————————*/
```

```
uchar rd_lcd ()
{
  uchar rddata;
  chk_busy ();
  di=1;
  rw=1;
  e=1;
  rddata=data_ora;
  e=0;
  return rddata;
}
void chk_busy (void)
{
  data_ora=0xff;
  di=0;
  rw=1;
  e=1;
  while(bf||res==1);
  e=0;
}

/*---指定位置(x,y)显示 row_xl 行(每行 row_yl 个)汉字(大小 8xl*yl)---*/
void chn_disp (uchar x,uchar y,uchar xl,uchar yl,uchar row_xl,uchar row_yl,
uchar code *chn)
{
  uchar i,j,k,l,a;
  wr_lcd (comm,disp_on);
  for(l=0;l<row_xl;l++)
  {
    for(k=0;k<row_yl;k++)
    {
      for(j=0;j<xl;j++)
      {
        wr_lcd (comm,disp_x+x+l*xl+j);
        wr_lcd (comm,disp_z);
        wr_lcd (comm,disp_y+y+k*yl);
        a=l*xl*yl*row_yl+k*xl*yl+j*yl;
```

```
            for(i=0;i<yl;i++)
              wr_lcd (dat,chn[a+i]);
          }
        }
      }
    }
    /*——————————————————初始化——————————————————*/
    void init_lcd (void)
    {
      rst=0;
      delay(50);
      rst=1;
      cs1=1;cs2=1;
      wr_lcd (comm,disp_off);
      wr_lcd (comm,disp_on);
    }
    /*——————————————————显示——————————————————*/
    void disp (void)
    {
      lat_disp(0x00,0x00);
      cs1=1;cs2=0;
      chn_disp (0,0,2,16,2,4,hz11);
    }
    /*——————————————————主程序——————————————————*/
    void main ()
    {
      init_lcd ();
      while (1)
      {
        disp();
        delay(400);
      }
    }
```

6.6 键盘显示实验

6.6.1 数码管显示实验

6.6.1.1 实验目的

(1)熟悉并掌握系统中扩展显示接口的方法。

(2)学习 LED 数码管的工作原理和编程的方法,掌握 LED 数码管的设计应用。

6.6.1.2 实验内容

编写程序在 LED 数码管上对应显示 0～F。

6.6.1.3 实验要求

(1)利用显示接口及 LED 数码管,编写程序,在数码管上显示"0～F"字样。

(2)在数码管上显示学号字样。

(3)在数码管上显示"End"字样。

6.6.1.4 实验电路及器材

本实验用到了数码管模块、PC 机、仿真机。

共阴极 LED 数码管显示模块原理图和硬件连接见图 6-31。

6.6.1.5 实验说明

参考本书 6.3.1 中 表 6-5 常用字符的 7 段数码管段码表。

程序利用软件查表的方式完成码段译码,LED 数码管采用动态显示方式。

6.6.1.6 实验程序框图

流程图和程序:如图 6-53 所示。

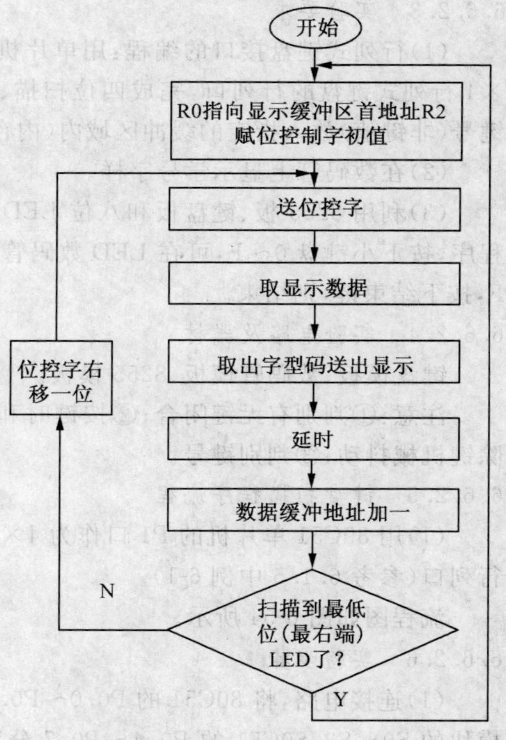

图 6-53 数码管显示程序流程图

6.6.1.7 实验步骤

(1)连接电路,将 8051 的 P0.0～P0.7 分别连到 LED 数码管显示模块的段输入接口 dp～a,经 74LS240 输出,8051 的 P1.0～P1.7 分别与 LED 数码管显示模块的位输入接口 L0～L7 相连。

(2)将仿真机连接至 CPU 板(注意保护仿真机的针脚),连接 CPU 板的电源线至电源及总线扩展板,然后打开实验箱电源。

(3)打开仿真机的电源(注意仿真机电源一定要在最后打开)。

(4)实验完成后,先关闭仿真机电源,然后关闭实验箱电源。

6.6.2 键盘实验

6.6.2.1 实验目的

(1)学习扩展键盘显示接口的方法。用单片机的 I/O 口实现非编码行列式键盘的功能。

(2)学习掌握系统中 8255 扩展键盘显示接口的工作原理和编程的方法。

6.6.2.2 实验内容

掌握行列式键盘的设计应用

6.6.2.3 实验要求

(1)行列式键盘接口的编程:用单片机的 P1 口作为 4×4 行列式键盘的行列口,完成四位扫描、四位读数,并将键号(非键值)放入指定的缓冲区域内(内存区域)。

(2)在数码管上显示学号字样。

(3)利用 8255 板、键盘板和八位 LED 数码管板,编写程序,按下小键盘 0~F,可在 LED 数码管上对应显示 0~F,按下结束键,则结束。

6.6.2.4 实验电路及器材

键盘模板、数码管模板、8255 模板。

注意:①判别有无键闭合;②按键时和按键释放时,去除键机械抖动;③判别键号。

6.6.2.5 键盘扫描程序流程

(1)用 89C51 单片机的 P1 口作为 4×4 行列式键盘的行列口(参考 6.1.5 中例 6-1)。

流程图如图 6-54 所示。

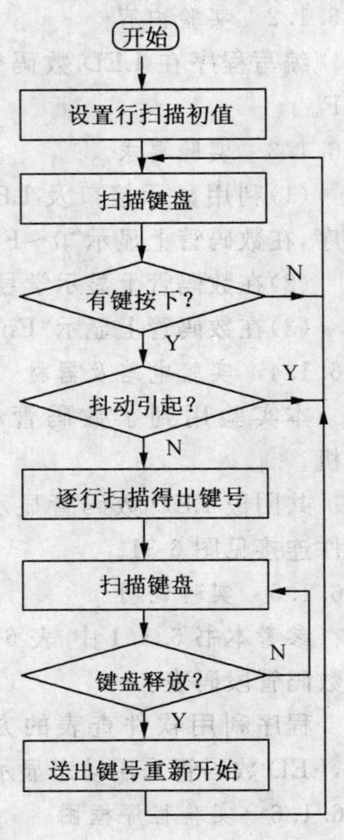

图 6-54 键盘程序流程图

6.6.2.6 实验步骤

(1)连接电路,将 80C51 的 P0.0~P0.3 分别连到键盘模块的 S0~S3,80C51 的 P0.4~P0.7 分别与键盘模块的 L0~L3 相连。

(2)将仿真机连接至 CPU 板(注意保护仿真机的针脚),连接 CPU 板的电源线至电源及总线扩展板,然后打开实验箱电源。

(3)打开仿真机的电源(注意电源一定要在最后打开)。

(4)实验完成后,先关闭仿真机电源,然后关闭实验箱电源。

6.6.3 键盘 LED 显示实验

6.6.3.1 实验目的

(1)学习键盘显示接口芯片(7279、8279)的工作原理和编程的方法。

(2)掌握系统中扩展键盘显示接口芯片(7279、8279)的编程方法。

6.6.3.2　实验内容

掌握键盘显示接口芯片(7279、8279)的设计应用

6.6.3.3　实验要求

(1)行列式键盘接口的编程方法,用键盘显示接口芯片(7279 或 8279)作为 4×4 行列式键盘的行列口,完成四位扫描、四位读数,并将键号(非键值)放入指定的缓冲区域内(内存区域)。

(2)在数码管上显示学号字样。

(3)利用键盘显示接口芯片(7279 或 8279)板及键盘板的键盘和八位 LED 数码管板,编写程序。以位键盘显示核心芯片,按 0~F 键,可在 LED 数码管上对应显示 0~F。按下结束键,则结束。

6.6.3.4　实验电路及器材

键盘板、数码管模块、键盘显示接口芯片模块。

6.6.3.5　实验说明

(1)编程 8279 工作的状态:左边输入,8 位显示,键盘外部译码,双键互锁。

(2)电路的工作过程如下:每当按下一个键,8279 会自动识别键位,产生相应的键编码自动送入先进先出寄存器 FIFO RAM 中,同时产生中断请求信号 IRQ。当 CPU 查询到中断信号后,从 FIFO 中读取编码数据,将键位编码转换为数码管的段码送显示 RAM 显示在数码管上并撤销 IRQ 信号。

流程图如图 6-55 所示。

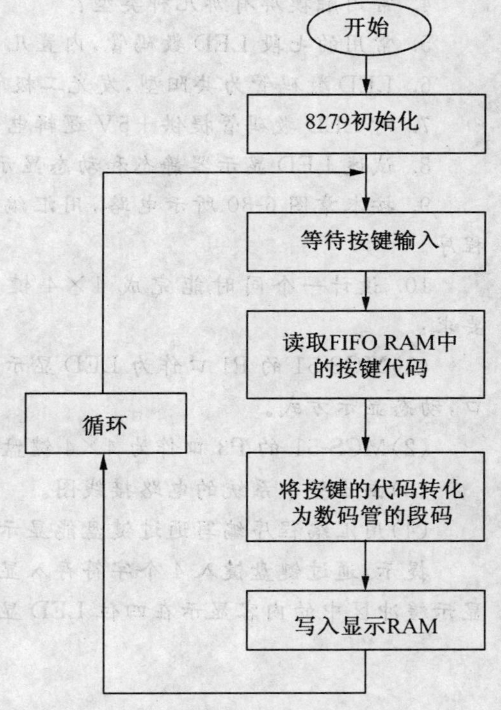

图 6-55　键盘 LED 显示程序流程图

6.6.3.6　实验程序

参见例 6-5。

6.6.4　LCD 显示实验

6.6.4.1　实验目的

熟悉并掌握系统中扩展液晶显示接口的方法。

6.6.4.2　实验内容

(1)在 LCD 上显示学号字样。

(2)在 LCD 显示姓名。

6.6.4.3　实验要求

独立编写程序,实现自行设计系统。

6.6.4.4　实验电路及器材

LCD 显示模块原理图参考 6.5.3 中 LCD 模块的应用。

6.6.4.5 实验程序

参考6.5.3.7中液晶显示模块的应用。

思考与习题

1. 简述编码键盘和非编码键盘的区别。

2. 介绍几种常用的在非编码键盘中硬件去抖动技术，并说明软件去抖动技术的原理。

3. 针对3×3行列式非编码键盘，用扫描法试编写一段键盘识别程序，要求用P1口作扫描口并采用软件去抖动技术。

4. 常用触摸屏有哪几种类型？

5. 常用的七段LED数码管，内置几个发光二极管？

6. LED数码管为共阳型，发光二极管的驱动电平应为高电平还是低电平？

7. 对LED数码管提供+5V逻辑电平，此时，每个段的限流电阻阻值大约是多少？

8. 试述LED显示器静态和动态显示方式的不同。

9. 按本章图6-30所示电路，用汇编语言编写在8个数码管依次显示0,1,…,7的程序。

10. 设计一个同时能完成4×4键盘和4位七段LED显示器功能的接口系统。要求：

(1)MCS-51的P1口作为LED显示器的位驱动口，P2口作为LED显示器的段驱动口，动态显示方式。

(2)MCS-51的P3口作为4×4键盘的扫描口。

(3)画出整个系统的电路接线图。

(4)用汇编程序编写通过键盘能显示一组四位0～F字符的系统程序。

提示：通过键盘键入4个字符存入显示缓冲区(在内存中自定义显示缓冲区)，然后将显示缓冲区中的内容显示在四位LED显示器上。

第 7 章　信号的输入输出技术

7.1　单片机应用系统的结构

单片机应用系统的基本结构如图 7-1 所示。

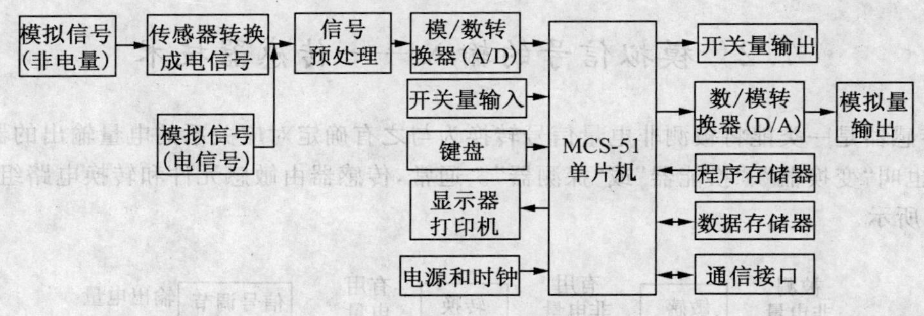

图 7-1　单片机应用系统的基本结构

单片机应用系统的核心任务就是根据一定的输入(前向通道),结合一定的处理算法,然后作出一定的输出响应(后向通道)。所谓的输入,包括模拟输入和数字输入,电量信号输入和非电量信号输入。对于非电量输入,需要通过传感器将非电物理量转换为模拟电信号。预处理一般包括放大器和滤波器两部分,信号经过放大器的放大变为具有一定幅值的模拟输入信号,而滤波器(低通或带通)的作用则是滤除输入模拟信号中的无用频率成分和噪声,避免采样后发生频谱混叠失真。

MCS-51 单片机是整个系统的控制和处理核心。它是一个数字处理芯片,要求所有的输入和输出都是具有 TTL 电平的数字信号。这样模拟信号要想输入到单片机中必须先将其转换成数字信号。A/D 转换器的任务就是在满足奈奎斯特采样定理的条件下,将模拟信号转换为数字信号。

对于开关量,可以很容易地映射成数字的 0 或者 1,即 TTL 的低电平和高电平,映射后的这些数字信号可以直接输入到单片机内部。

处理的结果需要输出,对于开关量的输出,可以简单地经过映射部件,将单片机的 TTL 电平输出信号转换成所需要的开关量进行输出。

有些输出需要以模拟信号的形式存在(如语音信号),单片机输出的 TTL 电平数字信号必须经过 D/A 转换。由于转换后模拟信号中往往含有许多高频成分,因此也需要通过滤波器滤除这些高频信号,以获得平滑的模拟输出信号。有时候,输出的模拟信号还有电压、电流、功率等要求,D/A 转换后的模拟信号需要经过一定的模拟电路来满足这些要求。

另外，单片机系统往往不是一个孤立的系统，有时候需要和其他的计算机系统或者另外的单片机系统进行信息通信。因此，单片机的应用系统里面通信系统是必不可少的。

当然，MCS-51 单片机的运行需要满足一定的运行条件，比如需要电源、时钟、程序存储器、数据存储器和与人交互的人机接口(即键盘、显示器件甚至打印机)，还有单片机内部自身所带的存储器、定时器、中断和串行口。关于这些内容的实现，在前面的各章节都已详细介绍，本章主要介绍信号的输入与输出，包括模拟量和开关量的输入与输出有关的技术，模拟量输入输出部分。由于篇幅的限制，这里把主要精力放在了最靠近单片机的 A/D 和 D/A 部分，对于传感器部分作了简单介绍，而对于模拟信号的调理与滤波基本不作介绍，请感兴趣的读者自己阅读有关的模拟电子线路书籍来掌握。

7.2 模拟信号的输入——传感器技术

传感器是一类能将被测非电量信号转换为与之有确定对应关系的电量输出的器件或装置，也叫“变换器”、“换能器”或“探测器”。通常，传感器由敏感元件和转换电路组成，如图 7-2 所示。

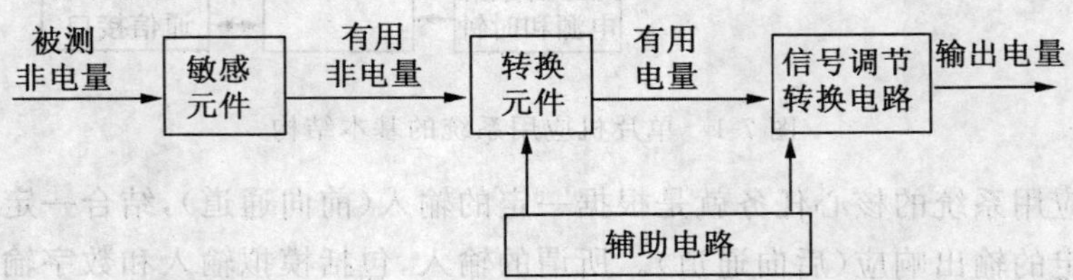

图 7-2 传感器结构示意图

其中，敏感元件是指传感器中能直接感受或响应被测量的部分；转换元件是指传感器中能将敏感元件感受或响应的被测量转换成适合于传输或测量的电信号。由于传感器输出信号一般都很微弱，因此需要有信号调理和转换电路，进行放大、运算调制等。辅助电路主要是指电源。

7.2.1 传感器的分类

目前对传感器尚无一个统一的分类方法，但比较常用的有如下三种：

(1)按传感器的物理量分类，可分为位移、力、速度、温度、流量、气体成分等传感器。

(2)按传感器工作原理分类，可分为电阻、电容、电感、电压、霍尔、光电、光栅、热电偶等传感器。

(3)按传感器输出信号的性质分类，可分为输出为开关量(“1”和“0”或“开”和“关”)的开关型传感器、输出为模拟量的模拟型传感器、输出为脉冲或代码的数字型传感器。

7.2.2 传感器特性

选择传感器主要考虑灵敏度、响应特性、线性范围、稳定性、精确度、测量方式等六个方面的问题。

(1)灵敏度

一般说来,传感器灵敏度越高越好,因为灵敏度越高,就意味着传感器所能感知的变化量小,即只要被测量有一微小变化,传感器就有较大的输出。但是,在确定灵敏度时,要考虑以下几个问题:

①当传感器的灵敏度很高时,那些与被测信号无关的外界噪声也会同时被检测到,并通过传感器输出,从而干扰被测信号。因此,为了既能使传感器检测到有用的微小信号,又能使噪声干扰小,要求传感器的信噪比越大越好。也就是说,要求传感器本身的噪声小,而且不易从外界引进干扰噪声。

②与灵敏度紧密相关的是量程范围。当传感器的线性工作范围一定时,传感器的灵敏度越高,干扰噪声越大,则难以保证传感器的输入在线性区域内工作。不言而喻,过高的灵敏度会影响其适用的测量范围。

③当被测量是一个向量时,并且是一个单向量时,就要求传感器单向灵敏度越高越好;如果被测量是二维或三维的向量,那么还应要求传感器的交叉灵敏度越小越好。

(2)响应特性

实际上传感器的响应总不可避免地有一定延迟,但人们总希望延迟的时间越短越好。一般物性型传感器(如利用光电效应、压电效应等传感器)响应时间短,工作频率宽;而结构型传感器,如电感、电容、磁电等传感器,由于受到结构特性的影响机械系统惯性质量的限制,其固有频率低,工作频率范围窄。

(3)线性范围

任何传感器都有一定的线性工作范围。在线性范围内输出与输入成比例关系,线性范围愈宽,则表明传感器的工作量程愈大。传感器工作在线性区域内,是保证测量精度的基本条件。例如,机械式传感器中的测力弹性元件,其材料的弹性极限是决定测力量程的基本因素,当超出测力元件允许的弹性范围时,将产生非线性误差。

然而,对任何传感器,保证其绝对工作在线性区域内是不容易的。在某些情况下,在许可限度内,也可以取其近似线性区域。例如,变间隙型的电容、电感式传感器,其工作区均选在初始间隙附近。而且必须考虑被测量变化范围,令其非线性误差在允许限度以内。

(4)稳定性

稳定性是表示传感器经过长期使用以后,其输出特性不发生变化的性能。影响传感器稳定性的因素是时间与环境。

为了保证稳定性,在选择传感器时一般应注意两个问题。其一,根据环境条件选择传感器。例如,选择电阻应变式传感器时,应考虑到湿度会影响其绝缘性,温度会产生零漂,长期使用会产生蠕动现象等。又如,对变极距型电容式传感器,因环境湿度的影响或油剂浸入间隙时,会改变电容器的介质。光电传感器的感光表面有尘埃或水汽时,会改变感光性质。其二,要创造或保持一个良好的环境,在要求传感器长期地工作而不需经常地更换或校准的情况下,应对传感器的稳定性有严格的要求。

(5)精确度

传感器的精确度是表示传感器的输出与被测量的对应程度。如前所述,传感器处于测试系统的输入端。因此，传感器能否真实地反映被测量，对整个测试系统具有直接的影响。

然而，在实际中也并非要求传感器的精确度愈高愈好，这还需要考虑到测量目的，同时还需要考虑到经济性。因为传感器的精度越高，其价格就越昂贵，所以应从实际出发来选择传感器。

在选择时，首先应了解测试目的，判断是定性分析还是定量分析。如果是相对比较性的实验研究，只需获得相对比较值即可，那么应要求传感器的重复精度高，而不要求测试的绝对量值准确。如果是定量分析，那么必须获得精确量值。但在某些情况下，要求传感器的精确度愈高愈好。例如，对现代超精密切削机床，测量其运动部件的定位精度，主轴的回转运动误差、振动及热形变等时，往往要求它们的测量精确度在0.1～0.01mm范围内，欲测得这样的精确量值，必须有高精确度的传感器。

(6)测量方式

传感器在实际条件下的工作方式，也是选择传感器时应考虑的重要因素。例如，接触与非接触测量、破坏与非破坏性测量、在线与非在线测量等。条件不同，对测量方式的要求亦不同。

在机械系统中，对运动部件的被测参数(如回转轴的误差、振动、扭力矩)，往往采用非接触测量方式。因为对运动部件采用接触测量时，有许多实际困难，诸如测量头的磨损、接触状态的变动、信号的采集等问题，都不易妥善解决，容易造成测量误差。这种情况下采用电容式、涡流式、光电式等非接触式传感器很方便。若选用电阻应变片，则需配以遥测应变仪。

在某些条件下，可以运用试件进行模拟实验，这时可进行破坏性检验。然而有时无法用试件模拟，因被测对象本身就是产品或构件，这时宜采用非破坏性检验方法。例如，涡流探伤、超声波探伤、核辐射探伤以及声发射检测等。非破坏性检验可以直接获得经济效益，因此应尽可能选用非破坏性检测方法。

在线测试是与实际情况保持一致的测试方法。特别是对自动化过程的控制与检测系统，往往要求信号真实与可靠，必须在现场条件下才能达到检测要求。实现在线检测是比较困难的，对传感器与测试系统都有一定的特殊要求。例如，在加工过程中，实现表面粗糙度的检测，以往的光切法、干涉法、触针法等都无法运用，取而代之的是激光、光纤或图像检测法。研制在线检测的新型传感器，也是当前测试技术发展的一个方面。

除了以上选用传感器时应充分考虑的一些因素外，还应尽可能兼顾结构简单、体积小、重量轻、价格便宜、易于维修、易于更换等条件。

7.2.3 常用传感器简介

传感器种类繁多，使用方法千差万别，在此不能一一详述。用到某种传感器时应该查找相应资料，将原理及使用方法弄明白后再加电使用。本节只是简单介绍几种具有一定代表性，且比较常用而又使用简单的传感器。

7.2.3.1 红外光电传感器

光电传感器是通过把光强度的变化转换成电信号的变化来实现控制的。光电传感器在一般情况下由三部分构成，分别为发送器、接收器和检测电路。

发送器对准目标发射光束，发射的光束一般来源于半导体光源，如发光二极管(LED)、激光二极管及红外发射二极管。光束不间断地发射，或者改变脉冲宽度。接收器由光电二极管、光电三极管、光电池组成。在接收器的前面，装有光学元件如透镜和光圈等。在其后面是检测电路，能滤出有效信号和应用该信号。常用的光电传感器分以下几种：

(1)槽型光电传感器：把一个光发射器和一个接收器面对面地装在一个槽两侧的是槽型光电。发光器能发出红外光或可见光，在无阻情况下光接收器能收到光。但当被检测物体从槽中通过时，光被遮挡，光电开关便动作，输出一个开关控制信号，切断或接通负载电流，从而完成一次控制动作。槽型开关的检测距离因为受整体结构的限制，一般只有几厘米。

(2)对射型光电传感器：若把发光器和收光器分离开，就可使检测距离加大。由一个发光器和一个收光器组成的光电开关就称为对射分离式光电开关，简称“对射型光电开关”。它的检测距离可达几米乃至几十米。使用时把发光器和收光器分别装在检测物通过路径的两侧，检测物通过时阻挡光路，收光器就动作输出一个开关控制信号。

(3)反光板型光电开关：把发光器和收光器装入同一个装置内，在它的前方装一块反光板，利用反射原理完成光电控制作用，称为反光板反射式(或反射镜反射式)光电开关。正常情况下，发光器发出的光被反光板反射回来，被收光器收到；一旦光路被检测物挡住，收光器收不到光时，光电开关就动作，输出一个开关控制信号。

(4)扩散反射型光电开关：此类开关的检测头里也装有一个发光器和一个收光器，但前方没有反光板。正常情况下发光器发出的光收光器是找不到的。当检测物通过时挡住了光，并把光部分反射回来，收光器就收到光信号，输出一个开关信号。

图7-3是利用光电传感器测量电机转速的一个应用实例。光线每照射到接收器件一次，接收器件就产生一个脉冲，经放大整形后，可以通过频率计计算出每分钟产生的脉冲数，即电机转速。

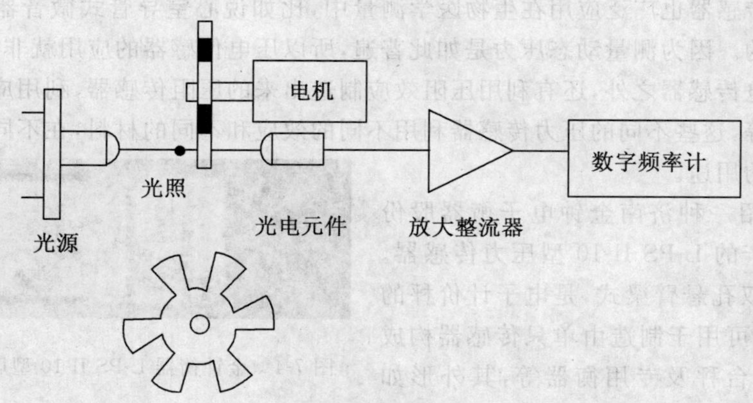

图7-3　应用光电传感器测量电机转速

7.2.3.2 压力传感器

压力传感器是工业实践中最为常用的一种传感器，而我们通常使用的压力传感器主要是利用压电效应制造而成的，这样的传感器也称为“压电传感器”。

我们知道，晶体是各向异性的，非晶体是各向同性的。某些晶体介质，当沿着一定方向受到机械力作用发生变形时，就产生了极化效应；当机械力撤掉之后，又会重新回到不带电的状态。也就是受到压力的时候，某些晶体可能产生出电的效应，这就是所谓的极化效应。科学家就是根据这个效应研制出了压力传感器。

压电传感器中主要使用的压电材料包括石英、酒石酸钾钠和磷酸二氢胺。其中，石英（二氧化硅）是一种天然晶体，压电效应就是在这种晶体中发现的，在一定的温度范围之内，压电性质一直存在，但温度超过这个范围之后，压电性质完全消失（这个高温就是所谓的“居里点”）。由于随着应力的变化电场变化微小（也就说压电系数比较低），所以石英逐渐被其他的压电晶体所替代。而酒石酸钾钠具有很大的压电灵敏度和压电系数，但是它只能在室温和湿度比较低的环境下才能够应用。磷酸二氢胺属于人造晶体，能够承受高温和相当高的湿度，所以已经得到了广泛的应用。

现在压电效应也应用在多晶体上，比如压电陶瓷，包括钛酸钡压电陶瓷、PZT、铌酸盐系压电陶瓷、铌镁酸铅压电陶瓷等等。

压电效应是压电传感器的主要工作原理，压电传感器不能用于静态测量，因为经过外力作用后的电荷，只有在回路具有无限大的输入阻抗时才得到保存。但实际的情况不是这样的，这决定了压电传感器只能够测量动态的应力。

压电传感器主要应用在加速度、压力和力等的测量中。压电式加速度传感器是一种常用的加速度计，具有结构简单、体积小、重量轻、使用寿命长等优异的特点。压电式加速度传感器在飞机、汽车、船舶、桥梁和建筑的振动和冲击测量中已经得到了广泛的应用，特别是航空和宇航领域中更有其特殊地位。压电式传感器也可以用来测量发动机内部燃烧压力与真空度，也可以用于军事工业，如用它来测量枪炮子弹在膛中击发的一瞬间的膛压变化和炮口的冲击波压力。它既可以用来测量大的压力，也可以用来测量微小的压力。

压电式传感器也广泛应用在生物医学测量中，比如说心室导管式微音器就是由压电传感器制成的。因为测量动态压力是如此普遍，所以压电传感器的应用就非常广。

除了压电传感器之外，还有利用压阻效应制造出来的压阻传感器，利用应变效应的应变式传感器等，这些不同的压力传感器利用不同的效应和不同的材料，在不同的场合能够发挥其独特的用途。

下面介绍一种济南金钟电子衡器股份有限公司生产的 L-PS II-10 型压力传感器。该传感器为双孔悬臂梁式，是电子计价秤的专用产品，也可用于制造由单只传感器构成的电子案秤，台秤及专用衡器等，其外形如图 7-4 所示。

图 7-4 金钟衡器 L-PS II-10 型压力传感器

其主要技术指标如表 7-1 所示。

表 7-1　　压力传感器主要技术指标

准确度等级		C3、0.02、0.03
额定载荷	kg	3、6、10、20、30、50
灵敏度	mV/V	1.8±0.08
非线性		±0.02
滞后	%F.S.	0.02
重复性		0.02
蠕变	%F.S./30min	±0.02
蠕变恢复		
零点输出	%F.S.	±1
零点温度系数	%F.S./10℃	±0.02
额定输出温度系数		
输入电阻	Ω	415～445
输出电阻	Ω	349～355
绝缘电阻	MΩ	≥5000
供桥电压	V	12(DC/AC) (10～15)
温度补偿范围	℃	-10～+50
允许温度范围	℃	-20～+60
允许过负荷	%F.S.	120
极限过负荷	%F.S.	200
四角误差	%F.S.	0.03

7.2.3.3　温度传感器

(1)热电偶温度传感器是工业上最常用的温度检测元件之一。其优点是：

①测量精度高：因温度传感器热电偶直接与被测对象接触，不受中间介质的影响。

②测量范围广：常用的温度传感器热电偶从-50～+1600℃均可连续测量，某些特殊温度传感器热电偶最低可测到-269℃(如金铁镍铬电偶)，最高可达+2800℃(如钨铼电偶)。

③构造简单，使用方便。温度传感器热电偶通常是由两种不同的金属丝组成，而且不受大小和开头的限制，外有保护套管，用起来非常方便。

热电偶温度传感器的基本工作原理是，将两种不同材料的导体或半导体 A 和 B 焊接起来，构成一个闭合回路。当导体 A 和 B 的两个焊接点 1 和 2 之间存在温差时，两者之间便产生电动势，因而在回路中形成一定大小的电流，这种现象称为热电效应。温度传感器热电偶就是利用这一效应来工作的。采用适当的电路采集这个微弱的电动势，即将温度转化成了电信号。

(2)值得注意的是,近年来出现了一种新型的集成式数字温度传感器,典型代表是DS18B20,它主要有以下特点:

①适应电压范围宽:电压范围为3.0~5.5V,在寄生电源方式下可由数据线供电。

②独特的单线接口方式,DS18B20在与微处理器连接时仅需要一条口线即可实现双向通信。

③DS18B20支持多点组网功能:多个DS18B20可以并连在唯一的三线上,实现组网多点测温。

④DS18B20在使用中不需要任何外围元件,全部传感元件及转换电路集成在形如一只三极管的集成电路内。

⑤测温范围−55~+125℃,在−10~+85℃时精度为±0.5℃。

⑥可编程的分辨率为9~12位,对应的可分辨温度分别为0.5℃、0.25℃、0.125℃和0.0625℃,可实现高精度测温。

⑦在9位分辨率时最多在93.75ms内把温度转换为数字,12位分辨率时最多在750ms内把温度值转换为数字,速度很快。

⑧测量结果直接输出数字温度信号,以"一线总线"串行传送给CPU,同时可传送CRC校验码,具有极强的抗干扰纠错能力。

⑨负压特性:电源极性接反时,芯片不会因发热而烧毁,但不能正常工作。

从以上特点来看,DS18B20相对于传统的温度传感器来说功能很强,而且其低廉的价格,使得它在普通测量温度的场合被广泛采用。

(3)DS18B20内部结构主要由四部分组成:64位光刻ROM、温度传感器、非挥发的温度报警触发器TH和TL、配置寄存器。DS18B20的外形及管脚排列如图7-5所示。

DS18B20引脚定义:

①GND为电源地。

②DQ为数字信号输入/输出端。

③VDD为外接供电电源输入端(在寄生电源接线方式时接地)。

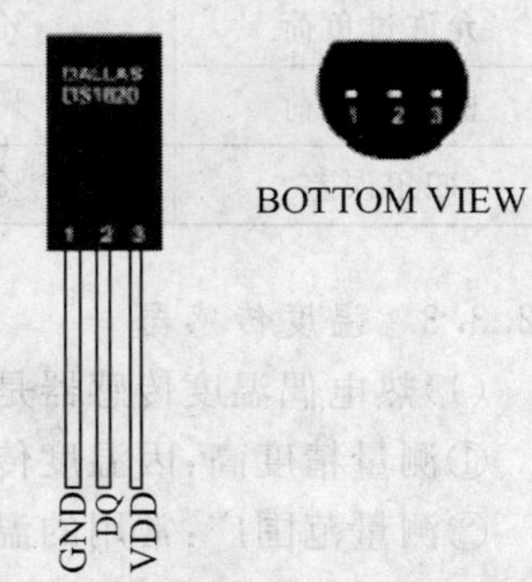

图7-5　DS18B20外形及管脚排列

(4)DS18B20测温原理如图7-6所示。图中低温度系数晶振的振荡频率受温度影响很小,用于产生固定频率的脉冲信号送给计数器1。高温度系数晶振随温度变化其振荡率明显改变,所产生的信号作为计数器2的脉冲输入。计数器1和温度寄存器被预置在−55℃所对应的一个基数值。计数器1对低温度系数晶振产生的脉冲信号进行减法计数,当计数器1的预置值减到0时,温度寄存器的值将加1,计数器1的预置将重新被装入,计数器1重新开始对低温度系数晶振产生的脉冲信号进行计数。如此循环直到计数器2计数到0时,停止温度寄存器值的累加,此时温度寄存器中的数值即为所测温度。图7-6中的斜率累加器用于补偿和修正测温过程中的非线性,其输出用于修正计数器1的预置值。

7.2.3.4　霍尔传感器

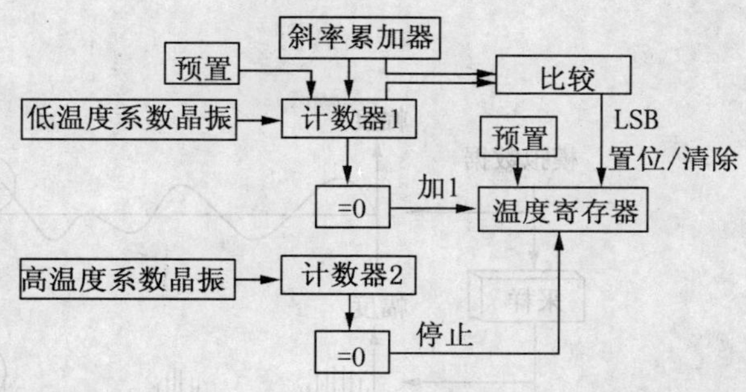

图 7-6　DS18B20 测温原理图

霍尔传感器是一种磁电式传感器。它是利用霍尔元件基于霍尔效应原理而将被测量转换成电动势输出的一种传感器。由于霍尔元件在静止状态下，具有感受磁场的独特能力，并且具有结构简单、体积小、噪声小、频率范围宽（从直流到微波）、动态范围大（输出电势变化范围可达 1000：1）、寿命长等特点，因此获得了广泛应用。例如，在测量技术中用于将位移、力、加速度等量转换为电量的传感器；在计算技术中用于作加、减、乘、除、开方、乘方以及微积分等运算的运算器等。

基于霍尔效应工作的半导体器件称为霍尔元件，霍尔元件多采用 N 型半导体材料。霍尔元件越薄（d 越小），霍尔灵敏度（KH）越大，薄膜霍尔元件厚度只有 1μm 左右。霍尔元件由霍尔片、四根引线和壳体组成，如图 7-7 所示。霍尔片是一块半导体单晶薄片（一般为 4mm×2mm×0.1mm），在它的长度方向两端面上焊有 a、b 两根引线，称为控制电流端引线，通常用红色导线，其焊接处称为控制电极；在它的另两侧端面的中间以点的形式对称地焊有 c、d 两根霍尔输出引线，通常用绿色导线，其焊接处称为霍尔电极。霍尔元件的壳体是用非导磁金属、陶瓷或环氧树脂封装。目前最常用的霍尔元件材料有锗（Ge）、硅（Si）、锑化铟（InSb）、砷化铟（InAs）等半导体材料。

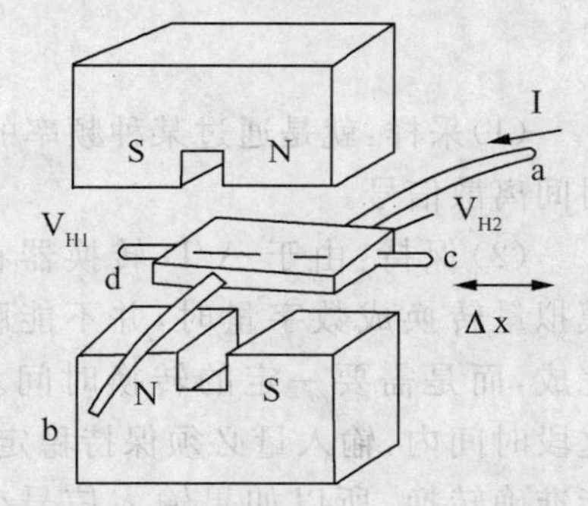

图 7-7　霍尔位移传感器的工作原理图

图 7-7 是一种霍尔效应位移传感器的工作原理图。

将霍尔元件置于磁场中，左半部磁场方向向上，右半部磁场方向向下，从 a 端输入电流 I。根据霍尔效应，左半部产生霍尔电势 V_{H1}，右半部产生霍尔电势 V_{H2}，其方向相反。因此，c、d 两端电势为 $V_{H1}-V_{H2}$。如果霍尔元件在初始位置时 $V_{H1}=V_{H2}$，则输出为零；当改变磁极系统与霍尔元件的相对位置时，即可得到输出电压，其大小正比于位移量。

7.3　模拟信号的输入——A/D 转换

7.3.1　常用的 A/D 转换技术原理

A/D 转换由采样、保持、量化、编码四部分组成，如图 7-8 所示。

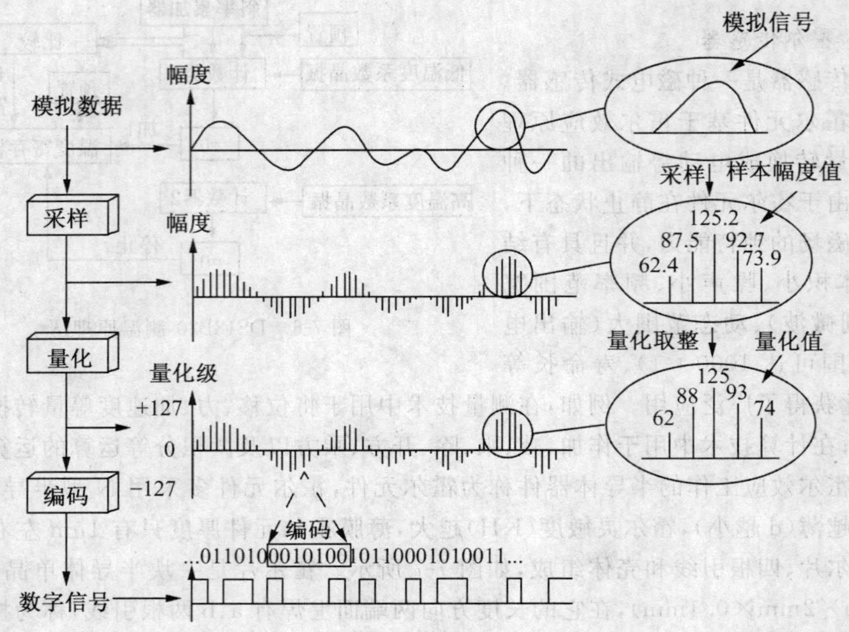

图 7-8　A/D 转换示意图

(1)采样:就是通过某种频率的采样脉冲将模拟信号的值取出,变连续的模拟信号为时间离散信号。

(2)保持:由于 A/D 转换器在把模拟量转换成数字量时,并不能瞬间完成,而是需要一定的转换时间。在这段时间内,输入量必须保持稳定,才能准确转换,所以如果输入信号变化较快时,采样之后还需要保持。采样保持的电路如图 7-9 所示,当控制信号 V_L 为高电平时,T 导通,输入信号 V_I 经电阻 R_i 和 T 向电容 C_h 充电。若取 $R_i=R_f$,则充电结束后 $V_O=-V_I=V_C$。当控制信号返回低电平,T 截止。由于 C_h 无放电回路,所以 V_O 的数值被保存下来。通常采样保持器是集成在一个芯片的,甚至和 A/D 转换器集成在一起,只有电容 C_h 需要外接。采样频率越高,要求电容充放电的频率也越高,电容应该选择的越小。

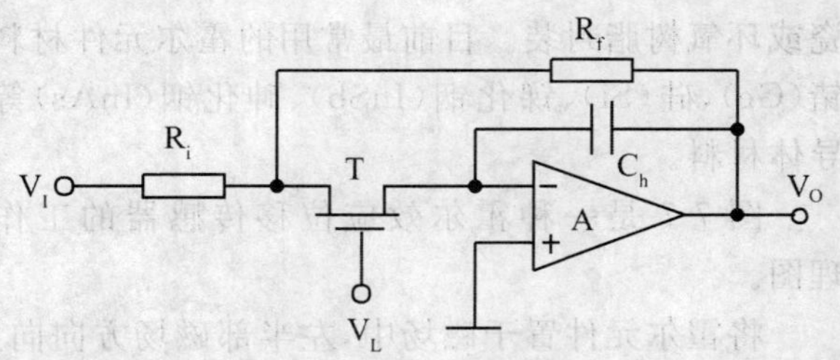

图 7-9　采样保持电路图

(3)量化:采样、保持以后的信号仍然是模拟信号,其幅度仍然是连续的。要想表示这些连续的幅度必须无限多的位数才可以,而 A/D 转换器本身的数据表示位数是有限的,这样就需要对采样信号的值进行取整化,这就是量化。量化后得到的将是离散的幅度值。

(4)编码:计算机内部的处理和存储的数据都是采用二进制形式表示的。量化之后的离散幅度值也必须转化成这种二进制形式,这就是编码。通常当量化级为 N 时,对应的

二进制位数为 $\log_2 N$。实际上，取整量化时是引进了误差，量化级数越高，误差越小，精度越高，但分级越细，每个样本点编码所需的比特数就越多。

7.3.2　常用的 A/D 转换器的类型

按照转换原理不同，常用的 A/D 转换器可以分为以下几种：

7.3.2.1　积分型（如 MC14433）

积分型 A/D 转换器的结构原理如图 7-10 所示。

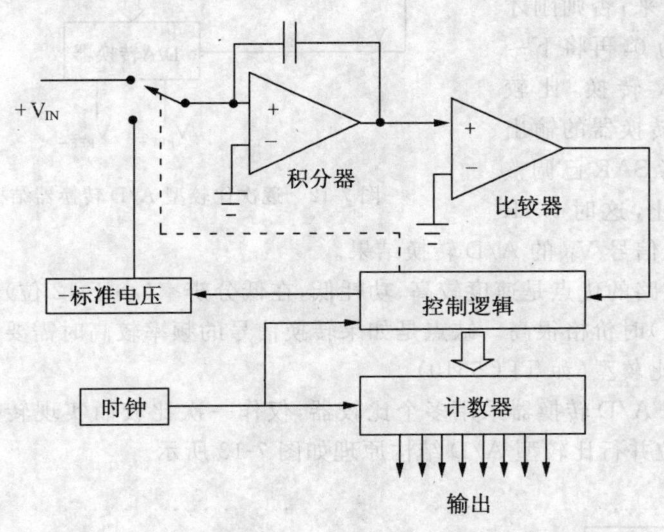

图 7-10　积分型 A/D 转换器结构原理图

电路首先对未知输入电压 V_{IN} 先进行固定时间 T 的积分（充电），然后对标准电压进行反向积分（放电），直至放电为 0。放电所花时间 t（正比于输入电压），如图 7-11 所示，T′是由计数器测量得到的。因此，计数器的计数值就是输入信号 A/D 转换的结果。

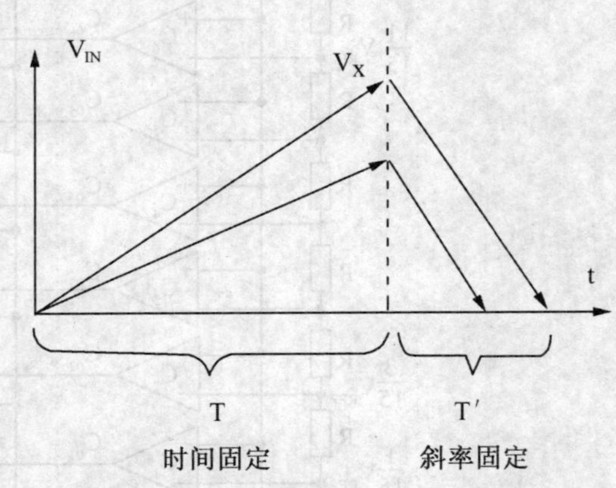

图 7-11　积分型 A/D 转换器测量原理

这种转换器的优点是用简单电路就能获得高分辨率，抗干扰能力强，性价比较高；缺点是，由于转换结果依赖于积分时间，因此转换速率较低，主要用于低速信号的采集。

7.3.2.2　逐次比较型（如 ADC0809）

逐次比较型 A/D 转换器的结构原理如图 7-12 所示。

逐次逼近寄存器(SAR)的值从二进制数据的最高位起,依次逐位置1。该值经过D/A转换器转换成模拟信号,该模拟信号与待转换的模拟量通过比较器进行比较。如果比较器的输出为正,则该位置的1保留下来;否则刚才置1的位恢复为0,再将下一位置1,再D/A转换,比较……直到D/A转换器的输出与V_{IN}相等,或者SAR已调整完最后一位为止,这时SAR的输出就是输入信号V_{IN}的A/D转换结果。

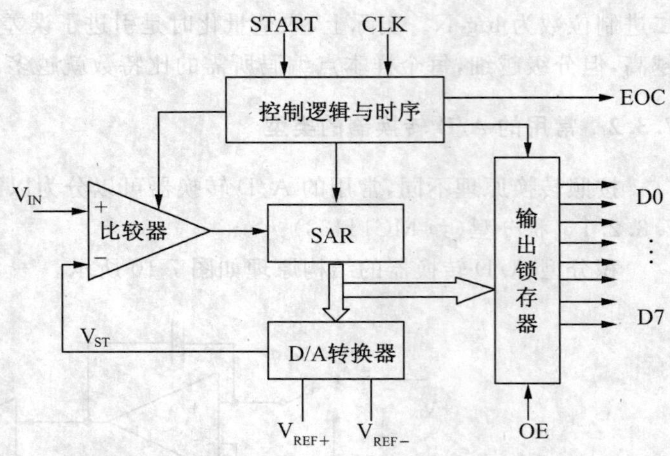

图 7-12 逐次比较型 A/D 转换器结构原理图

这种转换电路的优点是速度较高、功耗低,在低分辨率(小于12位)时价格便宜,但高精度(大于12位)时价格很高。缺点是如果转换信号的频率较高时需要采样保持电路。

7.3.2.3 并行比较型(如 TLC5510)

并行比较型A/D转换器采用多个比较器,仅作一次比较而实现转换,故又称"Flash(快速)型"。3位并行比较型A/D结构原理如图7-13所示。

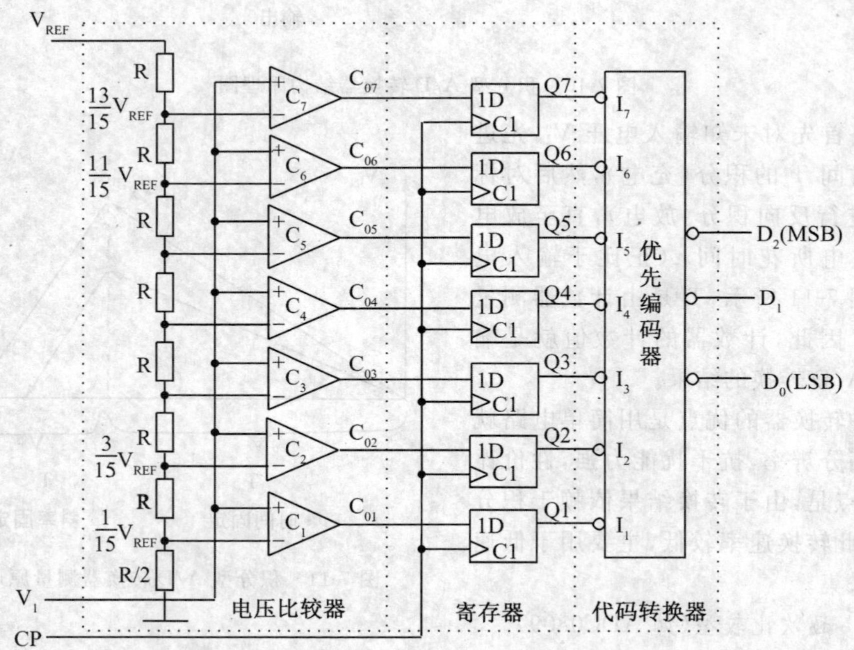

图 7-13 并行比较型 A/D 转换器结构原理图

3位并行比较型A/D转换电路由电压比较器、寄存器和代码转换器三部分组成。电压比较器中量化电平的划分采用图7-13所示的方式，用电阻链把参考电压V_{REF}分压，得到从$\frac{1}{15}V_{REF} \sim \frac{13}{15}V_{REF}$之间7个比较电平，量化单位$\Delta = \frac{2}{15}V_{REF}$。然后，把这7个比较电平分别接到7个比较器$C_1 \sim C_7$的输入端作为比较基准。同时将将输入的模拟电压同时加到每个比较器的另一个输入端上，与这7个比较基准进行比较。比较器的输出经过编码将得到转换结果输出。

这种转换器的转换速率极高，n位的转换需要$2n-1$个比较器，因此电路规模也较大，价格也高，只适用于视频A/D转换器等速度特别高的领域。

除了以上三种A/D转换技术以外，A/D转换技术还有Σ－Δ型A/D、电容阵列逐次比较型A/D和压频变换型A/D等几种，限于篇幅，这里不再对这些类型的A/D进行详细描述。

7.3.3　A/D转换器的性能指标

7.3.3.1　分辨率(Resolution)

ADC(A/D转换器)的分辨率是指使输出数字量变化一个相邻数码所需输入模拟电压的变化量(也称“量化间隔”)，常用二进制的位数表示。例如，12位ADC的分辨率就是12位，或者说分辨率为满刻度FS的$\frac{1}{2^{12}}$。一个10V满刻度的12位ADC能分辨输入电压变化最小值是$10V \times \frac{1}{2^{12}} \approx 2.4mV$。

7.3.3.2　偏移误差(Offset Error)

偏移误差是指输入信号为零时，输出信号不为零的值，所以有时又称为零值误差。假定ADC没有非线性误差，则其转换特性曲线各阶梯中点的连线必定是直线，这条直线与横轴相交点所对应的输入电压值就是偏移误差。

7.3.3.3　量化误差(Quantizing Error)

量化误差是ADC的有限位数对模拟量进行量化而引起的误差。实际上，要准确表示模拟量，ADC的位数需很大甚至无穷大。一个分辨率有限的ADC的阶梯状转换特性曲线与具有无限分辨率的ADC转换特性曲线(直线)之间的最大偏差即是量化误差，如图7-14所示。

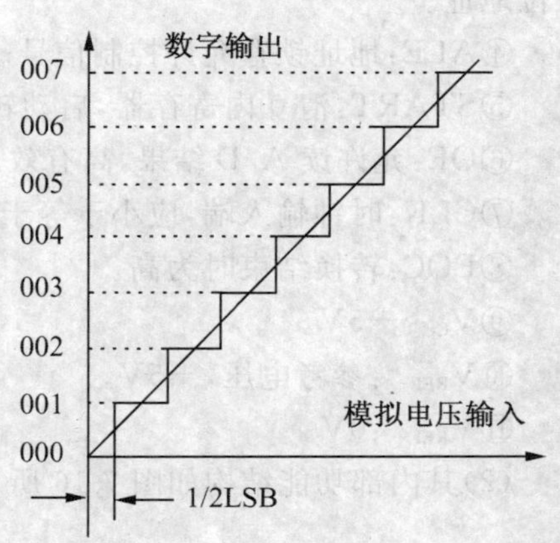

图7-14　A/D转换器量化误差曲线

量化误差又分为绝对量化误差和相对量化误差。

绝对量化误差，即实际的量化误差：

$$\varepsilon = \frac{量化间隔}{2}，即\frac{1}{2}LSB$$

相对量化误差，即相对于满量程的量化误差：

$$\varepsilon = \frac{\text{绝对量化误差}}{\text{满量程电压}} = \frac{1}{2^{n+1}}$$

7.3.3.4　满刻度误差(Full Scale Error)

满刻度误差又称为增益误差。ADC 的满刻度误差是指满刻度输出数码所对应的实际输入电压与理想输入电压之差。

7.3.3.5　转换速率 (Conversion Rate)

转换速率是指完成一次从模拟转换到数字的 A/D 转换所需的时间的倒数。积分型 A/D 的转换时间是毫秒级,属低速 A/D;逐次比较型 A/D 是微秒级,属中速 A/D;全并行/串并行型 A/D 可达到纳秒级。采样时间则是另外一个概念,是指两次转换的间隔。为了保证转换的正确完成,采样速率(sample rate)必须小于转换速率。常用单位是 ksps 和 Msps,表示每秒采样千次/百万次(kilo/Million samples per second)

除了以上几种 A/D 转换技术指标以外,其他指标还有线性度、微分非线性、积分非线性、单调性和无错码、总谐波失真等。

7.3.4　常用 A/D 转换芯片及其接口技术

7.3.4.1　8 位逐次逼近型并行 A/D 接口芯片 ADC0809

7.3.4.1.1　ADC0809 芯片简介

ADC0809 是 CMOS 工艺逐次逼近法的 8 位 A/D 转换芯片,采用 28 引脚双列直插式封装,如图 7-15 所示。

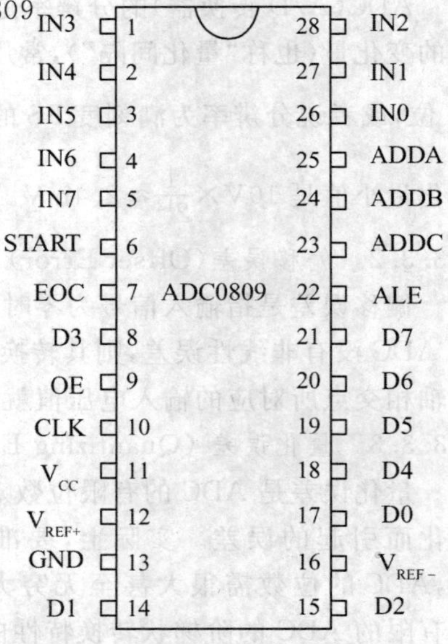

图 7-15　ADC0809 外部引脚分布

(1)其中引脚的功能如下:

①IN0～IN7:8 通道模拟量输入端。

②D0～D7:8 位数字量输出端。

③ADDC、ADDB、ADDA:接地址锁存器的低三位地址。

④ALE:地址锁存允许控制信号。

⑤START:清 0 内寄存器,启动转换。

⑥OE:允许读 A/D 结果,高有效。

⑦CLK:时钟输入端,应小于等于 640kHz。

⑧EOC:转换结束时为高。

⑨V_{CC}:+5V。

⑩V_{REF+}:参考电压,+5V。

⑪V_{REF-}:0V。

(2)其内部功能结构如图 7-16 所示。

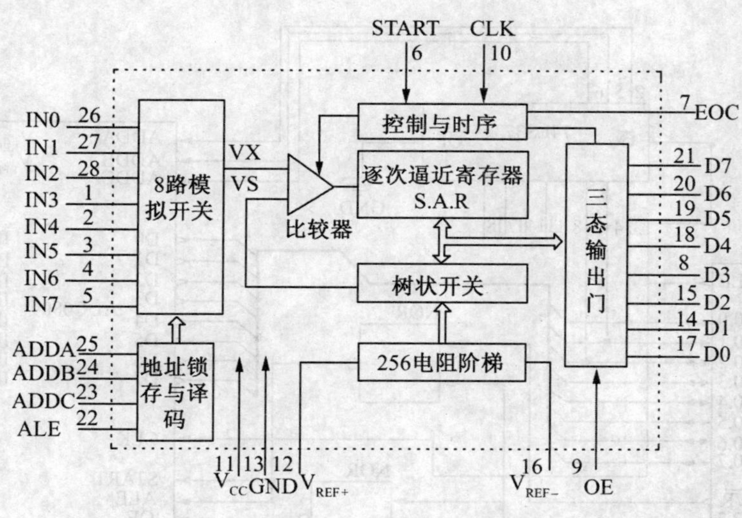

图 7-16　ADC0809 内部功能结构

它由 8 路模拟开关、8 路 A/D 转换器、三态输出锁存器以及地址锁存译码器等组成。8 路模拟开关有 8 路模拟输入，允许 8 路模拟量(可由 3 位地址输入 ADDA、ADDB、ADDC 的不同组合来选择；ALE 为地址锁存信号，高电平有效，锁存这三条地址输入信号)分时输入，分时采集，这 8 路模拟输入共用一个 A/D 转换器进行转换。

其主体部分是采用逐次逼近式的 A/D 转换电路，由 CLK 控制内部电路的工作。START 为启动命令，高电平有效，启动 ADC0809 内部的 A/D 转换。当转换完成，输出信号 EOC 有效，OE 为输出允许信号，高电平有效。打开输出三态缓冲器，把转换后的结果(共 8 位)送至数据总线。

(3) ADC0809 具体的工作过程为：

①当模拟量送至某一输入通道 INi 后，CPU 将标志该通道编码的三位地址信号经数据线或地址线输入到 ADDC、ADDB、ADDA 引脚上。

②地址锁存允许 ALE 锁存这三位地址信号，启动命令 START 启动 A/D 转换。

③转换开始，EOC 变低电平，转换结束，EOC 变为高电平。EOC 可作为中断请求信号。

④转换结束后，可通过执行 IN 指令，设法在输出允许 OE 脚上形成一个正脉冲，打开三态缓冲器把转换的结果输入到 DB，一次 A/D 转换便完成了。

7.3.4.1.2　ADC0809 与 89C51 的接口

ADC0809 与 89C51 连接可采用查询方式，也可采用中断方式。图 7-17 为中断方式连接电路图。由于 ADC0809 片内有三态输出锁存器，因此可直接与 89C51 接口。

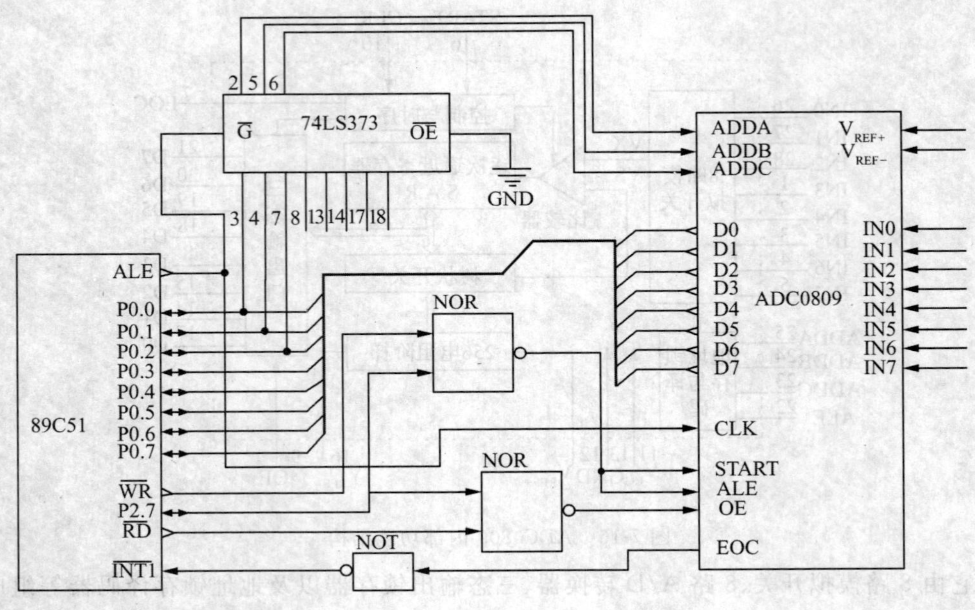

图 7-17　ADC0809 与 89C51 的连接

根据图 7-17 可知，8 个通道的口地址可以为：7F00～7F07H

相应的 A/D 转换程序如下：

```
        ORG 0000H
        AJMP MAIN
        ORG 0013H
        AJMP   INT1
MAIN：  MOV R0，#0A0H          ；转换结果存放缓存区
        MOV R2，#08H           ；共有 8 个通道
        SETB IT1               ；选择下降沿触发中断
        SETB EA
        SETB EX1               ；开中断
        MOV DPTR，#7F00H
        MOVX @DPTR，A
HERE：SJMP HERE
INT1：                         ；外部中断 1 的服务子程序
        MOVX A，@DPTR          ；读数据
        MOV @R0，A             ；数据放进缓存单元
        INC R0                 ；指向下一缓存
        INC DPTR               ；指向下一通道
        DJNZ R2，RTN           ；8 次未完就继续采集，已完就关中断、停采集
```

```
        CLR EA
        CLR EX1
        RETI
RTN：   MOVX @DPTR,A          ;启动下一次采集
        RETI
```

7.3.4.2　8 位 8 通道 A/D 转换芯片 MAX118 简介

7.3.4.2.1　8 位 8 通道的模数转换 MAX118 芯片介绍

MAX118 是 8 位 8 通道的模数转换芯片，具有转换速度快、功耗低、精度高、易于 CPU 或 μP 接口等特点。它采用半刷新技术，利用其内部的 2 个 4 位刷新组件取得 8 位的转换结果。

性能参数为：单一＋5V 工作电源；8 路模拟输入通道；低功耗工作模式时 40mW，功耗下降模式时 5μW；非调误差小于 1LSB；转换时间可达 660ns/每通道；无须外部时钟；内置跟踪/保持器。

7.3.4.2.2　引脚介绍

MAX118 采用 28 引脚 DIP 或 SSOP 形式封装，如图 7-18 所示。

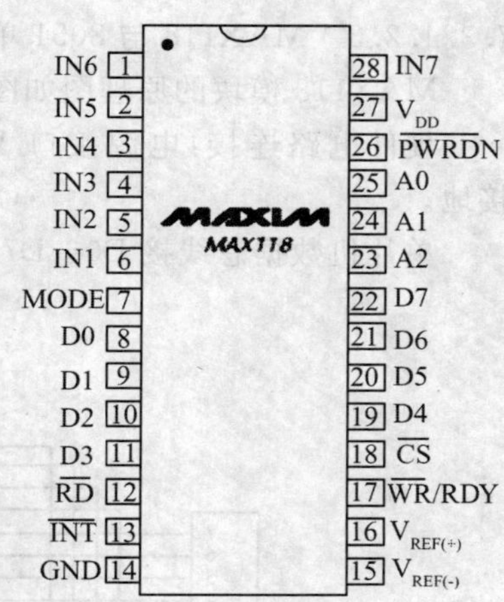

图 7-18　MAX118 引脚图

(1)信号输入：IN1～IN7(6p～1p，28p)7 个外部模拟信号输入端。

(2)第 8 通道 IN8 在芯片内部固定与 $V_{REF(+)}$(参考正电压)相连。

(3)数据总线：D0～D7(8p～11p，19p～21p)；为转换结果的数据输出端。当 $\overline{\text{INT}}$ 低电平时，$\overline{\text{CS}}$、$\overline{\text{RD}}$ 同时有效时，此时转换结果送 CPU。

(4)控制总线：

①MODE(7p)：模式选择输入。读取 A/D 转换数据的模式，当 MODE 接低时为 MODE0 模式，当 MODE 接高电平时为 MODE1 模式。

②$\overline{\text{INT}}$(13p)：当 INT 引脚上出现低电平时，表示一次转换过程结束。

③$\overline{\text{RD}}$(12p)：读信号输入端。当 $\overline{\text{CS}}$ 有效且 $\overline{\text{RD}}$ 有效时，可以读取转换结果。

④$\overline{\text{WR}}$/RDY(17p)：双功能引脚。在 MODE0 下，$\overline{\text{WR}}$/ RDY 为“准备好”状态输出端；在 MODE1 下，此线为“写”控侧输入线。

⑤$\overline{\text{PWRDN}}$(26p)：为功率下降输入端，$\overline{\text{PWRDN}}$ 为低时，进入“功率下降”阶段，或称为睡眠状态。此时电源电流降为微安级，在＋5V 电压供电下电流降低至典型值 1μA，功率下降为 5μW。当 $\overline{\text{PWRDN}}$ 为高时为工作状态。当 $\overline{\text{PWRDN}}$ 端的上升沿到来时，MAX118 被唤醒，并进入对模拟输入信号的跟踪保持工作阶段，这期间的时间消耗不超过 360ns。

在低采样频率可控制 $\overline{\text{PWRDN}}$ 引脚的状态，使 MAX118 在两次转换之间处于睡眠状态。

(5)地址总线：$\overline{\text{CS}}$(18p)为片选输入。A0～A2(25p～23p)为通道选择。A2、A1、A0

=000 时对应 IN1,为 001 时对应 IN2,依此类推。A2、A1、A0 为 111 时对应 IN8,当选择 IN8 作为被转换通道时,由于在 MAX118 内部 IN8 输入与 V_{REF+} 相接,故此时转换结果为参考正电压所对应的数字值,在理论上应为 FFH,故此时可以对芯片的满刻度值进行校验。

(6)电源:GND(14p)电源地;V_{DD}(27p)电源+。

(7)V_{REF+}(16p)、V_{REF-}(15p):为参考电压输入端。V_{REF-} 用以设置对应输出全为 0 码的模拟电压值。V_{REF+} 用以设置对应输出全为 1 码的模拟电压值。

7.3.4.2.3 MAX118 与 8051 单片机硬件接口电路

MAX118 模块的原理图如图 7-19 所示。

硬件电路连接:电源接口 V_{DD}(27p)和 V_{REF+} 接+5V,GND(引脚 14)接地;V_{REF-} 接地。

单片机数据总线接 D0~D7。地址线接 $\overline{CS}$、A0、A1、A2,读写信号线接 $\overline{RD}$、$\overline{WR}$。

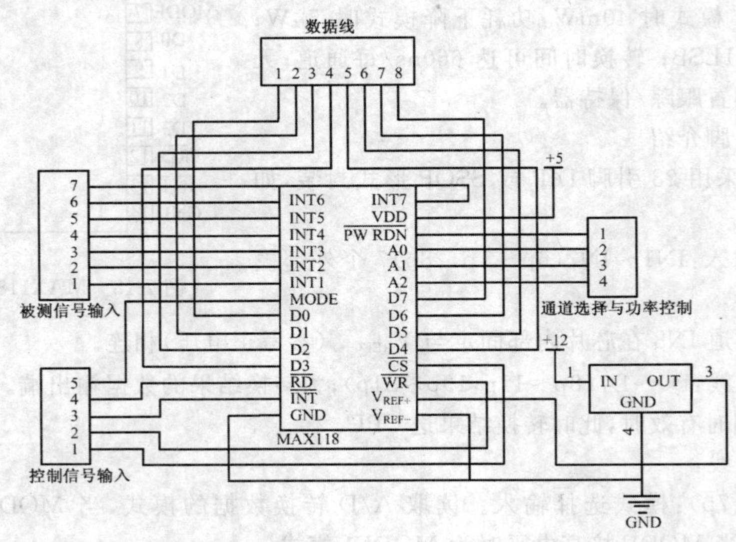

图 7-19 MAX118 模块原理图

7.3.4.3 高速带有采样保持功能的 8 位 A/D 转换芯片 MAX150 简介

7.3.4.3.1 MAX150 芯片介绍

MAX150 是一个高速的 8 位模拟/数字转换器,用"分半快速转换"技术达到 1.34μs 的转换时间。它的模拟输入量范围是 0~5V,使用单一+5V 电源。

此芯片具有采样保持功能,当外部信号变化率小于 100mV/μs 时,消除了对外部采样保持电路的需要。MAX150 芯片内部提供 2V、5V 参考电压输出,使得它成为一个完整的模拟/数字转换器。

此芯片很容易以存储器地址和输入输出口的接口方式与微处理器相连,而不需要外部接口逻辑。数据输出使用带有锁存的三态缓冲电路,允许直接与微处理器的数据总线或系统输入端口相连。并提供了溢出输出,使器件有更高的处理能力.

MAX150 特性:

①转换速度快：转换时间小于等于 1.34μs。

②内部的采样保持功能。

③不需提供要外部时钟。

④单一＋5V 电源。

⑤内部提供 2V、5V 参考电压输出。

7.3.4.3.2　引脚介绍

引脚图如图 7-20 所示。

(1)信号输入：V_{IN}(1p)模拟量输入

(2)数据总线：DB0～DB7(2p～5p，14p～17p)；为转换结果的数据输出端。

(3)控制总线

①$\overline{WR}$/RDY(6p)：写控制信号输入/准备好状态，输出(看数字接口部分)。

②MODE(7p)模式选择输入。$\overline{RD}$模式 MODE 接低电平；$\overline{WR}$-RD 模式 MODE 接高电平。

$\overline{RD}$(8p)：读信号输入(低电平有效)。

$\overline{INT}$(9p)：中断请求信号输出(转换结束，$\overline{INT}$引脚变为低电平)。

$\overline{OFL}$(18p)：溢出信号输出端。

TP (19p)：测试引脚。

(4)地址总线：$\overline{CS}$(13p) 片选输入端。

(5)电源：GND(10p) 接地端；V_{DD}(引脚 20) 正电源＋5V 输入。

(6)V_{REF-}(11p)参考负电压输入；V_{REF+}(12p) 参考正电压输入。

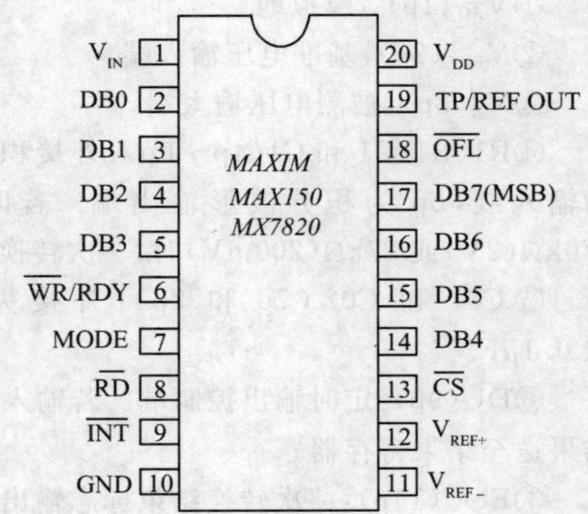

图 7-20　MAX150 引脚图

7.3.4.3.3　8051 单片机与 MAX150 接口电路

MAX150 模块原理图如图 7-21 所示。

接口电路连接：

电源 V_{DD} (22p) 接＋5V，GND (10p)接地。

V_{REF-}接地。单片机数据总线接 D0～D7。地址线接$\overline{CS}$，读写信号线接 $\overline{RDWR}$。单片机 INT 接$\overline{INT}$(9p)。

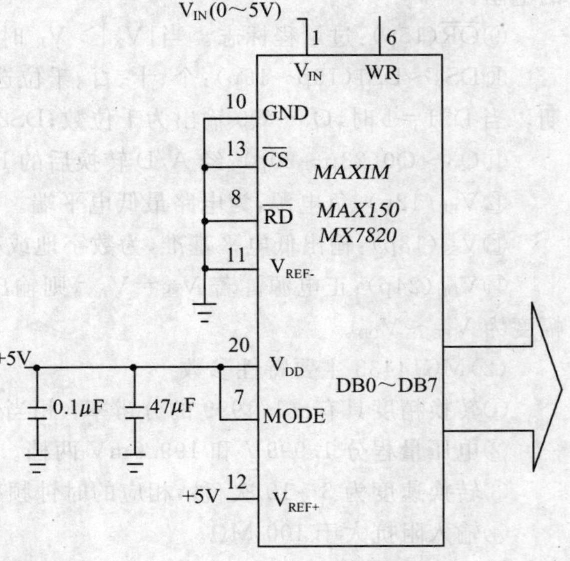

图 7-21　MAX150 模块图

7.3.4.4　$3\frac{1}{2}$位双积分型 A/D 转换接口芯片 MC14433

7.3.4.4.1　MC14433 芯片介绍

$3\frac{1}{2}$双积分型 A/D 转换接口芯片 MC14433 由于其精度较高，成本较低，在数字万用表中常用。它采用 24 脚双列直插式封装，其引脚如图 7-22 所示。

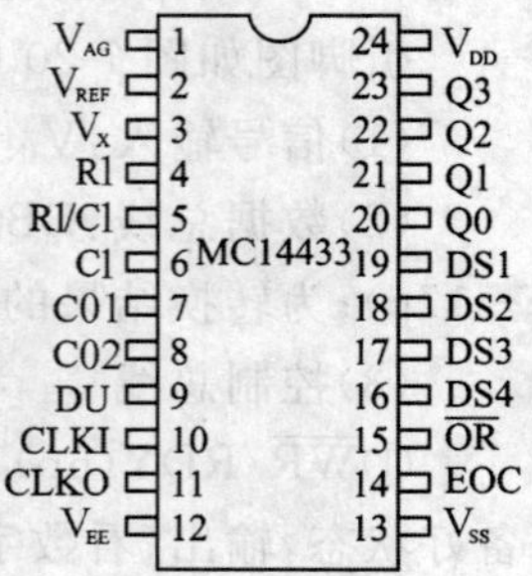

图 7-22　MC14433 A/D 转换器引脚分布

(1)引脚功能

①V_{AG}(1p)：模拟地。

②V_{REF}(2p)：基准电压输入端。

③V_X(3p)：被测电压输入端。

④R1、R1/C1 和 C1(4p～6p)：外接积分阻容元件，4p 和 6p 为输入线，5p 为积分波形输出端。若时钟为 66kHz，R1 为 470kΩ(2V)或 27kΩ(200mV)时，一次转换的时间约为 250ms。

⑤ C01 和 C02(7p 和 8p)：外接失调补偿电容，通常取 0.1μF。

⑥DU(9p)：定时输出控制端。若输入一个正脉冲，则使转换结果送至结果寄存器。

⑦EOC(14p)：一次转换结束标志输出。每一次 A/D 转换结束时便输出一个正脉冲，其宽度为时钟周期的 1/2。若把 9p 和 14p 相连接，则每次转换结束都送到输出锁存器。在实际电路中常把它们相连。

⑧CLKI 和 CLKO(10p 和 11p)：时钟信号输入、输出端。通常外接一个 300kΩ 左右的电阻。

⑨$\overline{OR}$(15p)：过量程标志。当$|V_X|>V_R$ 时，输出低电平。

⑩DS4～DS1(16p～19p)：个、十、百、千位选通特征位输出信号，宽度为 18 个时钟周期。当 DS1＝1 时，Q3～Q0 输出为千位数；DS2＝1 时，Q3～Q0 输出为百位数。

⑪Q3～Q0(23p～20p)：经 A/D 转换后的 BCD 码结果输出端。

⑫V_{EE}(12p)：负电源，为电路最低电平端。

⑬V_{SS}(13p)：输出低电平基准，为数字地或称系统地。

⑭V_{DD}(24p)：正电源。若 $V_{SS}=V_{AG}$，则输出幅度为 V_{AG}～V_{DD}；若 $V_{SS}=V_{EE}$，则输出幅度为 V_{EE}～V_{DD}。

(2)MC14433 主要特性参数

①转换精度具有±1/1999 的分辨率（相当于 11 位二进制数）。

②电压量程分 1.999V 和 199.9mV 两档。

③转换速度为 3～10 次/秒，相应的时钟频率变化范围为 50～150kHz。

④输入阻抗大于 100 MΩ。

⑤基准电压取 2V 或 200mV(分别对应量程为 1.999V 或 199.9mV)。

⑥具有过量程和欠量程输出标志。

⑦片内具有自动极性转换和自动调零功能。

⑧转换结束输出 BCD 码。

⑨工作电压范围为±4.5～±8V 或 9～16V。

⑩当电源为±5V 时，典型功耗为 8mW。

(3)MC14433 的转换输出时序如图 7-23 所示。

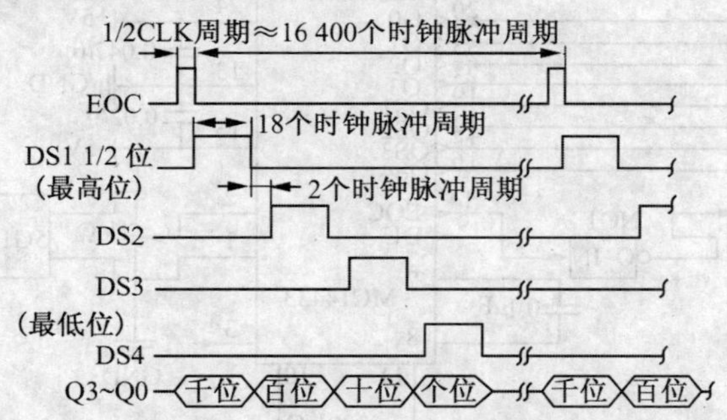

图 7-23　MC14433 选通脉冲时序

DS1＝1 时，Q3、Q2、Q1、Q0 输出过量程、欠量程、千位和极性标志的编码如表 7-2 所示。

表 7-2　　DS1 选通时 Q0～Q3 表示的输出结果

DS1	Q3	Q2	Q1	Q0	输出结果状态
1	1	×	×	0	千位数为 0
1	0	×	×	0	千位数为 1
1	×	1	×	0	输出结果为正
1	×	0	×	0	输出结果为负
1	0	×	×	1	输入信号过量程
1	1	×	×	1	输入信号欠量程

由表 7-2 可知，Q3 在 Q0＝0 时，表示千位数的内容：Q3＝0，千位为 1；Q3＝1，千位为 0；Q2 表示被测信号的极性：Q2＝1，为正极性；Q2＝0，为负极性。Q3 在 Q0＝1 时，表示过、欠量程：Q3＝0，表示过量程；Q3＝1 表示欠量程。当量程选为 1.999V 时，过量程表示被测信号大于 1.999V；欠量程表示被测信号小于 0.179V。

7.3.4.4.2　MC14433 与 89C51 的接口

MC14433 与 89C51 的接口电路如图 7-24 所示。

该电路采用中断方式管理 MC14433 的操作。由于引脚 EOC 与 DU 连接在一起，所以，MC14433 能自动连续转换。每次转换结束便在 EOC 脚输出正脉冲，经反相后作为 89C51 的外部中断请求信号 $\overline{\mathrm{INT1}}$。

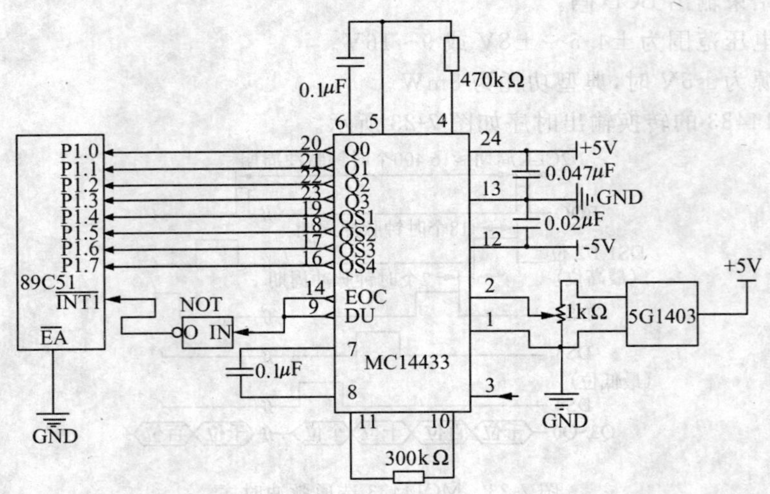

图 7-24 MC14433 与单片机接口电路图

7.3.4.5 多通道串行 A/D 转换接口芯片 TLC2543

7.3.4.5.1 TLC2543 芯片介绍

(1)TLC2543 的特性如下：

①12 位 A/D 转换器(可 8 位、12 位和 16 位输出)。

②在工作温度范围内转换时间为 10 μs。

③11 通道输入。

④3 种内建的自检模式。

⑤片内采样/保持电路。

⑥最大±1/4096 的线性误差。

⑦内置系统时钟。

⑧转换结束标志位。

⑨单/双极性输出。

⑩输入/输出的顺序可编程(高位或低位在前)。

⑪可支持软件关机。

⑫输出数据长度可编程。

(2)TLC2543 引脚排列如图 7-25 所示。

引脚功能如表 7-3 所示。

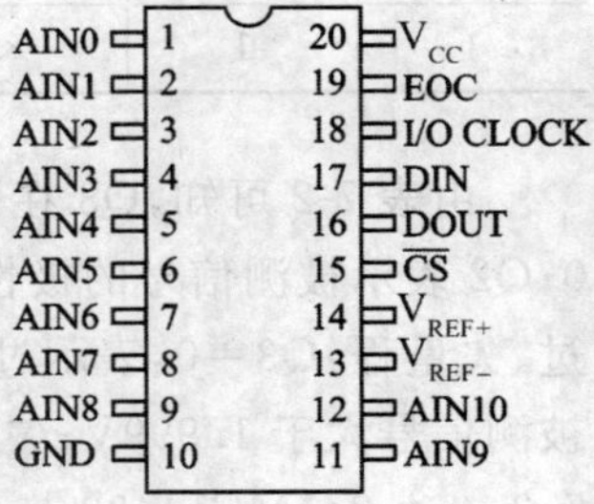

图 7-25 TLC2543 引脚排列

表 7-3 **TLC2543 引脚定义功能**

引脚	输入/输出	功能描述
AIN0～AIN10	输入	模拟输入通道，在使用 4.1MHz 的 I/O 时钟时，外部输入设备的输出阻抗应小于或等于 50Ω

续表

引脚	输入/输出	功能描述
$\overline{CS}$	输入	片选端。一个从高到低的变化可以使系统寄存器复位，同时，使能系统的输入/输出和 I/O 时钟输入，一个从低到高的变换会禁止数据的输入/输出和 I/O 时钟输入
DIN	输入	串行数据输入。最先输入的 4 位用来选择输入通道，数据是最高位在前，每一个 I/O 时钟的上升沿送入一位数据；接下来的 4 位用来设置芯片的工作方式
DOUT	输出	转换结束数据输出，有 8 位、12 位和 16 位三种格式。数据输出的顺序在工作方式中选定。该引脚在 $\overline{CS}$=1 时呈高阻状态，在 $\overline{CS}$=0 时使能
EOC	输出	转换结束信号，在转换命令发出后为低电平，在转换结束后由低电平转为高电平
GND		地
V_{CC}		电源
V_{REF+}	输入	参考高信号
V_{REF-}	输入	参考低信号
I/O CLOCK	输入	数据输入输出同步时钟

片内结构如图 7-26 所示。

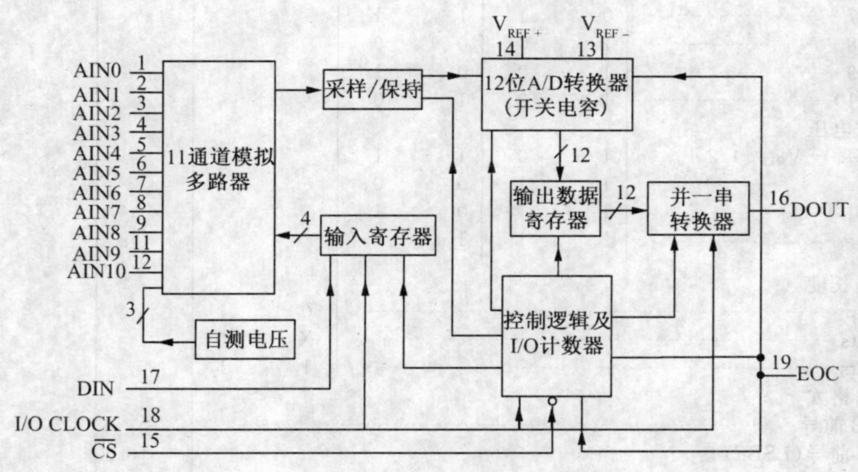

图 7-26　TLC2543 片内结构框图

TLC2543 片内由通道选择器、数据（地址和命令字）输入寄存器、采样/保持电路、12 位的模/数转换器、输出寄存器、并行到串行转换器以及控制逻辑电路七个部分组成。通道选择器根据输入地址寄存器中存放的模拟输入通道地址，选择输入通道，并将输入通道中的信号送到采样/保持电路中，然后在 12 位模/数转换器中将采样的模拟量进行量化编码，转换成数字量，存放到输出寄存器中。这些数据经过并行到串行转换器转换成串行数据，经 TLC2543 的 DOUT 输出到微处理器中。

7.3.4.5.2 TLC2543 的命令字

TLC2543 的命令字如表 7-4 所示。

表 7-4　TLC2543 的命令字

通道选择位	输出数据长度控制位	输出数据顺序控制位	数据极性选择位
D7、D6、D5、D4	D3、D2	D1	D0

输入到输入寄存器中的 8 位编程数据选择器件输入通道和输出数据的长度及格式。其选择格式如表 7-5 所示。

表 7-5　TLC2543 输入寄存器功能选择格式

功能选择	输入数据字节							
	地址位				L1	L0	LSBF	BIP
	D7 (MSB)	D6	D5	D4	D3	D2	D1	D0 (LSB)
选择输入通道								
AIN0	0	0	0	0				
AIN1	0	0	0	1				
AIN2	0	0	1	0				
AIN3	0	0	1	1				
AIN4	0	1	0	0				
AIN5	0	1	0	1				
AIN6	0	1	1	0				
AIN7	0	1	1	1				
AIN8	1	0	0	0				
AIN9	1	0	0	1				
AIN10	1	0	1	0				
选择测试电压								
$(V_{REF+}-V_{REF-})/2$	1	0	1	1				
V_{REF-}	1	1	0	0				
V_{REF+}	1	1	0	1				
软件掉电	1	1	1	0				
输出数据长度								
8bits					0	1		
12bits					X	0		
16bits					1	1		
输出数据格式								
MSB 前导							0	
LSB 前导(LSBF)							1	
单极性(二进制)								0
双极性(BIP)2 的补码								1

7.3.4.5.3 TLC2543 的接口时序

TLC2543 的时序有两种：使用片选信号 $\overline{CS}$ 和不使用片选信号 $\overline{CS}$。这两种时序分别如图 7-27 和图 7-28 所示。

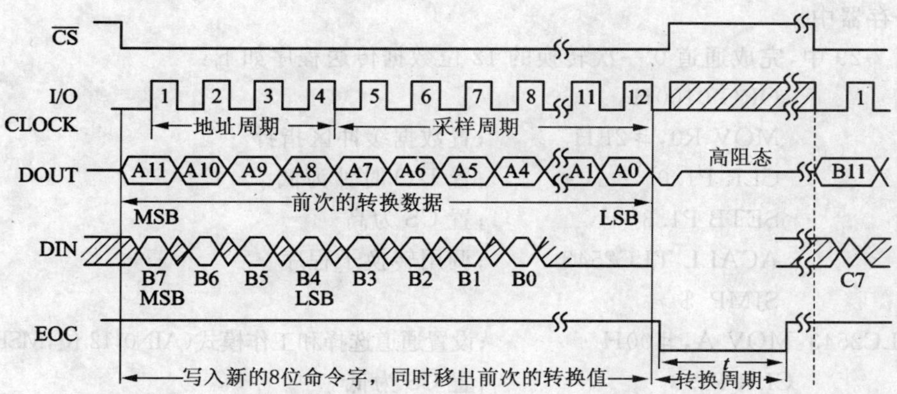

图 7-27　使用片选信号 CS 高位在前的时序

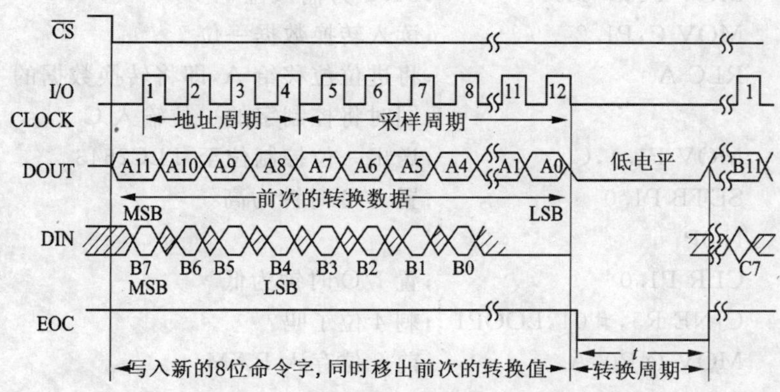

图 7-28　不使用片选信号 CS 高位在前的时序

7.3.4.5.4　TLC2543 与 89C51 的 SPI 接口

TLC2543 串行 A/D 转换器与 89C51 的 SPI 接口电路如图 7-29 所示。SPI(Serial Perpheral Interface)是一种串行外设接口标准，串行通信的双方用 4 根线进行通信。这 4 根连线分别是：片选信号、I/O 时钟、串行输入和串行输出。这种接口的特点是快速、高效，并且操作起来比 I^2C 要简单一些，TLC2543 提供 SPI 接口。

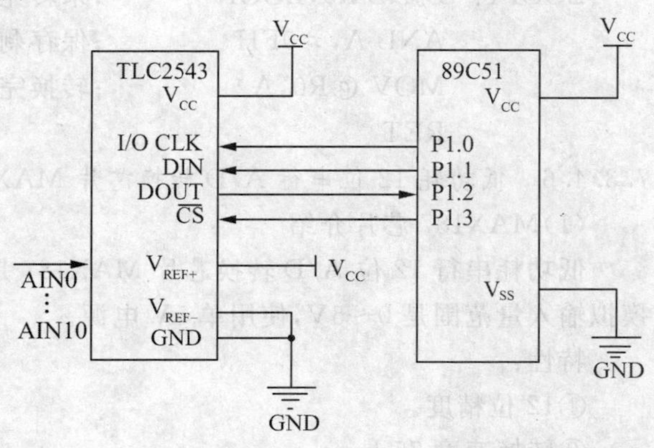

图 7-29　TLC2543 和 89C51 的接口电路

对不带 SPI 或相同接口能力的 89C51，须用软件合成 SPI 操作来和 TLC2543 接口。图 7-29 中，TLC2543 的 I/O CLOCK、DIN 和$\overline{\text{CS}}$端由单片机的 P1.0、P1.1 和 P1.3 提供。TLC2543 转换结果的输出(DIN)数据由 P1.2 接收。89C51 将用户的命令字通过 P1.1 输入到 TLC2543 的

输入寄存器中。

图 7-29 中,完成通道 0 一次转换的 12 位数据传送程序如下:

```
            ORG 0100H
            MOV R0,#2FH              ;置数据缓冲区指针
            CLR P1.0                 ;置I/O时钟为低
            SETB P1.3                ;置CS为高
            ACALL TLC2543            ;调用转换子程序
            SJMP $
TLC2543:    MOV A,#00H               ;设置通道选择和工作模式(AIN0,12位,MSB前导)
            CLR P1.3                 ;置CS为低
            MOV R5,#0CH              ;置输出位计数初值
LOOP:       MOV P1,#04H              ;P1.2为输入位
            MOV C,P1.2               ;读入转换数据一位
            RLC A                    ;将进位位移给A,即将转换数据的一位读入,
                                     ;同时将控制字的一位输入C
            MOV P1.1,C               ;送出一位控制位至TLC2543
            SETB P1.0                ;置I/O时钟为高
            NOP
            CLR P1.0                 ;置I/O时钟为低
            CJNE R5,#04,LOOP1        ;剩4位了吗?
            MOV @R0,A                ;前8位存入RAM
            INC R0
            CLR A
LOOP1:      DJNZ R5,LOOP             ;未转完继续读剩余4位
            ANL A,#0FH               ;保存剩余4位
            MOV @R0,A                ;转换完的存入单元
            RET
```

7.3.4.6 低功耗 12 位串行 A/D 转换芯片 MAX187 简介

(1)MAX187 芯片介绍

低功耗串行 12 位 A/D 转换芯片 MAX187 是逐次逼近型 ADC 模拟/数字转换器,其模拟输入量范围是 0～5V,使用单 5V 电源。

特性:

①12 位精度。

②转换速度 75 ksps。

③内部采样/保持电路(15ns),片内时钟,内部基准电压 4.096V。

④可以使用单+5V 电源,低功耗 7.5mW(关断模式 10nW)。

(2)引脚介绍

引脚图如图 7-30 所示。

①信号输入：AIN(2p)：输入。

②数据输出：DOUT (6p)：数据输出总线接口。

③控制总线：$\overline{SCLK}$(8p)。

④地址总线：$\overline{CS}$(7p) 片选输入端。

电源：V_{DD}(1p) 正电源；2.0V～5.5V。

$\overline{GND}$(5p) 地线：V_{REF}(4p)。

SHDN(3p)。

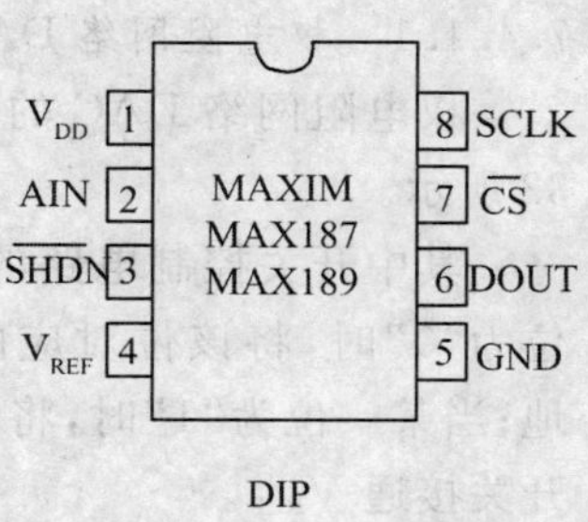

图 7-30　MAX187 引脚图

(3)MAX187 与 8051 单片机接口电路

MAX187 模块原理图如图 7-31 所示。

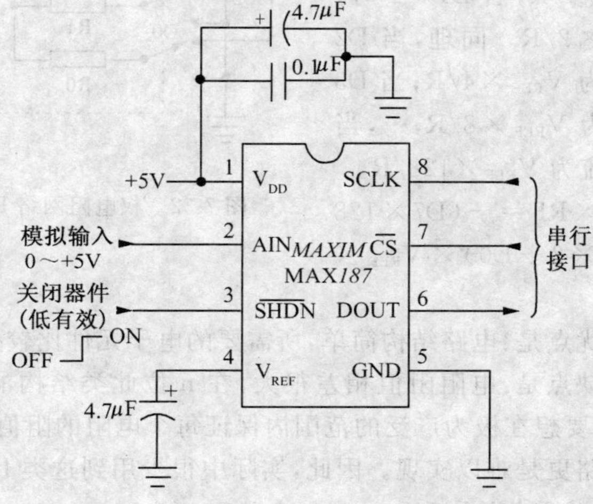

图 7-31　MAX187 模块图

7.4　模拟信号的输出——D/A 转换

DAC(Digital to Analog Converter)的功能与 ADC 的功能正好相反，是将输入的数字量转换成与之对应的唯一的模拟量。

DAC 输出的模拟电压 V_0 与输入数字量 D 的关系为：

$$V_0=(D/2^n)\times V_{max}$$

V_{max}一般为 V_{REF}(参考电压)或 $2\times V_{REF}$，D 为输入数字量的大小，取值范围为 $0\sim2^n-1$。

7.4.1　常用的 D/A 转换技术原理

常用的 DAC 基本结构主要有两类，有权电阻解码网络与 T 型解码网络。其中又以 T 形解码网络最为常用。

7.4.1.1 权电阻网络 DAC 原理

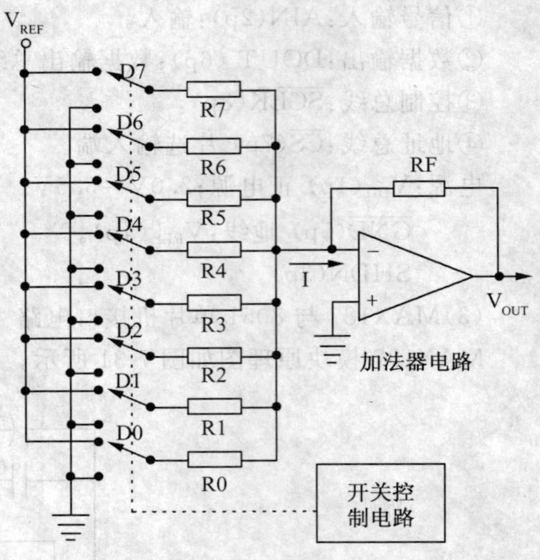

图 7-32 权电阻网络 DAC 原理电路图

权电阻网络 DAC 的基本结构如图 7-32 所示。

其中开关控制电路的作用是，当某一位为"0"时，将该位对应的转换开关打到地；当某一位为"1"时，将该位对应的转换开关接通 V_{REF}。

如果 R0＝R，R1＝R/2，R2＝R/4，R3＝R/8，…，R7＝R/128，那么，当 D0＝1 时，R0 上的电流为 V_{REF}/R；当 D1＝1 时，R1 上的电流为 V_{REF}×2/R。同理，当 D2＝1 时，R2 上的电流为 V_{REF}×4/R；当 D3＝1 时，R3 上的电流为 V_{REF}×8/R，…，当 D7＝1 时，R7 上的电流为 V_{REF}×128/R。

所以：$V_{OUT}＝－I×RF＝－(D7×128＋D6×64＋…＋D1×2＋D0)×V_{REF}×RF/R$。

这种电路结构的优点是：电路结构简单，所需要的电子元件比较少。

这种电路结构的缺点是：电阻阻值相差很大，在 n 位此类结构的 DAC 中，最大电阻是最小电阻的 2^n 倍。要想在极为广泛的范围内保证每个电阻的阻值精度是很有难度的，尤其对于制作集成电路更是难以实现。因此，实际中很少用到这类 D/A 转换器。

7.4.1.2 T 型解码网络 DAC 原理

实际应用中，普遍采用 R-2R T 型电阻网络 D/A 转换器。这种网络中，只有 R 和 2×R 两种电阻阻值，便于实现。其电路原理图如图 7-33 所示。

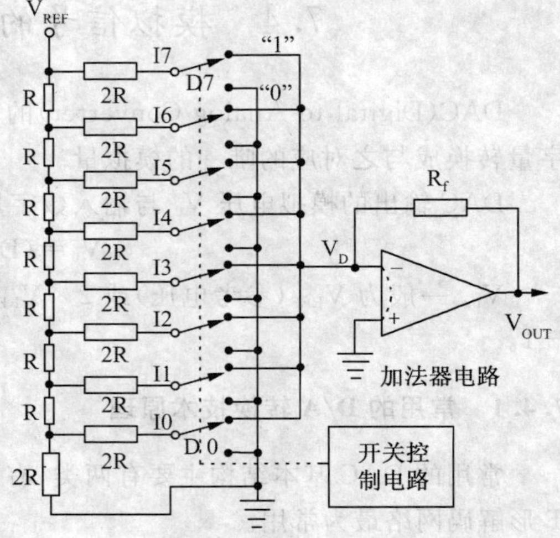

图 7-33 T 型网络 DAC 原理电路图

根据图 7-33，运算放大器的反向输入端电位始终近似为零，所以无论每个位的转换开关合到哪一边，都相当于接到了地电位上。因此，流过每个支路上的电流始终不变，从上到下依次为 I、I/2、I/4、I/8、I/8。但是，当开关打到"0"端时，电流直接流到地，而当开关打到"1"时，电流流向运算放大器的反向输入端，开关的位置受输入数字量的控制。当输入数字量为 1 时，打到"1"端，当输入数字量为 0 时，打到"0"端。根据图 7-33 可以得出：

总电流为：$I＝V_{REF}/R$

各支路电流为：$I7=\frac{I}{2}=V_{REF}/(2×R)$

$$I6=\frac{I7}{2}=V_{REF}/(4\times R)$$

$$I5=\frac{I6}{2}=V_{REF}/(8\times R)$$

$$I4=\frac{I5}{2}=V_{REF}/(16\times R)$$

$$I3=\frac{I4}{2}=V_{REF}/(32\times R)$$

$$I2=\frac{I3}{2}=V_{REF}/(64\times R)$$

$$I1=\frac{I2}{2}=V_{REF}/(128\times R)$$

$$I0=\frac{I1}{2}=V_{REF}/(256\times R)$$

所以：

$$V_{OUT}=-I\times R_f=-(D7\times 128+D6\times 64+\cdots+D1\times 2+D0)\times V_{REF}\times R_f/(256\times R)$$

这种结构相比权电阻网络的电阻数目多一倍，但电阻值归一化程度高，容易集成，精度高，应用最为普遍。

7.4.2　D/A 转换器的性能指标

D/A 转换器的主要性能指标有：

(1)转换精度

转换精度通常用分辨率和转换误差来描述。

分辨率通常用输入二进制代码的位数表述。常用的 DAC(数模转换器)有 8 位、12 位和 16 位。比如 12 位 DAC 输出模拟电压大小能区分输入代码从 0x000～0xFFF 全部 4096 个不同的状态。此外，分辨率也可以用最小输出电压和最大输出电压之比来表示，即：

$$分辨率=\frac{最小输出电压}{满量程输出电压}=\frac{V_{LSB}}{V_{REF}}=\frac{1}{2^n-1}$$

这里，n 就是 DAC 的位数。

分辨率常用于表示 DAC 从理论上所能达到的精度。

由于 D/A 转换器的参考电压可能不够稳定，各元件参数存在误差，运算放大器的零漂移等因素会导致 DAC 在性能上和理论值会不可避免的产生差异，所以 DAC 实际所能达到的转换精度要由转换误差来决定。这些误差主要包括失调误差、比例系数误差和非线性误差等。

(2)转换速度

当 DAC 输入的数字量发生变化时，输出的模拟量并不能立即达到对应的值，而是需要一定的时间。通常用建立时间来描述 DAC 的转换速度。建立时间的定义为：输入的数字量发生变化时，输出的模拟量达到误差允许的范围内(LSB/2)所需的时间。由于输入的数字量的变化越大建立时间越长，所以一般产品的说明书中给出的建立时间为输入从全 0 到全 1(或从全 1 到全 0)的建立时间。如图 7-34 所示。

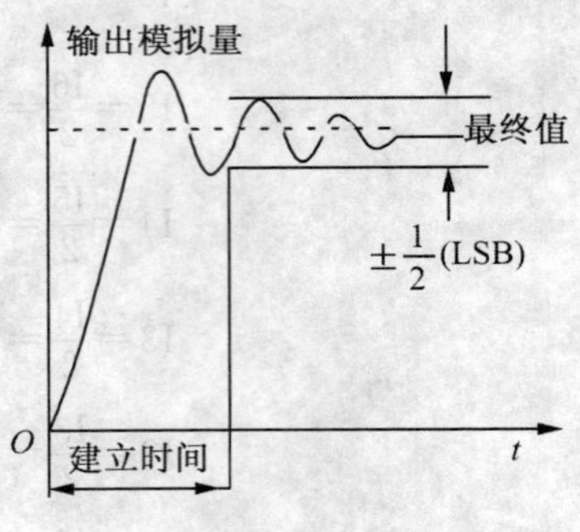

图 7-34 DAC 的建立时间

建立时间的长短主要是由于 DAC 电路中电容、电感和开关电路的延迟决定的。目前,单片集成 DAC 的建立时间最短能达到 0.1μs 以内,在包含运算放大器的集成 D/A 转换器中,建立时间最短的也可达 1.5μs 以内。

根据建立时间的长短,DAC 有低速、中速、高速之分。低速 DAC 建立时间大于 300μs(即工作频率小于 3.3kHz),中速 DAC 建立时间为 10～300μs(工作频率在 100Hz～3.3kHz),高速 DAC 建立时间为 0.01～3μs(工作频率在 100kHz～100MHz)。

在实际应用中,由于目前大多数 DAC 在其后面需要加上运算放大器,则运算放大器的建立时间将成为 DAC 转换器建立时间的主要部分。因此,在紧跟 DAC 的运算放大器时,必须考虑运算放大器的转换速率。随着转换速率的提高,运算放大器的价格会有很大的提高。

(3)其他参数

除上述参数外,DAC 的其他参数主要包括工作温度范围,温度系数,输出范围和极性等。按照工作温度范围,商用产品为 0～70℃,工业级范围为－25℃或－40℃～85℃,军用产品一般－55～125℃。温度系数是指在输入不变的情况下,输出电压随温度的变化情况。一般用满刻度输出条件下温度每升高 1℃,输出电压变化的百分数作为温度系数。不同 DAC 的输出极性不同,有的是单极性输出,有的是双极性输出。其输出范围也根据 DAC 型号的不同和参考电压有不同的关系。

在进行 DAC 芯片的选择时,还需要考虑以下几个方面的内容:

①输入数字量的特性:主要考虑输入数据的格式和逻辑电平等。输入的数字量有串行和并行之分,串行输入可以减少器件管脚。微机的数据总线一般为 8 位,对于 12 位等更高位数的并行输入 DAC 来说,可能数字量的输入要分多次进行输入。

②输入是否具有锁存功能:这直接影响单片机与 DAC 的接口设计。有些 DAC 没有锁存功能,通过单片机的数据总线传送数据时需要外加锁存器(如 74LS373)。有些 DAC 内部具有锁存功能,在输入数字量之后,只有施加了外部控制信号才能进行转换(比如后面要讲的 DAC0832)。

③输出特性:DAC 是电流输出还是电压输出,电流输出型要想得到电压输出,需要外加运放。

④基准源:基准源是影响输出精度的模拟参量。有些 DAC 内部自带基准源,比如 AD557,这样不仅可以保证有较好的转换精度,而且还使外部电路得以简化。很多常用的 DAC 并不自带基准源,使用者必须自行选择参考源。大多数参考源均由带温度补偿的齐纳二极管构成。目前典型的产品有 AD 公司的 AD580/589、AD2700/2712,Motorola 公司的 MC1403 国产型号 5G1403 等。基准源要根据需要的转换精度进行选择。基准源的精度不能低于 DAC 的转换精度。

⑤要考虑工作温度和环境条件等。

7.4.3　常用 D/A 转换芯片及其接口技术

7.4.3.1　8 位并行 D/A 接口芯片 DAC0832

(1)DAC0832 是采用 COMS 工艺制造的 8 位并行接口的数/模转换器,其特点如下:

①支持双缓冲结构、单缓冲结构和直通三种工作方式。用户可以根据自己的实际需要进行选择。

②可以和微处理器直接相连,接口方便,

③输出是电流输出型,电流建立时间 1μs,要想得到电压输出,必须加运算放大器。

④单电源供电,供电电压范围为 5～15V。

⑤耗散功率只有 20mW。

⑥逻辑电平输入与 TTL 兼容。

⑦只需在满量程下调整其线性度。

DAC0832 的管脚分布如图 7-35 所示:

各管脚功能描述如表 7-5 所示。

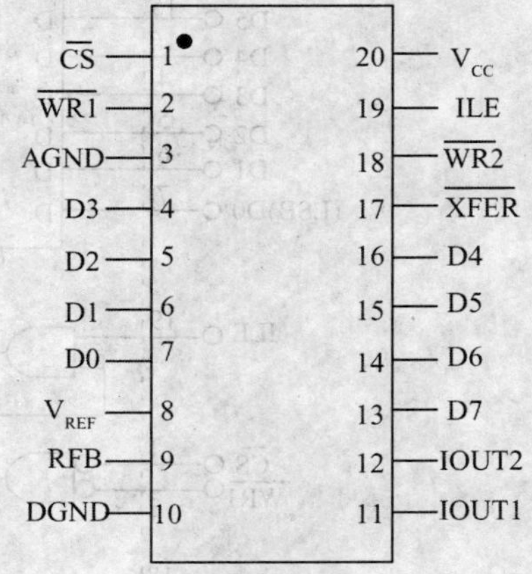

图 7-35　DAC0832 的引脚分布

表 7-6　**DAC0832 的引脚功能描述**

管脚号	名称	功能描述
1	$\overline{CS}$	片选信号,低电平有效
2	$\overline{WR1}$	输入信号写选通信号,低电平有效
3	AGND	模拟地
4	D3	数据位 3
5	D2	数据位 2
6	D1	数据位 1
7	D0	数据位 0(最低位)
8	V_{REF}	参考电压输入,－10～＋10V
9	RFB	反馈线输入,内部已有 15kΩ 反馈电阻
10	DGND	数字地
11	IOUT1	电流输出线
12	IOUT2	互补电流输出线
13	D7	数据位 7(最高位)
14	D6	数据位 6
15	D5	数据位 5
16	D4	数据位 4
17	$\overline{XREF}$	转移控制信号线
18	$\overline{WR2}$	DAC 寄存器的写选通信号
19	ILE	数据所存允许信号,高电平有效
20	V_{CC}	电源,＋5～＋15V 单电源供电

(3)DAC0832 的内部结构如图 7-36 所示。

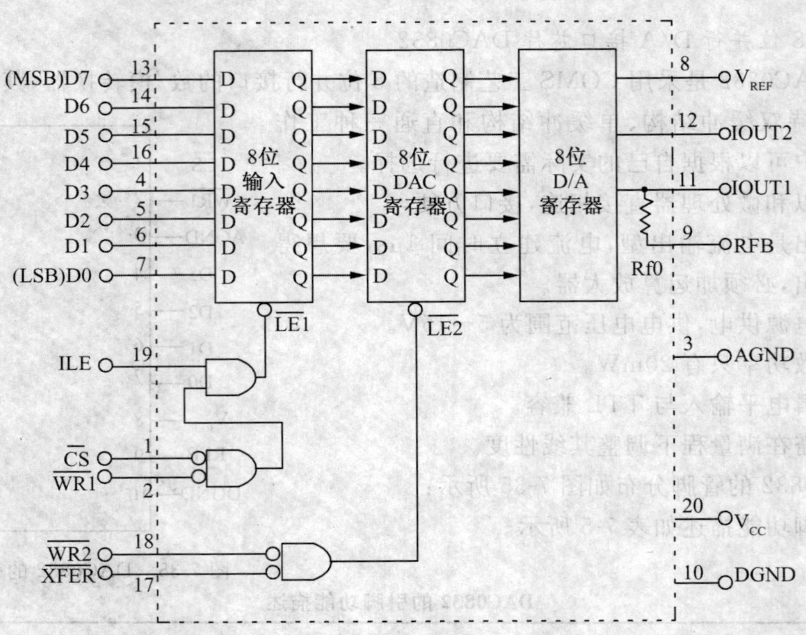

图 7-36　DAC0832 的内部结构

因为 DAC 输入的是数字量,输出是模拟量,为了减小相互干扰(关键是减小数字量对模拟量的影响),数字地和模拟地一般是分开的。DAC 输出和基准源等模拟信号使用模拟地作为参考,而工作电源、数字信号等以数字地作参考。需要注意的是模拟地和数字地最终是要共地的,但模拟地和数字地之间只有单点共地。这样做的目的是既实现了两个地电位的一致,又防止了不同地线之间的干扰形成电流环路,减少相互之间的干扰。为了进一步提高两个地之间的干扰隔离程度,共地之前还可以各自串联一个电感或者磁珠再共地,如图 7-37 所示。

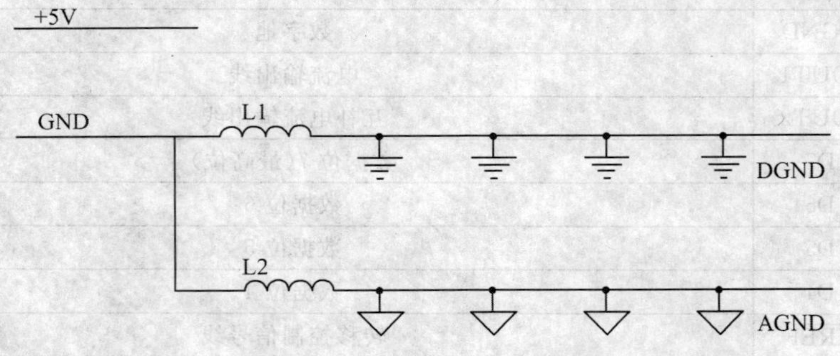

图 7-37　模拟地和数字地的共地方式

另外,两个电流输出端输出的电流是互补的,即 IOUT1＋IOUT2＝常数。当 DAC 寄存器为全一时,IOUT1 输出电流最大,IOUT2 输出电流最小。这两端通常和运算放大器相连。

8 位输入寄存器和 8 位 DAC 寄存器的控制端无效时（$\overline{LE1}$和$\overline{LE2}$为 1），它们的输出 Q 端随输入 D 上的数据变化而变化；控制端有效时（$\overline{LE1}$和$\overline{LE2}$为 0），输入端 D 上的数据会被锁存到输出端 Q，输出端不再跟随输入端变化。

(4)DAC0832 有三种工作方式：

①直通方式：输入寄存器和 DAC 寄存器的输出均跟随输入的变化而变化。此时需要它们的控制端均无效，即 ILE＝1，$\overline{CS}$、$\overline{WR1}$、$\overline{WR2}$、$\overline{XREF}$均为 0，由 D7～D0 输入的数据直接进行 D/A 转换。如图 7-38 所示。

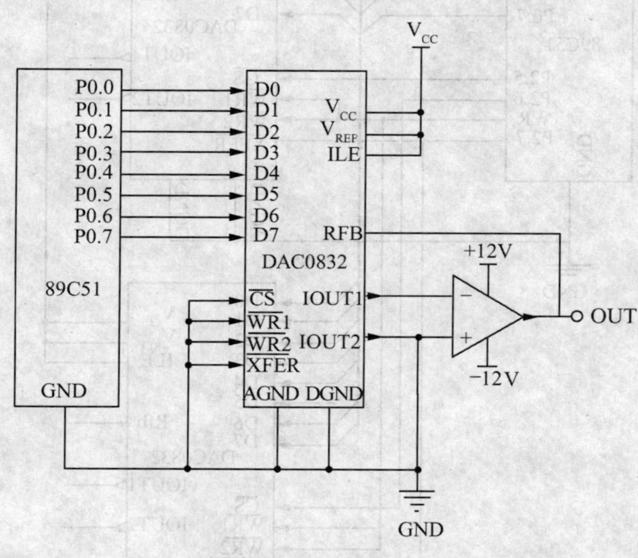

图 7-38　DAC0832 直通模式连接电路图

②单缓冲方式：输入寄存器和 DAC 寄存器其中之一处于直通状态，另一个寄存器的状态受 MCU（微控制器）的控制或者用 MCU 控制两个寄存器同时进行锁存。我们假设输入寄存器直通，即 ILE＝1，$\overline{CS}$＝0，$\overline{WR1}$＝0，MCU 控制 DAC 寄存器，令$\overline{XREF}$＝0，$\overline{WR2}$与单片机写信号（$\overline{WR}$）相连，如图 7-39 所示。把 DAC0832 当作 MCU 的一个外部 RAM，用一条 MOVX 指令就可以完成 D/A 转换（执行 MOVX 指令时，WR 产生下降沿，此时 DAC 寄存器进行一次锁存）。

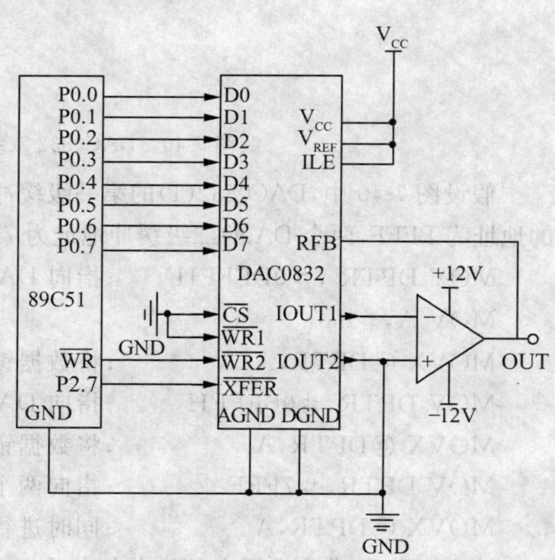

图 7-39　DAC0832 单缓冲模式连接电路图

③双缓冲方式：两个寄存器都处于受控方式，这样 CPU 要输出 8 位数据必须通

过两个操作才能完成。这种工作方式可以使 DAC 在转换输出前一个数据的同时，将下一个数据送到 8 位输入寄存器，适于多个 DAC0832 并联工作，如图 7-40 所示，能够在多个转换器间分时进行 D/A 转换。

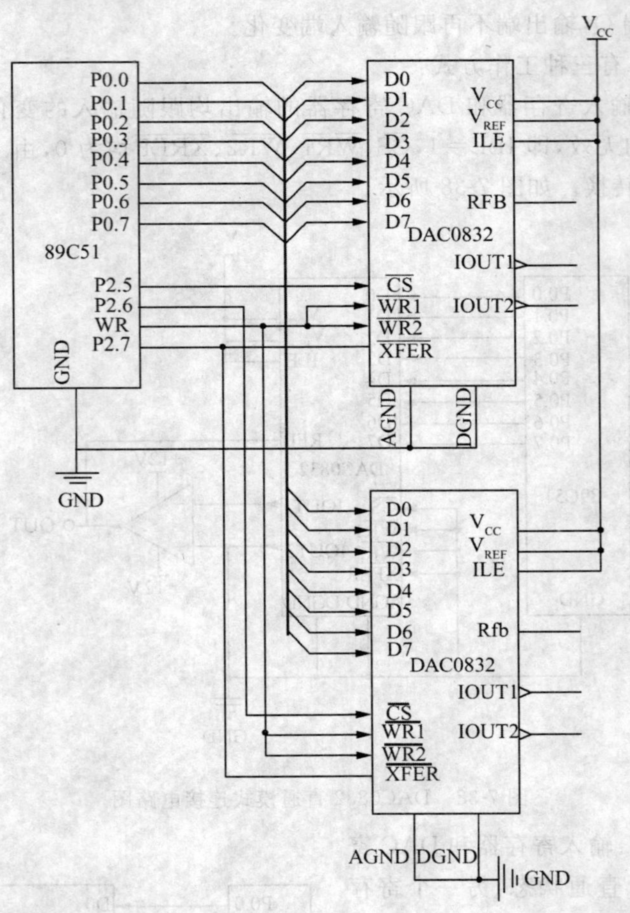

图 7-40　DAC0832 双缓冲模式连接电路图

假设图 7-40 中，DAC0832(1)的第一级缓冲的地址为 DFFF，DAC0832(2)的第一级缓冲的地址为 BFFF，两个 DA 的二级缓冲地址为 7FFF。两路 DA 同时输出的程序如下：

```
MOV DPTR ，#0DFFFH        ;指向 DAC0832(1)
MOV A，#data
MOVX @DPTR，A             ;将数据锁存至第一级缓冲器
MOV DPTR，#0BFFFH         ;指向 DAC0832(2)
MOVX @DPTR，A             ;将数据锁存至第一级缓冲器
MOV DPTR，#7FFF           ;指向两个 DAC 的第二级缓冲器
MOVX @DPTR，A             ;同时进行 DA 转换输出
```

这种工作方式经常用在频谱分析仪上，一路输出锯齿扫描波的同时另一路输出要显示的波形。

7.4.3.2　带有输出锁存的 4 路 8 位 D/A 转换器 MAX505 简介

(1)MAX505 特点

MAX505 是 4 路 8 位电压输出的数字/模拟转换器。它使用单一＋5V 电源或±5V 电源。内部带有精确的有输出锁存的寄存器。输入范围包括在电源输入范围内。

偏移误差、增益误差、线性误差在出厂前经调节在全部工作温度范围内得到 1LSB 不可调节的误差。

MAX505 含有双缓冲逻辑输入，允许所有的模拟输出在异步的 LDAC 信号控制下得到同步输出。MAX505 包含四个独立的参考电压输入，允许每个 DAC 通道的满量程范围单独设定。

所有的逻辑输入都与 TTL 和＋5VCMOS 电路相兼容。

MAX505 的特性：

①单一＋5V 电源或±5V 电源。

②带有锁存的输出缓冲放大器。

③参考输入范围在电压供应范围内。

④出厂设定 1LSB TUE。

⑤双缓冲逻辑输入。

⑥与微处理器，TTL/CMOS 电路相兼容。

(2)MAX505 引脚

MAX505 引脚分布如图 7-41 所示。

图 7-41　MAX505 引脚图

①信号输出：4 路模拟量输出 DAC A～D 路(2p、1p、24p、23p)输出。

②AGND(6)：模拟地。

③数据总线：D0～D7(16p～13p，12p～9p)，数据输入端。DGND(7p) 数字地

④控制总线：$\overline{WR}$(17p) 写信号输入端。

⑤$\overline{LDAC}$(8p)：DAC 装入信号。

⑥地址总线($\overline{CS}$)：通道选择 A1(18p) DAC 通道选择高位，A0(19p) DAC 通道选择低位。

⑦电源：V_{SS}(3p) 负电源；V_{DD}(22p) 正电源。

V_{REFA}～V_{REFD}(5p、4p、21p、20p)：A～D 路参考电压输入。

(3)单片机与 MAX505 接口电路

MAX505 模块接口电路如图 7-42 所示。

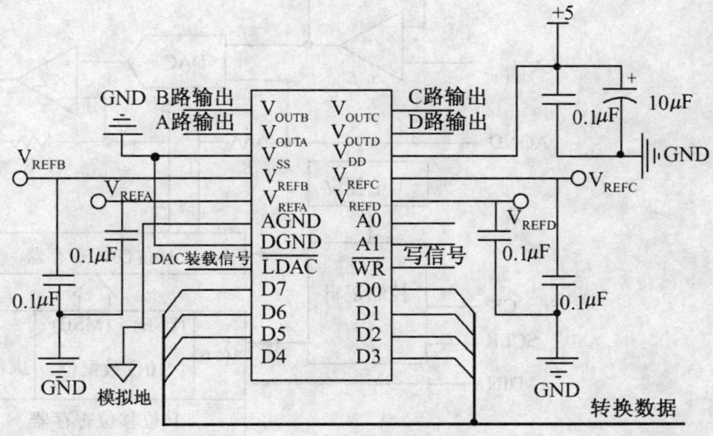

图 7-42　MAX505 模块

7.4.3.3 串行 D/A 接口芯片 TLC5615 的应用

(1)串行 10 位 DAC 芯片 TLC5615 的有如下特点：

①8 脚封装,10 位 CMOS 电压输出。

②5V 单电源供电。

③与微处理器 3 线串行接口(支持 SPI)。

④高阻抗的参考电压输入。

⑤最大输出电压为参考电压的两倍,并且极性相同。

⑥内部上电自动复位。

⑦功耗低,最大只有 1.75mW。

⑧建立时间 12.5μs。

⑨更新速度可达 1.21MHz。

(2)TLC5615 的引脚分布如图 7-43 所示。

(3)各管脚功能说明如表 7-7 所示。

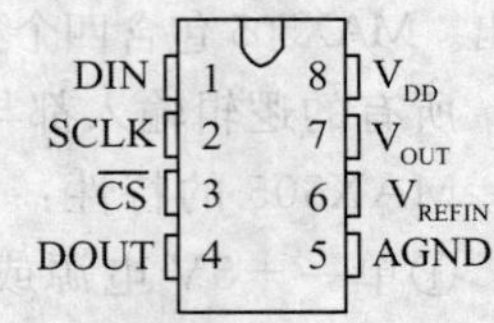

图 7-43 TLC5615 的引脚分布

表 7-7 **TLC5615 各管脚功能**

管脚号	管脚名称	输入/输出	功能描述
1	DIN	输入	串行数据输入
2	SCLK	输入	串行时钟输入
3	$\overline{CS}$	输入	片选信号,低电平有效
4	DOUT	输出	串行数据输出
5	AGND		模拟地
6	V_{REFIN}	输入	参考电压输入
7	V_{OUT}	输出	DA 输出(电压输出)
8	V_{DD}		供电电源

(4)一般情况下 $V_{DD}=+5V$,$V_{REF}=2V$,此时输出电压范围是 0~4V。

其内部结构框图如图 7-44 所示。

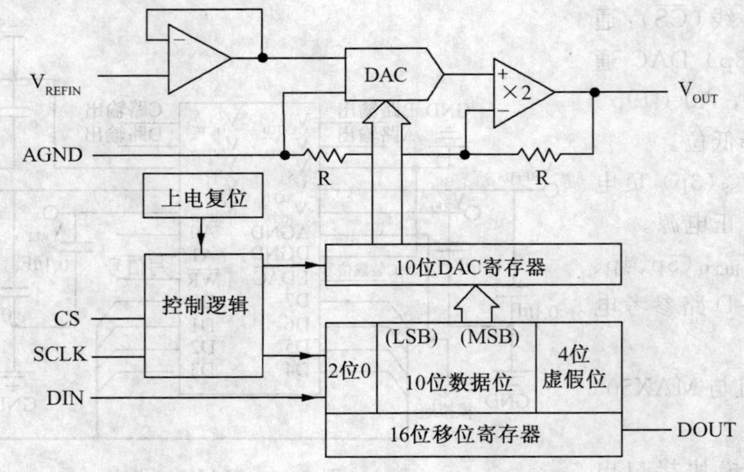

图 7-44 TLC5615 内部结构图

TLC5615 的参考电压通过射极跟随器接至 DAC，提高了 REFIN 的输入阻抗（>10MΩ），在输出级增加了一个放大倍数为 2 的运算放大器，使得输出电压的范围为参考电压的两倍。

(5)数字信号在时钟(SCLK)控制下存入移位寄存器，并通过 DOUT 端口顺序输出。操作时序如图 7-45 和表 7-8 所示。

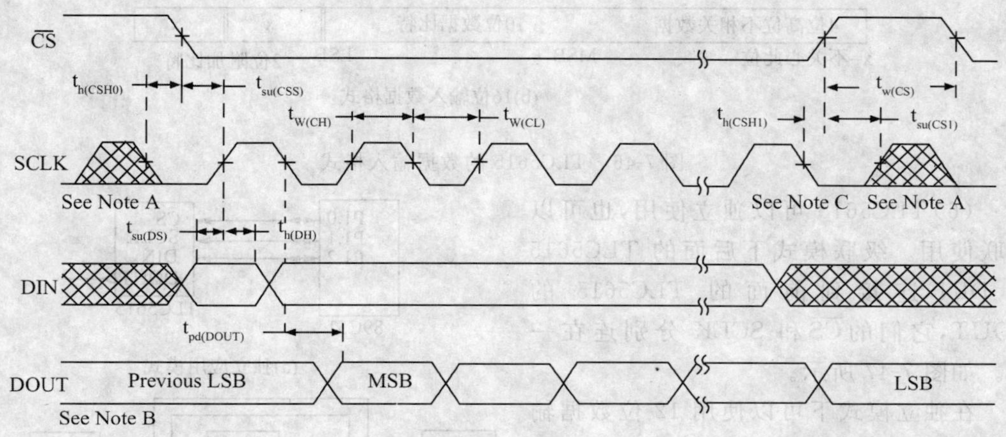

图 7-45　TLC5615 操作时序图

表 7-8

	参数	最小值	单位
tsu(DS)	建立时间，SCLK 为低电平时数据输入	45	ns
th(DH)	保持时间，SCLK 为高电平时数据有效	0	ns
tsu(CSS)	建立时间，片选变低后经 tsu(CSS)时间 SCLK 变高	1	ns
tsu(CS1)	建立时间，片选变高后经 tsu(CS1)时间 SCLK 变高	50	ns
th(CSH0)	保持时间，SCLK 变低后经 th(CSH0)时间片选变低	1	ns
th(CSH1)	保持时间，SCLK 变低后经 th(CSH0)时间片选变高	0	ns
tw(CS)	最小片选高电平脉冲宽度	20	ns
tw(CL)	SCLK 低电平时间	25	ns
tw(CH)	SCLK 高电平时间	25	ns

数字量的输入顺序为先高位后低位。TLC5615 内部的输入寄存器为 12 位宽，所以在写入低位后必须写入两个零。当在 $\overline{CS}$ 为低电平时，在 SCLK 的上升沿从 DIN 读入数据，$\overline{CS}$ 的上升沿把移位寄存器中的数据转移到 DAC 寄存器。$\overline{CS}$ 的变化必须在 SCLK 为低电平时进行。所输入的数据有两种格式：12 位格式和 16 位格式（在原 12 位数据的高位加上 4 位不相关数据），如图 7-46 所示。

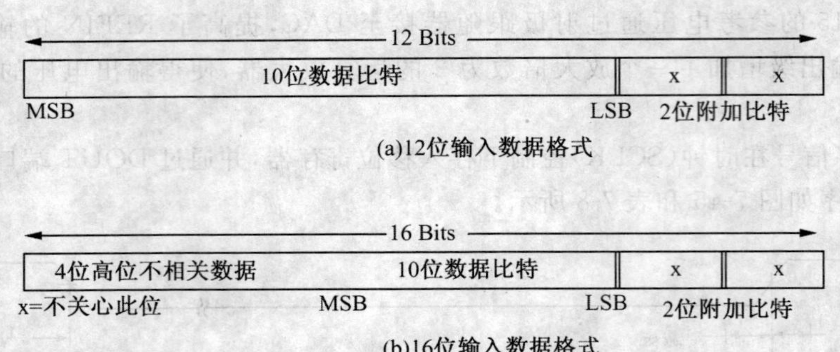

图 7-46　TLC5615 的数据输入格式

（6）TLC5615 可以独立使用，也可以级联使用。级联模式下后面的 TLC5615 的 DIN 连接到前面的 TLC5615 的 DOUT，它们的 $\overline{CS}$ 和 SCLK 分别连在一起。如图 7-47 所示。

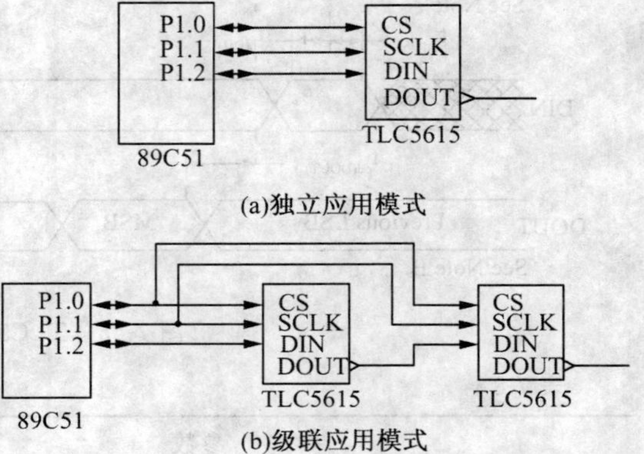

图 7-47　TLC5615 的应用模式

在独立模式下可以使用 12 位数据输入格式，也可以使用 16 位数据输入格式，但在级联模式下只能使用 16 位数据格式。在级联模式下，$\overline{CS}$ 有效时，利用 SCLK 的上升沿从 DIN 读入数据，利用 SCLK 的下降沿从 DOUT 端口输出数据。

利用图 7-47 中独立应用模式所示电路，对 TLC5615 进行编程，转换放在 40H、41H 单元中的数据，数据传送采用 16 位模式。41H 和 40H 中的 10 位待转换数据的排列格式如表 7-9 所示。

有 7-9

41H								40H							
D7	D6	D5	D4	D3	D2	D1	D0	D7	D6	D5	D4	D3	D2	D1	D0
0	0	0	0	0	0	D9	D8	D7	D6	D5	D4	D3	D2	D1	D0

程序如下：

```
SETB P1.0          ;P1.0 是 CS 片选信号，先置高，使之无效
NOP
NOP
CLR P1.2           ;P1.2 是 DIN 信号，串行数据输入端，先置低
CLR P1.1           ;P1.1 是 SCLK 信号，串行时钟输入端，先置低（初始化结束）
CLR P1.0           ;P1.0 变低，片选有效，选中芯片
NOP                ;适当的延时可以使芯片工作更为可靠
```

```
      NOP
//以下发送 4 位前导数据和高 2 位数据
      MOV A,41H
      RL A
      RL A
      MOV R3,＃06H      ;循环初值为 6 次
AA:   RLC ,A            ;最高位送入 C 寄存器
      MOV P1.2,C        ;位数据送上 DIN
      NOP
      SETB P1.1         ;发出一个 SCLK 时钟脉冲
      NOP
      NOP
      CLR P1.1          ;脉冲变低,此时该位数据就被放到锁存器中了
      DJNZ R3,AA        ;6 个位都送完了吗? 没有则转 AA 去
//以下低发送 8 位数据
      MOV A,40H         ;从 R1 中取出低 8 位到 A 寄存器
      MOV R3,＃08H      ;循环初值为 8 次
BB:   RLC ,A            ;最高位送入 C 寄存器
      MOV P1.2,C        ;位数据送上 DIN
      NOP
      SETB P1.1         ;发出一个 SCLK 时钟脉冲
      NOP
      NOP
      CLR P1.1          ;脉冲变低,此时该位数据就被放到锁存器中了
      DJNZ R3,BB        ;8 个位都送完了吗? 没有则转 BB 去
//以下发送 2 位多余的 0 位
      NOV R3,＃02H      ;R3 重新置初值 8,以便对高 8 位进行读入
CC:   CLRC C
      MOV P1.2,C        ;位数据送 DIN
      NOP
      NOP
      SETB P1.1         ;脉冲高
      NOP
      NOP
      CLR P1.1          ;脉冲低,此时该位数据就被放到锁存器中了
      DJNZ R3,CC        ;2 个位都送完了吗? 没有则转 CC 去
```

```
SETB P1.0          ;16个位都送完后,片选CS变高,芯片不被选中
CLR P1.1           ;恢复原有状态
CLR P1.2
```

7.5 开关量的输入输出

开关量的输入与输出,从原理上讲十分简单。CPU只要通过对输入信息分析是“1”还是“0”,即可知开关是合上还是断开。同样,如果CPU需要控制某个执行器的工作状态是“on”还是“off”,只需送出“0”或“1”,然后由操作机构执行即可。但是,由于工业现场存在着各种电、磁、振动、温度、压力等干扰,以及各类执行器所要求的电压和功率各不相同,所以在开关量的输入输出接口电路中除了需要完成开关量和电平信号的转换器件外,还需要采用各种隔离、驱动、缓冲等开关信号的调理措施。

7.5.1 开关量的隔离技术

在工业控制、生物医疗以及其他一些系统的信号传输中,为了减小共模干扰或者保证部分设备器件的安全,需要实行电气上的隔离,即在保证信号正常传输的同时,切断环路电流,使隔离前后电路“不共地”。常用的开关量隔离技术在低压、低功率时采用光电隔离技术,高压或者高功率时采用电磁耦合技术。

7.5.1.1 光电耦合隔离技术

光电耦合隔离器按其输出级不同可分为三极管型、单向晶闸管型、双向晶闸管型等几种,如图7-48所示。它们的原理是相同的,即都是通过“电-光-电”这种信号转换,利用光信号的传送不受电磁场的干扰而完成隔离功能的。

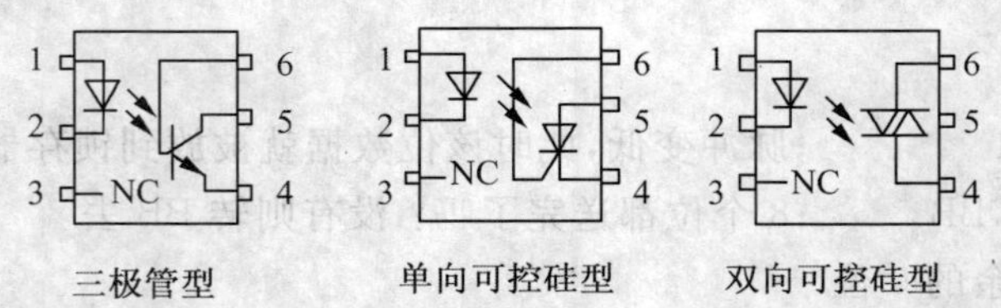

图7-48 光电隔离器的类型

光电耦合隔离器的输入输出类似普通三极管的输入输出特性,即存在着截止区、饱和区与线性区三部分。利用光电耦合隔离器的线性区,可以对模拟信号进行隔离。利用光电耦合隔离器的开关特性(即光敏三极管工作在截止区、饱和区),实现对数字信号进行隔离。

要注意的是,用于驱动发光管的电源与驱动光敏管的电源不应是共地的同一个电源,必须分开单独供电,才能有效避免输出端与输入端相互间的反馈和干扰。

典型的光电耦合电路如图7-49所示。

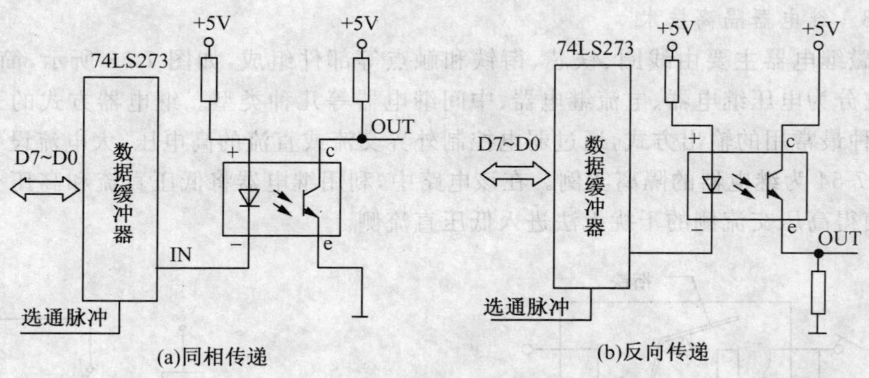

图 7-49　光电耦合隔离器的典型电路

7.5.1.2　电磁隔离技术

所谓的电磁隔离技术，就是利用隔离变压器进行隔离的技术。隔离变压器的原理和普通变压器的原理是一样的。都有原边和副边，原边和副边共用一个铁心，原副边绕线圈之间是电绝缘的。如图 7-50 所示。

电磁隔离既可以实现模拟信号的隔离也可以实现数字信号的隔离。数字信号隔离时使用的变压器常常称为脉冲变压器。脉冲变压器的匝数较少，而且一次绕组和二次绕组分别绕于铁氧体的两侧。如图 7-51 所示。

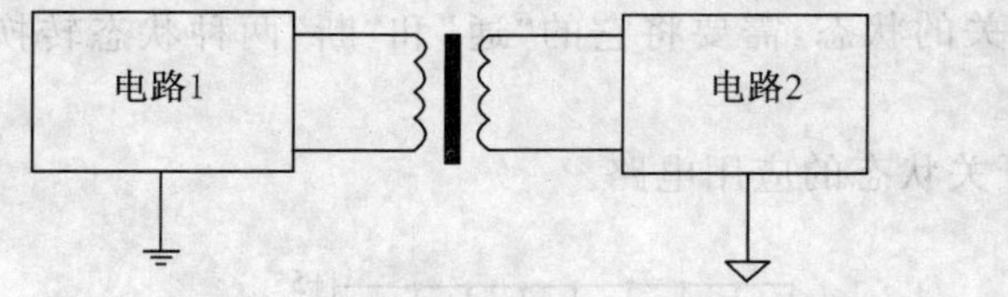

图 7-50　电磁耦合隔离器的原理电路

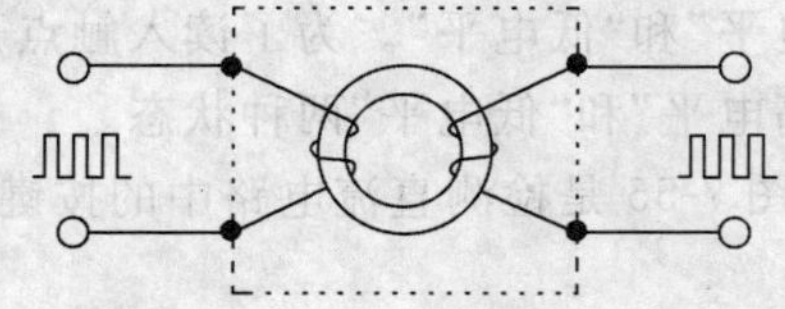

图 7-51　脉冲变压器的结构原理电路

这种工艺使得隔离器的分布电容较小，仅为几个皮法（pF），所以可以作为脉冲信号的隔离。脉冲变压器不传递直流信号，信号传递频率为 1kHz～1MHz，有的也可以高达 10MHz，常常用于晶闸管（SCR）、大功率晶体管（CTR）和 IGBT 的可控制器件的控制信号隔离中。图 7-52 所示为脉冲变压器在开关电源中的应用电路。

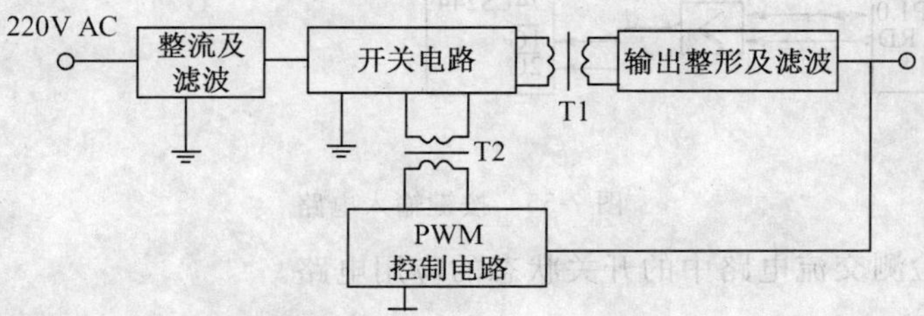

图 7-52　脉冲变压器在开关电源中的应用电路

7.5.1.3　继电器隔离技术

电磁继电器主要由线圈、铁芯、衔铁和触点等部件组成，如图 7-53 所示，简称"继电器"。它分为电压继电器、电流继电器、中间继电器等几种类型。继电器方式的开关量输出是一种最常用的输出方式，通过弱电控制外界交流或直流的高电压、大电流设备。

图 7-54 为继电器的隔离实例。在该电路中，利用继电器将低压直流和高压交流隔离开来，使得高压交流侧的干扰无法进入低压直流侧。

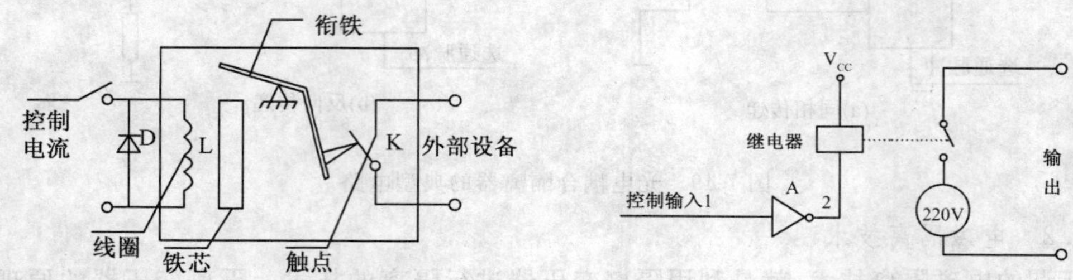

图 7-53　继电器的结构原理图　　图 7-54　继电器隔离技术的应用电路

7.5.2　开关量的输入技术

对于数字信号的输入技术，在前面并行接口的扩展中已经介绍，这里就不再重复，这里需要提的是关于触点开关量的输入方法。触点开关只有"通"和"断"两种状态，而不是"高电平"和"低电平"。为了读入触点开关的状态，需要将它的"通"和"断"两种状态转换成"高电平"和"低电平"两种状态。

图 7-55 是检测直流电路中的按键开关状态的应用电路。

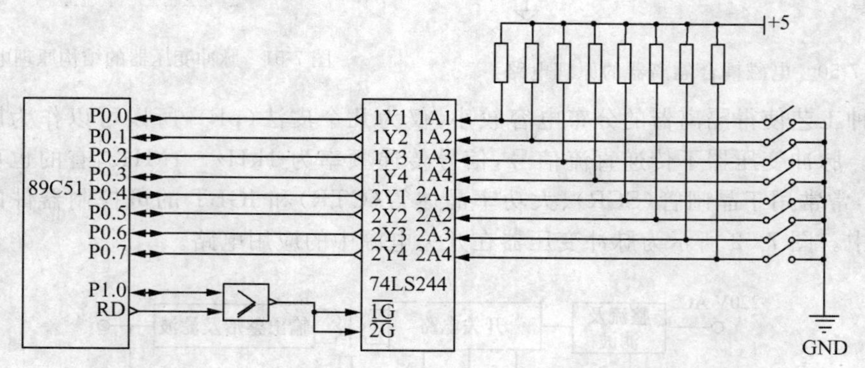

图 7-55　按键输入电路

图 7-56 是检测交流电路中的开关状态的应用电路。

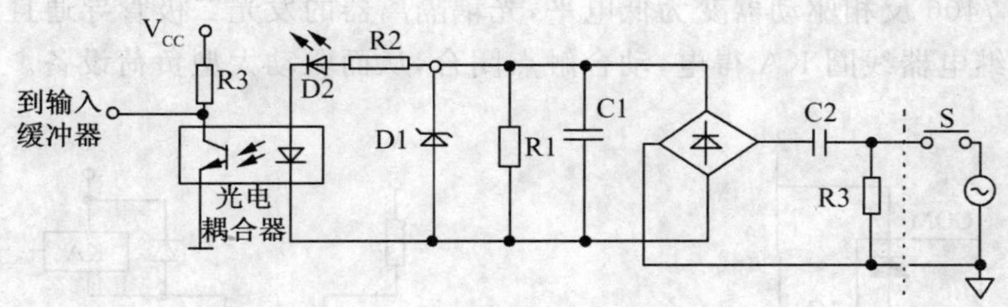

图 7-56　交流电路开关状态检测电路

7.5.3　开关量的输出及驱动技术

数字量输出通道的任务是把计算机输出的微弱数字信号，转换成能对生产过程进行控制的数字驱动信号。根据现场负荷的不同，如指示灯、继电器、接触器、电机、阀门等，可以选用不同的功率放大器件构成不同的开关量驱动输出通道。常用的有三极管输出驱动电路、继电器输出驱动电路、晶闸管输出驱动电路、固态继电器输出驱动电路等。

7.5.3.1　三极管驱动电路

对于低压情况下的小电流开关量，用功率三极管就可作开关驱动组件，其输出电流就是输入电流与三极管增益的乘积。

(1)普通三极管驱动电路

当驱动电流只有十几毫安或几十毫安时，只要采用一个普通的功率三极管就能构成驱动电路，如图 7-57 所示。

(2)达林顿驱动电路

当驱动电流需要达到几百毫安时，如驱动中功率继电器、电磁开关等装置，输出电路必须采取多级放大或提高三极管增益的办法。达林顿阵列驱动器由多对两个三极管组成的达林顿复合管构成，具有高输入阻抗、高增益、输出功率大及保护措施完善等特点。同时，多对复合管也非常适用于计算机控制系统中的多路负荷(如 MC1416 内含 7 对达林顿复合管，每个复合管的集电极电流可达 500mA，截止时能承受 100V 电压，并且内部还含有输入输出钳位二极管)。图 7-58 为典型的达林顿驱动电路原理图。

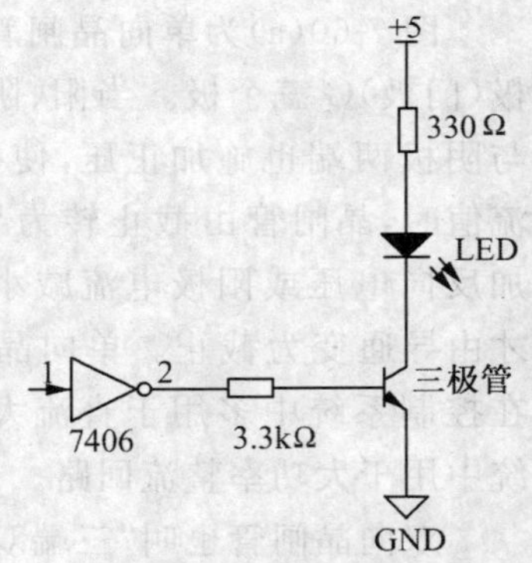

图 7-57　数字信号三极管驱动电路

当 CPU 数据线 Di 输出数字“0”即低电平时，经 7406 反相锁存器变为高电平，使达林顿复合管导通，产生的几百毫安集电极电流足以驱动负载线圈，而且利用复合管内的保护二极管构成了负荷线圈断电时产生的反向电动势的泄流回路。

7.5.3.2　继电器驱动电路

继电器驱动电路的设计要根据所用继电器线圈的吸合电压和电流而定，控制电流一定要大于继电器的吸合电流才能使继电器可靠地工作。

图 7-59 为经光耦隔离器的继电器输出驱动电路。当 CPU 数据线 Di 输出数字“1”即

高电平时，经 7406 反相驱动器变为低电平，光耦隔离器的发光二极管导通且发光，使光敏三极管导通，继电器线圈 KA 得电，动合触点闭合，从而驱动大型负荷设备。

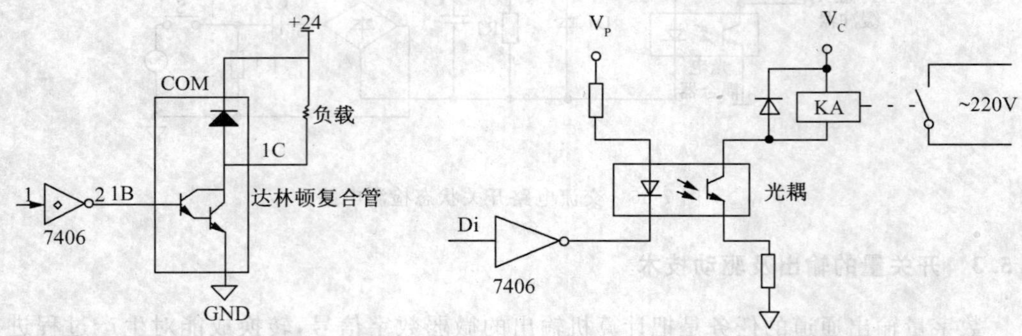

图 7-58　数字信号达林顿驱动电路

图 7-59　继电器驱动电路

由于继电器线圈是电感性负载，当电路突然关断时，会出现较高的电感性浪涌电压。为了保护驱动器件，应在继电器线圈两端并联一个阻尼二极管，为电感线圈提供一个电流泄放回路。

7.5.3.3　晶闸管驱动电路

晶闸管又称"可控硅"(SCR)，是一种大功率的半导体器件，具有用小功率控制大功率、开关无触点等特点，在交直流电机调速系统、调功系统、随动系统中应用广泛。

晶闸管是一个三端器件，其符号表示如图 7-60 所示，

图 7-60(a)为单向晶闸管，有阳极 A、阴极 K、控制极(门极)G 三个极。当阳、阴极之间加正压时，控制极与阴极两端也施加正压，使控制极电流增大到触发电流值时，晶闸管由截止转为导通；只有在阳、阴极间施加反向电压或阳极电流减小到维持电流以下，晶闸管才由导通变为截止。单向晶闸管具有单向导电功能，在控制系统中多用于直流大电流场合，也可在交流系统中用于大功率整流回路。

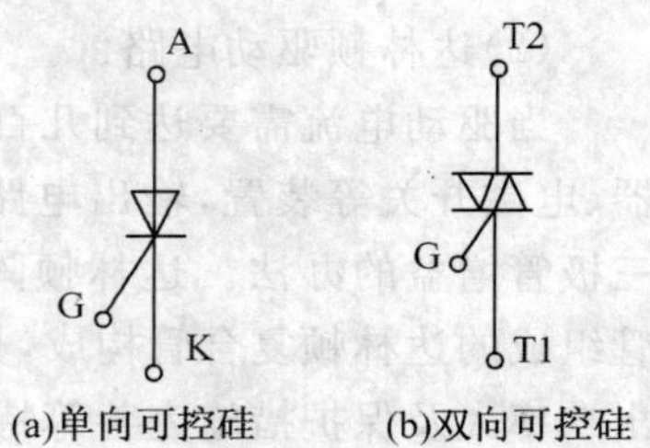

图 7-60　可控硅符号

双向晶闸管也叫"三端双向可控硅"，在结构上相当于两个单向晶闸管的反向并连，但共享一个控制极，结构如图 7-60(b)所示。当两个电极 T1、T2 之间的电压大于 1.5V 时，不论极性如何，便可利用控制极 G 触发电流控制其导通。双向晶闸管具有双向导通功能，因此特别适用于交流大电流场合。

晶闸管常用于高电压大电流的负载，不适宜与 CPU 直接相连，在实际使用时要采用隔离措施。图 7-61 为经光耦隔离的双向晶闸管输出驱动电路，当 CPU 数据线 Di 输出数字"1"时，经 7406 反相变为低电平，光耦二极管导通，使光敏晶闸管导通，导通电流再触发双向晶闸管导通，从而驱动大型交流负荷设备 RL。

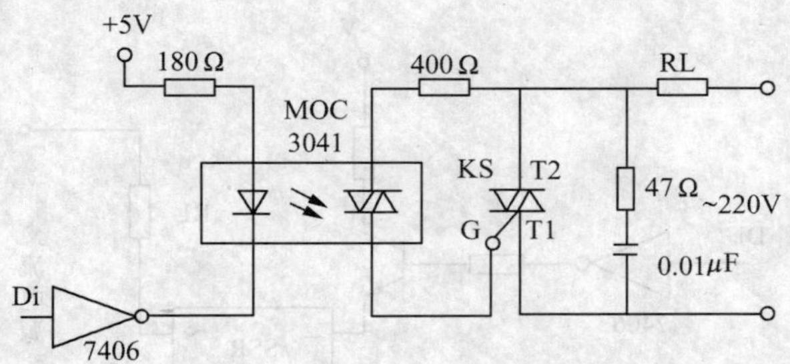

图 7-61　双向可控硅典型驱动电路

7.5.3.4　固态继电器驱动电路

固态继电器(SSR，Solid State Relay)是一种新型的无触点开关的电子继电器。它利用电子技术实现了控制回路与负载回路之间的电隔离和信号耦合，而且没有任何可动部件或触点，却能实现电磁继电器的功能，故称为固态继电器。它具有体积小、开关速度快、无机械噪声、无抖动和回跳、寿命长等传统继电器无法比拟的优点，在计算机控制系统中得到广泛的应用。固态继电器 SSR 是一个四端组件，有两个输入端、两个输出端，其内部结构如图 7-62 所示。

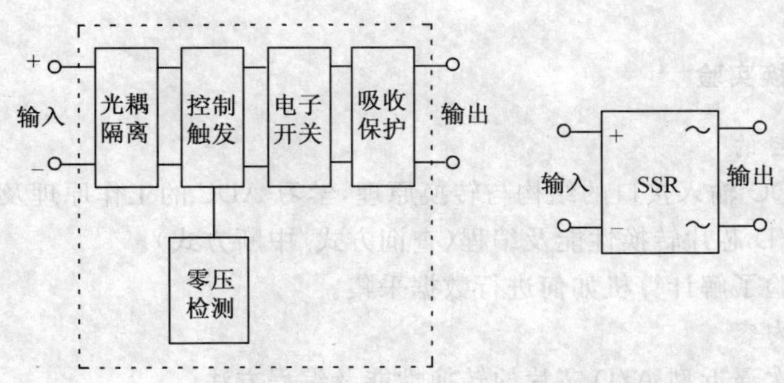

图 7-62　固态继电器的内部结构及符号

固态继电器共由五部分组成。光耦隔离电路的作用是在输入与输出之间起信号传递作用，同时使两端在电气上完全隔离；控制触发电路是为后级提供一个触发信号，使电子开关(三极管或晶闸管)能可靠地导通；电子开关电路用来接通或关断直流或交流负载电源；吸收保护电路的功能是为了防止电源的尖峰和浪涌对开关电路产生干扰造成开关的误动作或损害，一般由 RC 串联网络和压敏电阻组成；零压检测电路是为交流型 SSR 过零触发而设置的。

图 7-63 为一种常用的固态继电器驱动电路，当数据线 Di 输出数字“0”时，经 7406 反相变为高电平，使 NPN 型三极管导通，SSR 输入端得电则输出端接通大型交流负荷设备 RL。

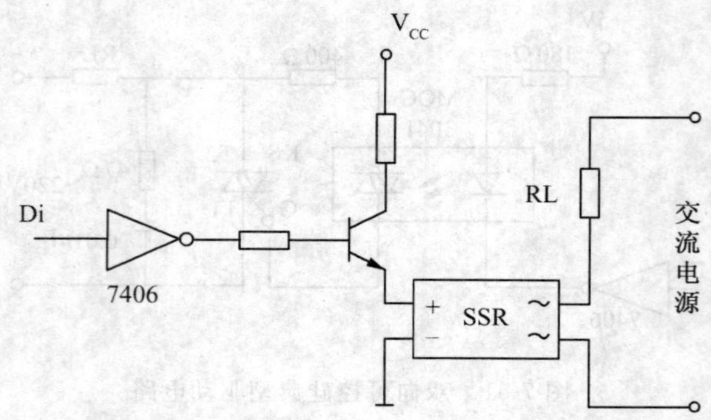

图 7-63 固态继电器的典型应用电路

在实际使用中，要特别注意固态继电器的过电流与过电压保护以及浪涌电流的承受等工程问题，在选用固态继电器的额定工作电流与额定工作电压时，一般要远大于实际负载的电流与电压，而且输出驱动电路中仍要考虑增加阻容吸收组件。

7.6 信号输入输出实验

7.6.1 A/D 转换实验

7.6.1.1 实验目的

(1)了解 ADC 输入接口的结构与转换原理，学习 ADC 的工作原理及设计应用。

(2)了解 A/D 芯片转换性能及编程(查询方式/中断方式)。

(3)通过实验了解计算机如何进行数据采集。

7.6.1.2 实验内容

(1)掌握逐次逼近型 A/D 芯片的转换性能及编程方法。

(2)比较 A/D 芯片 AD0809、MAX118、MAX150、MAX187 的性能及编程方法区别。

7.6.1.3 实验要求

(1)编程用查询方式采样电位器输入电压，并通过改变输入电压将采样到的结果显示在发光二极管，或通过改变输入电压来观察发光二极管的亮灭。

(2)编制程序用中断方式采样输入电压。

7.6.1.4 实验电路及器材

(1)ADC0809 模块原理图，参考 7.3.4.1 部分中 ADC0809。

(2)MAX118 模块原理图，参考 7.3.4.2 部分中 MAX118。

(3)MAX150 模块原理图，参考 7.3.4.3 部分中 MAX150。

(4)MAX178 模块原理图，参考 7.3.4.6 部分中 MAX178。

7.6.1.5 实验说明

(1)A/D 转换芯片 ADC0809 为逐次逼近型 8 位 A/D 转换器，每转换一次约 100μs，若为查询式程序，则启动后每次采集要加适当延时，需延时大于 100μs。中断方式下，A/

D转换结束后会自动产生转换完成信号EOC信号，利用此信号可实现中断采集程序。

（2）A/D转换芯片MAX118为逐次逼近型8位A/D转换器，每转换一次约660ns。若为查询式程序，则启动后每次采集要加适当延时，采用中断方式程序，则不需要延时。

7.6.1.6　实验程序框图

ADC0809 A/D转换实验流程图如图7-64所示。

进行ADC0809A/D转换实验，由电位器提供模拟电压输入，8路转顺次进行，用发光二极管显示输出结果。

7.6.1.7　实验步骤

7.6.1.7.1　ADC0809实验

（1）在实验箱断电的情况下按下面所述连线。

①控制线：P3.2接EOC（结束信号），P3.6接$\overline{WR}$，P3.7接$\overline{RD}$。

②地址线P2.7作为片选接CS，A、B、C接P0.0、P0.1、P0.2（作为地址线）。

③时钟输入：ALE接161的CLK输入端，DCLK可接Q0、Q1、Q2、Q3（根据转换速度要 求不同）分频，Q0二分频，Q1四分频，Q2八分频，Q3十六分频。

④8路模拟输入：IN0～IN7接电位器，提供模拟电压输入

⑤数据输出：ADC0809输出数据线接CPU板P0，CPU板的P1作为输出接发光二极管模块模拟输出结果。

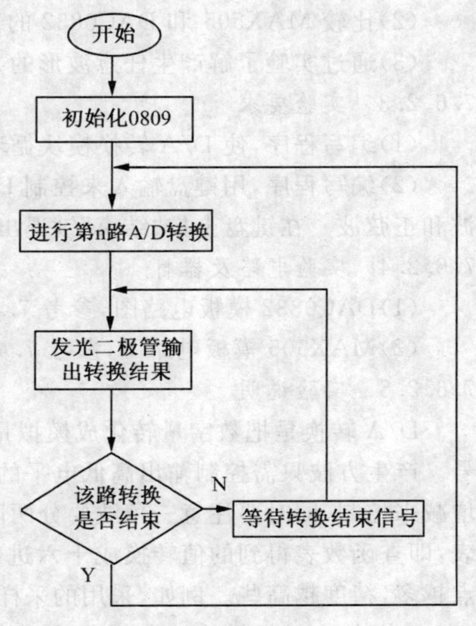

图7-64　A/D转换流程图

（2）先打开实验箱电源，再打开仿真机电源，进行程序编写和调试。

（3）实验结束，先将仿真机电源关闭，再把实验箱电源关闭。

（4）实验结果：轮换输出8路输入电压的转换结果，40～47单元作数据暂存，输出接数码管显示 。

（5）实验程序参考7.3.4.1部分。

7.6.1.7.2　MAX118实验

（1）硬件连接：电源接口接+5V，MODE1、PWRDN、$\overline{CS}$、$V_{REF(-)}$插上短路片。A0、A1、A2作为地址线，与单片机I/O口相连。$\overline{RD}$、$\overline{WR}$为读写信号，DO～D7为数据总线。

（2）按照芯片手册上的时序图编写程序，并下载调试。将D0～D7接至发光二极管模块，模拟转换结果。

（3）实验结束，先将仿真机电源关闭，再把实验箱电源关闭。

7.6.2 D/A 转换实验

7.6.2.1 实验目的

(1)了解 D/A 转换芯片的结构与基本原理。

(2)掌握 D/A 转换芯片性能、使用方法及对应的硬件电路。

7.6.2.2 实验内容

(1)学习 DAC 的工作原理及设计应用,掌握 D/A 转换芯片的转换性能及编程方法。

(2)比较 MAX505 和 DAC0832 的性能及编程方法区别。

(3)通过实验了解产生任意波形的方法 。

7.6.2.3 实验要求

(1)编写程序,使 D/A 转换模块循环输出三角波和锯齿波。

(2)编写程序,用键盘输入来控制 D/A 输出的波形,程序应能输出锯齿波、三角波、方波和正弦波。在键盘上按"结束"键退出程序。

7.6.2.4 实验电路及器材

(1)DAC0832 模板电路图,参考 7.4.3.1 部分中 DAC0832 电路图。

(2)MAX505 模板电路图,参考 7.4.3.2 部分中 MAX505 电路图。

7.6.2.5 实验说明

D/A 转换是把数字量转化成模拟量的变换过程, D/A 实验电路输出为模拟电压信号。产生方波只需控制输出高低电平的时间,产生锯齿波和三角波的表格需由数字量的增减来控制,同时要注意三角波要分两段来产生。要产生正弦波,可以造一张正弦数字量表,即查函数表得到的值转换成十六进制数填表。D/A 转换取值范围为一个周期,采样点越多,精度越高些。例如,采用的采样点为 64 点/周期。

可与键盘显示模块结合起来,构成一个简单的波形发生器,通过键盘输入各种参数,如频率,振幅(小于+5V),方波的占空比等。

7.6.2.6 实验程序框图

产生方波的程序流程如图 7-65(a)所示,产生正弦波的程序流程图如图 7-65(b)所示。

(1)通过调整"延时 1"和"延时 2"的长短可以改变方波周期和占空比。通过改变"延时"的长短可以改变正弦波的周期。

(2)MAX505 实验程序流程图(双通道产生方波程序,其中一个通道的下降沿对应另一个通道的上升沿)如图 7-66 所示。

(3)同样根据延时长短可以决定正弦波的周期,这种产生波形的方法和 DDFS 技术相似,只是限于单片机工作频率的关系不能产生较高频率的正弦波。

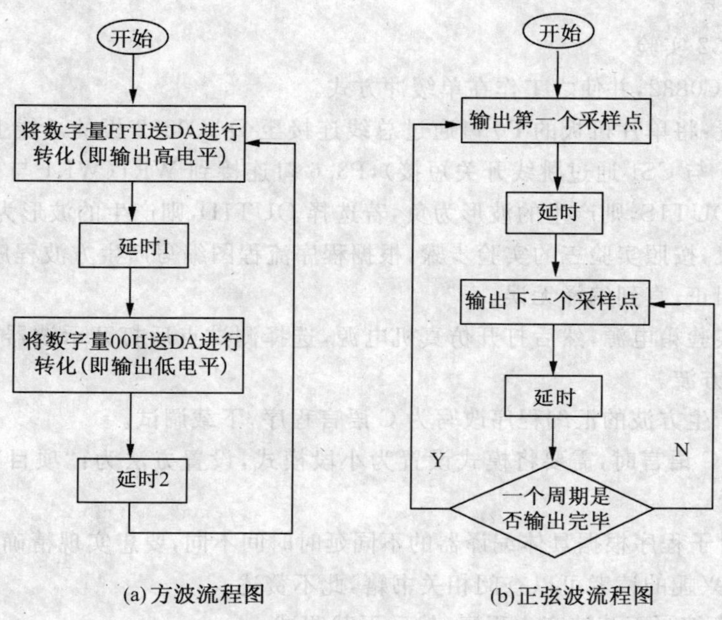

(a) 方波流程图　　(b) 正弦波流程图

图 7-65　产生方波和正弦波的流程图

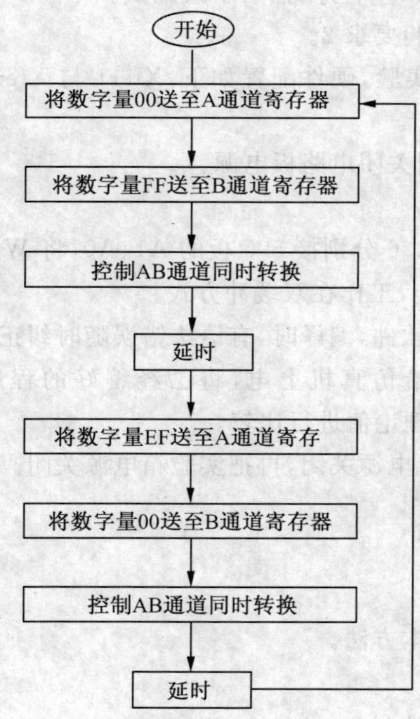

图 7-66　MAX505 实验流程图

7.6.2.7 实验步骤

(1)DAC0832 实验

用一个 DAC0832,并使之工作在单缓冲方式。

①硬件配置:将单片机板的 P0 口通过总线连接至 DAC0832 板的总线上,P2.7 口连接到 CS1(Xfer1 与 CS1 通过跳线开关短接),P3.6 口连接到 WR1(WR1 与 WR2 短接)。测试点若选择 OUT1S,则产生的波形为负,若选择 OUT1D,则产生的波形为正。

②打开微机,按照实验三的实验步骤,根据程序流程图编写产生方波程序,编译时,有语法错误随时纠正,直到编译无误。

③先打开实验箱电源,然后打开仿真机电源,选择测试点后打开示波器,将程序下载调试,直至产生方波。

④将上述产生方波的汇编程序改写为 C 语言程序,下载调试。

注意:使用 C 语言时,需要将模式设置为小段模式,设置方法为:“项目”→“设置”→“编译”选项卡。

C 语言延时子程序根据具体编译器的不同延时时间不同,要想实现精确延时,可以采用内嵌汇编,有兴趣的读者可以查阅相关书籍,此不赘述。

⑤用 C 语言编写正弦波产生程序,然后下载调试。

⑥用 C 语言编写锯齿波产生程序,然后下载调试。

⑦用 C 语言编写三角波产生程序,然后下载调试。

⑧结合键盘实验实现实验要求 2。

⑨ADC 0832 的双缓冲实验,硬件配置如下:Xfer1 与 Xfer2 均接至 P2.7,CS1 接至 P2.6,CS2 接至 P2.5。

⑩关闭仿真机电源,关闭关闭电路板电源。

(2)MAX505 实验

①硬件连线:将 P2.7、P2.6 分别接 505 板的 A1、A0,将 WR 与单片机的 P3.6 相连,LDAC 与单片机的 P3.7 相连,工作在双缓冲方式。

②按照程序流程图编写软件,编译时,有语法错误随时纠正,直到编译无误。

③先给电路板上电,后给仿真机上电,将已经编好的程序下载调试,测试输出端(OUTA、OUTB)电压,并与理论值进行比较。

④实验结束,先将仿真机电源关闭,再把实验箱电源关闭。

7.6.3 直流电机的控制实验

7.6.3.1 实验目的

了解直流电机控制的基本方法。

7.6.3.2 实验内容

对直流电机的转速进行控制。

7.6.3.3 实验要求

利用 D/A 转换输出直流量,控制直流电机的转速。

7.6.3.4　实验电路及器材

(1)D/A 模块参考 7.6.2 部分的实验，键盘模块参考 6.6.2 部分的键盘实验。

(2)电机模块参考 7.5.3.1 部分。

(3)在运行过程中，可按动键盘的“0～E”数码键，控制电机转速，按“F”键退出程序。

7.6.3.5　实验程序框图

流程图如图 7-67 所示。

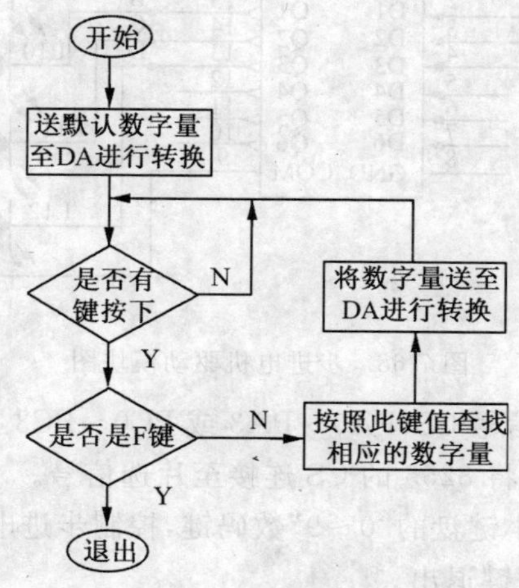

图 7-67　直流电机实验程序流程图

7.6.3.6　实验步骤

(1)硬件连线：将 DA 模块的电压输出端接至电机模块的驱动电路输入端。

(2)根据流程图编写软件，然后编译至没有语法错误。

(3)打开电路板电源，然后打开仿真机电源，将程序下载到仿真机进行调试、验证按键控制电机转速。

(4)关闭仿真机电源，然后关闭实验箱电路板电源。

7.6.4　步进电机的控制实验

7.6.4.1　实验目的

(1)了解控制步进电机的基本原理。

(2)掌握控制步进电机转动速度、方向的编程方法。

7.6.4.2　实验内容

对步进电机的转动速度、方向进行控制。

7.6.4.3　实验要求

(1)利用 8255 的 PA 口 PA0～PA3 或 PC 口 PC0～PC3 轮流输出脉冲序列，小键盘控制步进电机转速(分 9 挡)，和控制步进电机的转动方向。

(2)通过改变脉冲信号频率，来改变步进电机的转速。

7.6.4.4　实验电路及器材

8255 模块参见 5.6.1 部分中开关状态显示实验，键盘模板参见 6.6.2 部分中键盘显示实验。

电机模板如图 7-68 所示。

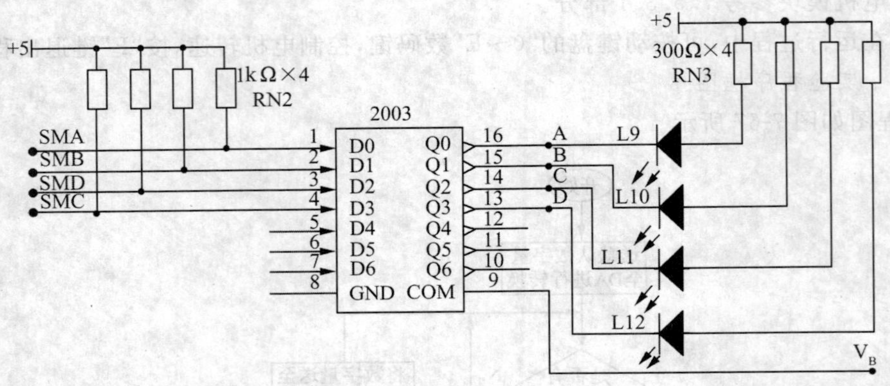

图 7-68　步进电机驱动模块图

用导线连接 8255 片选信号 CS,PA0～PA3 或 PC0～PC3 接至 SMA-SMD,SA-SD 接至步进电机的四相输入端。将 8255 的 CS 连接至片选信号。

在运行过程中,可按动小键盘的“0～9”数码键,控制步进电机的转速,按“B”或“C”键控制步进电机的方向,按“F”键退出。

7.6.4.5　实验说明

(1)本实验使用的是四相八拍步进电机,电机使用直流+12V 电压,每项电流为 0.20A,电机线圈由 A、B、C、D 四相组成。

(2)驱动方式为四相八拍方式,各线圈通电顺序如表 7-10 所示。首先向 A 相线圈输入驱动电流,接着向 B,C,D 线圈通电,最后又返回到 A 相线圈驱动,按这种顺序轮流切换,电机轴按顺时针方向旋转。若通电顺序相反,则电机轴按逆时针方向旋转。

表 7-10　　**各线圈通电顺序**

相序 / 拍	相序	SD	SB	SC	SA	
1	A	0	0	0	1	01 H
2	AB	0	0	1	1	03 H
3	B	0	0	1	0	02 H
4	BC	0	1	1	0	06 H
5	C	0	1	0	0	04 H
6	CD	1	1	0	0	0C H
7	D	1	0	0	0	08 H
8	DA	1	0	0	1	09 H

7.6.4.6 实验程序框图

流程图如图 7-69 所示。

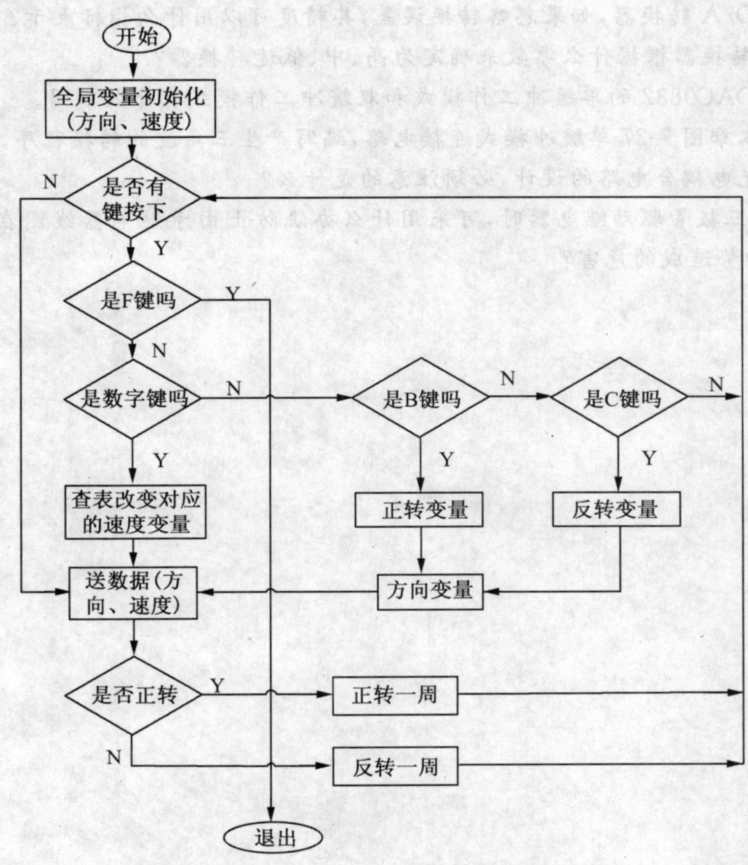

图 7-69　步进电机实验流程图

7.6.4.7　实验步骤

(1)硬件连线:将 8255 板的 CS 接 P2.7,A1 接 P2.6,A0 接 P2.5,将 8255 的 A 口接至电机驱动板的输入端。注意:ULN2003 的 1 端口。

(2)根据流程图编写软件,然后编译至没有语法错误。

(3)打开电路板电源,然后打开仿真机电源,将程序下载到仿真机进行调试、验证按键控制步进电机转动速度、方向。

(4)关闭仿真机电源,然后关闭电路板电源 。

思考与习题

1. A/D 转换的过程由有哪几个步骤组成?
2. 什么是 A/D 转换器的分辨率和转换速率?
3. 积分型 A/D 和逐次比较型 A/D,哪种转换速率较高?

4. 将本章图 7-11 的电路改为查询方式连接图，并以查询方式编写 A/D 转换程序。8 个通道的口地址为：7F00～7F07H。

5. 对于 D/A 转换器，如果忽略转换误差，其精度可以用什么指标表示？

6. D/A 转换器根据什么参数来确定为高、中、低速转换器？

7. 简述 DAC0832 的单缓冲工作模式和双缓冲工作模式有什么不同。

8. 参考本章图 7-27 单缓冲模式连接电路，编写产生三角波的转换程序。

9. 对于光电耦合电路的设计，必须注意的是什么？

10. 在用三极管驱动继电器时，可采用什么办法防止由于继电器线圈在断电时产生的反向高电动势造成的危害？

第 8 章　MCS-51 单片机应用系统设计与实现

8.1　MCS-51 单片机应用系统的开发过程

MCS-51 单片机应用系统的开发一般包含系统需求调查、可行性分析、系统总体方案设计、硬件设计、软件设计、系统抗干扰设计、仿真调试、固化程序和脱机调试等七个步骤。具体的开发流程如图 8-1 所示。

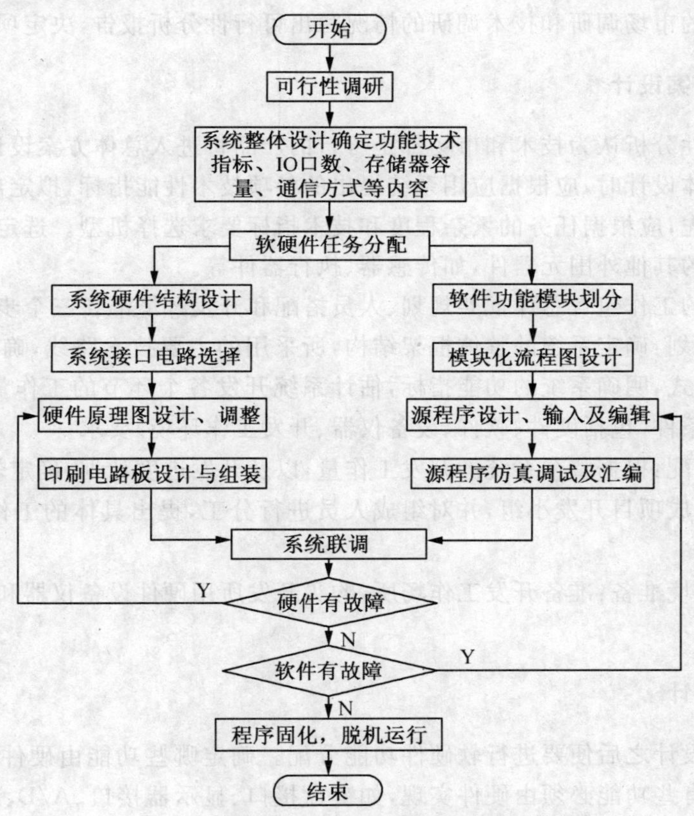

图 8-1　MCS-51 单片机应用系统的开发流程

8.1.1　需求调查

这一步的任务就是了解用户的需求，包括用户目前遇到的困难、希望新系统完成哪些功能、新系统的外观要求、接口要求、工作环境、用户可接受的设备价格等因素。将这些用户需求都记录下来，写出需求调查报告，作为可行性调研的重要依据之一。

8.1.2　可行性分析

可行性分析包括市场可行性分析和技术可行性分析。

市场可行性分析，也就是市场调研的目的是了解市场上有没有同类产品，其市场占有情况怎样，将来的市场发展情况。新产品的市场价值如何，应该采取什么策略，才能使新产品具有更强的市场竞争力。

技术可行性分析，也就是技术调研的目的是了解市场上有没有同类产品。如果有，则其技术路线是怎样的，找出其中可以借鉴的地方，以及可以改进的地方。如果没有，则进一步分析将来实现该系统时所牵扯的各个技术环节，从理论上探讨其实现过程中的重点环节有没有大的障碍，客观上是否具备开发该系统的必备条件（如开发环境、仪器设备、资金等），估计系统的开发成本。看成本能否控制在用户可以接受的价格之内，并留有合理的开发回报（即系统是否值得开发）。

根据前面的市场调研和技术调研的情况写出可行性分析报告，决定项目是否立项。

8.1.3　总体方案设计

经过可行性分析认为技术和市场都是可行的产品将进入总体方案设计阶段。在对应用系统进行总体设计时，应根据应用系统提出的各项技术性能指标，拟定出性价比最高的一套方案。首先，应根据任务的繁杂程度和技术指标要求选择机型。选定机型后，再选择系统中要用到的其他外围元器件，如传感器、执行器件等。

这一阶段的工作包含总体框架规划、人员搭配和开发环境准备三个步骤。

(1)框架规划：确定系统的整体框架结构，所采用的主要技术路线，确定I/O口数、存储容量、通信方式，明确系统的功能指标，估计系统开发各个环节的工作量及开发进度计划。确定开发条件（包括硬件、软件、设备仪器、开发工作环境）要求。

(2)人员搭配：根据整个系统的开发工作量，以及开发进度计划，确定软硬件开发队伍的人员构成，组成项目开发小组，并对组成人员进行分工，提出具体的工作任务书和目标责任书。

(3)开发环境准备：准备开发工作场所，购买开发所用硬件设备仪器和有关软件，开始开发。

8.1.4　硬件设计

总体方案设计之后便要进行软硬件功能分配。确定哪些功能由硬件实现，哪些功能由软件实现。有些功能必须由硬件实现，如键盘接口、显示器接口、A/D、D/A等；有些功能只能由软件实现，如点阵液晶显示器的驱动、大部分的通信编码，还有一些信号处理的算法等。而有些功能既可以用软件实现又可以用硬件实现，如A/D信号的滤波既可以在采样之前通过模拟滤波器预先经过滤波，将采集信号的带宽限制在有用范围之内；也可以不采用模拟滤波器，而是采用高速A/D先进行采样，变成数字信号之后，再利用软件方法设计数字信号滤波器进行滤波处理。前者的优势是后期软件处理简单，实现周期短，对处理器的要求也较低；缺点是硬件成本较高，比较适合于少量定制性产品的开发，而不适合于批量生产产品的开发。后者的优势是硬件成本较低，适合于批量生产的产品开发；缺点是软件开发复杂，对处理器的要求较高。因此，在具体的系统设计时，基本的原则是 CPU 处理能力许可，开发周期也足够长的情况下，能用软件实现的就用软件实现。

软硬件功能划分之后就可以进行硬件详细设计和软件详细设计了。

(1)硬件详细设计的步骤

①硬件模块划分：根据系统整体要求，将系统划分成多个功能相对独立的模块（如中央处理模块、系统扩展模块、信号测量模块、信号控制模块、人机接口模块、通信模块等），分别确定各自的功能框架结构、模块之间的接口约定。

②原理图设计：根据前面的功能划分情况，分别设计各个模块的具体硬件实现，包括器件的选择，原理电路图的设计，以及原理图的仿真测试。

③电路板设计：根据各个模块原理电路图的设计情况，以及各个功能模块的性质和接口连接情况决定硬件电路板的分布情况，并设计系统电路板。

④电路板装配：根据电路板的设计情况，结合原理图的设计，列出所用元件列表，购买有关元件，等电路板印制完成后，装配有关元件。

⑤模块功能测试：电路板装配焊接好后，就可以测试各个功能模块的功能实现情况，必要时进行调整，各个模块基本测试通过后等待软件开发完成后，进行系统联调。

(2)硬件设计时需注意的问题

①尽可能选用标准化、模块化、集成度高的典型电路，集成度高的电路能够减少外围器件，提高系统的可靠性。

②系统设计时，在满足当前要求的前提下，要留有适当的扩展余地（包括存储空间要留有余地），电路板设计不要太拥挤，留有适当的过线孔。对于测试完全通过的系统，在系统定型时，可以在结构上稍微紧凑些。

③在技术成熟的前提下，尽可能地选用一些技术上更新，集成度更高、功能更强的芯片，而不要选用过时的器件。一方面可以简化系统设计，另一方面也可以节省成本。

④在设计电路时，还要考虑系统各部分的驱动能力，输入输出阻抗是否匹配，接地、安装、维修是否方便，以及抗干扰性能等有关细节。

8.1.5　软件设计

(1)软件详细设计的步骤

①软件模块划分：根据系统整体功能要求，将系统软件划分成多个功能相对独立的模块（如中央处理模块、信号测量模块、控制模块、人机接口模块、通信模块等），分别确定各自的功能框架结构，根据硬件连接情况，确定各扩展器件的地址空间，合理分配系统的内存资源，约定模块之间的软件接口。

②流程图设计：根据前面的功能划分情况，分别设计各个模块的具体软件流程图。

③软件的输入、编辑和调试：根据前面的各个模块的流程图，分别设计各个模块的软件代码，输入、编辑并仿真测试各个模块代码的功能，若有问题则及时调整，直到各个软件模块都能测试通过。

(2)软件设计时需注意的问题

①尽可能选用标准化、成熟的软件代码，提高设计成功的可能性。

②模块划分时，各个模块要尽量独立，单个模块的功能也要尽量单一，即提高程序的结构化程度。

③模块间的接口定义在整个系统内要尽量唯一，接口占用的资源（RAM 单元）在整个系统内要尽量不被其他单元使用，减少模块间的相互干扰。

④软件模块内部所使用的公共寄存器（如 A、B、PSW、R0、R1 等）在使用前应该先加以保护，使用后再进行恢复，以免影响其他模块使用。

⑤软件模块代码前部应该有该模块的功能描述，接口描述，甚至作者、修改时间等记录。代码中关键语句的功能也要有描述，所用变量的含义要有注释，以便其他人员阅读，也便于作者自己修改代码时参考。

⑥软件设计时，要考虑软件抗干扰设计。它是提高程序可靠性的有力保障（比如，软件陷阱及看门狗技术，数据采集时的多次采样技术等）。

8.1.6 仿真调试

单片机应用系统开发仿真环境如图 8-2 所示。

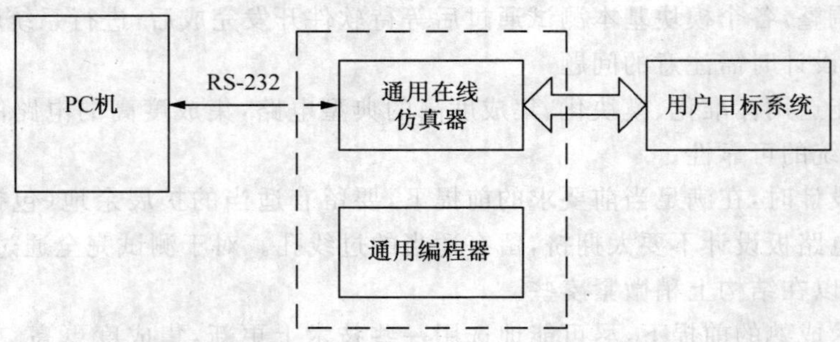

图 8-2 MCS-51 单片机应用系统开发环境

PC 机上运行单片机的仿真调试软件时（如 uVersion2 IDE），PC 机通过并行口、串行口或者 USB 口与仿真器相连，仿真器与用户目标系统板（简称“目标板”）通过专用并行口或者 JTAG 接口相连。这样就构成了一个 MCS-51 单片机的硬件仿真调试环境，可以通过仿真软件对用户目标系统进行在线调试。

单片机系统的调试分为硬件调试、软件调试、系统联调和现场调试四个过程。四个过程的执行顺序如图 8-3 所示。

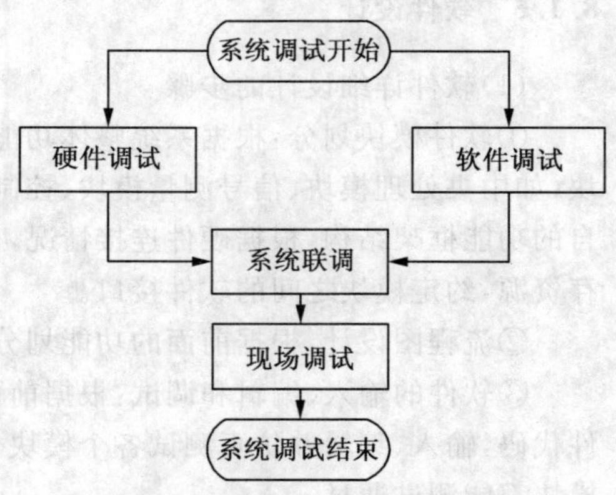

图 8-3 MCS-51 单片机应用系统调试步骤

(1)硬件调试

硬件调试的任务是排除系统的硬件电路故障，包括设计性错误和工艺性错误。单片机应用系统的硬件调试可以按以下几个步骤进行：

①静态调试:系统未工作时的测试,分为不加电状态下的目测、万用表测试,加电后的电压测试、典型信号测试。

②模块调试:编写专用的模块功能测试子程序,分别测试各个硬件模块的功能,若有问题,各个模块分别排除。各模块都测试通过后,再编写综合测试程序,测试所有模块的功能。

③联机调试:将系统软件加载,进行联机调试,测试整机系统功能是否正常。

④抗干扰测试:在系统联调通过后,模拟系统的实际工作环境,分别施加各种干扰信号,测试系统的抗干扰能力。

(2)软件调试

软件调试是利用开发工具进行在线仿真调试,除发现和解决程序错误外,也可以发现硬件故障。程序调试一般是一个模块一个模块地进行,一个子程序一个子程序地调试,最后连起来统调。因此,软件调试可以按以下几个步骤进行:

①分块调试:编写各个分块的程序后,分别进行调试,调试时可以使用单步、设置断点等技术,逐步观察仿真环境下各个寄存器及程序状态字、地址指针等是否符合程序运行逻辑。若有问题应及时调整。

②组合调试:根据模块间的关系,分别组合各个模块联合工作时的参数传递是否正常、寄存器状态是否正常、程序运行是否无误。

③联机调试:将仿真调试无误后的程序加载到硬件板上,测试有关参数是否正常,联机调试时也可以分模块逐步加载,以便测试各个模块软件在系统中的运行情况。各个模块都正常后再将整个系统加载测试。

④抗干扰测试:模仿系统实际工作环境,进行抗干扰测试。若抗干扰性能不是很好,则尽量用软件抗干扰措施补救,实在不行时才考虑修改硬件。

8.2　单片机应用系统的抗干扰设计

单片机应用系统的工作环境往往是具有多种干扰源的现场,抗干扰措施在硬件电路设计中显得尤为重要。

根据干扰源引入的途径,抗干扰措施可以从以下两个方面考虑。

(1)电源供电系统

为了克服电网以及来自系统内部其他部件的干扰,可采用隔离变压器、交流稳压、线性滤波器等抗干扰措施。

(2)电路上的考虑

为了进一步提高系统的可靠性,在硬件电路设计时,应采取一系列抗干扰措施:

①大规模 IC 芯片电源供电端 V_{CC} 都应加高频滤波电容,根据负载电流的情况,在各级供电节点还应加足够容量的退耦电容。

②开关量 I/O 通道与外界的隔离可采用光电耦合器件,特别是与继电器、可控硅等器件连接的通道,一定要采用隔离措施。

③可采用 CMOS 器件提高工作电压(最高可达+15V),这样干扰门限也相应提高。

④传感器后级的变送器尽量采用电流型传输方式,因电流型比电压型抗干扰能力强。

⑤电路应有合理的布线及接地方式。

⑥与环境干扰的隔离可采用屏蔽措施。

8.2.1 电源、地线、传输干扰及其对策

8.2.1.1 电源干扰及其对策

现在的单片机应用系统大都使用市电。在工业现场中，由于生产负荷的变化，大型用电设备的启动、停止，如大电机、电梯、继电器、照明灯、电焊机等，往往造成电源电压的波动，有时还会产生幅度为40～5000V的高能尖峰脉冲。它对系统的危害性最为严重，很容易使系统造成“飞程序”或“死机”。抗干扰的对策除了“远离”这些干扰源以外，还可以采用专用的抗尖峰干扰抑制器。对于要求更高的系统，可采用不间断电源（uninterrupted power supply），简称“UPS电源”。

单片机应用系统需要的直流电源都是由交流电源变换来的，这一变换过程也可能存在着波动和干扰。为了消除直流电源的干扰，可采取以下措施：

(1) 采用集成稳压块单独供电：利用集成稳压块供电，具有集成度高，稳压性能好，性价比高，使用简单的优点，但负载能力有限，一般不超过3A供电电流。

(2) 使用直流开关电源：负载能力强，稳压性能好，但有一定的高频干扰。

(3) 使用DC-DC变换器：负载能力较强，成本较高。

8.2.1.2 地线干扰及其对策

在单片机应用系统中，接地是否正确，将直接影响到系统的正常工作。这里包含两方面的内容，一是接地点是否正确，二是接地是否牢固。

单片机应用系统及智能化仪器仪表中的地线主要有以下几种：

①数字地：即系统数字电路的零电位。

②模拟地：是放大器、A/D转换器输入信号及采样/保持器等模拟电路的零电位。

③信号地：是传感器的地。

④功率地：指大电流部件的零电位。

⑤交流地：50Hz交流市电的地，它是噪声地。

⑥直流地：即直流电源的地线。

⑦屏蔽地：为防止静电感应和电磁感应而设计的，有时也称“机壳地”。

下面介绍几种常用的接地方法。

(1) 一点接地和多点接地的应用：通常，频率小于1MHz时，可采用一点接地，以减少地线造成的地环路；频率高于10 MHz时，应采用多点接地，以避免各地线之间的耦合；当频率处于1～10MHz时，如采用一点接地，其地线长度不应超过波长的1/20，否则应采用多点接地。

(2) 数字地和模拟地的连接原则：在单片机应用系统中，数字地和模拟地必须分别接地，即使是一个芯片上有两种地（如A/D、D/A、S/H），也要分别接地，然后仅在一点处把两种地连接起来。否则数字回路会通过地线对模拟信号产生影响。

(3) 印刷电路板的地线分布原则：为了防止系统内部地线干扰，在设计印刷电路板时应遵循下列原则：

①TTL、CMOS 器件的地线要呈辐射网状，避免环形。

②要根据通过电流的大小决定地线的宽度，最好不小于 3mm。在可能的情况下，地线尽量加宽。

③旁路电容的地线不要太长。

④功率地通过的电流较大，地线应尽量加宽，且必须与小信号地分开。

8.2.2　硬件抗干扰措施

为提高系统的可靠性，除了对系统供电、接地及传输过程进行抗干扰处理以外，更重要的是在系统硬件设计时，应根据不同的干扰源采取相应的措施。

8.2.2.1　隔离技术

单片机应用系统的干扰很大程度上来源于模拟输入通道，如传感器、A/D 转换电路等。传统的方法是抑制相应的模拟信号干扰，如在输入回路中接入模拟滤波器，使用双积分式 A/D 转换器、V/I 转换，采用专用隔离放大器等。由于单片机应用系统是一个数字—模拟混合的系统，所以，采用数字隔离技术，即光电隔离技术将是更好的选择。

光电隔离是通过光电耦合器实现的。光电耦合器是将一个发光二极管和一个光敏三极管封装在一个外壳里的器件，其电路符号如图 8-4 所示。发光二极管与光敏三极管之间用透明绝缘体填充，并使发光管与光敏管对准，则输入电信号使发光二极管发光，其光线又使光敏三极管产生电信号输出，从而既完成了信号的传递，又实现了信号电路与接收电路之间的电气隔离，割断了噪声从一个电路进入另一个电路的通路，如图 8-5 所示。除隔离和抗干扰功能以外，光电耦合器还可用于实现电平转换，如图 8-6 所示。光电耦合的响应时间一般不超过几微秒。采用光电隔离技术，不仅可以把主机与输入通道进行隔离，而且还可以把主机与输出通道进行隔离，构成所谓“全浮空系统”。

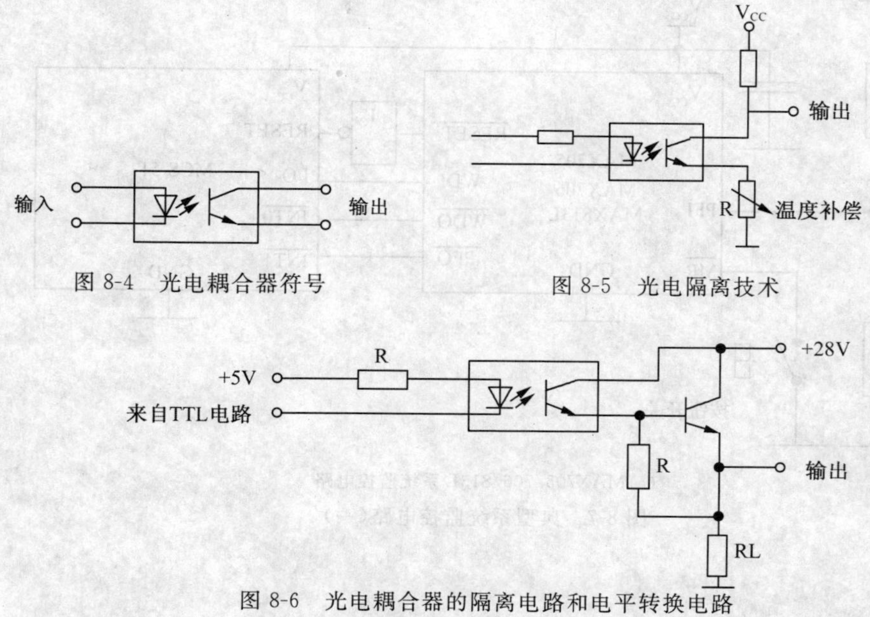

图 8-4　光电耦合器符号

图 8-5　光电隔离技术

图 8-6　光电耦合器的隔离电路和电平转换电路

8.2.2.2　系统监控技术

虽然采取了各种抗干扰措施，但由于各种原因，仍然可能出现飞程序、死机等系统完全失灵的情况。系统监控（也称作 μP，即 microprocessor 监控）是针对上述情况而设置的最后一道防线，用以确保系统的可靠性。

系统监控电路完成以下任务：

①上电复位。

②监控电压变化。

③“看门狗”（Watchdog），即程序运行监控功能。

④片使能。

⑤备份电池切换。

⑥掉电保护等。

美国 MAXIM 公司生产的 MAX703～709/813L 系列系统监控专用芯片具有系统复位、备份电池切换、“看门狗”定时输出、电源电压监测等多种功能。

这些器件为 8 引脚双列直插式封装，＋5V 供电。典型的应用电路如图 8-7(a)(b)所示。下面就以这两个典型电路为例来介绍 MAX 系统监控专用芯片的主要功能和使用方法。

(1) 复位功能：所有 MAX 器件均有复位功能，通常其 $\overline{\text{RESET}}$ 引脚直接或经反相器与单片机的 RESET 引脚相连，如图 8-7 所示。复位时序如图 8-8 所示。当 V_{CC} 低于复位门限时，对于复位信号输出为负脉冲的器件，$\overline{\text{RESET}}$ 引脚为低电平；对于复位信号输出为正脉冲的器件(MAX813L)，$\overline{\text{RESET}}$ 引脚为高电平。此时单片机将停止任何操作，防止由于 V_{CC} 过低造成的事故扩大。

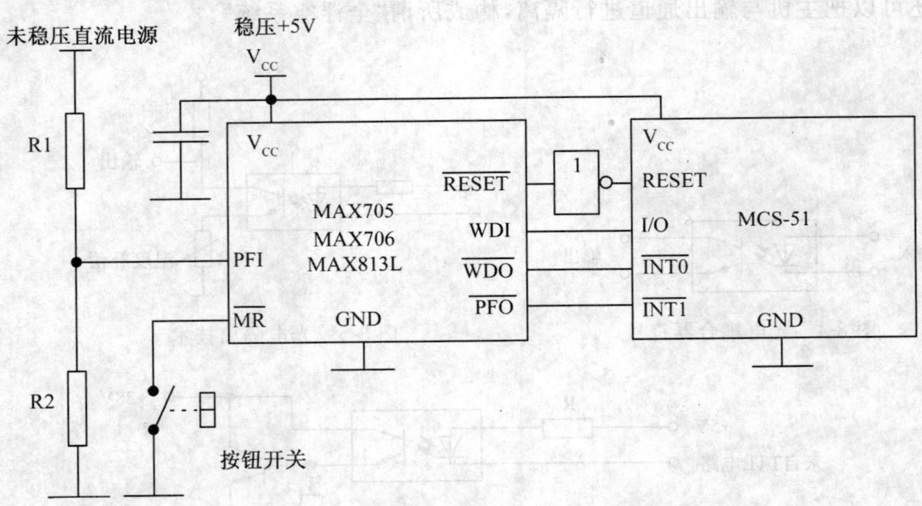

(a) MAX705/706/813L 系统监控电路

图 8-7　典型系统监控电路(一)

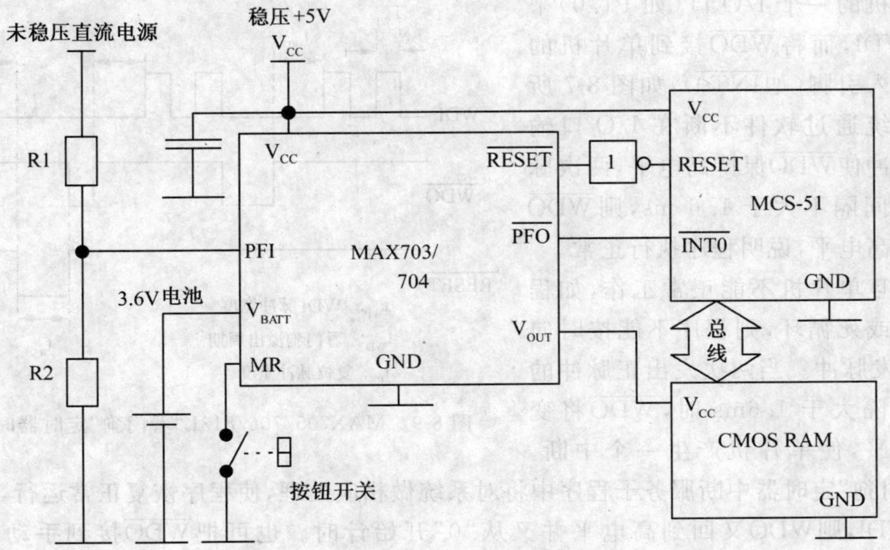

(b) MAX703/704 系统监控电路

图 8-7　典型系统监控电路(二)

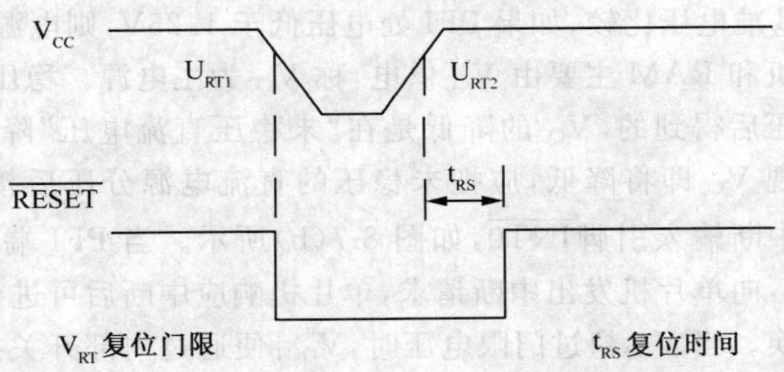

图 8-8　MAX703～709 的复位输出时序

(2)“看门狗”功能：由于干扰或程序设计错误等各种原因，程序在运行过程中可能会偏离正常的顺序而进入到不可预知、不受控制的状态，甚至陷入死循环，称为飞程序或死机。为防止这种情况出现而造成重大损失，并让系统能够自动恢复正常运行，必须对系统运行进行监控。完成系统运行监控功能的电路或软件称为“看门狗”电路或“看门狗”定时器。其工作原理是系统在运行过程中，每隔一段固定的时间给“看门狗”一个信号，表示系统运行正常。如果超过这一时间没有给出信号，则表示系统失灵。“看门狗”将自动产生一个复位信号使系统复位，或产生一个“看门狗”定时器中断请求，系统响应该请求，转去执行中断服务子程序，处理当前的故障。

MAX705/706/813L 具备“看门狗”定时器功能，其“看门狗”定时器时序如图 8-9 所示。

如果在时间 t_{WD}＝1. 6ms 之内不触发“看门狗”输入引脚 WDI，则“看门狗”输出引脚 $\overline{WDO}$将由高电平变为低电平。触发“看门狗”的方法是在 WDI 引脚加一个正脉冲。通常用单片机的一个 I/O 口(如 P1.0)来控制 WDI,而将$\overline{\text{WDO}}$接到单片机的中断输入引脚(如$\overline{\text{INT0}}$),如图 8-7 所示。系统通过软件不断在 I/O 口输出正脉冲使$\overline{\text{WDO}}$保持高电平,两次脉冲时间间隔不大于 1.6 ms,则$\overline{\text{WDO}}$永远为高电平,说明程序执行正常。

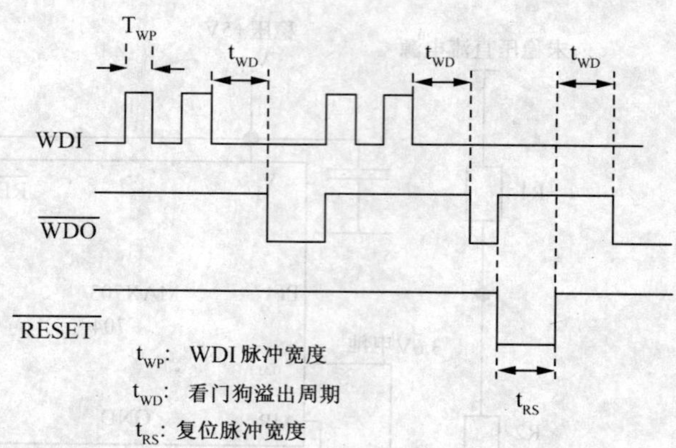

图 8-9　MAX705/706/813L“看门狗”定时器时序

一旦单片机不能正常工作,如程序跑飞或死循环,则程序不能按时向 I/O 口发脉冲。当两次发出正脉冲的时间间隔大于 1.6ms 时,$\overline{\text{WDO}}$将变为低电平,使单片机产生一个中断。在“看门狗”定时器中断服务子程序中将对系统做相应处理,使程序恢复正常运行,并重新触发 WDI,则$\overline{\text{WDO}}$又回到高电平并又从“0”开始计时。也可把$\overline{\text{WDO}}$接到手动复位端$\overline{\text{MR}}$,直接产生一个复位信号使系统复位,保证系统重新工作。

(3) 主电源检测与备份电池切换:这一功能用于实现电源故障检测与掉电保护。

①主电源检测:具备 1.25V 门限值检测器的器件可以实现该功能。电源故障输入端 PFI 的电压与内部基准电压比较,如果 PFI 处电压低于 1.25V,则电源故障输出端$\overline{\text{PFO}}$就变为低电平。单片机和 RAM 主要由 V_{CC} 供电,称 V_{CC} 为主电源。稳压后的 V_{CC} 是由未稳压的直流电源经稳压后得到的,V_{CC} 的降低是在“未稳压直流电压”降低后一段时间才会发生。为了及时发现 V_{CC} 即将降低,应把未稳压的直流电源分压后接到 PFI 引脚,而把$\overline{\text{PFO}}$接到单片机的中断输入引脚$\overline{\text{INT0}}$,如图 8-7(b)所示。当 PFI 端的电压低于 1.25V 时,$\overline{\text{PFO}}$变为低电平,向单片机发出中断请求,单片机响应中断后可进行必要的紧急处理。

②备份电池切换。当 V_{CC} 超过门限电压时,V_{OUT} 便通过内部开关接到 V_{CC},而断开与备用电池 VBATT 的连接;一旦 V_{CC} 降到门限电压以下,V_{OUT} 将自动接通 V_{CC} 与 V_{BATT} 中较高的一个。如图 8-7(b)所示,把 V_{OUT} 引脚接到 CMOS RAM 的电源端,那么在电源故障的情况下,仍可维持对 CMOS RAM 的供电,RAM 中的数据不会因掉电而丢失。

(4)手动复位:在某些系统中,有时需要手动复位。$\overline{\text{MR}}$即为手动复位引脚,当在引脚加一个宽度不小于 140ms 的低电平时,不论是否回到高电平,“看门狗”都将复位,即“看门狗”又从“0”开始计数,同时还在$\overline{\text{RESET}}$引脚产生复位脉冲。通常$\overline{\text{MR}}$通过一个手动复位按钮开关接地,按下开关,即产生所需要的复位负脉冲。值得说明的是,$\overline{\text{MR}}$是与 TTL/CMOS 电平兼容的,因此,也可以用单片机的 I/O 线或某些报警信号来控制,构成报警监控系统。

8.2.3　软件抗干扰措施

一方面,单片机应用系统的干扰不仅影响硬件工作,也会干扰软件的正常运行;另一方面,软件设计本身对系统的可靠性也起着至关重要的作用。随着微处理器性能的不断提高,用软件的方法来实现一些硬件的抗干扰功能,简便易行,成本低,因而愈来愈受到人们的重视。

干扰对软件系统的危害主要表现在：数据采集不可靠、控制失灵、程序运行失常等几个方面。为了避免上述情况发生，人们研究了许多对策。在这一节中，将介绍几种简单易行又行之有效的软件抗干扰方法。

8.2.3.1　数字滤波提高数据采集的可靠性

对于实时数据采集系统，为了消除传感器通道中的干扰信号，在硬件措施上常采取有源或无源 RLC 网络，构成模拟滤波器对信号实现滤波。随着单片机运算速度的提高，运用 CPU 的运算、控制能力也可以完成模拟滤波器的类似功能，这就是数字滤波。数字滤波的方法在许多数字信号处理的专著中都有详细的论述，可以参考。下面介绍几种常用的简便有效的方法。值得注意的是，选取何种方法必须根据信号的变化规律进行选择。

(1) 算术平均法：对一点数据连续采样多次，计算其平均值，以其平均值作为采样结果。这种方法可以减少系统的随机干扰对采集结果的影响。一般取 3～5 次平均值即可。

(2) 比较取舍法：当控制系统测量结果的个别数据存在明显偏差时（如尖峰脉冲干扰），可采用比较取舍法，即对每个采样点连续采样几次，根据所采数据的变化规律，确定取舍办法来剔除个别错误数据。例如，“采三取二”即对每个点连续采样三次，取两次相同的数据作为采样结果。

(3) 中值法：根据干扰造成数据偏大或偏小的情况，对一个采样点连续采集多个信号，并对这些采样值进行比较，取中值作为该点的采样结果。

(4) 一阶递推数字滤波法：这种方法是利用软件完成 RC 低通滤波器的算法。

8.2.3.2　控制状态失常的软件抗干扰措施

在大量的开关量控制系统中，控制状态输出常常依据于某些条件状态的输入及其逻辑处理结果。干扰的入侵，会造成控制条件的偏差、失误，致使控制输出失误，甚至控制失常。为了提高输入/输出控制的可靠性，可以采取以下抗干扰措施。

(1) 软件冗余：在条件控制中，对控制条件的一次采样、处理、控制输出，改为循环地采样、处理、控制输出。这种方法对于惯性较大的控制系统有良好的抗偶然因素干扰的作用。

对于开关量的输入，为了确保信息准确无误，在不影响实时性的前提下，可采取多次读入的方法（至少读两次），认为无误后（如两次读入结果相同）再行输出。

有些执行机构由于外界干扰，在执行过程中可能产生误动作，比如已关（开）的闸门可能中途突然打开（关闭）。对于这些误动作，可以采取在应用程序中每隔一段时间（如几个毫秒）发出一次输出命令，不断地开或关的措施来避免。

当读入按钮或开关状态时，由于机械触点的抖动，可能造成读入错误，可以采用硬件去抖或用软件延时去抖。

(2) 软件保护：当单片机输出一个控制指令时，相应的执行机构便会工作，由于执行机构的工作电压、电流都可能较大，在其动作瞬间往往伴随火花、电弧等干扰信号。这些干扰信号有时会通过公共线路返回到接口中，导致片内 RAM、外部扩展 RAM 以及各特殊功能寄存器数据发生改变，从而使系统产生误动作。再者，当命令发出之后，程序立即转移到检测返回信号的程序段，一般执行机构动作时间较长（从几十毫秒到几秒不等），在这段时间内也会产生干扰。

为防止这种情况发生，可以采用一种所谓软件保护的方法。其基本思想是，设置当前输出状态表（当前输出状态寄存单元），输出指令发出后，立即修改输出状态表。执行机构动作前即调用此保护程序，该程序不断将输出状态表的内容传输到各输出接口的端口寄存器中，以维持正确的输出控制。当干扰造成输出状态破坏时，由于不断执行保护程序，可以及时纠正输出状态，从而达到正确控制的目的。

(3) 设置自检程序：设置自检程序可在上电复位后及程序中间的某些点上插入自检，并显示、报警异常点，或自动关闭故障部分。单片机应用系统需要自检的部件有EPROM、RAM、I/O口等。EPROM进行自检的方法是奇偶校验。RAM自检的方法是交替写1和0并读出，形成AAH或55H的校验模式。I/O口自检通常应预留自检口，这些自检口可成对相互连接或成对接 V_{CC} 与地。例如，8155的PC7接 V_{CC}，PC3接地，读PC3，PC7，判断是否为0，1；PB7与PA7对接，在PA7口先后输出0和1，再从PB7口读入，即可判断I/O端口的读/写是否正确。

8.2.3.3 程序运行失常的软件抗干扰措施

单片机应用系统引入强干扰后，程序计数器PC的值可能被改变，因此会破坏程序的正常运行。被干扰后的PC值是随机的，这将导致程序飞出，即程序偏离正常的执行顺序。PC值可能指向操作数，将操作数当做指令码执行，并由此顺序地执行下去；PC值也可能超出应用程序区，将未使用的EPROM区中的随机数当作指令码执行。这两种情况都将使程序执行一系列非预计、无意义、不受控的指令，会使输出严重混乱，最后多由偶然巧合进入死循环，系统失去控制，造成所谓“死机”。

为了防止程序飞出及“死机”，人们研制出各种办法，其基本思想是发现失常状态后及时引导程序恢复原始状态。

(1) 设立软件陷阱：所谓软件陷阱，是指一些可以使混乱的程序恢复正常运行或使飞出的程序恢复到初始状态的一系列指令。主要有以下两种：

①空指令(NOP)：在程序的某些位置插入连续几个（三个以上）NOP指令（即将连续几个单元置成00H），不会影响程序的功能。而当程序失控时，只要PC指向这些单元（落入陷阱），连续执行几个空操作后，程序会自动恢复正常，不再会将操作数当作指令码执行，将正常执行后面的程序。这种方法虽然浪费一些内存单元，但可以保证不死机。通常在一些决定程序走向的位置，必须设置NOP陷阱，包括：

a. 0003H～0030H地址未使用的单元：这是5个中断入口地址，一般用于存放一条绝对跳转指令，但一条绝对跳转指令只占用了3个字节，而每两个中断入口之间有8个单元，余下的5个单元应用NOP填满。

b. 跳转指令及子程序调用和返回指令之后。

c. 程序段之间的未用区域。

d. 也可每隔一些指令（一般为十几条指令）设置一个陷阱。

②跳转指令“LJMP ＃add16”和“JB bit，rel”：当PC失控导致程序乱飞进入非程序区时，只要在非程序区设置拦截措施，强迫程序回到初始状态或某一指定状态，即可使程序重新正常运行或进行故障处理。

利用“LJMP ＃0000H”(020000H)和“LJMP ＃0202H”(020202H)指令，将非程序区和未用的中断入口地址反复用“020000020000…H”或“02020202…H”填满，则不论程序失控后指向上述区域的哪一字节，最后都能强迫程序回到复位状态，重新执行；或转去0202H 地址执行抗干扰处理程序。

(2) 加软件“看门狗”：正如本章 8.2.2 部分所述，“看门狗”可以使陷入死机的系统产生复位，重新启动程序运行。“看门狗”功能可以由专门的硬件电路来完成，也可以由软件和定时器来实现。定时器的定时时间稍大于主程序正常运行一个循环的时间，而在主程序运行过程中执行一次定时器时间常数刷新。这样，当程序失常时，将不能刷新定时器时间常数而导致定时器中断，利用定时器中断服务子程序可将系统复位。

8.3 单片机应用系统设计实例 1——简易电子秤的设计

本节通过介绍一种简易电子秤的完整开发流程，帮助初学者建立起单片机系统设计的思想。该设计以 MCS-51 单片机为核心部件，用汇编语言进行软件设计，硬件则以半桥称重传感器为主，测量范围为 0～500g，并且随时可改变上限阈值，达到阈值时进行报警。

称重传感器输出的电量是模拟量，数值比较小，达不到 A/D 转换接收的电压范围。所以送 A/D 转换之前要对其先进行前端放大等处理。然后 A/D 转换的结果才能送单片机进行数据处理并显示。其数据显示部分采用 LCD。

这里分五部分进行介绍，第一部分主要介绍课题的需求分析和系统总体方案设计；第二部分详细介绍半桥电子秤的硬件设计；第三部分详细介绍了半桥电子秤的软件设计；第四部分论述了调试与分析过程；第五部分是本例的参考源程序代码。

8.3.1 需求分析及系统总体方案设计

8.3.1.1 设计任务描述

采用市售台式电阻应变片称重传感器作为测量仪器。该传感器工作原理是，应变片电阻丝在外力作用下发生机械变形时，其电阻值发生变化，如果电阻两端本来有电压，那么该电压将发生变化，即电桥的输出电压反映了相应的受力状态。由于传感器的输出电压很小，只有几毫伏，因此需要在传感器的输出端连接放大电路以及滤波整形电路，得到所要的 0～5V 的信号。输出信号进入 A/D，转换之后的数字量进入单片机，经过单片机程序处理，然后通过 LCD 显示。

本设计主要利用单片机实验箱内现有资源等对传感器输出量进行 A/D 转换、数据处理、显示，并利用单片机控制蜂鸣器，实现超值报警功能。其中，A/D 转换采用 ADC0809 模块，键盘/显示采用 7279 模块和液晶显示模块，蜂鸣器由单片机的 P1.1 口控制。系统框图如图 8-10 所示。

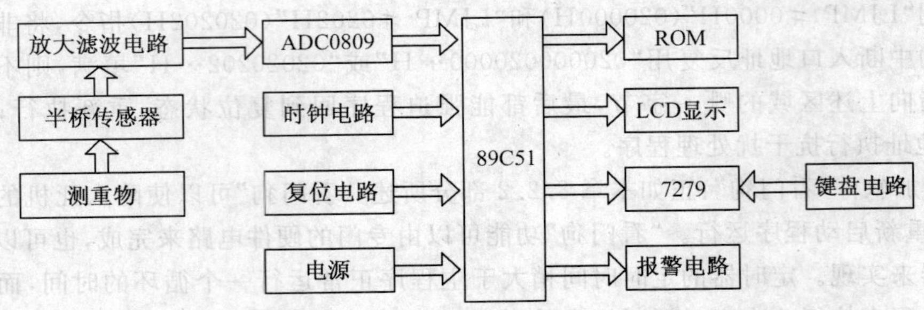

图 8-10 电子秤系统整体框图

8.3.1.2 硬件结构

根据任务的要求，半桥电子秤的硬件部分分成以下几个部分：

①测量部分：用半桥式传感器实现从非电量（质量）到电量（电压）的转换 。

②调理电路：主要指运算放大电路。由于半桥传感器的输出电压比较小，只有几个毫伏，而 A/D 转换器要求的电压为 0～5V，故运用运算放大电路将电压信号放大到所要求的范围。

③A/D 转换部分：计算机所能处理的是二进制的数字量，而传感器经过放大器出来的信号是模拟量，计算机不能处理，所以需要一个 A/D 转换电路完成从模拟量到数字量的转换。

④单片机最小系统：采集的信号要进行显示，阈值要进行比较等都要经过单片机的处理。单片机主要完成数据处理，使显示值与称重值对应。同时对键盘输入阈值进行显示并与 A/D 值比较，控制蜂鸣器进行报警。

⑤键盘/显示电路：阈值设定与称重值显示。

⑥报警电路部分：在所称质量超过设定阈值时，报警电路工作，蜂鸣器报警。

⑦电源部分：提供系统芯片工作需要的±12V 和 5V 等电源。

8.3.1.3 软件结构

根据模块化设计程序的思想设计程序，其中包括监控子程序的设计、数据处理子程序的设计、数据采集子程序的设计、键盘扫描子程序的设计、显示子程序的设计、报警子程序的设计几大部分。系统软件流程图如图 8-11 所示。

其中，监控程序实时监测测量值的范围，若超出阈值则调用报警子程序，实现报警。这是实现超值报警功能的关键部分。

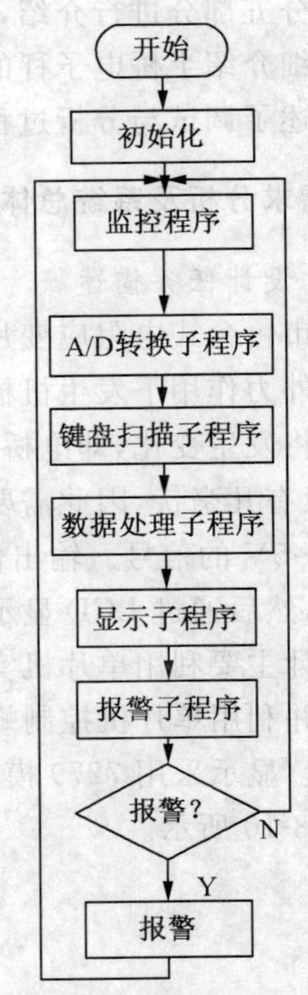

图 8-11 电子秤系统整体软件流程图

传感器输出值与显示值之间有一定的对应关系。A/D 采样值为十六进制数，LCD 显示需要 BCD 码，所以数制之间需要转换。这些过程都需要通过数据处理子程序来完成。

数据采集子程序是控制 A/D 转换的程序，通过它启动转换，并将采集的数据存入数据存储区。这是数字化电子秤的关键。

键盘扫描子程序实时监视键盘是否有重设阈值的要求，实现对键盘阈值重新设定的需求，并将键盘扫描值保存、显示。键盘是电子秤的主要控制部件，不同按键又有不同的功能定义，“0～9”为数据区，“F”返回重新设置阈值界面，“E”为确定阈值输入，“D”为进入设置阈值界面。

显示子程序是将测量结果送显示器显示，是电子秤的窗口部件。

8.3.2　硬件详细设计

8.3.2.1　桥式传感器测量原理

应变式电阻传感器的工作原理是，当导体或半导体受到外力作用时，会产生机械变形，从而导致阻值变化。导体与半导体的电阻与电阻率及其几何尺寸有关。当导体受外力作用时，电阻率及几何尺寸的变化会引起电阻的变化。因此，通过测量电阻值的大小，就可以反映外界力的大小。电阻型应变片传感器的测量电路可采用桥式测量电路。桥式测量电路有四个电阻，其中任何一个电阻均可以是应变片。其原理如图 8-12 所示。

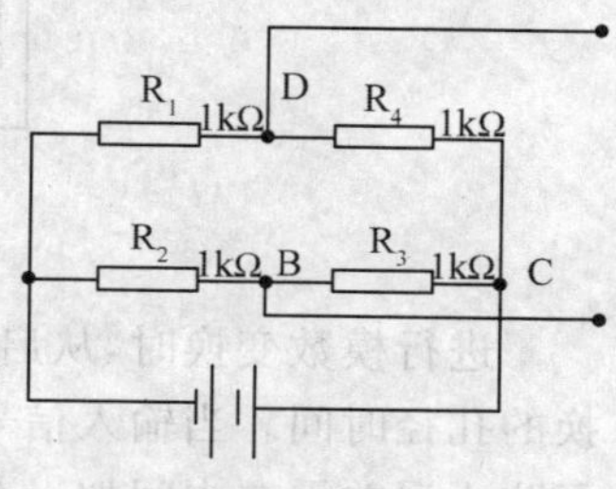

图 8-12　桥式测量电路图

可以计算出，当电阻丝发生形变时，输出电压大小为

$$U_{ab}=\frac{R_1R_2}{(R_1+R_2)}\left(\frac{\Delta R_1}{R_1}-\frac{\Delta R_2}{R_2}+\frac{\Delta R_3}{R_3}-\frac{\Delta R_4}{R_4}\right)$$

实际应用中，成品的称重传感器在出厂前已经作了校正，承载重量与输出电压应该是近似线性关系。

8.3.2.2　放大电路的设计

传感器输出电压为毫伏级，而 A/D 转换器所能处理的电压是 0～5V，所以必须在 A/D 转换器前加入一个放大电路以实现电压的放大，放大倍数为 100～200 倍，使输出电压为 0～5V。

由于放大器的好坏关系到系统的测量精度，因而采用专用仪表放大器 AD620。此款芯片是低价格、低功耗的仪器用放大器，只用一个外部电位器就可获得 1～10000 的增益，且具有较宽的电压供电范围(±2.3V～±18V)，比三个 OP 系列的放大芯片功能要好。8 管脚的封装很容易获得低功率消耗，而且具有较低的输入偏置电流，1.3mA 的最大供应电流足够本系统使用。另外，此芯片具有较快的建立时间和较高的精度，特别适合于精确的数据采集系统。电路原理图如图 8-13 所示。

因为突然的抖动引起的电压骤然升高，容易烧坏 A/D，所以在放大电路的末端加一个 5V 的稳压管，使输入电压嵌位在 5V 以下。

AD620 增益与电阻 R_g 的关系为 $R_g=49.5\text{k}\Omega/(G-1)$，其中 G 为电压增益。通过调

整 R_g,可以控制电路增益为合适的大小。注意:对于理想传感器,空载时输出应该为 0V,满载时应该为满量程电压。实际情况下,由于老化或者电路本身的漂移问题,空载时电压输出可能不为零,因此需要在程序中补偿。虽然空载时 A/D 转换仍有非零数字量,但程序应该修正为 0,当有重物放上时,AD 转换得到的数字量也应该减去空载时的值。

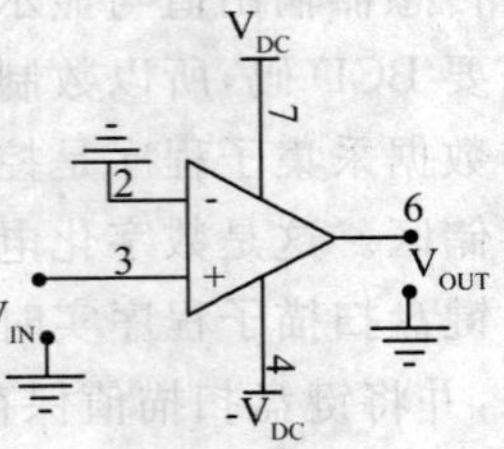

图 8-13　放大电路原理图

8.3.2.3　数据采集电路的设计

一个完整的数据采集系统应该如图 8-14 所示,由前级信号调理电路、采样保持器以及 AD 转换器组成。

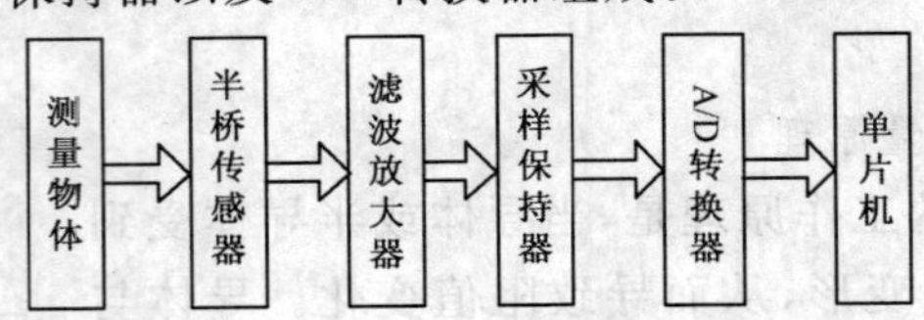

图 8-14　数据采集系统图

进行模数变换时,从启动变换到变换结束的数字量输出,需要一定的时间,即 A/D 转换的孔径时间。当输入信号频率较高,由于孔径时间的存在,会造成较大的转换误差;为了防止误差需在中间加一个功能器件采样/保持器,进行有效、正确的数据采集。在模拟信号输入通道中,是否需要加采样/保持器,取决于模拟信号的变化频率和 A/D 转换器的孔径时间;对快速过程信号,当最大孔径误差超过允许值时,必须在 A/D 转换器前加采样/保持器。但如果输入模拟量是直流量或者被测信号模拟量随时间变化非常缓慢,采样/保持(S/H)电路可以省去。本系统中,由于称重传感器输出为直流信号,且测量速度要求并不高,因此采样保持电路可以省去。

设计中 A/D 转换器用的是 ADC0809。它是 8 路 8 位逐次逼近式转换器,结果为 8 位二进制数据,转换时间短,并且它的转换精度在 0.1% 上下,比较适中,适用于一般场合。

由图 8-15 可见,单片机通过写控制线 WR 和 0809 片选线控制启动 A/D 转换及输入通道地址锁存,读控制线 RD 与 ADC0809 片选线控制输出允许。由于 ADC0809 具有通道地址锁存功能,通道选择 ADD-A、ADD-B、ADD-C 直接接数字地。模拟电压由 IN0 通道输入,A/D 采样电压在 0～5V 之间变化。所模拟通道 IN0 地址口为 08000H,但是 ADC0809 无内置时钟,所以 CLOCK 由外部时钟信号控制。

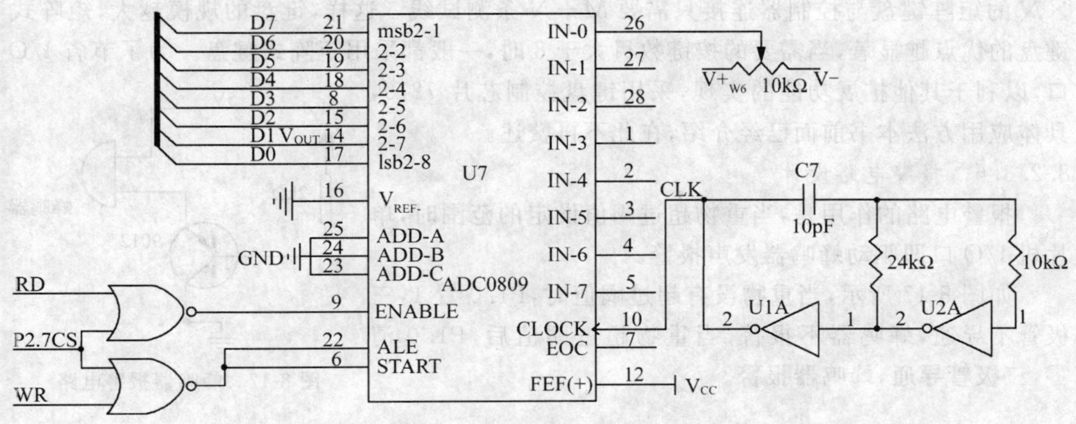

图 8-15　ADC0809 电路连接图

8.2.3.4　显示电路的设计

显示部分可以将处理得出的信号在显示器上显示，让人们直观地看到被测体的质量，也可以进行报警提示。

LCD 液晶显示器是一种极低功耗显示器，从电子表到计算器，从袖珍式仪表到便携式微型计算机以及一些文字处理机都广泛采用了液晶显示器。

本设计采用的显示模块是 128×64 点阵液晶显示模块，可显示汉字及图形，内置 8192 个中文汉字（16×16 点阵）、128 个字符（8×16 点阵）及 64×256 点阵显示 RAM（GDRAM）。可与 CPU 直接连接，提供两种接口来连接微处理器，有并行和串行两种连接方式。具有多种功能，如光标显示、画面移位、睡眠模式等。具体使用方法请参考本书前面有关液晶显示部分的内容。

8.2.3.5　键盘电路的设计

利用键盘可选择电子秤工作模式、设定测量上限等。键盘部分采用矩阵式的键盘，如图 8-16 所示。采用这种结构的特点是把检测线分为两组，一组为行线，一组为列线，按键放在行线和列线的交叉点上。矩阵式键盘的优点是需要的测试线的数量少，对于一个 M

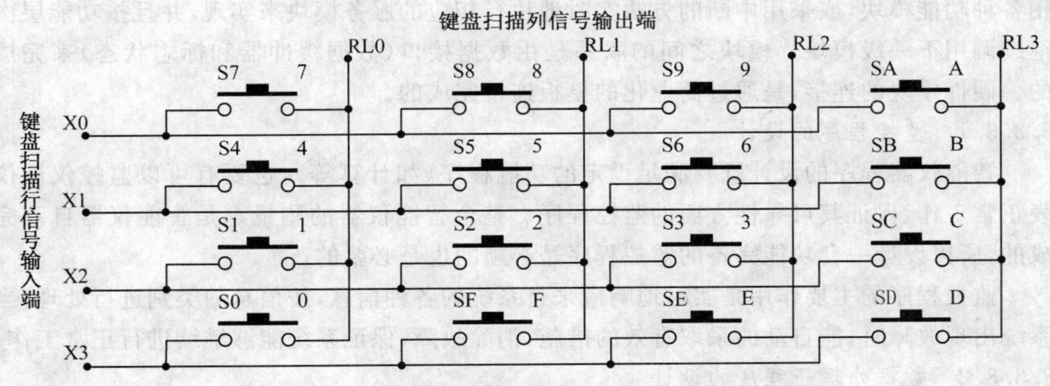

图 8-16　矩阵式键盘结构图

×N 的矩阵键盘与控制器连接只需要 $M+N$ 条测试线。这样，键盘的规模越大，矩阵式键盘的优点越显著，当需要的按键数目大于8时，一般都采用矩阵式键盘。为了节省I/O口，以利于其他扩展功能的实现，采用键盘控制芯片7279，具体应用方法本书前面已经介绍，在此不再赘述。

8.2.3.6 报警电路设计

报警电路的作用是，当重物超过阈值设定的范围时，单片机I/O口即驱动蜂鸣器发声报警。

如图8-17所示，当重物没有超过阈值时，P1.0置1，三极管不导通，蜂鸣器不报警；当重物超过阈值后，P1.0清零，三极管导通，蜂鸣器报警。

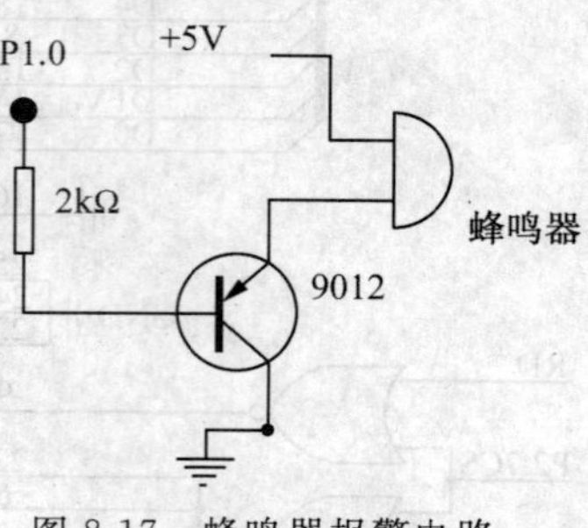

图8-17 蜂鸣器报警电路

8.3.3 软件详细设计

软件设计一般按下列步骤进行：先分析仪器系统对软件的要求；然后在此基础上进行软件总体设计（包括程序整体结构设计和对程序进行模块化设计，模块化设计即将程序划分为若干个相对独立的模块）；接着画出每一个专用模块的详细流程图，并选择合适的语言编写程序；最后按照软件总体设计时给出的结构框图，将各模块连接成一个完整的程序。在主程序的设计中要合理地调用各模块程序，特别注意各模块的入口、出口及对硬件的、资源占用情况。

采用模块化设计方法以后依据仪表的功能要求将软件的初始化模块、转换模块、显示模块、比较报警模块、键盘输入模块、键功能处理模块、延时模块，分别进行设计和调试，然后把它们连接起来，进行总调。

硬件分成主机、过程通道、人机联系部件、通信接口和电源等模块。模块化设计的优点是：无论是硬件还是软件，每一个模块都相对独立，故能独立地进行设计、研制、调试和修改，从而使复杂的工作得以简化。模块之间的相互独立也有助于研制任务的分解和设计人员之间的分工合作，这样可提高工作效率和仪表的研制速度。上述各种软、硬件模块的研制调试完成之后，还需要将它们按一定的方法连接起来，才能构成完整的仪表，以实现数据采集、传输、处理和输出等各种功能。软件模块的连接，一般是通过监控主程序调用各种功能模块，或采用中断的方法实时地执行相应的服务模块来实现，并且按功能层次继续调用下一级模块。模块之间的联系是由数据接口（数据缓冲器和标志状态）来完成的。硬件模块的连接，是通过商业化的模板连接完成的。

8.3.3.1 监控程序的设计

智能仪器程序的设计既要满足设定的功能程序（如计算等），也要有可以监控仪器仪表正常工作、保证其可靠性方面的监控程序。整个智能仪器的测量都是智能仪器自动完成的，所以设计一套功能完备的监控程序是必须的也是必要的。

监控程序的主要作用是实时地响应来自系统的各种信息，按信息的类别进行处理；当系统出现故障时，能自动的采取有效的措施，消除故障，保证系统能够继续进行正常工作。

8.3.3.2 数据处理子程序的设计

数据处理子程序是整个程序的核心，主要用来调整输入值系数，使输出满足量程要求。另外，完成 A/D 的采样结果从十六进制数向十进制数形式转化。

数制之间的转换：在二进制数制中，每向左移一位表示数乘二。以每四位作为一组对数分组，当第四位向第五位进位时，数由 8 变到 16，若按十进制数制规则读数，则丢失 6，所以应进行加 6 调整。DA 指令可完成这一调整。可见数制之间的转换可以通过移位的方法实现。其中，移出数据的保存可以通过自乘再加进位的方法实现，因为乘二表示左移一位，左移后，低位进一，则需加一；否则，加零。而通过移位已将要移入的尾数保存在了进位位中，所以能实现。数据处理子程序的流程结构如图 8-18 所示。

8.3.3.3　数据采集子程序的设计

数据采集用 ADC0809 芯片来完成，主要分为启动、读取数据、延时等待转换结束、读出转换结果、存入指定内存单元、继续转换（退出）几个步骤，如图 8-19 所示。ADC0809 初始化后，就能将某一通道输入的 0～5V 模拟信号转换成对应的数字量 00H～FFH，然后再存入单片机内部 RAM 的指定单元中。在控制方面有所区别，可以采用程序查询方式、延时等待方式和中断方式。

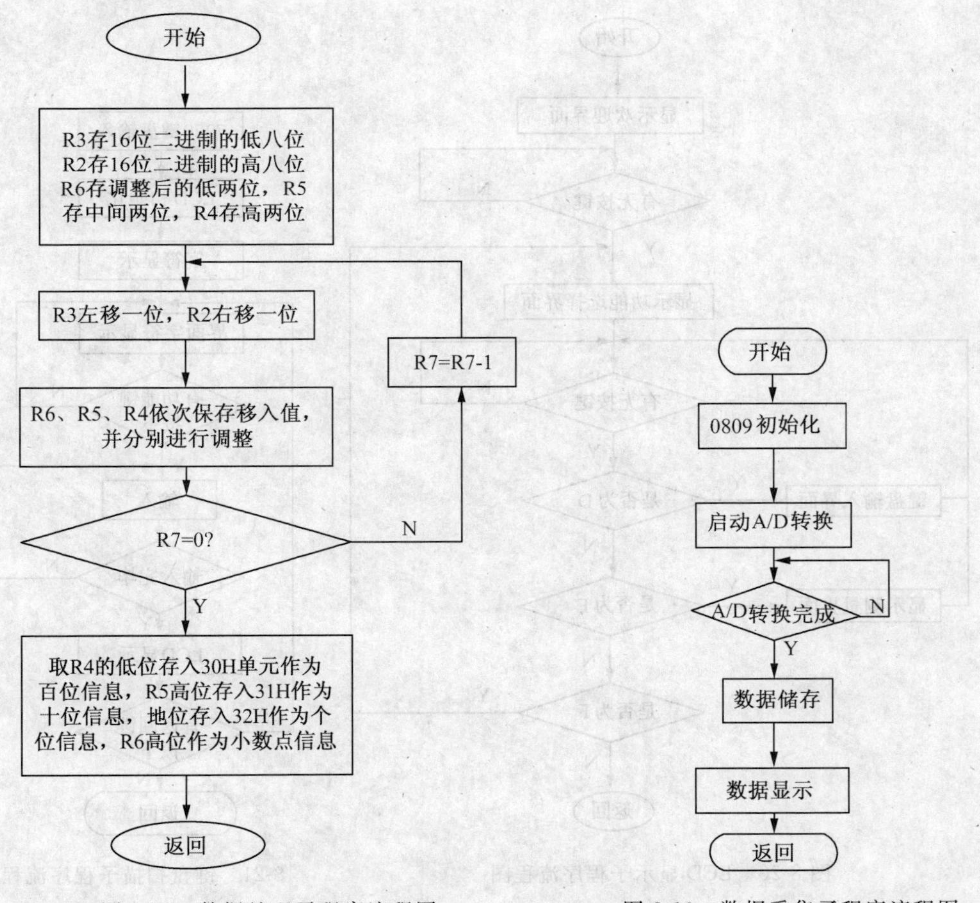

图 8-18　数据处理子程序流程图　　　图 8-19　数据采集子程序流程图

8.3.3.4　显示子程序的设计

显示子程序是字符显示，首先调用事先编好的 7279 的键盘显示子程序，调用 7279 初始化命令，然后输出写显示命令。在显示过程中一定要调用延时子程序。当输入通道采集了一个新的过程参数，或仪表操作人员键入一个参数，或仪表与系统出现异常情况时显示管理软件应及时调用显示驱动程序模块，以更新当前的显示数据显示符号(图 8-20)。

8.3.3.5　键盘扫描子程序设计

键盘电路设计成如图 7 的 4×4 矩阵式，由键盘的编码方式可以得出

0,1,2,3,4,5,6,7,8,9,A,B,C,D,E,F

各键对应的键值：

0D8H,0D0H,0D1H,0D2H,0C8H,0C9H,0CAH,0C0H,0C1H,0C2H,0C3H,0CBH,0D3H,0DBH,0DAH,0D9H 。

在程序中可以先判断按键编码，然后根据编码将键盘代表的数值送到相应的存储单元，再进行功能选择或数据处理(图 8-21)。

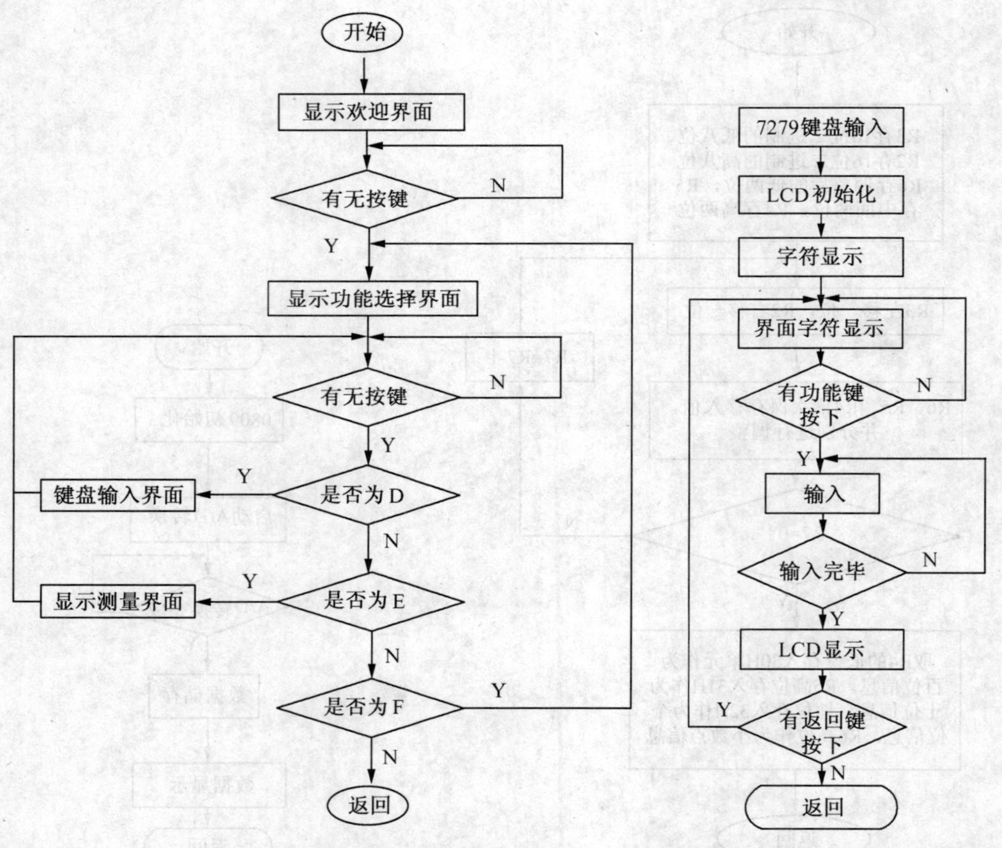

图 8-20　LCD 显示子程序流程图　　8-21　键盘扫描子程序流程图

8.3.3.6　报警子程序设计

由于要求要键盘设定阈值,所以要求有报警电路。报警电路可以为有声报警,也可为有光报警。将设定的阈值与实时显示的值进行比较,如果设定值小于实时显示的值,则将 P1.0 置为 1,将发光二极管点亮,或使蜂鸣器发出声音。这就需要一段比较程序以及一小段置 1 清 0 程序(图 8-22)。

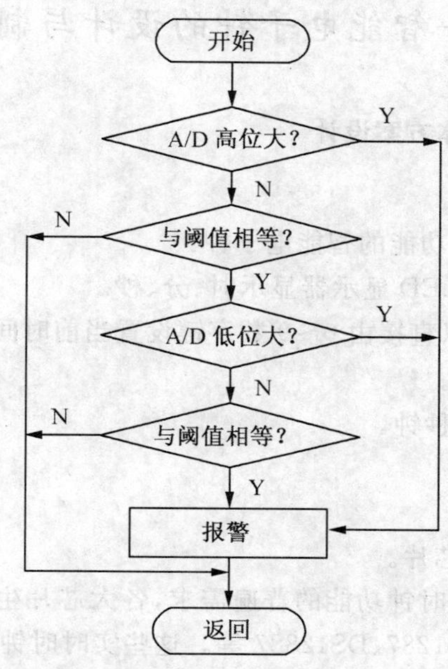

图 8-22　报警子程序流程图

8.3.4　调试与分析

8.3.4.1　调试过程

调试包括硬件调试、软件调试和样机调试。软件的调试和硬件的调试都是独立进行的。软件部分包括监控子程序、数据采集子程序、数据处理子程序、显示子程序、键盘扫描子程序、报警子程序。软件调试中需要用到的测量信号可以用仿真实验台上的电压信号进行模拟,而不需要进行硬件的连接。同样,硬件部分的调试也是不需要软件连接而独立进行的。

当软件调试和硬件调试都正确无误的时候,就可以进行连接调试,在调试中继续找出单独调试中无法指出的故障,反复进行修改软件、修改硬件设计的工作,直到所设计的电子秤显示数据与理想数据误差不大。最后进行软件的固化与整机的组装工作。

8.3.4.2　调试故障及原因分析

故障一:传感器显示电压示数范围与要求的 LCD 显示器的质量示数范围不符。

原因分析:没有选择好转换系数,使质量范围不能满足要求。

解决方法:修改程序中的转换子程序部分,在进制转换时计算出转换系数值。

故障二:经过放大器的传感器信号不稳定,且不满足设定的放大倍数。

原因分析:信号不稳定是由于传感器精度不够准确,以及连线时线路不稳定等因素的影响;不满足放大倍数是由于放大器选择不合适。

解决方法:选择精度高的传感器,预先计算好运放放大倍数,以便于选择合适的运算放大器。

8.4 单片机应用系统设计实例 2 ——智能电子钟的设计与制作

8.4.1 需求分析及系统总体方案设计

8.4.1.1 设计要求

设计并制作出具有如下功能的智能电子钟:

(1) 自动计时,由 6 位 LED 显示器显示时、分、秒。

(2) 具备校准功能,可以直接由 0~9 数字键设置当前时间。

(3) 具备定时起闹功能。

(4) 一天时差不超过 1 秒钟。

8.4.1.2 总体设计方案

(1)计时方案

方案一:采用实时时钟芯片。

针对计算机系统对实时时钟功能的普遍需求,各大芯片生产厂家陆续推出了一系列的实时时钟集成电路,如 DS1287、DS12887 等。这些实时时钟芯片具备年、月、日、时、分、秒计时功能和多点定时功能,计时数据的更新每秒自动进行一次,不需程序干预。此外,实时时钟芯片多数带有锂电池做后备电源,具备永不停止的计时功能;具有可编程方波输出功能,可用作实时测控系统的采样信号等;有的实时时钟芯片内部还带有非易失性 RAM,可用来存放需长期保存但有时也需变更的数据。

方案二:软件控制。

利用 MCS-51 内部的定时/计数器进行中断定时,配合软件延时实现时、分、秒的计时。该方案节省硬件成本,且能够使读者在定时/计数器的使用、中断及程序设计方面得到锻炼与提高,因此本系统将采用软件方法实现计时。

(2)键盘/显示方案

对于实时时钟而言,显示显然是另一个重要的环节。如前所述,通常有两种显示方式:动态显示和静态显示。

方案一:串口扩展,LED 静态显示。

如图 8-23(a)所示,该方案占用口资源少,采用串口传输实现静态显示,显示亮度有保证;但硬件开销大,电路复杂,信息刷新速度慢,比较适用于并行口资源较少的场合。

方案二:8155 扩展,LED 动态显示。

如图 8-23(b)所示,该方案硬件连接简单,但动态扫描的显示方式需占用 CPU 较多的时间,在单片机没有太多实时测控任务的情况下可以采用。

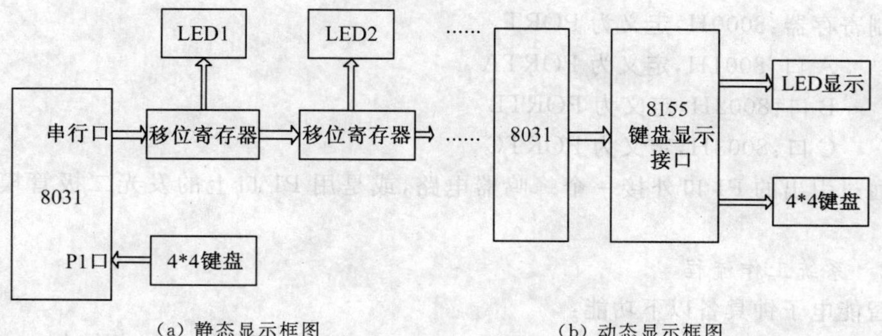

(a) 静态显示框图　　　　(b) 动态显示框图

图 8-23　显示方式框图

8.4.2　硬件详细方案设计

8.4.2.1　电路原理图

智能电子钟电路的核心是 89C51 单片机，其内部带有 4KB 的 FLASH ROM，无须外扩程序存储器；电脑时钟没有大量的运算和暂存数据，现有的 128B 片内 RAM 已能满足要求，也不必外扩片外 RAM。系统配备 6 位 LED 显示和 4×3 键盘，采用 8155 作为键盘/显示接口电路。利用 8155 的 A 口作为 6 位 LED 显示的位选口，其中，PA0～PA5 分别对应位 LED0～LED5，B 口则作为段选口，C 口的低 3 位为键盘输入口，对应 0～2 行，A 口同时用作键盘的列扫描口。由于采用共阴极数码管，因此 A 口输出低电平选中相应的位，而 B 口输出高电平点亮相应的段。P1.0 接蜂鸣器，低电平驱动蜂鸣器鸣叫启闹。

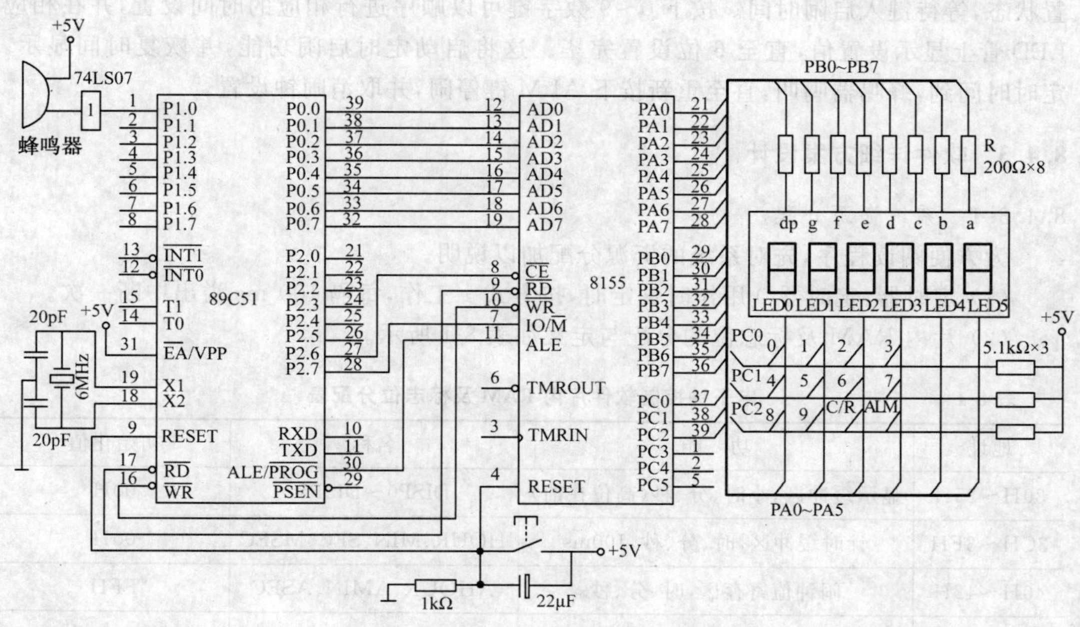

图 8-24　智能电子钟硬件原理图

由图 8-24 可见，8155 的地址分配如下：

控制寄存器:8000H,定义为 PORT

A 口:8001H,定义为 PORTA

B 口:8002H,定义为 PORTB

C 口:8003H,定义为 PORTC

并通过引出的 P1 口外接一个蜂鸣器电路,或是用 P1 口上的发光二极管模拟闹钟功能。

8.4.2.2　系统工作流程

本智能电子钟具备以下功能:

(1) 时钟显示:6 位 LED 从左到右依次显示时、分、秒,采用 24 小时计时。

(2) 键盘功能:采用 4×3 键盘,包括:

0～9 数字键,键号为 00H～09H。

C/R 键,时间设定/启动计时键,键号为 0AH。

ALM 键,闹钟设置/启闹/停闹键,键号为 0BH。

(3) 时间显示:上电后,系统自动进入时钟显示,从 00:00:00 开始计时,此时可以设定当前时间。

(4) 时间调整:按下 C/R 键,系统停止计时,进入时间设定状态,系统保持原有显示,等待键入当前时间。按下 0～9 数字键可以顺序设置时、分、秒,并在相应 LED 管上显示设置值,直至 6 位设置完毕。系统将自动由设定后的时间开始计时显示。

(5) 闹钟设置/启闹/停闹:按下 ALM 键,系统继续计时,显示 00:00:00,进入闹钟设置状态,等待键入启闹时间。按下 0～9 数字键可以顺序进行相应的时间设置,并在相应 LED 管上显示设置值,直至 6 位设置完毕。这将启动定时启闹功能,并恢复时间显示。定时时间到,蜂鸣器鸣叫,直至重新按下 ALM 键停闹,并取消闹钟设置。

8.4.3　软件详细方案设计

8.4.3.1　系统资源分配

为方便阅读程序,先对系统的资源分配加以说明。

(1) 定时器:定时器 0 用作时钟定时,按方式 1 工作,每隔 100 ms 溢出中断一次。

(2) 片内 RAM 及标志位的分配与定义如表 8-1 所示。

表 8-1　　电子钟控制软件片内 RAM 及标志位分配表

地址	功　能	名称	初始化值
30H～35H	显示缓冲区,小时、分、秒(高位在前)	DISP0～DISP5	00H
3CH～3FH	计时缓冲区,时、分、秒、100ms	HOUR、MIN、SEC、MSEC	00H
40H～42H	闹钟值寄存区,时、分、秒	AHOUR、AMIN、ASEC	FFH
50H～7FH	堆栈区		
PSW.5	计时显示允许位(1:禁止,0:允许)	F0	0
PSW.1	闹钟标志位(1:正在闹响,0:未闹响)	F1	0

8.4.3.2　软件流程

(1)根据上述工作流程,软件设计可分为以下几个功能模块:

①主程序:初始化与键盘监控。

②计时:为定时器 0 中断服务子程序,完成刷新计时缓冲区的功能。

③时间设置与闹钟设置:由键盘输入设置当前时间与定时启闹时间。

④显示:完成 6 位动态显示。

⑤键盘扫描:判断是否有键按下,并求取键号。

⑥定时比较:判断启闹时间到否,如时间到,则启动蜂鸣器鸣叫。

⑦其他辅助功能子程序,如键盘设置、拆字、合字、时间合法性检测等。

(2)下面分模块进行软件设计:

①主程序模块 MAIN:流程图如图 8-25 所示。

②计时程序模块 CLOCK:流程图如图 8-26 所示。

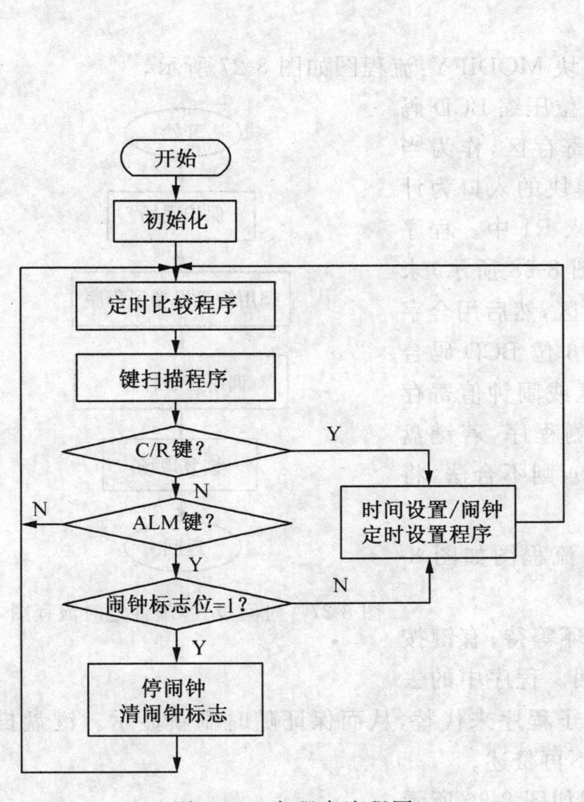

图 8-25　主程序流程图

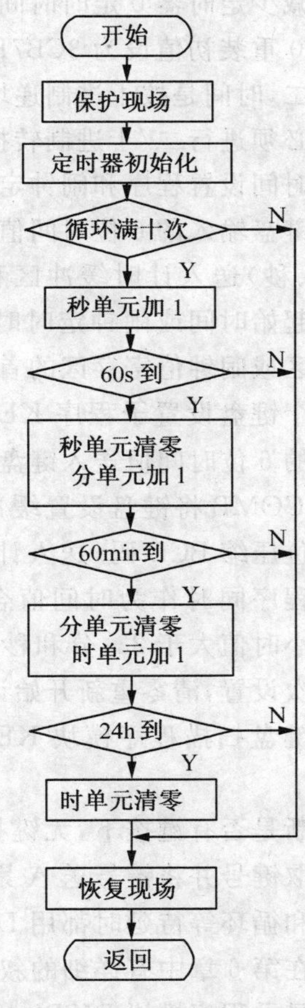

图 8-26　计时程序流程图

如前所述,系统定时采用定时器与软件循环相结合的方法。定时器 0 每隔 100ms 溢出中断一次,则循环中断 10 次延时时间为 1s,上述过程重复 60 次为 1 分,分计时 60 次为

1 小时，小时计时 24 次则时间重新回到 00:00:00。

设系统使用 6MHz 的晶振，定时器 0 工作在方式 1，则 100ms 定时对应的定时器初值可由下式计算得到：

定时时间＝(2^{16}－定时器 0 初值)×(12/f_{osc})

因此，定时器 0 初值＝3CB0H，即 TH0＝3CH，TL0＝0B0H。

当系统使用其他频率的晶振时，可以由上式计算相应的定时器 0 初值，也可以改变定时时间。例如，当系统晶振为 12MHz 时，同样的初值对应的定时时间为 50ms，则循环中断次数为 20 次时，延时时间为 1s。

第一，定时器溢出产生中断请求，CPU 并不一定立即响应中断，而可能需要延迟一个中断响应时间之后才能响应中断，中断响应时间为 3～8 个机器周期。显然，这将在定时时间中加入额外的延时时间，导致计时误差。

为了保证计时精度，必须采取措施进行补偿。我们采用增大重装的定时器 0 初值的方法来减少定时器 0 定时时间。具体应调整为多大，一般需要通过调试来确定。经测试，定时器 0 重装初值设为 3CB7H～3CBFH 可以满足精度要求。

第二，时间是按十进制递增，而 MCS-51 单片机只有二进制加法指令，因此用加法指令计时必须进行二/十进制转换。

③时间设置程序和闹钟定时程序模块 MODIFY：流程图如图 8-27 所示。

将键盘输入的 6 位时间值合并为 3 位压缩 BCD 码(时、分、秒)送入计时缓冲区和闹钟值寄存区，作为当前计时起始时间或闹钟定时时间。该模块的入口为计时缓冲区或闹钟值寄存区的首地址，置入 R1 中。程序调用一个键盘设置子程序 KEYIN(如图 8-28 所示)来将键入的 6 位时间值送入键盘设置缓冲区，然后用合字子程序 COMB 将键盘设置缓冲区中的 6 位 BCD 码合并为 3 位压缩 BCD 码，送入计时缓冲区或闹钟值寄存区。该程序同时作为时间值合法性检测程序，若键盘输入的小时值大于 23，分和秒值大于 59，则不合法，将取消本次设置，清零重新开始计时。

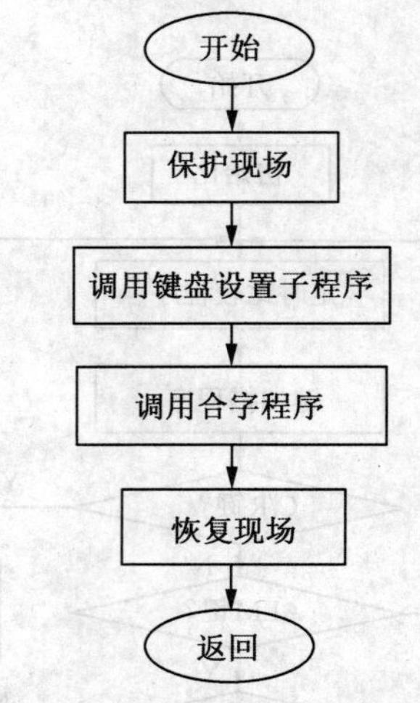

图 8-27　时间设置/闹钟定时流程图

④键盘扫描程序模块 KEYSCAN：流程图如图 8-29 所示。

判断是否有键按下，无键按下则循环等待；有键按下则求取键号并将键号送 A 累加器返回。程序中的去抖延时和循环等待延时都用 DISPLAY 子程序来代替，从而保证随时刷新显示。键盘扫描程序在第 6 章中有详细的叙述，在此不再赘述。

⑤显示程序模块 DISPLAY：流程图如图 8-30 所示。

将显示缓冲区中的 6 位 BCD 码用动态扫描方式显示。为此，必须首先将 3 字节计时缓冲区中的时、分、秒压缩 BCD 码拆分为 6 字节(十位、个位分别占有 1 字节)BCD 码，这一功能由拆字子程序 SEPA 来实现。

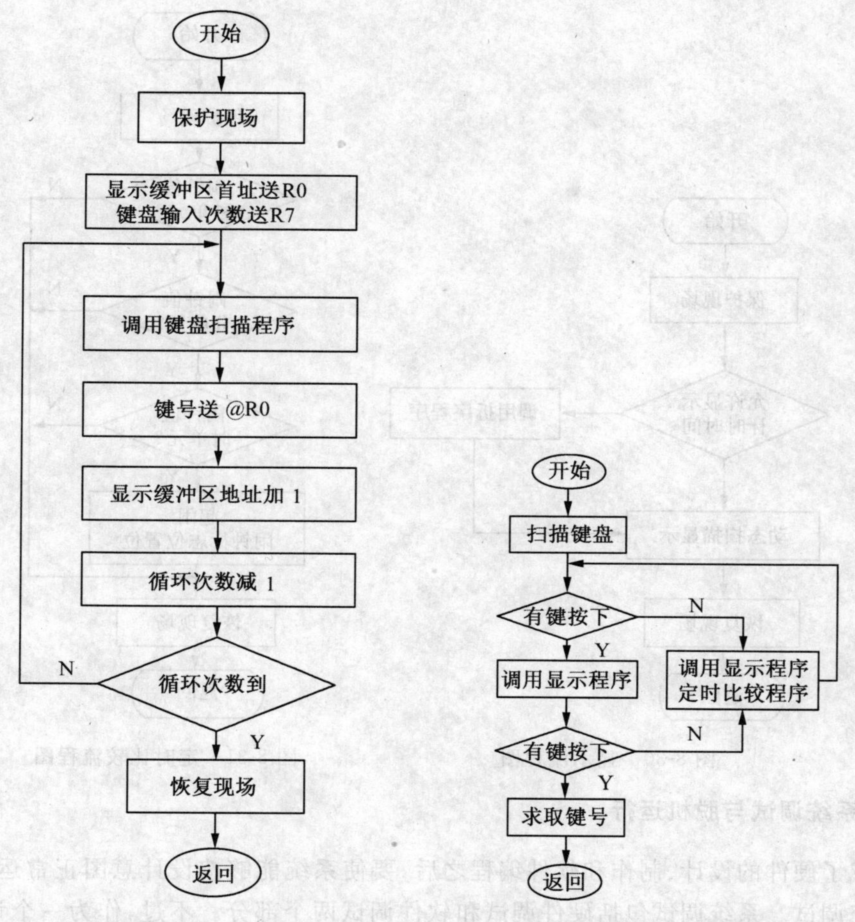

8-28　键盘设置子程序流程图　　　　图 8-29　键盘扫描流程图

需要注意的是，当按下时间或闹钟设置键后，在 6 位设置完成之前，应显示键入的数据，而不显示当前时间。为此，我们设置了一个计时显示允许标志位 F0，在时间/闹钟设置期间 F0＝1，不调用 SEPA，即调用 SEPA 刷新显示缓冲区的前提条件是 F0＝0。

⑥定时比较程序模块 ALARM：流程图如图 8-31 所示。将当前时间（计时缓冲区的值）与预设的启闹时间（闹钟设置寄存区的值）比较，二者完全相同时，启动蜂鸣器鸣叫，并置位闹钟标志位。返回后，待重新按下 ALM 键停闹，并清零闹钟标志。

⑦拆字程序 SEPA 与合字程序 COMB：如前所述，拆字程序的功能是将 3 字节计时缓冲区中的时、分、秒压缩 BCD 码拆分为 6 字节（十位、个位分别占有 2 字节）BCD 码并刷新显示缓冲区；合字程序的功能是将键盘设置缓冲区中的 6 位 BCD 码合并为 3 位压缩 BCD 码，送入计时缓冲区或闹钟值寄存区，同时检测时间值的合法性。

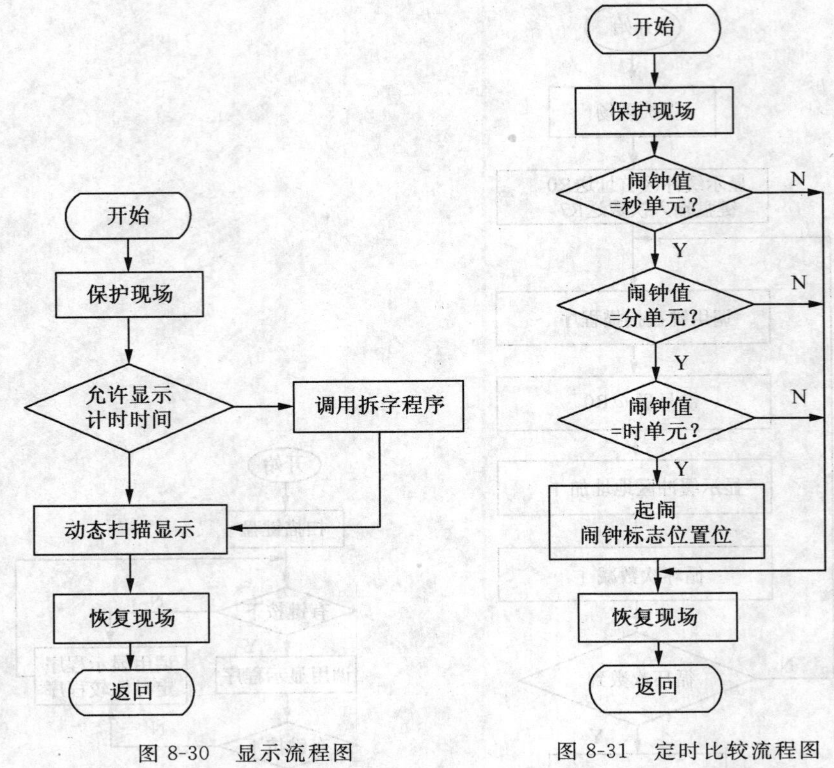

图 8-30　显示流程图　　　　图 8-31　定时比较流程图

8.4.4　系统调试与脱机运行

完成了硬件的设计、制作和软件编程之后，要使系统能够按设计意图正常运行，必须进行系统调试。系统调试包括硬件调试和软件调试两个部分。不过，作为一个计算机系统，其运行是软硬件相结合的。因此，软硬件的调试也是不可能绝对分开的，硬件的调试常常需要利用调试软件，软件的调试也可能需要通过对硬件的测试和控制来进行。

8.4.4.1　硬件调试

硬件调试的主要任务是排除硬件故障，其中包括设计错误和工艺性故障。

(1) 脱机检查：用万用表逐步按照电路原理图检查印制电路板中所有器件的各引脚，尤其是电源的连接是否正确；检查数据总线、地址总线和控制总线是否有短路等故障，顺序是否正确；检查各开关按键是否能正常开关，是否连接正确；各限流电阻是否短路等。为了保护芯片，应先对各 IC 座(尤其是电源端)电位进行检查，确定其无误后再插入芯片检查。

(2) 联机调试：暂时拔掉 89C51 芯片，将仿真器的 40 芯仿真插头插入 89C51 的芯片插座进行调试，检验键盘/显示接口电路是否满足设计要求。可以通过一些简单的测试软件来查看接口工作是否正常。例如，我们可以设计一个软件，使 8155 的 A、B 口输出 55H 或 AAH，同时读 C 口，运行后用万用表检查相应端口电平是否一高一低，在仿真器中检查读入的 C 口低 3 位是否为 1，如果正常则说明 8155 工作正常。还可设计一个使所有 LED 全显示“8.”的静态显示程序来检验 LED 的好坏。如果运行测试结果与预期不符，很容易根据故障现象判断故障原因并采取针对性措施排除故障。

8.4.4.2　软件调试

软件调试的任务是利用开发工具进行在线仿真调试，发现和纠正程序错误，同时也能发现硬件故障。

程序的调试应一个模块一个模块地进行，首先单独调试各功能子程序，检验程序是否能够实现预期的功能，接口电路的控制是否正常等；然后逐步将各子程序连接起来总调。连调时需要注意的是，各程序模块间能否正确传递参数，特别要注意各子程序的现场保护与恢复。调试的基本步骤如下：

(1) 用仿真器修改显示缓冲区内容，屏蔽拆字程序，调试动态扫描显示功能。例如，将DISP0～DISP5单元置为"012345"，应能在LED上从左到右显示"012345"。若显示不正确，可在DISP子程序相应位置设置断点调试检查。然后用仿真器修改计时缓冲区内容，调用拆字程序，调试显示模块DISPLAY。例如，将HOUR、MIN、SEC单元置为"123456"，检查是否能正确显示"12:34:56"。若显示不正确，应在SEPA子程序相应位置设置断点，调试检查。

(2) 运行主程序调试计时模块，不按下任何键，检查是否能从由00:00:00开始正确计时。

若不能正确计时则应在定时器中断服务子程序中设置断点，检查HOUR、MIN、SEC、MSEC单元是否随断点运行而变化。然后屏蔽缓冲区初始化部分，用仿真器修改计时缓冲区内容为23:58:48，运行主程序(不按下任何键)，检验能否正确进位。

(3) 调试键盘扫描模块KEYSCAN，先用延时10ms子程序代替显示子程序延时消抖，在求取键号后设置断点，中断后观察A累加器中的键号是否正确；然后恢复用显示子程序延时消抖，检验与DISPLAY模块能否正确连接。

(4) 调试时间设置/闹钟定时模块MODIFY。首先屏蔽COMB子程序，单独调试键盘设置模块KEYIN，观察显示缓冲区DISP0～DISP5单元的内容是否随键入的键号改变，以及键号能否在LED上显示。然后屏蔽KEYIN子程序，单独调试合字模块COMB，分别将R1设置为时间设置缓冲区和闹钟值寄存区的首地址，修改显示缓冲区内容，程序运行后查看时间设置缓冲区HOUR、MIN、SEC单元和闹钟值寄存区AHOUR、AMIN、ASEC单元内容是否正确。最后连调MODIFY模块。

(5) 运行主程序连调，检查能否用键盘修改当前时间以及设置闹钟，能否正确计时、启闹、停闹。

8.4.4.3　脱机运行

软硬件调试成功之后，可以将程序固化到89C51的FLASH ROM中，插入89C51芯片，接上电源脱机运行。既然软硬件都已调试成功，脱机运行似乎肯定成功，然而事实往往并非如此，仍有可能出现以下故障：

(1) 系统不工作：其原因主要有晶振不起振(晶振损坏、晶振电路不正常导致晶振信号太弱等)，或脚没有接高电平(接地或悬空)等。

(2) 系统工作时好时坏：这主要是由干扰引起的。由于本系统没有传感输入通道和控制输出通道，干扰源相对较少且简单，因此，在电源、总线处对地接滤波电容一般可以解决问题。

8.5 系统与创新实验

8.5.1 温度数据采集控制系统实验

8.5.1.1 实验目的

1. 掌握温度传感器结构、一般原理和温度测量编程。

2. 了解实现恒温环境的温度测控系统工程的编程方法。

8.5.1.2 实验内容

设计并制作一个水温自动控制系统(图 8-32),控制对象为 1L 净水,容器容量大于 1L。水温可以在一定范围内由人工设定,并能在环境温度降低时实现自动控制,以保持设定的温度基本不变。

图 8-32 温度测控系统

8.5.1.3 实验要求

(1)温度设定范围为 40～90℃,最小区分度为 1℃,标定温度小于等于 1℃。

(2)环境温度降低时(例如用电风扇降温)温度控制的静态误差小于等于 1℃。

(3)用十进制数码管显示水的实际温度。

(4)中断方式采样输入电压,并将采样到的结果在 PC 机屏幕上用图形方式动态显示。

8.5.1.4 实验电路及器材

温度传感器:①热敏电阻;②数字温度传感器:参考 7.2.3 部分。

8.5.1.5 实验说明

温度传感器的选择:

(1)热敏电阻

①采用正温系数的热敏电阻进行温度信号采集，常用的有 Pt100、Pt1000 等,它们的阻值随温度变化而变化,通过常用的 A/D 转换求电阻的方法可以很方便的得到温度值。

从理论上讲,利用铂电阻测温,精度可以做得很高,比如 Pt1000 的精度可达 0.05℃,这是数字温度传感器远不及的。另外,铂电阻测温范围宽,可达数百摄氏度。

②采用具有负温系数的热敏电阻(NTC)进行温度信号的采集,常用的有 MF58 系列等。热敏电阻具有体积小、精度高、响应快、耐振动等优点。由于热敏电阻具有阻值大,负温度系数的特性,所以与 Pt1000 等相比,在常温下更节省电能,而且价格也最为便宜。通过线性插值,软件修正等方法处理,精度完全可以达到题目要求。热敏电阻阻值较大,目前最大的可以达到 500kΩ。

(2)数字温度传感器(详见 7.2.3)

8.5.2　压力控制系统实验

8.5.2.1　实验目的

(1)掌握压力传感器结构、一般原理和压力测量编程。

(2)了解实现压力测控系统工程的编程方法。

8.5.2.2　实验内容

设计并制作一个实用电子秤。

8.5.2.3　实验要求

(1)能用简易键盘设置单价,加重后能同时显示重量、金额和单价。

(2)重量显示:最大称重为 9.999kg,测量误差不大于±0.005kg。

(3)单价金额及总价金额显示:单价金额和总价金额的单位为元,最大金额数值为 9999.99 元,总价金额误差不大于 0.01 元。

8.5.2.4　实验电路及器材

实验电路参考 8.3 电子秤设计部分。

8.5.3　电子钟实验

8.5.3.1　一、实验目的

学习实时时钟芯片应用的方法。

8.5.3.2　实验内容

设计电子钟。

8.5.3.3　实验要求

(1)显示年、月、日和时、分、秒。可选择 12/24 时显示,12 时制时有 AM、PM 指示。

(2)具备校准功能,可以直接由 0～9 数字键设置当前时间。

(3)具备闹钟功能,闹钟时间设置、闹钟开、闹钟关功能。

8.5.3.4　实验电路及器材

实时时钟芯片电路参考 5.5.1 部分实时时钟 DS12887,5.5.2 部分实时时钟 DS1302/07。

8.5.3.5　实验说明

LCD 或 8 位 LED 显示器分时显示年、月、日和时、分、秒。

思考与习题

1. 单片机应用系统的开发过程包含哪些步骤？每一步的主要工作有哪些？

2. 单片机应用系统中的地线种类有哪些？各自有什么作用？模拟地和数字地是否需要共地？若需要的话应该如何共地？

3. 单片机应用系统中,硬件抗干扰的措施有哪些？各自能够抵抗什么样的干扰？

4. 单片机应用系统中,软件抗干扰的措施有哪些？它们的工作原理是怎样的？

5. 结合 8.3 节和 8.4 节两个应用实例“电子秤”和“智能电子钟”的设计过程,请你自拟题目,设计一个单片机应用系统,写出具体的设计步骤和实现方法,有条件的话请实现你所设计的系统。

附录1　全国大学生电子设计竞赛2007年(全国二等奖范例)数字示波器C题

一、任务

设计并制作一台具有实时采样方式和等效采样方式的数字示波器，示意图如附图1-1所示。

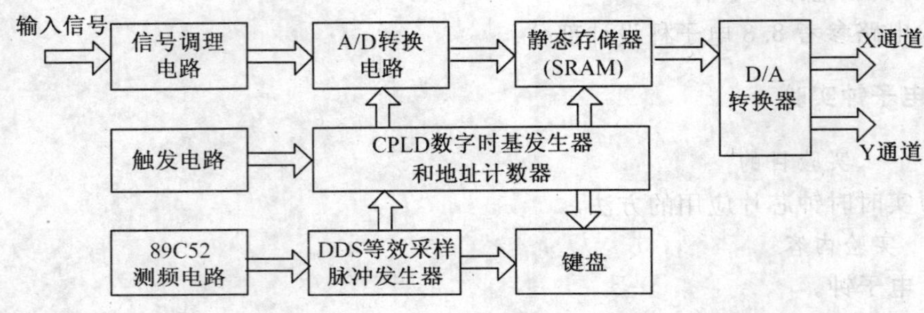

附图1-1　数字示波器示意图

二、要求

1. 基本要求

(1)被测周期信号的频率范围为10Hz～10MHz，仪器输入阻抗为1M，显示屏的刻度为8 div×10div，垂直分辨率为8bits，水平显示分辨率大于等于20点/ div。

(2)垂直灵敏度要求含1V/div、0.1V/div两挡。电压测量误差小于等于5%。

(3)实时采样速率小于等于1MSa/s，等效采样速率大于等于200MSa/s；扫描速度要求含20ms/div、2μs/div、100ns/div三挡，波形周期测量误差小于等于5%。

(4)仪器的触发电路采用内触发方式，要求上升沿触发，触发电平可调。

(5)被测信号的显示波形应无明显失真。

2. 发挥部分

(1)提高仪器垂直灵敏度，要求增加2mV/div挡，其电压测量误差小于等于5%，输入短路时的输出噪声峰—峰值小于2mV。

(2)增加存储/调出功能，即按动一次“存储”键，仪器即可存储当前波形，并能在需要时调出存储的波形予以显示。

(3)增加单次触发功能，即按动一次“单次触发”键，仪器能对满足触发条件的信号进行一次采集与存储(被测信号的频率范围限定为10Hz～50kHz)。

(4)能提供频率为 100kHz 的方波校准信号，要求幅度值为 0.3V±5%(负载电阻大于等于 1MΩ 时，频率误差小于等于 5%)。

(5)其他。

三、说明

1. A/D 转换器最高采样速率限定为 1MSa/s，并要求设计独立的取样保持电路。为了方便检测，要求在 A/D 转换器和取样保持电路之间设置测试端子 TP。

2. 显示部分可采用通用示波器，也可采用液晶显示器。

3. 等效采样的概念可参考蒋焕文等编著的《电子测量》一书中取样示波器的内容，或陈尚松等编著的《电子测量与仪器》等相关资料。

4. 设计报告正文中应包括系统总体框图、核心电路原理图、主要流程图、主要的测试结果。完整的电路原理图、重要的源程序和完整的测试结果可用附件给出。

四、评分标准

<table>
<tr><th colspan="2">项　目</th><th>应包括的主要内容</th><th>分数</th></tr>
<tr><td rowspan="6">设计报告</td><td>系统方案</td><td>比较与选择
方案描述</td><td>6</td></tr>
<tr><td>理论分析与计算</td><td>等效采样分析
垂直灵敏度
扫描速度</td><td>12</td></tr>
<tr><td>电路与程序设计</td><td>电路设计
程序设计</td><td>12</td></tr>
<tr><td>测试方案与测试结果</td><td>测试方案及测试条件
测试结果完整性
测试结果分析</td><td>12</td></tr>
<tr><td>设计报告结构及规范性</td><td>摘要
设计报告正文的结构
图表的规范性</td><td>8</td></tr>
<tr><td>总分</td><td></td><td>50</td></tr>
<tr><td>基本要求</td><td>实际制作完成情况</td><td></td><td>50</td></tr>
<tr><td rowspan="6">发挥部分</td><td>完成第(1)项</td><td></td><td>22</td></tr>
<tr><td>完成第(2)项</td><td></td><td>7</td></tr>
<tr><td>完成第(3)项</td><td></td><td>7</td></tr>
<tr><td>完成第(4)项</td><td></td><td>6</td></tr>
<tr><td>其他</td><td></td><td>8</td></tr>
<tr><td>总分</td><td></td><td>50</td></tr>
</table>

论文范例

数字示波器(C题)　　　　**编号:C甲1004**

摘　要

本系统基于实时采样和等效采样工作原理，以可编程逻辑器件(CPLD)和89C52单片机为核心设计完成。它主要由信号调理电路、存储转换电路、运算控制器和输出显示通道组成。该数字示波器采用模块化设计，重点设计了触发系统、水平和垂直扫描、等效和实时采样方法等功能。除完成基本功能外，还实现了对所显示波形的"压缩、扩展、移动、掉电存储"等扩展功能，并采用良好的屏蔽技术，提高了小信号的抗干扰能力。

关键词:实时采样;等效采样;垂直灵敏度;抗干扰

Abstract

This system, designed with the core of CPLD and 89C52, is based on the principles of Real-time Sampling and Equivalent Sampling using the technology of high-speed data-extracted and processing. It constitutes of four departments, such as the circuit of front-class signal input, middle channel, controllers and the output channel. As the most important function, triggered circuit, horizontal and vertical scanning or so satisfy the request of the system. What's more, the system owns the function of condensation and so on. The efficiency is improved by the module design.

Keywords: Real-time Sampling; Equivalent Sampling; Vertical Sensitivity; Anti-jamming

一、系统方案

1. 系统总体设计方案

本系统采用CPLD和89C52单片机作为控制核心。系统框图见附图1-2。其中CPLD作为高速控制核心，主要用于产生数字时基信号和地址计数器，送往外部静态随机存储器，而89C52主要用于等效采样之前，预测频率(最大误差控制在十万分之一内)并控制DDS产生相应频率的采样脉冲信号，送入CPLD进行相应的采样存储显示。

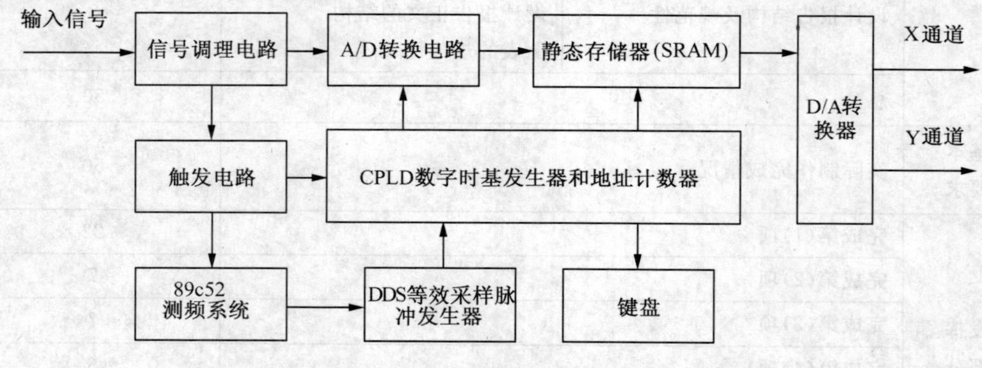

附图1-2　数字示波器系统框图

2. 主要模块设计、比较与论证

控制器模块

方案一:8位的52系列单片机方式

优点是采用C语言编程,可实现高精度的浮点型运算,有16位的定时/计数器,具有外部中断。但单条指令执行时间最高只有1μs,速度慢。

方案二:CPLD/FPGA方式

优点是可实现将设计所需要的分立元件集中在一个芯片之中,节省空间,只需要一部分外围电路即可实现所需功能。同时避免了实际硬件电路之间的一些干扰,使设计电路更为稳定。缺点是实现大量的浮点运算比较繁琐,且占用资源较多,而且高档的FPGA成本很高。

方案三:CPLD与52系列单片机结合方式

既利用52单片机可以实现丰富的浮点和逻辑运算的优势,又把握CPLD易于实现各种组合逻辑的特点。这种方案兼顾了两者的优点。

综上所述,根据题目中,扫描速度和等效采样等的要求,本系统采用CPLD和51系列单片机结合的方式——CPLD作为高速控制核心,来实现对数字系统的高速控制和高速数据交换;用单片机作为低速控制核心,完成测控工作。CPLD型号为MAXⅡEPM570T100C5。

3. 采样方式的选择

(1)实时采样是在信号存在期间对其采样。按照采样定理,采样速率必须高于信号中最高频率分量的2倍;对于周期性正弦信号,每个周期内至少有两个采样点。为了不失真的恢复原被测波形,通常按照所采用的恢复方式选取相应的采样点数。

(2)等效采样分为顺序的和随机的两种等效时间采样方法。

方案一:顺序等效采样

基本原理是:输入信号是波形完全相同的周期信号情况下,用具有时序的采样脉冲在被测信号各周期不同相位上逐次进行采样,采样脉冲相对被测信号每周期的起点来讲依次延时0,Δt,$2\Delta t$,$3\Delta t$,…,$N\Delta t$时间,其中Δt为步进延迟时间。顺序采样把被测高频周期信号变为相似的低频信号。重现顺序等效采样采样点是按一个固定的次序进行的,采样点以时间为顺序,易于实现波形恢复顺序。这种方法原理简单,但是对测量精度要求较高。

方案二:随机等效采样

随机等效采样的前提也是被测信号是稳定周期信号,通过测量每次采样序列起点与参考点(信号的触发电平时刻)的时间差,来确定本次采样序列在信号波形中的位置。当这个时间差是随机分布时,可在很短的时段内遍历其在一个时钟内所有可能的取值来重构目标信号的完整采样波形。这种方法需要对信号大量快速采样并高速运算,对采样的具体要求较低,但是处理器要经过大量快速复杂计算,非常适用于高精度高速处理器如在DSP中应用较方便,并不是一般处理器能胜任。

(3)综上所述,根据题目中对扫描速度包含20ms/div、2μs/div、100ns/div三挡,最高只可使用1M的高速A/D转换芯片,而水平显示分辨率必须大于20点/div的要求,设定水平显示分辨率为25.6点/div。假设全部采用实时采样,则三挡扫描速率分别对应实时采样速率为1280Hz、12.8MHz、256MHz。很明显,后面两挡时用CPLD实现实时采样是极为困难的,所以对应后面两挡采用等效采样实现。根据上文对等效采样两种实现方式的比较,本系统20ms/div挡采用实时采样,2μs/div、100ns/div挡采用方案一顺序方式的等效采样。

二、理论分析与参数计算

1. 垂直灵敏度

题目基本部分要求1V/div和0.1V/div两挡,而发挥部分要求增加2mv/div挡,同时输入短路时的输出噪声峰峰值小于2mV。因为后级A/D信号输入范围是0～5V,为了避免满振幅输入,本系统限制A/D的输入范围为0～4V,这样对不同幅度的输入信号,应该有不同的调理电路,即大信号要衰减,小信号要放大,并最终限制在±2V内,然后经过电平移位电路后调整到0～4V。

对于1V/div挡,总增益G=2V/4V=0.5,即衰减一倍,运放采用一级反向放大电路即可。对于0.1V/div挡,总增益G=2V/0.4V=5,即放大5倍,运放采用一级反向放大即可,不过要求运放有比较高的增益带宽积。对于2mV/div挡,运放总增益G=2V/8mV=250,即需要放大250倍。在频率高的情况下,单级运放很难达到这么高的增益,为保持三路输出相位一致,故采用三级反向放大的方法。对于多级放大,第一级的噪声水平对整个系统影响是最大的,故放大倍数不宜过大;第三级的输入信号经过两级放大后已经比较大,受运放压摆率的限制,也不宜放大过大。综合考虑各方面因素,三级增益分配为5倍、10倍、5倍。

2. 扫描速度

题目要求扫描速度包含20ms/div、2μs/div、100ns/div三挡,而水平显示分辨率必须大于20点/div,本系统的水平分辨率为25.6点/div。实时采样和等效采样简易原理图见附文(一)。

3. 实时采样分析与计算

对于20ms/div挡,根据分辨率可以得到:

$$f_{采样}=\frac{1}{20\times10^{-3}/25.6}=1280\text{Hz} \quad (公式1)$$

利用CPLD可实现此采样频率。

4. 等效采样分析与计算

由于本方案采用25.6Sam/div,而且题目要求为中2μs/div和100ns/div由于受到A/D采样速率的限制,只能通过等效采样得到。由等效采样原理得到:

$$T_{采样}=K\times T_0+\Delta t,\Delta t=\frac{M_{挡}}{25.6} \quad (公式2)$$

其中,公式2中,K的值随着检测到的频率来由单片机确定的整数值,主要是为了配合A/D的采样率设置,使选通脉冲的频率小于1MHz;T_0代表单片机检测到的频率,Δt为步进延迟时间。为了均衡A/D采样率和测量频率的误差,在被测信号频率f_0小于1MHz时,$K=1$;$f_0>1$MHz时,$K=N+1$,而N为被测信号频率/1M的整数部分。在公式 2 中,M 代表挡的值,例如 2μs;由此公式可以得出在 2μs/div 挡下步进延迟时间 Δt =0.078125μs,在 100ns/div 挡下,Δt=3.90625ns。

在等效采样部分,利用单片机得到等效采样部分的精确测频(最大误差控制在十万分之一内)然后通过以下公式(见公式 3～5)进行高精度浮点型运算,生成控制 AD9850 产生精确采样脉冲值的命令字,送入 CPLD 后进行实时采样。

AD9850 求频率公式:$F_{采样}=(CMD/2^n)\times f_{晶振}=1/T_{采样}$　　(公式 3)

由公式 2、3 可以得到　$F_{采样}=\dfrac{1}{K\times T_0+\Delta t}=(CMD/2^n)\times f_{晶振}$　　(公式 4)

得到 AD9850 控制字　$CMD=\dfrac{2^N}{(KT_0+\Delta t)\times f_{晶振}}$　　(公式 5)

通过 89C52 实现此运算,这时复现一个波形所需的采样点数为 $1/(f_0\times\Delta t)$。要想无失真的显示波形,则在一个整数周期内至少显示 20 个点,则在 100ns/div 挡下 Δt = 3.90625ns 时,所测频率最大为 12.8MHz,满足题目要求。

三、电路与程序设计

1. 电路设计

(1)阻抗匹配电路的设计

题目要求输入阻抗为 1MΩ,为此考虑两种方案,一是场效应管源极跟随器,二是运放的同向电压跟随器,从理论上说二者虽然区别不大,但由于输入信号峰峰值最大到 8V,而频带最大到 10MHz,如果用运算放大器做电压跟随,由压摆率公式

$SR=2\pi fV_{PP}$(其中 f 为信号频率,V_{PP} 为峰峰值)

要求运放的压摆率至少 2×3.14×10×8 =502V/μs,满足此条件的运放大多是低功耗低电源供电的超高速运放,不仅价格昂贵,而且输入输出电压范围小,无法传输 8V 信号。而高频场效应管具有很好的频率特性,调整静态工作点后,对高频大信号也可以无衰减通过,所以在 1V 挡,选用 JFET 场效应管 K30 做输入缓冲,然后进入后向电路。由于 K30 的输入阻抗极高,因此在栅极对地接 1M 的电阻即可达到输入阻抗的要求。原理图见附图 1-3。

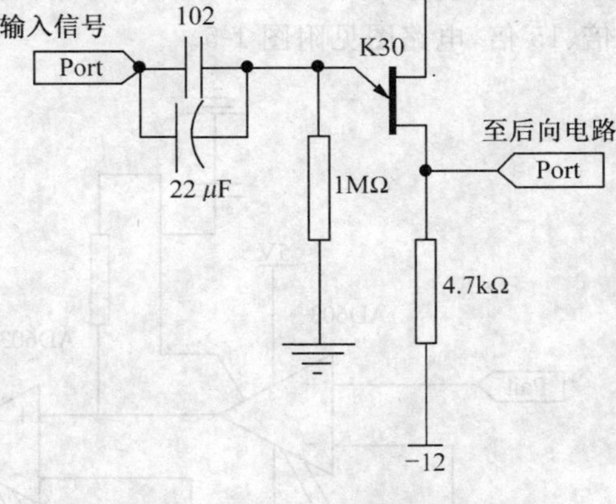

附图 1-3　阻抗匹配电路设计

(2)信号调理电路

①1V/div 挡。选用 AD187 做反向放大,令反馈电阻 R_f 等于输入电阻 R_1 的一半,这样根据增益公式 $G=-R_f/R_1$,输出电压便可衰减一倍。电路图见附图 1-4(a)。

②0.1V/div 挡。本挡要放大 5 倍,而 AD817 的增益带宽积只有 50M,如果需要一级放大,理论上恰能满足 10M 输入信号的放大要求。但实验中发现不能满足要求,输出信号有比较明显的衰减,因此需要一款速度更快的运放。AD603 是 AD 公司研制的一种新

型的运算放大器，它的输入噪声频谱密度只有 1.3nV/$\sqrt{\text{Hz}}$，频带最高可到 90MHz，并且增益稳定性能性好，使得它特别适合做高频小信号放大。AD603 采用电压控制增益的方式，差动输入口 GPOS 和 GNEG 之间的电压差就是控制电压。45MHz 工作模式下，增益公式是：增益(dB) ＝ 40VG＋ 20 (0～40dB)，5 倍对应 13.98dB，代入公式得 VG＝－0.151V。因此只要将 GPOS 接地，同时将基准电压源 LM336-2.5 精确分压后输入 GNEG，即可对输入信号精确放大 5 倍。电路图见附图 1-4(b)。

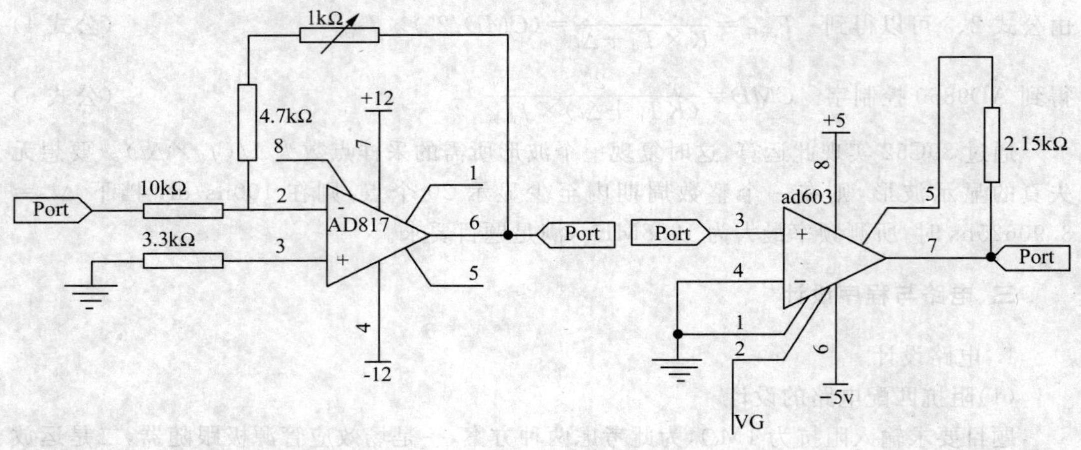

附图 1-4 信号调理电路(1V/div 挡和 0.1V/div 挡)

③对于 2mV 挡，采用 AD603 进行放大，在 45M 工作模式下，两级放大即可满足需要。但考虑到三挡通道输出信号的相位要一致，故采用三级放大，增益分别为 5 倍、10 倍、15 倍，电路图见附图 1-5。

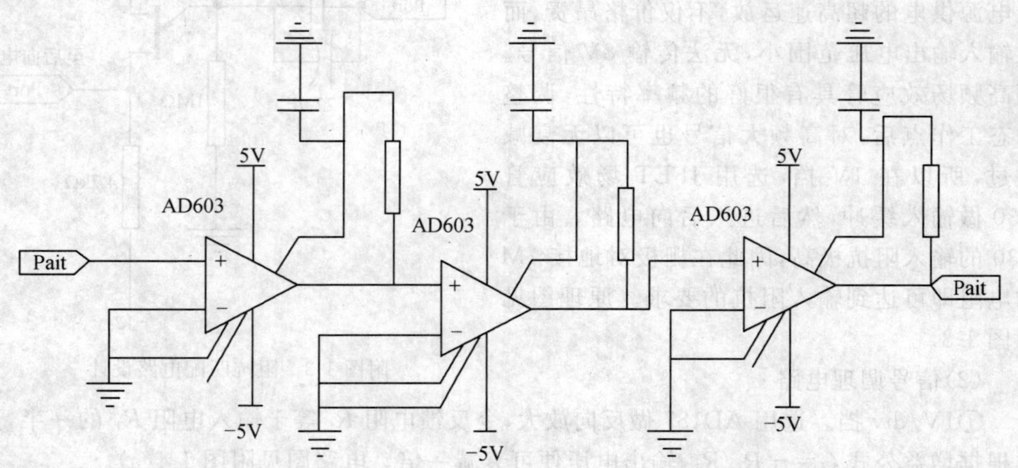

附图 1-5 信号调理电路(2mv/div)

(3)电平移位电路

由于被测信号是双极性的，而 A/D 对输入信号要求是单极性的，为了适合 A/D 的要求，在进行模数转换之前必须将双极性信号通过电平移位为单极性，在本设计中将其移位为正极性信号。电路图见附文(一)。

(4)触发电路

本题采用高速比较器 TL3016 对电平移位后的信号进行整形，产生触发脉冲。TL3016 传输延时时间为 7.8ns，完全可以处理 10MHz 以上的波形。并且 TL3016 有两个输出端，使用负向输出端，可抵消因前级反向放大而导致的倒相。负向输入端比较电平由基准电源 LM336-5 通过滑阻分压提供，在 0～4V 内连续可调。其电路见附文(一)。

(5)100kHz 方波校准信号产生电路

题目要求产生 100kHz，0.3V 的方波校准信号。DDS 专用芯片 AD9850 内部自带比较器，有方波输出端，由于负载电阻不小于 1MΩ，所以输出方波经电阻网络精确分压即可达到要求。

(6)其他硬件电路

测频电路原理较简单，详细设计图见附文(一)。A/D 转换器型号为 MAX118，D/A 转换器型号为 MAX505，高速采样保持器型号为 AD781，静态随机存储器选择 HM628128(最大存取速率 70ns/次)。该部分均为典型应用电路，故不再赘述，具体设计见附文(一)。

2. 程序设计

本系统中软件设计部分由 89C52 完成。主要是实现高频段的预测频，同时控制 DDS 生成等效采样脉冲波。测频部分通过 52 单片机自带的定时器和计数器实现。程序简单，不再赘述。部分源代码及程序流程图见附文(二)。而 CPLD 部分，通过设计工程项目实现功能，具体顶层文件图见附文(二)。

四、测试方案与测试结果

1. 测试仪器与设备

附表 1-1　　测试仪器与设备列表

仪器名称	型号	技术指标	用途
示波器	YB4360	0Hz～60MHz	检测输出波形
函数信号发生器	TFG2040	0Hz～40MHz	作为输入信号信号源

2. 测试结果

(1)触发功能测试

①触发电平连续可调测试：调节触发电路电位器，输出波形起始点可以连续变化。

②上升沿触发测试：不论如何调节触发电平，输出波形起始点始终处于上升沿。

③单次触发测试：按下单次触发键，波形静态显示，去掉输入信号，波形不变。

3. 输入阻抗测试

将信号源输出端串联一个 1MΩ 的电阻接入本作品输入端，利用双踪示波器的两通道分别观察信号源输出与本作品输入端，测得输入信号衰减一倍，说明本作品输入阻抗为 1M。

4. 扫描速度及垂直灵敏度测试(附表 1-2、附表 1-3)

附表 1-2　　　　扫描速度测试数据表　　　　室温 26℃

分挡	20ms/div			2μs/div			100ns/div		
频率(Hz)	10	30	50	50k	100k	500k	1M	5M	10M
4V	97ms	32.9ms	20.4ms	19.8μs	9.6μs	2.05μs	1045ns	209ns	97ns
0.3V	96ms	33.1ms	20.3ms	19.9μs	9.7μs	2.07μs	1029ns	206ns	94ns
5mV	98ms	33.5ms	20.4ms	19.5μs	9.9μs	2.09μs	1044ns	209ns	91ns
误差	3.4%	4.1%	2.8%	3.1%	3.8%	4.2%	1.9%	4.8%	5.1%
失真	无			无			无		微小

附表 1-3　　　　垂直灵敏度测试数据表　　　　室温 26℃

分挡		1V/div			0.1V/div			2mV/div		
电压		1V	5V	8V	0.1V	0.5V	0.8V	2mV	6mV	16mV
频率	10Hz	1.0V	5.0V	7.6V	0.09V	0.49V	0.78V	2.5mV	6.4mV	16.6mV
	1kHz	1.0V	5.0V	7.8V	0.11V	0.48V	0.76V	2.2mV	6.4mV	16.5mV
	100kHz	1.0V	5.0V	7.7V	0.12V	0.47V	0.77V	2.3mV	6.5mV	16.4mV
	10MHz	0.8V	4.4V	7.3V	0.07V	0.44V	0.72V	2.5mV	6.6mV	16.8mV
误差		2.8%	1.5%	3%	3%	3.2%	2.6%	4.6%	4.5%	4.8%
噪声水平		1.5mV 内波动								

在 2mV/div 挡,将输入接地后,测量输出波形,有噪声干扰,噪声峰峰值 1.5mV,小于题目要求的 2mV。

5. 其他测试

存储/调用测试:连续触发模式下,按"存储"键,存储当前波形,波形稳定,去掉输入信号;按"调用"键,显示存储的波形。

100kHz 方波校准信号测试:使用 YB4360 示波器测试输出端子,显示稳定的 100kHz 方波信号,幅度为其他详细测试数据表格见附文(三)。

6. 测试结果误差分析

本系统误差及干扰主要来自于硬件电路,在高频情况下,线路之间的干扰对测量结果影响很大。由于时间紧,大部分电路采用手焊,若换成 PCB 板,干扰会减小。为了尽可能减小干扰,输入通道的信号线全部采用屏蔽线,同时将缓冲级电路用铜盒罩住,效果明显。

五、结论

经测试,本系统实现了题目的基本部分和发挥部分的要求,并扩展了"压缩、扩展、移动、掉电存储”等功能。

参考文献

[1]全国大学生电子设计竞赛获奖作品汇编.北京:北京理工大学出版社,2004
[2]赵家贵.电子电路设计.北京:中国计量出版社,2005
[3]高有堂.EDA技术及应用实践.北京:清华大学出版社,2006

附文(一) 其他硬件设计

1. 模块设计中其他模块

(1)静态随机存储器(SRAM):本系统采用外部静态随机存储器。利用CPLD产生控制、地址和数据指令,在SRAM中存储、读取。

(2)DDS等效采样脉冲发生模块:对于等效采样,为了完成其功能需要大量高精度的浮点运算,所以采用52单片机预测频率,同时产生相应的命令字控制DDS(AD9850)产生相应的采样脉冲。

(3)键盘显示模块:显示部分采用普通的示波器,通过X-Y方式予以显示,省去了液晶显示的繁琐和普通液晶反应速度相对较慢的限制。键盘通过CPLD控制。

2. 电源模块

由于本系统各模块对电源的要求不一致,同时满足系统携带方便,所以在电源设计上,本方案使用了各种稳压三极管。外部只提供±16V的电源,+15V用7815稳压得到;−15V用7915稳压得到;+5V用7805稳压得到;− 5V用7905稳压得到。另外,为了防止用户误将电源反接而损毁系统内部芯片,我们在电源的入口接了一个二极管,负极接正电源,正极接负电源,若电源反接,接口电压会限制在二极管的导通压降0.7V,保证了整个电路安全。如附图1-6所示。

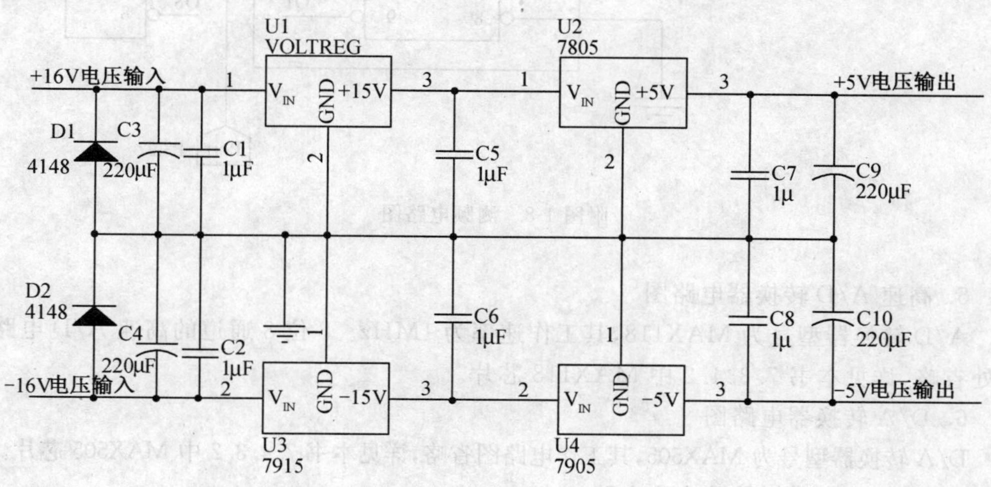

附图1-6

3. 电平移位电路(附图 1-7)

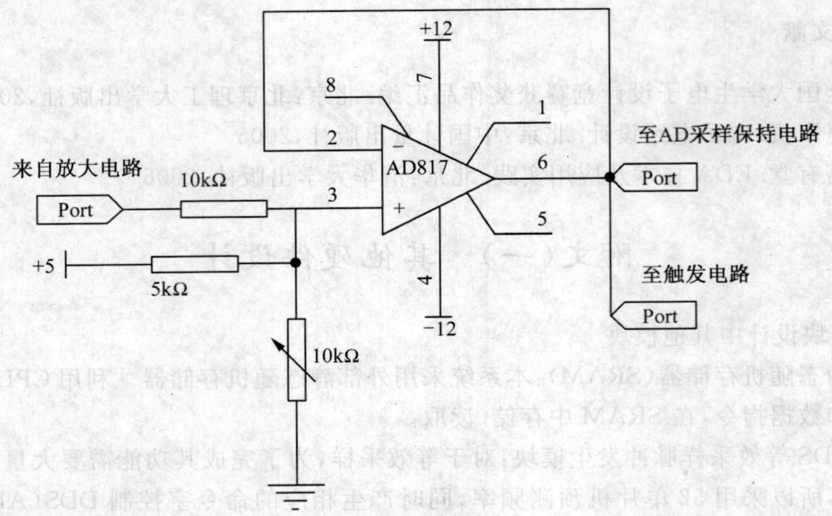

附图 1-7 电平移位电路图

4. 测频电路图(附图 1-8)

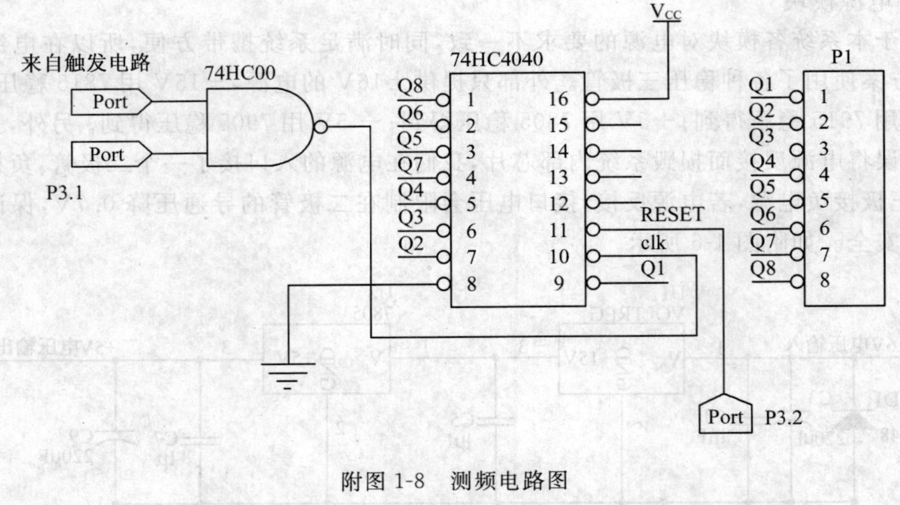

附图 1-8 测频电路图

5. 高速 A/D 转换器电路图

A/D 转换器型号为 MAX118,其工作速率为 1MHz。8 位 8 通道的高速 A/D 电路图此处省略,详见本书 7.3.4.2 中 MAX118 芯片。

6. D/A 转换器电路图

D/A 转换器型号为 MAX505,其工作电路图省略,详见本书 7.4.3.2 中 MAX505 芯片。

7. DDS 等效采样脉冲产生电路

DDS 采用 AD9850,具体电路如附图 1-9 所示。

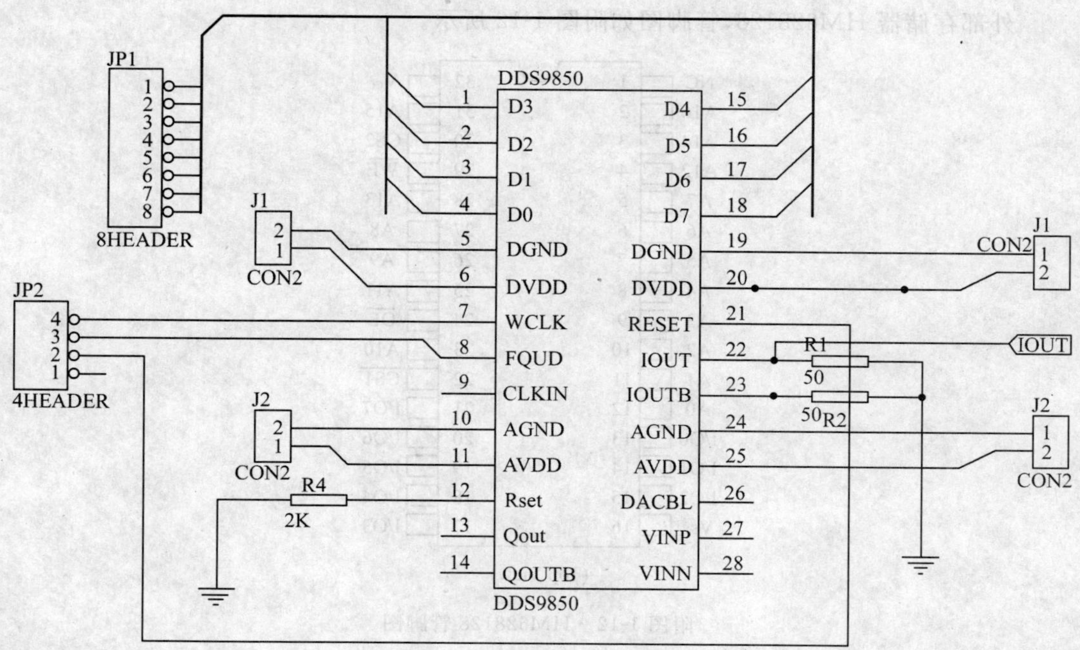

附图 1-9　DDS AD9850 电路图

8. 电压比较器 TL3016 原理图(附图 1-10)

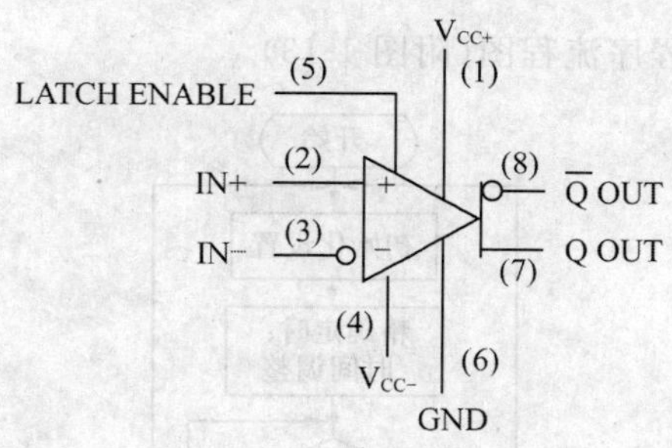

附图 1-10　TL3016 原理图

9. 其他重要芯片管脚图

高速采样保持器 AD781,管脚图如附图 1-11 所示。

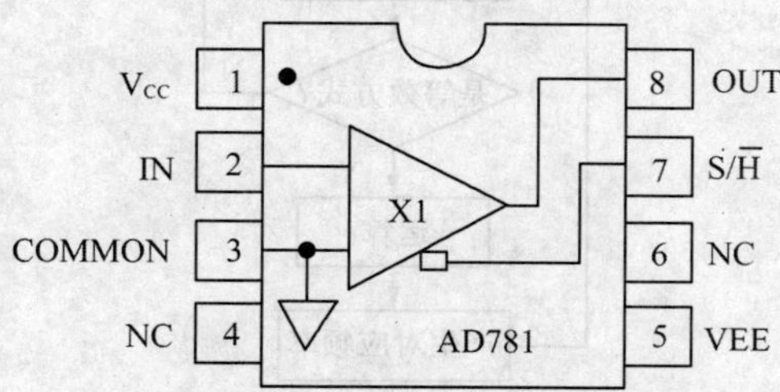

附图 1-11　AD781 管脚图

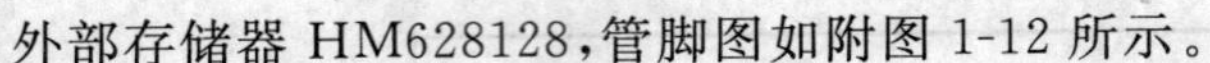
外部存储器 HM628128,管脚图如附图 1-12 所示。

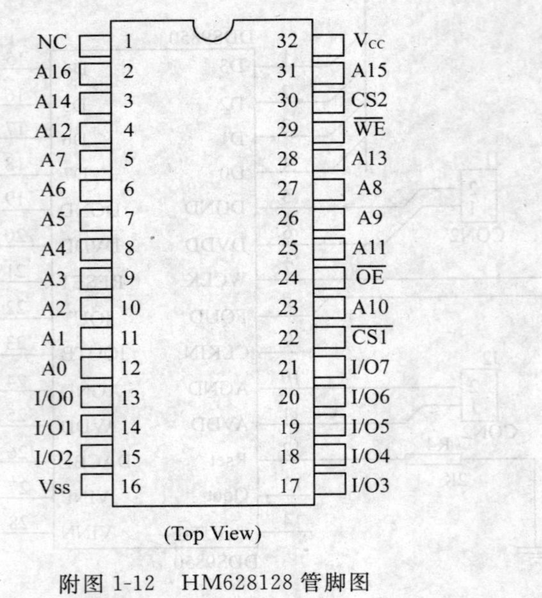

附图 1-12　HM628128 管脚图

附文(二) 重要源程序及流程图

1. 51 单片机 C 语言程序流程图(附图 1-13)

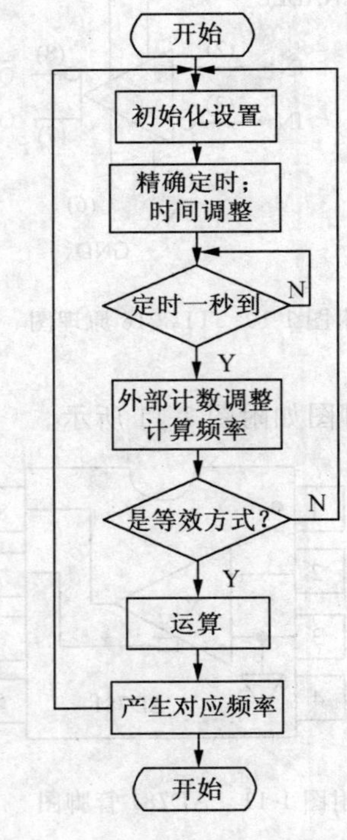

图 1-13　程序流程图

2. CPLD/FPGA 程序顶层设计原理图(附图 1-14)

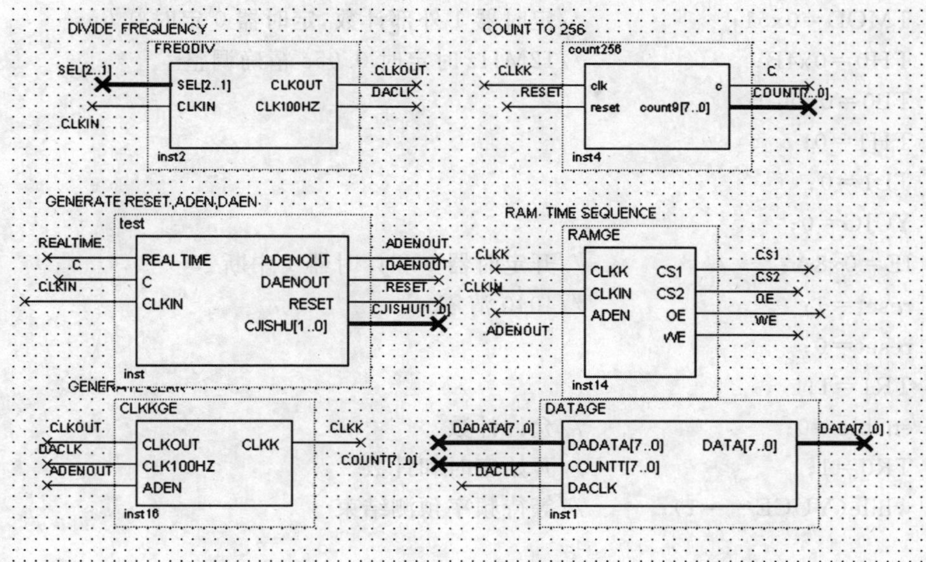

附图 1-14　CPLD/FPGA 程序顶层设计原理图

3. CPLD/FPGA 程序仿真文件(附图 1-15)

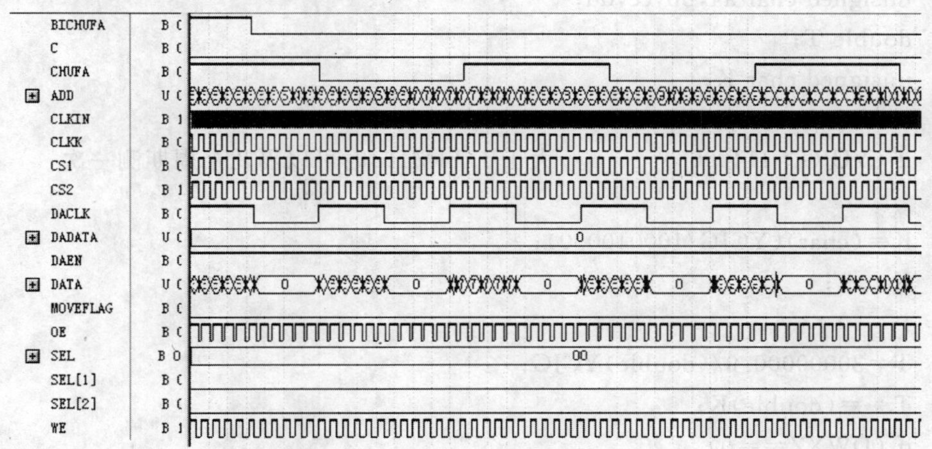

附图 1-15　CPLD/FPGA 程序仿真文件

4. 部分源代码

```
Void PLCL(void)              //测量频率或者周期
{
  enable=1;                  //禁止计数
  enable=1;                  //禁止计数
  reset=1;                   //4040 清零
  reset=0;
  YUCE=1;
```

```
    IT1=0;                    //下降沿触发外部计数 11.0592MHz 晶振
    TMOD=0x51;                //定时器 1 外部计数,定时器 0 定时 0.05s
    TH0=0x4B;                 //12MHz 时定时 0.05s 精确调整
    TL0=0x0C0;
    TH1=0;
    TL1=0;
    YCJG=0;
    IE=0x8A;                  //开定时器 0 和计时器 1 中断
    reset=1;                  //4040 清零
    reset=0;
    TR1=1;
    enable=0;                 //允许计数
    TR0=1;                    //开始定时和计数
    while(YUCE==1);           //等待频率预测结束
}
void DDS(void)
{
    unsigned char aa,bb,cc,dd;
    double T;
    unsigned char K;
    K=1;
    if (YCJG>1140000)         //大于 1.14MHz 时可以隔几个周期测一次
    {
    K=(char)(YCJG/1000100.0);
    K++;
    }
    T=30000000.0/(double)YCJG;
    T *=(double)K;
    if (DWXZ==0)
    T+=0.703125;
    else T+=14.0625;
    T=4294967296.0/T;
    CMD[0]=0x00;
    CMD[1]=(unsigned char)(T/16777216.0);
    aa=CMD[1];
    CMD[2]=(unsigned char)((unsigned int)(T/65536.0)%256);
    bb=CMD[2];
    CMD[3]=(unsigned char)((unsigned int)(T/256.0)%256);
```

```
    cc=CMD[3];
    CMD[4]=(unsigned char)(T);
    dd=CMD[4];
}
```

附文(三)完整测试结果

水平灵敏度和垂直灵敏度测试结果见附表1-4和附表1-5。

附表1-4　扫描速度测试数据表　室温26℃

分挡		20ms/div			2μs/div			100ns/div		
频率(Hz)		10	30	50	50k	100k	500k	1M	5M	10M
电压值	8V	98ms	33.0ms	20.2ms	19.6μs	9.4μs	2.06μs	1030ns	205ns	98ns
	4V	97ms	33.2ms	20.3ms	19.8μs	9.5μs	2.04μs	1037ns	210ns	98ns
	1V	97ms	32.9ms	20.4ms	19.8μs	9.6μs	2.05μs	1045ns	209ns	97ns
	0.1V	97ms	33.9ms	21.0ms	19.3μs	9.4μs	2.01μs	1040ns	211ns	96ns
	0.3V	96ms	33.1ms	20.3ms	19.9μs	9.7μs	2.07μs	1029ns	206ns	94ns
	0.8V	97ms	33.2ms	20.3ms	19.8μs	9.5μs	2.04μs	1037ns	210ns	98ns
	5mV	98ms	33.5ms	20.4ms	19.5μs	9.9μs	2.09μs	1044ns	209ns	91ns
误差		3.4%	4.1%	2.8%	3.1%	3.8%	4.2%	1.9%	4.8%	5.1%

附表1-5　垂直灵敏度测试数据表　室温26℃

分挡		1V/div			0.1V/div			2mV/div		
电压		1V	5V	8V	0.1V	0.5V	0.8V	2mV	6mV	16mV
频率	10Hz	1.0V	5.0V	7.6V	0.09V	0.49V	0.78V	2.5mV	6.4mV	16.6mV
	100Hz	0.9V	4.7V	7.6V	0.09V	0.45V	0.76V	2.3mV	6.8mV	16.2mV
	1kHz	1.0V	5.0V	7.8V	0.11V	0.48V	0.76V	2.2mV	6.4mV	16.5mV
	50kHz	0.9V	4.8V	7.7V	0.10V	0.48V	0.76V	2.3mV	6.5mV	16.2mV
	100kHz	1.0V	5.0V	7.7V	0.12V	0.47V	0.77V	2.3mV	6.5mV	16.4mV
	1MHz	0.9V	4.8V	7.6V	0.10V	0.45V	0.76V	2.3mV	6.5mV	16.4mV
	5MHz	0.7V	4.87V	7.8V	0.14V	0.49V	0.78V	2.1mV	6.8mV	16.4mV
	10MHz	0.8V	4.4V	7.3V	0.07V	0.44V	0.72V	2.5mV	6.6mV	16.8mV
误差		2.8%	1.5%	3%	3%	3.2%	2.6%	4.6%	4.5%	4.8%

附文(四) 所用元器件清单

附表 1-6　　　　主要元器件清单

模　块	型　号
CPLD(可编程逻辑器件)	EPM570T100C5
51 单片机	Atmel 89C52
DDS	AD9850
高速采样保持器	AD781
测频部分	74HC4040 ,74LS00
A/D 转换器(工作速率 1MHz)	MAX118
D/A 转换器	MAX505
信号调理模块	放大器 AD603,AD817,结型场效应管 K30
触发电路	TL3016
随机静态存储器	HM628128
电源模块	7809,7909,7805,7905,7912,7812,变压器
其他	电阻,电容,开关,键盘等

附录2　全国大学生电子设计竞赛2007年（全国一等奖范例）开关稳压电源E题

一、任务

设计并制作如附图2-1所示的开关稳压电源。

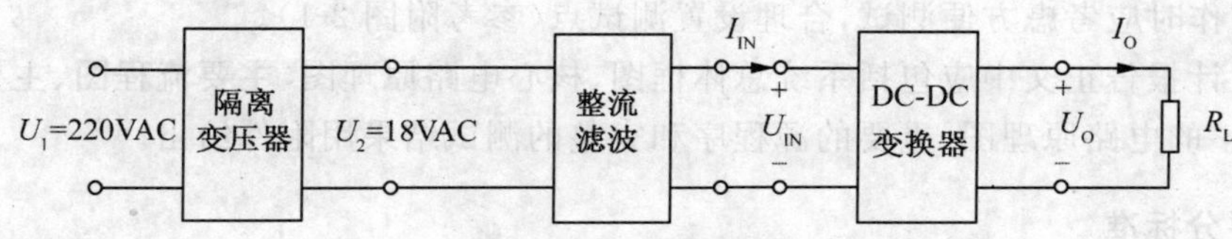

附图2-1　电源框图

二、要求

在电阻负载条件下，使电源满足下述要求：

1. 基本要求

(1)输出电压U_O可调范围：30～36V。

(2)最大输出电流I_{Omax}：2A。

(3)U_2从15V变到21V时，电压调整率$S_U \leqslant 2\%$（$I_O=2A$）。

(4)I_O从0变到2A时，负载调整率$S_I \leqslant 5\%$（$U_2=18V$）。

(5)输出噪声纹波电压峰－峰值$U_{OPP} \leqslant 1V$（$U_2=18V, U_O=36V, I_O=2A$）。

(6)DC-DC变换器的效率$\eta \geqslant 70\%$（$U_2=18V, U_O=36V, I_O=2A$）。

(7)具有过流保护功能，动作电流$I_{O(th)}=(2.5 \pm 0.2)A$。

2. 发挥部分

(1)进一步提高电压调整率，使$S_U \leqslant 0.2\%$（$I_O=2A$）。

(2)进一步提高负载调整率，使$S_I \leqslant 0.5\%$（$U_2=18V$）。

(3)进一步提高效率，使$\eta \geqslant 85\%$（$U_2=18V, U_O=36V, I_O=2A$）。

(4)排除过流故障后，电源能自动恢复为正常状态。

(5)能对输出电压进行键盘设定和步进调整，步进值1V，同时具有输出电压、电流的测量和数字显示功能。

(6)其他。

三、说明

(1)DC-DC 变换器不允许使用成品模块,但可使用开关电源控制芯片。

(2)U_2可通过交流调压器改变U_1来调整。DC-DC 变换器(含控制电路)只能由U_{IN}端口供电,不得另加辅助电源。

(3)本题中的输出噪声纹波电压是指输出电压中的所有非直流成分,要求用带宽不小于 20MHz 模拟示波器(AC 耦合、扫描速度 20ms/div)测量U_{OPP}。

(4)本题中电压调整率S_U指U_2在指定范围内变化时,输出电压U_O的变化率;负载调整率S_I指I_O在指定范围内变化时,输出电压U_O的变化率;DC-DC 变换器效率$\eta = P_O / P_{IN}$,其中$P_O = U_O I_O$,$P_{IN} = U_{IN} I_{IN}$。

(5)电源在最大输出功率下应能连续安全工作足够长的时间(测试期间,不能出现过热等故障)。

(6)制作时应考虑方便测试,合理设置测试点(参考附图 2-1)。

(7)设计报告正文中应包括系统总体框图、核心电路原理图、主要流程图、主要的测试结果。完整的电路原理图、重要的源程序和完整的测试结果用附件给出。

四、评分标准

	项　目	应包括的主要内容或考核要点	满　分
设计报告	方案论证	DC-DC 主回路拓扑,控制方法及实现方案,提高效率的方法及实现方案	8
	电路设计与参数计算	主回路器件的选择及参数计算,控制电路设计与参数计算,效率的分析及计算,保护电路设计与参数计算,数字设定及显示电路的设计	20
	测试方法与数据	测试方法,测试仪器,测试数据(着重考查方法和仪器选择的正确性以及数据是否全面、准确)	10
	测试结果分析	与设计指标进行比较,分析产生偏差的原因,并提出改进方法	5
	电路图及设计文件	重点考查完整性、规范性	7
	总分		50
基本要求	实际制作完成情况		50
发挥部分	完成第(1)项		10
	完成第(2)项		10
	完成第(3)项		15
	完成第(4)项		4
	完成第(5)项		6
	其他		5
	总分		50

论文范例

开关稳压电源(E 题)　　　　**编号:E 甲 1009**

摘　要

本系统以 C8051F020 为核心,电压可预置,步进电压为 1V,输出电压范围为 30～36V,输出电流为 0～2A。可显示预置电压,实测电压,实测电流,实测效率。该系统主要由最小单片机系统,PWM 信号控制芯片 TL494,开关电源升压主回路,A/D 以及 D/A 组成。系统通过键盘预置电压值送给 TL494 形成闭环反馈回路,采样康铜丝上的电压间接推算出电流并显示。本系统具有调整速度快,精度高,电压调整率低,负载调整率低,效率高,无须另加辅助电源板,输出纹波小等优点。

关键词:C8051F020;TL494;开关电源;boost 电路

Abstract

For this system to C8051F020 core voltage can be preset, stepping voltage of 1V output voltage range of 30～36V, output current is 0～2A. That preset voltage can be measured voltage, current measurement, the measured efficiency. The system mainly by the smallest SCM system, TL494 chip PWM control signal, the main boost switching power supply circuit, A / D and D / A component. Through the keyboard preset voltage TL494 gave a closed-loop feedback loop, sampling the voltage copper wire Kang indirectly current and projected that. The system has adjusted speed, high precision, low voltage adjustment, the adjusted rates low load, high efficiency, no auxiliary power supply plus a plate, the advantages of small output ripple.

Keywords: C8051F020; TL494; Switching Power Supply; Boost Circuit.

一、方案论证与比较

1. DC-DC 主回路拓扑的方案选择

DC-DC 变换有隔离和非隔离两种。输入输出隔离的方式虽然安全,但是由于隔离变压器的漏磁和损耗等会造成效率的降低,而本题没有要求输入输出隔离,所以选择非隔离方式,具体有以下几种方案:

方案一:串联开关电路形式

开关管 V1 受占空比为 D 的 PWM 波的控制,交替导通或截止,再经 L 和 C 滤波器在负载 R 上得到稳定直流输出电压 U_O。该电路属于降压型电路,达不到题目要求的 30～36V 的输出电压(见附图 2-2)。

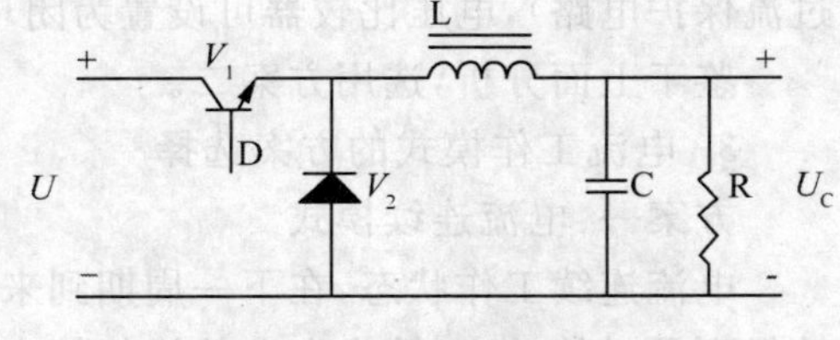

附图 2-2　串联开关电路

方案二:并联开关电路形式

并联开关电路原理与串联开关电路类似,但此电路为升压型电路,开关导通时电感储能,截止时电感能量输出。只要电感绕制合理,能达到题目要求的 30～36V,且输出电压 V_C 呈现连续平滑的特性(见附图 2-3)。

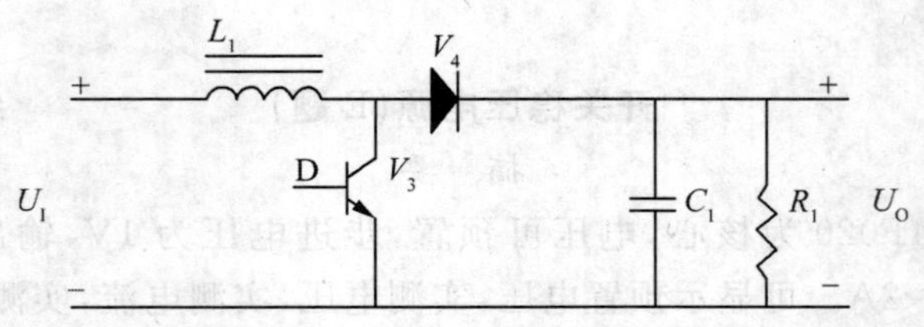

附图 2-3 并联开关电路

方案三:串并联开关电路形式

实际上此电路是在串联开关电路后接入一个并联开关电路。用电感的储能特性来实现升降压,电路控制复杂(见附图 2-4)。

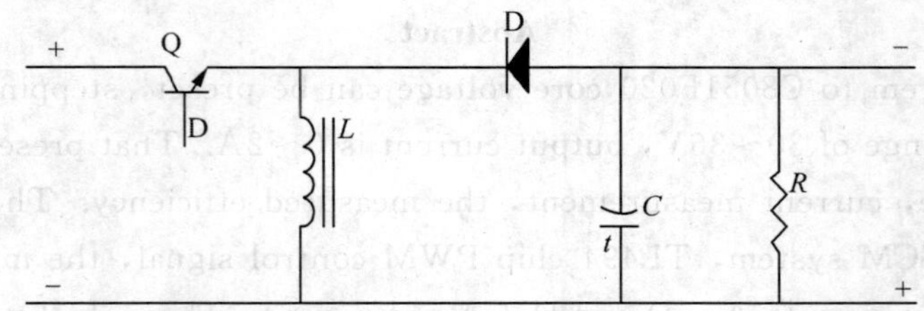

附图 2-4 串并联开关电路

由于本题只需升压,故选择方案二。

2. 控制方法的方案选择

方案一:采用单片机产生 PWM 波,控制开关的导通与截止。根据 A/D 后的反馈电压程控改变占空比,使输出电压稳定在设定值。负载电流在康铜丝上的取样经 A/D 后输入单片机,当该电压达到一定值时关闭开关管,形成过流保护。该方案主要由软件实现,控制算法比较复杂,速度慢,输出电压稳定性不好,若想实现自动恢复,实现起来比较复杂。

方案二:采用恒频脉宽调制控制器 TL494,这个芯片可推挽或单端输出,工作频率为 1～300kHz,输出电压可达 40V,内有 5V 的电压基准,死区时间可以调整,输出级的拉灌电流可达 200mA,驱动能力较强。芯片内部有两个误差比较器,一个电压比较器和一个电流比较器。电流比较器可用于过流保护(因不准确且保护不迅速,故本设计另加了一套过流保护电路),电压比较器可设置为闭环控制,调整速度快。

鉴于上面分析,选用方案二。

3. 电流工作模式的方案选择

方案一:电流连续模式

电流连续工作状态,在下一周期到来时,电感中的电流还未减小到零,电容的电流能够得到及时的补充,输出电流的峰值较小,输出纹波电压小。

方案二:电流断续模式

断续模式下,电感能量释放完时,下一周期尚未到来,电容能量得不到及时补充,二极管的峰值电流非常大,对开关管和二极管的要求就非常高,二极管的损耗非常大。而且由于电流是断续的,输出电流交流成分比较大,会增加输出电容上的损耗。由于对于相同功率的输出,断续工作模式的峰值电流要高很多,而且输出直流电压的纹波也会增加,损耗大。

鉴于上面分析,本设计采用方案二。

4. 提高效率的方案选择

影响效率的因素主要包括单片机及外围电路功耗,单片机及外围电路供电电路的效率和 DC-DC 变换器的效率。我们在设计时考虑用最少的外围器件来实现系统要求的所有指标。具体来说,在给芯片供电时,没有采用低效率的 7805 等线性稳压器,而是采用 DC-DC 芯片 38438。该芯片输入允许范围大,效率高,输出电流可达 600mA,驱动能力强。在单片机选择上,没有使用 5V 供电的 89C51,而是采用 C8051F020,这是一个内部集成 A/D、D/A 的低功耗单片机。该单片机采用 JTAG 方式,可通过 USB 口在线下载调试,使用十分方便,而且指令与 51 系列完全兼容。在键盘控制上,没有采用 8279 集成控制芯片,而是将按键直接接在 I/O 口上,编程简单,应用方便,且满足要求,在没有键按下时根本没有任何功耗。在显示方面,没有采用点阵式液晶,而是采用 8 位带小数点的 SMS0801B 显示。该 LCD 显示是段码型的,功耗比较小。

二、详细软硬件分析

1. 整体设计(附图 2-4)

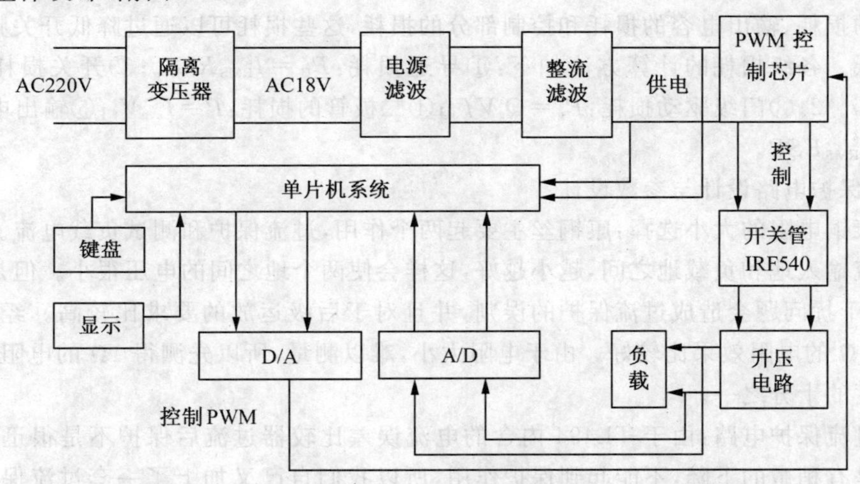

附图 2-4　总体设计框图

本系统外围电路只有键盘、显示和 4 个运放(A/D 和 D/A 集成在 C8051F020 内部),单片机通过键盘控制电压的步进,经过单片机控制 D/A 提供一个参考电压,与输出电压的反馈分压进行比较。在 TL494 内部的电压误差放大器产生一个高或低电平,控制脉宽变化,来达到调整输出电压的变化,反复调整后使输出达到设定得值为止。参考电压输出后电压的反馈调节是由 TL494 自动调节的,调节速度快。

2. 理论分析与参数计算

(1)磁芯和线径选择:当交变电流通过导体时,电流将集中在导体表面流过,这种现象叫集肤效应。电流或电压以频率较高的电子在导体中传导时,会聚集于导体表层,而非平均分布于整个导体的截面积中。线径的选择主要由本系统的开关频率确定。开关频率越大,线径越小,但是所允许经过的电流越小,并且开关损耗增大,效率降低。本系统采用的频率为 44kHz,查表得知在此频率下的穿透深度为 0.3304mm,直径应为此深度的 2 倍,即为 0.6608mm。选择的 AWG 导线规格为 21#,直径为 0.0785cm(含漆皮)。磁芯选择铁镍钼磁芯,该磁芯具有高的饱和磁通密度,在较大的磁化场下不易饱和,且具有较高的磁导率、磁性能稳定性好(温升低、耐大电流、噪声小),适用于开关电源。

(2)控制电路设计与参数设计:控制电路选用 TL494 来产生 PWM 波形,控制开关管的导通,R_t、C_t 选择为 102kHz、24kHz,频率为 $f_c=\frac{1.1}{R_tC_t}$,为 44kHz。软启动电路由引脚 14 和引脚 4 接电阻和电容来实现,通过充放电来实现。启动时间为 $t=C_{\mathrm{char}}R-10^{-5}\times10^{3}=10\mathrm{ms}$($C_{\mathrm{char}}=10\mu\mathrm{F}$,$R=1\mathrm{k}\Omega$)。引脚 13 接地,采用单管输出,进一步降芯片内部功耗。

(3)效率的分析:

输出功率计算公式:$P_{\mathrm{O}}=U_{\mathrm{O}}\times I_{\mathrm{O}}$,输入功率计算公式:$P_{\mathrm{IN}}=U_{\mathrm{IN}}\times I_{\mathrm{IN}}$。

由于题目要求 DC/DC 变换器(控制器)都只能由 U_{in} 端口供电,不能另加辅助电源,所以单片机及一些外围电路消耗功耗要尽量的低。提高效率主要是要降低变换器的损耗,变换器的损耗主要有 MOSFET 导通损耗、MOSFET 开关损耗、MOSFET 驱动损耗、二极管的损耗、输出电容的损耗和控制部分的损耗,这些损耗可以通过降低开关频率等方法来降低。各级损耗的计算方法如下:①导通损耗:$P_{\mathrm{C}}=I_{\mathrm{RMS}}^{2}R_{\mathrm{DS,on}}$;②开关损耗:$P_{\mathrm{SW}}=I_{\mathrm{PK}}V\,PKt_{\mathrm{s}}/2$;③门级驱动损耗:$P_{\mathrm{g}}=Q_{\mathrm{g}}Vf_{\mathrm{s}}$;④二极管的损耗:$P=I_{\mathrm{avg}}V_{\mathrm{f}}$;⑤输出电容的损耗:$P=I_{\mathrm{RMS}}^{2}ESR$。

(4)保护电路设计与参数设计

①康铜电阻的大小选择:康铜丝主要起两个作用,过流保护和测试负载电流。康铜丝接在整流输入地和负载地之间,越小越好,这样会使两个地之间的电压很小。但是如果太小,由于干扰问题会造成过流保护的误判,并且对于后级运放的要求比较高。经过实验,选择 0.1Ω 的电阻效果比较好。由于电阻太小,难以测量,所以先测得 1Ω 的电阻,然后截取其长度的十分之一。

②过流保护电路:由于 TL494 内含的电流误差比较器过流后保护不是很迅速,电压电流只是有稍微的下降,不能起到保护作用,所以我们自己又加上了一套过流保护电路。测量康铜电阻上的压降与参考电压相比较,如果过流就由单片机控制继电器在主回路中串入一个 20Ω 的电阻,使输出电压和电流迅速下降,起到保护的作用。并且在电阻两端加上了一个蜂鸣器,蜂鸣器的响声随着过流程度不同而响声不同。

(5)数字设定及显示电路的设计由于在输出端采样时测得的反馈电压为输出电压的 1/24,即分压为 1.5V 时输出为 36V,分压为 1.25V 时输出为 30V,设计中采用了12 位 D/A 转换精度为 0.61mV(参考电压为 2.43V),直接输出给 TL494 提供参考电压。此外,还设置了四个 A/D 芯片,分别采集输出电压、输出电流、输入电压和输入电流。为了降低功耗,设计中采用了 8 位数字显示的 LCDSMS0801B,可分时显示采样得到的各个采样量。

3. 软件设计

本设计的软件设计比较简单,完全出于效率的要求,把外围电路设计的尽可能少,所以单片机驱动外围芯片均采用 I/O 口直接控制,没有采用总线方式。

续表

	要　求	实　现
发挥部分	电压调整率0.2%	电压调整率为0.069%
	负载调整率0.5%	负载调整率0.13%
	变换器的效率	89.9%
	过流后能否自动恢复	能
	键盘设置步进1V	达到指标

参考文献

1. 李朝青. 单片机原理及接口技术. 第 3 版. 北京:北京航空航天大学出版社,2005

2. 方方,周伟. 单片微机原理及应用. 北京:清华大学出版社-北京交通大学出版社,2007

3. 李华. MCS-51 系列单片机实用接口技术. 北京:北京航空航天大学出版社,2000

4. 张毅坤,陈善久. 单片微型计算机原理及应用. 西安:西安电子科技大学出版社,1998

5. 戴佳,戴卫恒. 51 单片机 C 语言应用程序设计实例精讲. 北京:电子工业出版社,2006

6. 何利民. MCS-51 单片机应用系统设计. 北京:北京航空航天大学出版社,1994

7. 马忠梅,籍顺心. 单片机的 C 语言应用程序设计. 第 3 版. 北京:北京航空航天大学出版社,2003

8. 于永,戴佳. 51 单片机 C 语言常用模块与综合系统设计. 电子工业出版社,2007

9. 何立民. MCS-51 系列单片机应用系统配置与接口技术. 北京:北京航空航天大学出版社,1990

10. 赵子婴,赵辉,王洪君等. 单片机原理及应用. 济南:山东大学出版社,2003